国家出版基金项目
NATIONAL PUBLICATION FOUNDATION

中国珍稀濒危野生兰科花形态图志

李璐 ◎ 著

YNKJ 云南科技出版社
·昆 明·

图书在版编目（CIP）数据

中国珍稀濒危野生兰科花形态图志 / 李璐著. -- 昆明 : 云南科技出版社, 2024
ISBN 978-7-5587-5501-9

Ⅰ. ①中… Ⅱ. ①李… Ⅲ. ①兰科－野生植物－中国－图集 Ⅳ. ①Q949.71-64

中国国家版本馆 CIP 数据核字(2024)第 015021 号

中国珍稀濒危野生兰科花形态图志

ZHONGGUO ZHENXI BINWEI YESHENG LANKE HUA XINGTAI TUZHI

李璐 著

出 版 人： 温 翔
策　　划： 温 翔 李 非
责任编辑： 李凌雁 杨志能 杨梦月
封面设计： 长策文化
责任校对： 秦永红
责任印制： 蒋丽芬

书　　号： ISBN 978-7-5587-5501-9
印　　刷： 云南出版印刷集团有限责任公司国方分公司
开　　本： 889mm × 1194mm 1/16
印　　张： 31.25
字　　数： 641 千字
版　　次： 2024 年 12 月第 1 版
印　　次： 2024 年 12 月第 1 次印刷
定　　价： 198.00 元

出版发行： 云南科技出版社
地　　址： 昆明市环城西路 609 号
电　　话： 0871-64168229

编委会

李　璐　著

野外摄影： 李　璐　罗　艳　黄家林　王晓云　徐志峰

显微摄影： 李　璐　罗　艳　段涵宁　谢云茜　朱　永　王乐骋　段云芳　李楚然　杨晨璇

资料整理： 李　璐　段涵宁　谢云茜　杨晨璇　王乐骋　朱　永　陶　磊　陶凯锋

组织切片： 张　锦　李　璐

扫描电镜： 张　锦　李　璐

资料整理： 李　璐　段涵宁　谢云茜　陶　磊　陶凯锋　张颖铎　刘文豪　陈　罡　邹　乐　胡向科　马　东

内容提要

本书基于最新的兰科分子系统学，收录了中国分布的5亚科10族47属126种有代表性的兰花，利用野外调查和解剖镜观察记录其植株形态和花结构特征，包括花序、花型、唇瓣、合蕊柱、花药帽、花粉团等，比较分析这些特征在亚科、属和组间的异同。同时，利用扫描电镜和石蜡切片分别观察了3亚科14属的15种兰花的花粉形态和13种兰花的花药发育过程，从超微结构和组织切片水平揭示了兰科特有的黏性花粉、花粉小块和花粉团的形态和发育特点。每种兰花均介绍了植物基本信息，包括中文名、拉丁学名、别名、植株形态、花形态解剖特征、地理分布和生境、花期，以及濒危等级，并分别附植株形态图、花形态解剖特征图、扫描电镜图和组织切片图。

作者简介

李璐，中国科学院昆明植物研究所博士，西南林业大学研究员、博士生导师。现为云南植物学会科普工作委员会委员、云南省中药材种植养殖行业协会专家、全国植物结构与生殖生物学会会员、昆明市企事业科协科技创新智库专家、昆明市科协青少年科普工作专家团成员等。从事植物分类学、植物系统与演化、药用植物资源调查等，擅长利用形态解剖学和分子生物学等多学科手段，为珍稀濒危植物保护生物学提供科学依据，在兰科、猕猴桃科、山茶科、肋果茶科、毛茛科等关键类群积累了一定研究基础。主持国家自然科学基金和省部级项目16项；以第一作者和通讯作者在国内外主流学术期刊上发表学术论文60余篇，其中SCI收录论文16篇；出版专著《植物新语—彩云之南》《中国石斛属花形态图志》2部，参编《云南植物志》2卷；为《科学画报》《森林与人类》《中国科学报》《人与自然》等科普期刊供稿20多篇。

基金项目支持

2022年度国家出版基金项目

2020年国家自然科学基金“兰科雄蕊发育模式及系统演化意义”（32060049）

2020年国家林业和草原局资助项目“云南兰科植物补充调查”（202007）

2011—2020年国家中医药管理局“第四次全国中药资源普查项目——云南省第四次中药资源普查项目县——澄江市、景东县和弥勒市”（GZY-KJS-2018-004）

序　一

兰科是被子植物里物种多样性最丰富的家族，具有重要的观赏价值和药用价值。中国的野生兰花资源丰富，涵盖了兰科所有5个亚科的地理分布群，包含着大量的特有种和单型属。兰科的花形态特征较为独特，是物种鉴定和分类系统的主要依据。由于花结构细节特征在标本上难以保存，为兰科的物种鉴定和保护生物学带来了不小挑战。本书作者10多年来一直从事兰科花形态多样性研究，收集了丰富的实验材料，利用解剖镜、显微镜、扫描电镜和石蜡切片技术，从花器官组成、花粉形态和外壁超微特征、细胞组织发育水平，多角度分析了5个亚科不同代表类群的花结构和散粉单元类型的形态建成及发育特点，为《中国珍稀濒危野生兰科花形态图志》的撰写提供了翔实的第一手资料。

通读下来，我认为《中国珍稀濒危野生兰科花形态图志》具有3个特点。首先，选材很重要。本书研究对象为我国珍稀濒危兰花，系统地涵盖了兰科系统演化上的关键代表类群，包括了5亚科47属126种，具有一定的学术价值。其次，角度独特。本书从形态解剖学的角度探究了中国兰科植物的花形态多样性，从花器官组成、花粉超微结构和细胞组织切片水平揭示了不同代表类群的分类学特征，为理解唇瓣、合蕊柱、蕊喙、花粉粒、花粉小块和花粉团等兰花专业术语提供了新资料。另外，图文并茂。本书为每种兰花提供了植株、花结构、解剖镜和扫描电镜下的清晰图片，为物种鉴定提供了翔实依据。

《中国珍稀濒危野生兰科花形态图志》不仅记录了每种兰花具有分类学意义的花形态特征，而且介绍了它们的地理分布、经济价值和濒危等级，还花一定篇幅探讨了兰科花形态特征的系统演化意义。因此，本书的出版有助于人们进一步理解作为保护生物学中的“旗舰类群”兰科多样性的重要性，为我国兰科植物野生资源的保护以及兰花产业的发展提供参考。值得一提的是，该书选用了大量精美的植物图片，不仅体现了野生兰花的观赏性，也兼具生物多样性保护科普知识的传播功能。因为对于普通读者来说，这些不为常人所关注、只有在解剖镜下才能观察到的兰花微形态特征，都是非常新颖而有趣的知识。

总之，《中国珍稀濒危野生兰科花形态图志》的学术角度较为独特，内容翔实而具原创性，物种基本信息准确，为我国野生兰科植物的保护和利用提供了新资料。故乐为之序。

孔宏智　博士　研究员

中国科学院昆明植物研究所标本馆馆长

2024年10月18日

序　二

兰花因具有较高的观赏价值和药用价值而备受人们的关注和青睐，是人们相对熟悉的一类珍稀濒危保护野生植物。兰科植物花型独特、花色鲜艳、花期较长，在世界园艺花卉界占有重要的一席之地，其中的翘楚有兰属、兜兰属、蝴蝶兰属、卡特兰属等。同时，兰科植物富含活性物质，具有重要的药用价值，包括天麻属、白及属、石斛属和石豆兰属等。目前，随着社会经济发展，人们对兰科植物资源的需求日益增加，市场开发前景广阔。然而，大部分兰花的生长周期长达数年，通过传统繁殖方式较为耗时。因此，组培技术的发展，尤其是兰科种子无菌萌发技术的研发及推广，为兰花种植产业及商业化提供了可能。尽管中国兰科资源较为丰富，具有深厚的兰花传统文化底蕴及较大的市场需求，但与部分东南亚国家相比，我国兰花的种植业和资源利用开发相对薄弱，仍需重视野生兰花资源的保护与可持续利用。

事实上，兰科也是植物学研究领域里较为有趣的代表类群，包括生态学、形态学、胚胎学、繁殖生物学、生理学等学科分支，为人们深入了解兰花的地理分布、生境及习性、物种组成、系统演化、传粉生物学以及繁育机制等提供科学依据。在植物系统学上，兰科是被子植物的第二大科，大部分物种为多年生的附生草本，集中在五个亚科中的最大的亚科：树兰亚科。这些附生兰往往附着在树干、石头或悬崖峭壁，是全球森林生态系统的重要组成，也是评价或衡量区域性热带雨林、亚热带常绿阔叶林的生物多样性保护的关键指标。多样的植被类型，孕育着种类丰富的珍稀濒危兰花，包括物种数目较多的石斛属和石豆兰属等。同时，一些物种数目较少的单种属或寡种属等类群在理解兰科系统演化中扮演着关键角色，例如独花兰属、耳唇兰属、蜂腰兰属和蛇舌兰属等。在现代生物多样性调查及编目中，如果兰科植物达不到一定的分类学组成，这样的编目对于理解该地区的生物多样性保护是值得商榷的。

近年来，随着气候变化、人为干扰活动、外来生物入侵、森林破碎化等现象日益显著，全球生物多样性保护和可持续利用备受关注。大部分兰花多为森林里的附生兰，生境特殊且繁殖周期较长，野生种群的繁衍和扩大极易受到外界因素的影响。因此，兰科野生资源被列入《濒危野生动植物种国际贸易公约》（CITES）附录，一些被过度利用的兰科种类也被列入《世界自然保护联盟濒危物种红色名录》（IUCN红色名录）。2021年，在国家林业和草原局、农业农村部颁布的《国家重点保护野生植物名录》里，国产的杓兰属、兜兰属、石斛属、火焰兰属、兰属、独蒜兰属等野生兰花资源以接近整属的概念纳入保护范畴。在这些保护策略的制定和评估里，最直接的参考依据和有效保护的基本要求就是掌握或确保该保护物种的生物学数据的科学性和可获得性。

长期以来，兰科虽是研究热点类群，但该科物种数目繁多，多样性丰富，被深入研究过的种类相对较少，现有研究资料散见于论文或志书，需更多数据来帮助人们理解其生物多样性保护。目前，随着各国政府对兰科多样性保护及野生资源调查的重视，国内外兰科专著也相继出版，但关于兰科的基础研究资料偏少。《中国珍稀濒危野生兰科花形态图志》一书，挑选并收录了我国126种野生兰花的花形态结构特征，涵盖了兰科5亚科17族和47属，包括地生兰、附生兰和腐生兰，为理解中国兰科植物多样性的物种构成、地理分布，野生资源保护和可持续利用提供了新的视角和依据。同时，作者还利用一定的篇幅，从组织切片水平和扫描电镜的角度揭示了兰科在亚科水平上的花形态特征，尤其是雄蕊和花药发育及花粉超微结构特征，系统地介绍了双雄蕊兰、单雄蕊兰的散粉单元类型变化和形态建成，为理解粘性花粉、可分割花粉团和坚固花粉团的形态建成，以及系统分类和传粉生态学提供了重要的参考依据。该书是作者及其合作者团队近10年已来研究工作的积累，部分研究结果已经发表，得到了同行专家的认可，并获得了2022年度国家出版基金项目支持。在项目评审过程中，通过了国内同行专家的评审与肯定，也获得部分建设性意见。本书的策划、编辑、校对和出版也离不开出版社编辑团队的付出。我祝贺作者及其研究团队的努力，这是继2023年《中国石斛属花形态图志》一书正式出版后，取得的又一阶段性成果。如前所述，尽管我国野生兰科资源丰富，在观赏和药用方面具有重要的市场开发潜力，但关于它们的生物学基础研究非常有限。我希望该书的出版能吸引更多年轻人从事珍稀濒危野生植物保护工作，尤其是在云南这片生物多样性备受关注的热点区域，为我国绿色社会经济发展贡献自己的一份力量！

彭华　博士　研究员

中国科学院昆明植物研究所标本馆原馆长

2024年11月12日

前　言

兰科是被子植物中演化程度最高的家族，主要表现在该科物种数量庞大，拥有800多个属，多达26000多种，在种数上仅次于菊科，广泛分布于全球热带和亚热带地区。中国有200属和1600种，其中70%以上的类群都集中分布在云南，蕴藏着丰富的适应性演化机制。其次，也表现在兰科普遍具有高度特化的花形态结构特征以及与之相对应的多样化繁殖机制，备受植物学家关注。例如，兰科特有的唇瓣、合蕊柱、花粉团、花药帽、柱头腔等花形态结构的演化和传粉机制息息相关，蕴含着丰富而特殊的有偿回报传粉、无偿的欺骗性传粉、雨媒传粉，以及自花授粉等。再次，兰科在被子植物演化中的地位还表现在地下部分营养器官与真菌形成复杂而多样的共生真菌系统，既有高度的专一性也有变异丰富的多样性。研究表明，兰科从种子萌发到生长发育阶段，都离不开菌根共生真菌系统的支持，不同种类的兰科植物都有自己特有的共生真菌种类和方式。此外，由于分布广、适应性强，大部分兰科植物普遍为热带雨林和亚热带森林里常见的附生兰，成为常绿阔叶林或针阔混交林的重要组成，如石斛属和万代兰属等。少数为温带的地生兰，包括杓兰属、玉凤花属和红门兰属等。也有极少数为腐生兰，如山珊瑚属、天麻属和虎舌兰属等。因此，从丰富的物种组成、广泛的地理分布、结构独特而变异丰富的花形态、专一的或多样的繁殖机制和共生真菌种子萌发等生物学特性来说，兰科一直都是国内外植物学家高度关注的研究类群。

大部分兰花具有较高的观赏和药用价值及深厚的传统文化底蕴，其野生资源的保护与可持续发展也备受重视。由于花型独特、花色鲜艳、花香迷人、花期较长，且野生资源稀少，兰花在国内外园艺界占有较高的地位，备受人们青睐。在国外，人们喜欢花型硕大、花色绚丽的观赏洋兰，如蝴蝶兰属、卡特兰属、兜兰属和石斛属等。在中国，花型雅致、花香淡雅、叶片修长的兰属种类构成我国传统兰文化的主角，备受文人雅士推崇。同时，鲜为人知的是，我国著名的传统药材里，也有不少兰花种类，包括中华九仙草的铁皮枫斗（石斛属）、山慈姑（独蒜兰属）、果上叶（石豆兰属）、白及属和天麻属等。其中，最受人关注的莫过于石斛药材的基源植物——石斛属，我国有70多种，有50多种都富含活性成分，其中部分种类被列入《中华人民共和国药典》（2000版），包括铁皮石斛、细茎石斛、霍山石斛和金钗石斛等。

然而，正是由于具有较高的经济价值，兰花野生资源长期以来受到人为干扰，保护迫在眉睫。目前，全世界的兰花家族正面临着濒危灭绝的危险，被全部列入“华盛顿公约”（CITES）的附录名单，即濒危野生动植物种国际贸易公约的保护名录。因此，兰科成为全球珍稀濒危野生植物保护中的“旗舰种”。2021年颁布的《国家重点保护野生植物名录》收录了约300种野生兰花，包括国产的兜兰属、杓兰属、石斛属、火焰兰属和金线兰属等珍稀濒危物种。针对野生兰花资源面临着的人为干扰活动，例如杀鸡取卵式的过度采集、简单原始的野生资源交易、生境栖息地的破坏丧失等现象，有必要加强对兰科野生种质资源的收集、保育和品种培育等基础研究，为满足日益增长的市场需求提供充足优质的兰花资源。

作者长期从事植物形态学研究，擅长从花、果、叶等形态解剖特征入手，从野外调查的生境和植株形态到解剖镜下的花器官的细微特征，再到扫描电子显微镜下的花形态的超微结构，以及利用石蜡切片技术从细胞组织水平揭示植物的胚胎发育特征，比较分析这些特征在物种起源、分化、适应性演化和保护生物学中的作用。近年来，作者主持了国家自然科学基金“兰科雄蕊发育模式及其系统演化意义”和2020年度国家林业和草原局野生植物保护管理项目“云南兰科植物补充调查——2020”，完成了“云南省第四次中药资源普查项目”3个项目县的药用植物资源调查，为系统整理兰科花形态多样性的研究资料提供了可能。随着社会经济发展，全球生物多样性保护备受关注。2021年10月，联合国《生物多样性公约》第十五次缔约方大会（简称COP15）在昆明召开。借此机会，在云南科技出版社的支持下，作者把十多年来收集的兰科研究资料系统整理，撰写为《中国珍稀濒危野生兰科花形态图志》书稿，积极申报并获得2022年度国家出版基金支持，为我国珍稀濒危野生植物多样性保护提供了新思路。本书与作者的《中国石斛属花形态图志》为系列书，后者系统地记录了中国108种石斛属的花形态解剖特征，包括国产73种，国外引种23种，近缘类群8种。因此，本书仅选择了2种石斛属植物为代表，借此反映石斛属花形态特征的普遍性。

《中国珍稀濒危野生兰科花形态图志》选择了中国兰科5亚科46属126种珍稀濒危植物为研究对象，涵盖了该科系统演化上的关键类群，通过解剖镜、扫描电镜和石蜡切片技术，每种植物配有2～3幅精美的彩色图片，清楚而系统地阐明了兰科的花形态解剖特征、花粉超微形态和花粉发育过程。全书分为5个章节，每个章节主题突出、层次分明、彼此关联，由外到内、从宏观到微观，系统地揭示了兰科植物关键的花形态特征、花粉形态多样性、花药发育过程中不同花粉类型形态建成和关键的胚胎学特征，并讨论了它们的分类学意义。本书集形态学、解剖学、超微形态和胚胎学等多学科研究手段于一体，为进一步理解和深入开展兰科多样性保护提供了形态学证据。本书的分类系统采纳了《更新的兰科分子系统学》（*An updated phylogeny of Orchidaceae*）（Chase *et al.*，2015），物种鉴定依据和形态特征描述参考了《中国野生兰科植物原色图鉴》（金效华等，2019）、《中国植物志》（第17～19卷）（郎楷永，1999；陈心启，1999；吉占和等，1999）和英文版《中国植物志》（*Flora of China*，Vol. 25）（Chen *et al.*，2009），部分有争议的植物拉丁学名的分类处理参照英国皇家植物园的世界植物名录网站（https://powo.science.kew.org），物种濒危等级评估参照《国家重点野生植物保护名录》（国家林业和林草局，2021）、《中国重点保护野生兰科植物识别手册》（罗毅波和李敏，2023）和《中国野生兰科植物原色图鉴》（金效华等，2019）等。

本书的出版为我国丰富而独特的兰科植物多样性的保护提供了新资料，适合高等院校、科研院所、政府部门、自然保护区以及从事野生植物资源保护和开发利用的企事业单位等同行使用。同时，本书收录了61种国家重点保护兰科植物（国家林业和草原局，2021），为相关部门工作人员和兰花爱好者提供了物种鉴定和濒危等级评估等参考。

鉴于作者水平有限，书中难免有不足之处，敬请读者批评指正，以便不断完善和进步，为我国丰富的珍稀濒危野生植物多样性的保护和利用尽一份绵薄之力。

李璐

2024年11月1日

目 录

第一章

兰科花形态研究概况

Chapter 1

兰科花形态研究概况

黄花杓兰 *Cypripedium flavum*

第一节
兰科分类系统学简史

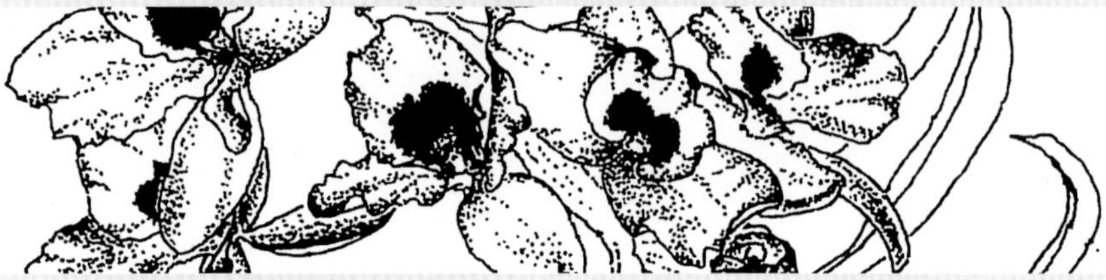

兰科分类系统学是伴随着大量新种的发现，通过几代人的贡献和积累，发展形成的分支学科，包括物种的组成、形态特征、地理分布、起源和进化，传粉生物学和繁殖生态学适应性演化等内容。千百年来，为理解兰科内部成员之间的亲缘关系和系统演化趋势，一代又一代的植物学家本着传承创新、大胆质疑、小心求证的治学态度，通过大量的野外调查和资料查阅等工作，重建和不断修订兰科分类系统，加深了人们对兰花家族的理解。本书作者在查阅文献的基础上，初步梳理了兰科分类系统学历史上一些有意义的重大发现，归纳如下。

1. 兰花最早的名称见于古希腊药用植物典籍

根据Garay（1976）和Jacquet（1994）整理的欧洲植物学文献资料，可以看出在早期的文献资料中，兰花常被作为草药或奇花异卉而被提及。例如，公元77年左右，古希腊医生Pedianos Dioscorides编著的《药物学》（*De Materia Medica*），不仅收录了约600种药用植物，还记载了当时的人们执着地相信兰花的假鳞茎具有神秘而强大的力量。在这本书里，作者借用古希腊哲学家和自然科学家Theophrastos von Eresos的名字来作为兰花的名称，在书里被写作Theophrastos（泰奥弗拉斯托斯）。与此同时，大多数欧洲植物学家通过大量的兰花绘画作品，开始接触并了解到热带兰花令人惊奇的物种多样性。

2. 兰科植物学名的创始人林奈（1707—1778）：兰花雌雄蕊愈合

追本溯源，动植物双命名法的创立者——瑞典生物学家林奈（Carl von Linné）首次注意到兰花雌雄蕊愈合为合蕊柱的花形态特征。在他的《植物种志》（*Species Plantarum*）（1753）一书里，首次将兰花归为“雌雄蕊异型的双雄蕊类群”，拉开了兰科分类系统研究的序幕。该书记录了69种兰花，可以分为8个属，即红门兰属（*Orchis*）、鸟足兰属

（*Satyrium*）、蜂兰属（*Ophrys*）、长药兰属（*Serapias*）、丛宝兰属（*Limodorum*）、杓兰属（*Cypripedium*）和树兰属（*Epidendrum*），成为最早出现的兰科植物分类群。林奈建立的兰科物种名，现在仅有部分种类可以查到凭证标本，但在传统兰花经典文献里，它们常作为近缘类群的同义词被广泛使用。接着，林奈在第二版《植物种志》（*Species Plantarum*）（1762—1763）新增了30种树兰属（*Epidendrum*）植物。尽管这30种兰花后来被认为不止来自同一个属，而是可以划分为15个属。林奈的贡献是有目共睹的，他创建了兰科植物学名，还发现了合蕊柱是兰科物种鉴定的关键分类学依据。

3. 第一位兰科分类学家 Olof Swartz（1760—1818）：雄蕊数目变化

目前常用的兰科拉丁学名（Orchidaceae）一词是由法国植物学家和巴黎自然历史博物馆的奠基人Antoine-Laurent de Jussieu（1748—1836）创建的，该词出现在他的专著《植物属志》（*Genera Plantarum*）（1789）中，他认为兰科是最能体现自然法则的代表物种之一。同时代的瑞典植物学家Olof Swartz师从林奈，成为第一位专门研究兰科植物分类的专家。他不仅撰写了关于兰科物种分类修订的毕业论文，并且勤于发表相关研究论文，为自己在兰科分类学研究方面奠定了坚实基础。他的论文不仅初步分析了用于兰花物种鉴定分类的形态特征，还补充修订了25个属的兰科植物基本信息，包括他本人新建的10个属。令人瞩目的是，这新增的10个属的兰花资料，主要是他于1784—1786年在西印度群岛野外考察时收集的第一手资料，也有部分来自朋友的馈赠（Thunberg、Sparrman和Afzelius）。通过野外调查，他坚信兰科还有很多新类群亟待发现，值得继续探索，这加深了人们对兰花的认识。

值得注意的是，师从林奈的Swartz首次注意到大部分兰花只有1枚雄蕊，而杓兰属，即拖鞋兰的花却有2枚。据此，他提出了兰科可以分为两类：单雄蕊类（Monandrae）和双雄蕊类（Diandrum）。接着，他的专著《兰科植物的形态鉴别特征》不仅收录了16属植物的图谱，还根据花药在合蕊柱上的位置和特征，把单雄蕊类进一步细化为三组（group），但没有正式命名组的学名。按目前的兰科分类系统，这些组（group）大约相当于红门兰组（orchidoids）、鸟巢兰组（neottioids）和树兰组（epidendroids）。

关于兰科植物形态特征的专业术语，最早源于法国植物学家L. C. Richard（1754—1821）在1817年发表的一篇关于欧洲兰花的论文。他建立的检索表，强调了花粉团结构和合蕊柱的细节形态，并在一个命名为“兰花繁殖器官”（*Genitalia Orchidearum*）的图版上详细描绘了这些关键特征。19世纪初，随着Brown（1810）、du Petit-Thouars（1809，1822）和Blume（1825a，b）等人兰科专著的出版，越来越多的热带兰花出现在大众眼前，激发了人们对兰花的热爱并引起了关注，同时在这些著作里，还提供了对Swartz创建的兰科分类系统的修订补充资料。

4. 传奇人物John Lindley（1799—1865）：兰科花形态解剖特征

在兰科分类系统学历史上，英国植物学家John Lindley是一位不得不提的传奇人物。他不仅是兰科植物分类系统学研究的领军人物，也是一位高产作者，出版了很多兰花专著。令人称赞的是，Lindley还是一位敢于挑战权威的植物学家。Lindley和他同时代的大多数人一样，是“自然系统”的忠实追求者，即重建的分类系统要尽可能地反映自然演化规律。这只能通过研究物种形态特征的模式（patterns of characters）来实现，并放弃人为性较强的林奈创建的植物分类系统。Lindley认为林奈的物种分类“虽曾经很流行，但很肤浅、没有用”（1847）。虽然Lindely提出的系统不是“进化论”，但他对兰科植物类群之间亲缘关系的理解与后来受达尔文进化论影响的科学家所持的观点几乎是一致的。Lindley在他的专著（*Orchidearum Sceletos*，1826）中首次在科和族之间使用了一个分类阶元，即组（group）。在这个分类系统中，兰科被分为4组，即鸟巢兰组（Neottieae）、红门兰组（Orchideae）、树兰组（Epidendreae）和杓兰组（Cypripedieae）。这些族的分类学概念被后来的分类学家加上亚科拉丁学名的后缀“-oideae”来使用，相当于现在的亚科分类系统。

Lindely一直致力于兰科分类系统的重建，他多次修改、不断完善自己新建的系统。在《植物种志》（*Nixus Plantarum*，1833）中，他把兰花分为3个独立的类群列在专著《雌蕊合生目》（*Cohors Gynandrae*）中，包括红门兰族（Orchideae）、杓兰族（Cypripedieae）和拟兰族（Apostasieae），这个观点后来被Vermeulen（1966）采纳过。但在第2版《植物学自然系统》（*A Natrural System of Botany*，1836）中，他新建了一个科，即香荚兰科（Vanillaceae），包括香荚兰属（*Vanilla*）和*Epistephium*，因为它们有肉质的果实和不寻常的种子。这一观点在他后来的文章中又被舍弃。在后来发表的文章里，他不断修订并简化兰科分类系统，包括去掉亚科分类阶元，把兰科由8个族合并为7个。不仅如此，Lindely是一个非常重视花形态特征的兰科学家，他观察研究过的兰花材料比之前的任何植物学家都多。1840年，Lindley出版了专著《兰科植物的属和种》（*The Genera and Species of Orchidaceous Plants*, 1830—1840）。他在序言里说，他收集了1980种兰花，观察过75%的兰花物种的花果特征。因此，他衷心地感谢那些长期给他寄兰花材料的朋友和读者，希望他们继续给予支持。但同时，他也明确表示这些材料不会退回到寄件人手里，会被存放在自己的标本馆。1865年，Lindley去世后，英国皇家植物园购买了他的标本馆，其中包含约7000件标本（Cribb，1998）。

兰科分类系统里出现的族的编号并不是为了表达一种“自然顺序”，如同后来的一些作者提出的观点。沼兰族（Malaxidiae）被细分为“组”（sections），龙嘴兰族（Arethuseae）和鸟巢兰族（Neottieae）被细分为“分支”。在1847年出版的第2版《植物界》（*The Vegetable Kingdom*）中，Lindley提到了3个科（仍然被称为“自然类群”），即水玉簪科（Burmanniaceae）、兰科（Orchidaceae）和拟兰科（Apostasiaceae），隶属于兰目（Orchidales）下的近缘类群，共记录了394个属，物种的数量至少为3000个。Lindley撰写的《兰科物种志》（*Folia Orchidacea*）始于1852年，Lindley计划将其作为兰科属志系列专著出版，最后一部分于1859年出版。在这部专著里，Lindely在兰科分类系统的科级或族级水平上并没有提出任何异议和修订。此外，Lindley为吸引更多人热衷于兰花研究，他也做出了有目共睹的贡献。他在《爱德华兹植物学登记册》（*Edwards' Botanical Register*）和其他书籍中提供了大量兰花物种的精美插图，如《兰花植物图志》（*Illustrations of Orchidaceous Plants*）（Bauer & Lindley 1830—1838）和《兰科植物采集》（*Sertum Orchidaceum*）（1837—1841）。

5. 兰科分类学家George Bentham（1800—1844）：花粉团柄

1881年，英国植物学家George Bentham发表了一个新兰科分类系统，开创了兰科分类系统修订先河，见于他和同时代英国植物学家J. D. Hooker（1817—1911）一起合作出版的《植物属志》（*Genera Plantarum*），该书被视为有名的植物系统学开山之作。在该专著的兰科属志部分，Bentham以Lindely的成果为基础，修订了兰科分类系统。其中，根据Lindely曾提出的建议，Bentham把沼兰族（Malaxideae）归入树兰族（Epidendreae），把龙嘴兰族（Arethuseae）纳入鸟巢兰族（Neottieae）。在Bentham的系统里，除杓兰族（Cypripedieae）外，剩下的5个族中的物种都被进一步细分到亚族。这样的分类学修订被广泛接受，成为后来所有兰科分类学系统修订的基础。值得一提的是，Bentham是第一位发现万代兰族的花粉团具有“花粉团柄”特征的植物学家，这个特征可以用作族级类群的划分依据。有意思的是，他向当时有名的德国植物学家H. G. Reichenbach（1824—1889）发出挑战，要求对方也提出一套兰科分类系统，并注明属级划分的关键依据，以扩大影响力。然而，Reichenbach对此并无任何响应。不过，在Bentham的兰科分类系统里，他并没有意识到单雄蕊兰和双雄蕊兰之间的重要区别，因此把拟兰属（*Apostasia*）和三蕊兰属（*Neuwiedia*）都归为杓兰族（Cypripedieae）。

6. 兰科分类系统学家Ernst Pfitzer（1846—1906）：可育雄蕊数目

19世纪末，时任海德堡植物园主任的德国植物学家Ernst Pfitzer发表了许多关于兰科植物形态和花结构的科研论文，因此，他受邀参与植物学家恩格勒（Adolf Engler）（1844—1930）和柏兰特（Karl von Prantl）（1820—1888）合作出版的植物分类系统经典之作《自然植物科志》（*Die Natürlichen Pflanzenfamilien*）的编写，并承担了兰科分类系统的编撰工作。1887年，Pfitzer新建了“兰科分类系统”（*Entwurf einer natilrlichen Anordnung der Orchideen*），该系统与前人（Swartz、Lindley和Bentham）的分类系统有较大出入。首先，他支持可育雄蕊数目的重要性，把兰科分为双雄蕊兰和单雄蕊兰。但在形态特征多样的单雄蕊兰里，他根据花粉团柄、假鳞茎的合轴分枝或单轴分枝、花序侧生或顶生等，将兰科进一步细化为不同的类群，但由于用于类群划分的部分特征结构较为复杂，且关于亚族（subtribus）或族（tribus）等分类阶元的界定不统一，因此在实践方面颇为困难。Pfitzer提出来的兰科分类群阶元的命名及其词缀等还被Butzin（1971）进行了应该如何修改的分析，使其符合《国际植物命名法规》（ICBN）。

与Bentham相反，Pfitzer直接解决了兰科系统发育问题，重视并试图理清花形态的演化趋势，把 “原始类群” 排在“进化类群” 前面。他把双雄蕊兰作为兰科系统演化树上第一个分支的原始类群，把单雄蕊兰作为进化类群。因此，Pfitzer的兰科分类系统被认为是探讨兰科系统发育和物种演化的萌芽。尽管后来的植物学家评论这种系统的排序有明显的人为痕迹，只是为了编制物种分类检索表，但事实上，他提出的花形态特征演化的假说也被认为是合理的，是具有分类学意义的关键特征。

7. 兰科分类学家Heinrich G. Reichenbach （1824—1889）：合蕊柱

德国植物学家Heinrich G. Reichenbach，来自植物学世家，他的父亲（H. G. L. Reichenbach）也是著名的植物分类学家。他发表和出版了大量与兰科有关的文章与专著，绘制了很多兰花的黑白线描图或彩图。Reichenbach撰写的兰科植物志（*Xenia Orchidacea*）（1854—1900），分3卷出版，他去世后由英国植物学家F. Kränzlin（1847—1934）完成。Reichenbach对于兰科分类系统的研究是较为保守的，他警告后人不宜过度拆分现有属的分类。虽然他没有提出自己的兰科分类系统，但在1885年发表了一篇关于兰花系统学的文章，以尊重的笔调质疑Pfitzer的分类系统过于强调植物的营养器官的结构（vegetative structures），其中还批评了Pfitzer的研究结果较为肤浅，对合蕊柱结构的细节特征关注较少。对于Reichenbach来说，合蕊柱是兰花分类学上最重要的结构。该观点对后续的分类系统影响较大。

令人不解的是Reichenbach把自己收集的兰花材料和手绘的兰花图毫无保留地交给了维也纳皇家霍夫博物馆（Imperial Hof Museum at Vienna），条件是在他去世后的25年内不得使用。在他的遗嘱中，不得使用的理由是“为了避免因目前对兰花种植的狂热而破坏昂贵的收藏” 。这似乎很难理解，对兰花种植的狂热会对兰花分类学家收集的干标本以及绘画产生什么样的影响呢？尤其是当它们被皇家霍夫博物馆这样重要的机构收藏保管时。这个令人费解的要求常被理解为一种虚荣心的表达，但后来的研究者通过标本上记录的某个数字或字母，发现他收集的大部分兰花材料都来自其他馆藏标本，都是他偷偷采集的花朵零星结构。也许，他提出这个古怪要求，只是想为当时给予他材料的同行提供一种保护。

值得一提的是，同时代的兰科分类学家，除了Reichenbach，还有Kränzlin、Bentham、Pfitzer和Schlechter等。德国植物学家Kränzlin在英国历史自然博物馆从事南非兰科植物研究，他描述了该地区许多新属和新种，完成了部分属的分类修订。这些工作主要见于《兰科属种志Ⅰ，Ⅱ》（*Orchidacearum Genera et Species* Ⅰ and Ⅱ）（1897—1904）。他继承了Reichenbach的工作，完成了兰科专著*Xenia Orchidacea*第3卷（1900年）的出版。英国植物学家Robert A. Rolfe（1855—1921）是兰科植物系统学家，曾任英国皇家植物园兰科标本馆馆长，完成了大量的兰科分类系统研究，创立了杂志《兰科回顾》（*the Orchid Review*），发表了大量关于兰花人工杂交物种的文章，包括兰科属和种的分类学以及系统演化方面的学术论文（1909—1912）。

8. 兰科分类系统学家Rudolf Schlechter（1872—1925）：成果丰硕

在同时代的兰科分类学家中，德国植物学家Rudolf Schlechter是论文发表最多、高产的兰科分类学家。他一共发表了300多篇论文，出版了多部专著。他19岁在柏林大学上学时就开始了植物学调查之旅，离开欧洲前往开普敦，之后在非洲和远东地区不断考察和收集材料，重点研究对象是兰科和萝藦科。1892年，他发表了第一篇关文章，是关于兰花的，这个将来让他倾其一生沉浸其中的研究对象，同时也发表了第一篇萝藦科研究论文。1895年，他带着野外收集的兰科和萝藦科植物标本回到欧洲，就职于大英博物馆植物学部门。1896—1903年，他离开欧洲，继续踏上了野外植物调查采集之旅，首先去南非，然后去苏门答腊、新几内亚和澳洲等地，并完成了博士论文。1906年，他继续前往东南亚进行调查采集，包括菲律宾等地。他之所以会被人们记住，是因为采集了大量的植物标本。其中，让人印象深刻的是他的毕生之作《新几内亚的兰科植物》（*Die Orchidaceen von Deutsch Neu Guinea*，1911—1914，1923—1928），内容有1000多页，为系列专刊，涉及的植物种类多达1400种，包括1102个新种。几年后，他又继续发表了南非兰科植物调查结果（Die Orchideenfloren der südamerikanischen Kordilleranstaaten）。1915年，Schlechter出版了著名的兰科植物专著*Die Orchideen*，1927年还发行了第2版。其间，Schlechter还陆续发表了关于兰科分类系统的文章，涉及Polychondreae（鸟巢兰亚族neottioids）（1911）、绶草亚族Spiranthinae（1920）和kangraekoiden Orchidaceerf（1918）。

Schlechter在兰科分类系统方面的贡献主要体现在1926年出版的《兰科系统学》专著上。他在收集调查各大洲兰科物种的基础上，编制了兰科属和种的分类检索表。尽管该分类系统并没有注明兰科分类系统的原则或标准，但兼顾融合了Bentham和Pfitzer的分类系统特点，例如，不包括拟兰亚科的双雄蕊兰和单雄蕊兰被提升为亚科。同时，在单雄蕊类群里，他重视花粉团的性质，将其列为分族的依据，包括松软花粉团的Polychondreae（相当于鸟巢兰族）和具有坚固花粉团的Kerosphaereae（包括Bentham系统里的树兰族和万代兰族）等。Schlechter在该分类系统上建立了610个属，并将每个族或系都划分为亚族，以词缀“-eaey”命名结尾，涵盖了兰科所有重要类群，为每个属编了序号。该分类系统被视为完整的兰科分类系统，也被各国主要标本馆采纳。Schlechter建有自己的标本馆，收藏了兰科数千种独一无二的主模式标本，保存在柏林。然而，不幸的是该标本馆在第二次世界大战期间（1943年3月）被炮弹炸毁。在接下来的20年里，植物分类学家不断地将分类系统的检索表翻译为拉丁文和英语。Schlechter的兰科分类系统在后来的20多年里一直被广泛运用，成为主要的参考依据。

9. 兰科分类系统学的曙光

直到20世纪60年代，Schlechter建立的兰科分类系统学的权威性受到了美国近代兰科分类学家的挑战（Dressler & Dodson，1960），这唤醒了人们对兰科分类系统的关注。其中，不能不提的是被誉为“四季的生物学家”的Robert Dressler（1927—2019），他出生于密苏里，在哈佛大学完成了本科论文和博士论文，先后在哈佛大学、密苏里植物园、华盛顿大学和巴拿马史密森热带研究所（STRI）工作。他一辈子都倾心于兰科分类系统学研究，发表了大量的文章和出版了多部专著。Dressler与美国兰科分类学和传粉生物学家Calaway Dodson（1928—2020）开启了长期合作，两人在1960年合作发表了第一篇论文。这篇文章虽被称为在Schlechter系统的基础上做的初步探索，但实际上是第一篇采纳并遵循《国际植物命名法规》的兰科论文，其中新建了兰科分类系学，并附有族和亚族的分类检索表。在该系统里，具有双雄蕊的拟兰属和杓兰属都被归为杓兰亚科（Cypripedioideae），单雄蕊兰提升为兰亚科（Orchidoideae），后者被继续划分为3个族，包括鸟巢兰族（Neottieae）（有9个分支）、红门兰族（Orchideae）（4个分支）和树兰族（Epidendreae）（27个分支），还有2支亲缘关系不确定的族。

与此同时，Leslie Garay（1960）发表了《论兰花的起源》，文中把兰科分为5个亚科，这似乎与Dressler和Dodson划分的亚科下族级水平相吻合，但在兰亚科的分类范畴上，Dressler和Dodson 的概念比Garay提出的概念更广泛。值得说明的是，尽管Garay在他发表的文章里表现出同一个类群的分类常被来回修订，但他认为兰科应该分为5个或6个亚科的概念常常被引用。

在兰科分类阶元的处理中，Pieter Vermeulen（1966）的工作较为突出。他把兰科和亚科均提升了一个等级，即兰目包括了拟兰科（Apostasiaceae）、杓兰科（Cypripediaceae）和兰科（Orchidaceae），这与Lindley（1833）的分类系统相似。同样，兰科被继续划分为亚科，包括红门兰亚科和树兰亚科。在这两个亚科下，根据花粉团柄的有无继续划分为族，族以下的分类系统就没有被讨论。虽然Pieter Vermeulen（1966）的兰科分类系统将主要类群的分类阶元全都相应地提升了一个等级，但兰科演化框架是清楚的，且与同时代的兰科分类学家的理解基本相似。关于兰科被提升为目且包括3个科的分类概念，在单子叶植物分类系统中被狭义分类的Dahlgren学派广泛采用，该学派喜欢用小科的概念（Dahlgren，1977，1980；Rasmussen，1985）。

Garay（1972,1974）发表了大量关于兰科分类修订关于文章，分析了上述不同分类系统存在的分歧。他认为兰科分为5个亚科，并且在某种进化程度上，兰科是非常自然的类群。Brieger（1971，1976）也采纳了5个亚科的概念，但他把拟兰亚科排除在外，把万代兰族提升为万代兰亚科（Vandoideae）。他认为围绕着兰科分为5个亚科的争论，可以理解为由Bentham和Pfitzer提出的两个兰科分类系统之间存在分歧的爆发式讨论。在1974年一次关于兰花系统学的研讨会上，Dressler对Garay、Brieger和Vermeulen的分类系统提出了质疑。他支持兰科是一个非常自然的家族（a very natural family），只分为3个亚科，但有“网状关系”。接着，单雄蕊兰被分为3个族，包括鸟巢兰族（neottioid）、树兰族（epidendroid）和万代兰族（vandoid）。在1979年发表的兰科分类系统里，Dressler接受了亚科分类阶元的处理，把兰科分为6个亚科，接受了万代兰亚科，新增了绶草亚科（Spiranthoideae），这主要包括Garay提出的鸟巢兰族（Neottioideae sensu Garay），其余Neottioids为具有松软花粉团的产于欧洲的地生兰被归入兰亚科（Orchidoideae）。因此，绶草亚科在很长时间里都被人们所接受，被人们认为是独立的、最可能是单系的亚科。

在所有植物分类系统中，人们都会使用一个自然分类系统学的概念，但从来没有对自然有一个普遍接受的定义或范畴。因此，如何衡量一个兰科分类系统更靠近自然系统演化，这成了兰科分类学家讨论的主题。随着计算机技术的蓬勃兴起，形态特征被数字化的运用，分支系统学（cladistics）应运而生。Lavarack（1971）挑选了兰科有代表性的83个表观遗传学特征来构建分支系统，但其对于兰科分类系统的理解并没有发挥预期的作用。对于现代植物分类系统学家来说，一个自然类群通常意味着一个支系。20世纪末，随着脱氧核糖核酸测序（DNA）技术的发展及广泛运用，植物系统学迎来了分子系统学时代。Pamela Burns-Balogh和Vicki Funk（1986）是第一批尝试用DNA数据重建兰科分子系统学的植物学家。他们分析了兰科68个性状在37个单系分支上的分布特征，涵盖了7个亚科，每个亚科下的类群均按一定的排序方式优化其分类阶元水平。其中，较为显著的创新是把三蕊兰提升为三蕊兰科（Neuwiediaceae），认为三蕊兰是其他兰花的姐妹群，这被后来的研究者所采用（Reveal和Hoogland，1991）。同时，该研究采纳了绶草亚科和鸟巢兰族的概念，认为前者是单雄蕊兰的姐妹群，并把香荚兰族放在树兰亚科。不过，这些分类学处理在Garay的文章（1986）里受到了尖锐的批判。

在Dressler出版的8本兰科分类学专著里，最具影响力的是1981年出版的兰科分类系统学专著《兰科：自然史和分类系统》，这被视为兰科分类系统史上的又一里程碑。该书出版后，产生的影响和传播的范围可以与Lindley的《植物属种志》和Schlechter的《兰花》（*Die Orchideen*）等经典专著相提并论。尽管Dressler没有深入讨论属级下的分类系统，但他提出的兰科分类系统综合了人们多年来对兰花这个自然类群的认识和理解，并在后来的兰科研究领域产生了深远而广泛的影响。

Dressler（1993）出版的兰花分类系统专著《兰科分类系统学》（*Phylogeny and Classification of the Orchid Family*）是基于大量关于兰科花器官发育和花形态结构的研究，

是归纳了人们对兰科植物的最新理解而修订补充的兰科分类系统学。其中，最明显的变化是放弃了万代兰亚科的概念，将兰科分为5个亚科，把狭义鸟巢兰族（Neottieae）放到树兰亚科Epidendroideae，不过该系统对亚科下族级分类系统处理较为模糊，包括了大量系统位置不确定的类群。因此，Dressler（1993）的系统是迄今为止最全面地提出兰科5个亚科水平的系统。虽然该系统对于亚科下的分类群处理存在松散不严谨的问题，也不会像1981年提出的分类系统产生深远影响，但书里融汇了较新的花形态特征的研究结果，因此依旧是兰科系统发育的重要参考资料。

Szlachetko（1995）提出了新的兰科系统（Systema Orchidalium）。他采纳了Vermeulen（1966）把3个亚科提升为3个科的处理，将具有单雄蕊的兰科分为8个亚科、47个支系和140个小分支。他指出前人提出的分类系统里，同一个属或类群的繁殖结构特征存在明显不同，因此可细化为不同的分类处理。虽然他提出的系统没有被广泛接受，但对于亚科、族、属等分类阶元水平上的组合和命名成为后人不可或缺的参考依据。

10. 兰科分子系统学：新视角

在基于形态特征重建兰科分类系统的同时，分子生物学的兴起也悄悄掀起了另一场分子系统学革命。兰科分子系统学研究结果的发表，对长期困扰分类学家的一些问题产生了巨大影响（Chase *et al.*，1994；Dressler & Chase，1995；Neyland & Urbatsch，1996；Cameron *et al.*，1998，2009）。分子生物学的广泛运用，使植物系统学家从脱氧核糖核酸测序获得的物种碱基变异水平上定量地界定物种概念成为可能。囿于早期测序技术的局限性，最先出现的兰科分子系统学研究，取样范围小，通常采用叶绿体编码基因或核基因片段，包括rbcL（Cameron *et al.*，1999；Chase *et al.*，1994）、matK（Freudenstein *et al.*，2004）和核糖体18SrDNA（Chase *et al.*，2003）等。这些研究结果与传统的分类系统没有明显区别，都支持把兰科分为5个亚科，包括拟兰亚科、杓兰亚科、香荚兰亚科、兰亚科和树兰亚科，且拟兰亚科与杓兰亚科的亲缘关系较近。其中，最具代表性的就是基于多基因片段构建的兰科分子系统学（Chase et al.，2003），包括了叶绿体基因片段（atpB、rbcL、matK、psaB、trnL-F）、核基因片段18SrDNA等。该分子系统学在很大程度上结合了形态分子系统学的观点（Freudenstein & Rasmussen，1999），把兰科分为5个亚科17个族和42个亚族，由此奠定了兰科分类系统学的基本框架。21世纪初，随着分子系统学证据的不断增加，取样范围的扩大，兰科分类系统学5个亚科的分类和系统演化趋势基本得到了很好的理解，并普遍被人们所接受（Chase *et al.*，2005，2015；Cameron *et al.*，2009；Kocyan & Endress，2015；Endress，2015；Li *et al.*，2016）。由于目前兰科物种数高达2800种，近800属，所以，关于亚科下的族、亚族、属级和种间亲缘关系的理解和分类系统的重建依旧充满了疑惑和争议（Pridgeon *et al.*，1999，2005，2009，2014）。

值得注意的是，形态解剖学特征在兰科分类系统或兰科分子系统学里同样备受关注

（Freudenstein & Rasmussen，1999；Singer *et al.*，2008；Chase *et al.*，2015）。因此，分子遗传多样性和分子系统学研究的加入，为理解兰科分类系统学提供了新思路和新证据。众所周知，重建动植物分类系统从来都具有较强的人为性。人们一直认为，无论是传统意义上的经典分类系统还是现在出现的分子系统学，都应该努力接近自然规律的本质，这更类似于“原本山川，极命草木”的主旨。在某种程度上，无论是基于形态学特征或分子系统学证据构建的兰科分类系统，都具有一定的现阶段知识局限性，以及因此带来的个人偏好和评估因子选择的偏好性。参考系统发育和分类群的单系性将成为未来分类的标准要求，但这并不能解决关于分类群等级和包容性的争议。因此，评估植物分类系统是否有用或被广泛采纳运用，务必与该学科领域的同行建立密切联系，吸引更多的科学家来一起探索和交流，在争议中不断澄清和更新人们对植物系统演化的认识。

云南南部热带雨林下，高大的攀援兰花：大香荚兰 *Vanilla siamensis*

第二节
兰科形态学

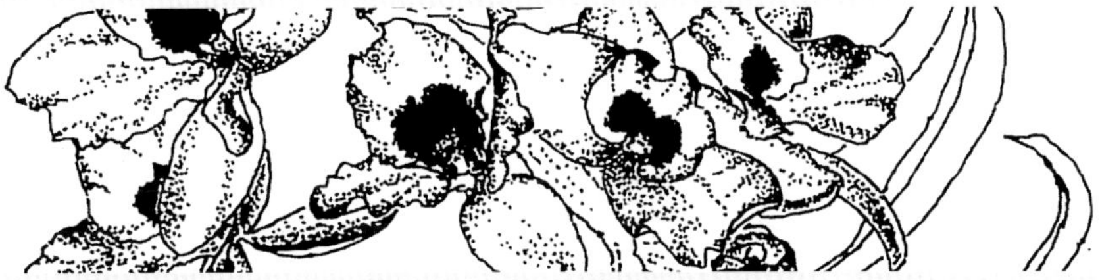

自Swartz（1800）、Richard（1818）和Lindley（1826，1830—1840）时期以来，花形态已经成了兰科物种鉴定和分类系统的重要特征。早期的分类系统学聚焦花结构特征，用于划分属及其以上的高级分类单元。直到Pfitzer（1889）的研究，人们才意识到营养器官特征在重建分类系统方面也具有重要作用。Dressler（1981，1993）在其不断更新的兰科分类系统中，回顾并分析了具有分类学意义的基本信息，把日益增加的学科证据，包括细胞学、胚胎学、化学成分分析等纳入分类系统学研究的范畴。兰花的形态特征包括植株和花形态，这对于理解和重建兰科分类系统可以提供大量信息，该观点在一些经典的兰花分类系统学专著里均有体现（Pfitzer，1889；Adams，1959；Dressler，1981，1993）。事实上，植株和花形态在不同类群间的显著差异为兰科这个数目庞大的植物家族的分类系统重建提供了大量信息。

习性

兰花营养形态特征的多样性主要是为了适应不同的生境演化而来的，尤其是在热带雨林季节性干旱的条件下，其抗旱能力更多地表现在营养器官结构方面。兰花的适应能力较强，几乎可以在任何环境下生存，包括热带雨林中潮湿的地面、长满苔藓和蕨类的树干或岩石、温带地区的高山草甸或沼泽地带、悬崖峭壁或沙漠边缘，甚至是热带地区的街边行道树上都能看到兰花的踪迹。

兰花分布较广，根据习性可以分为3类：附生兰（图1–1、图1–2、图1–3）、地生兰（图1–4）和腐生兰（图1–5）。附生兰多为杓兰亚科的部分兜兰属和大部分树兰亚科成员。它们分布于热带雨林或亚热带常绿阔叶林或针阔混交林下，以发达的气生根附着在林下树干、石头或峭壁上，具有较强的喜荫耐旱适应性。因此，森林成为孕育附生兰的摇篮和乐土，兰花成为林下重要的附生植物。通常来说，大型附生兰多生长在大乔木的主干上，如火焰兰属（*Renanthera*）、多花脆兰（*Acampe rigida* ）、鼓槌石斛（*Dendrobium chrysotoxum*）、大花万代兰（*Vanda coerulea*）等。小型附生兰见于乔木的分枝或石头表面，如石豆兰属（*Bulbophyllum*）、钻喙兰属（*Rhynchostylis*）或蜈蚣兰（*Cleisostoma scolopendrifolium*）等。在热量和雨量充足的地方，同种附生兰不仅可附生在树干上，也可以长在石壁上或石缝里，甚至在街边行道树或路边河岸均可看到，附生兰成为石壁上的先锋植物。

图1-1　滇南地区亚热带常绿阔叶林下，生长在树干上的小型附生兰：大花独蒜兰 *Pleione grandiflora*

图1-2　青岛海滨环境下的附生兰：蜈蚣兰*Cleisostoma scolopendrifolium*

图1-3　亚热带季风常绿阔叶林下的附生兰：圆叶石豆兰*Bulbophyllum drymoglossum*

图1-4　滇中地区常见的地生兰：宽药隔玉凤花*Habenaria limprichtii*

地生兰指生长在陆地上的兰花种类，多以拟兰亚科、杓兰亚科的杓兰属以及兰亚科的大部分成员为主，多见于全球温带地区的林下或高山草地，包括欧亚大陆、北美洲、非洲中南部及澳洲等地，例如，欧洲特有的眉兰属、绶草属、鸟足兰属、阔蕊兰属、舌唇兰属、红门兰属等。草地和林地是温带地生兰最喜欢的栖息地，但有些也生长在潮湿的草地和沼泽。在我国横断山区和北方地区分布的玉凤花属、杓兰属、舌喙兰属和虾脊兰属等植物也多为地生兰。

因此，植物的生长习性可以作为兰科植物分类系统的一个关键特征。拟兰亚科植物都是地生兰，杓兰亚科、兰亚科等也多以地生兰为主。相比之下，树兰亚科主要是附生兰。然而，也有例外。在杓兰亚科中，生长在热带地区的兜兰属（*Paphiopedilum*）和美洲兜兰属（*Phragmipedium*）的部分物种是附生兰。兰亚科的狭舌兰属植物（*Stenoglottis fimbriata*）和一些绶草亚科植物（Dressler，1993），如绿花斑叶兰（*Goodyera viridiflora*），通常为附生，但也可以在陆地上生长。许多树兰亚科植物都是陆生的，特别是折叶兰属（*Sobralia*）和大多数厄勒兰属（*Elleanthus*）。许多香荚兰亚科植物为藤本，有些物种相当大，它们在乔木和灌木之间攀爬或爬进树冠。无叶绿素的山珊瑚属（*Galeola*）可以在地面和周围的灌木上攀缘，茎高达1～3m。

此外，有一些地生兰的植株也无叶绿素，有鳞叶或完全没有叶，整个生长发育都依赖菌根真菌获取营养。它们通常被称为腐生植物，但更可能是寄生的，至少寄生在菌根真菌上。大多数只在花期钻出地面，进行授粉和种子传播。两种分布在温带的澳大利亚地下兰属（*Rhizanthella*）植物从未出现过在地面上，它们的花正好位于地表以下，只有当苞片将地表凋落的树叶推开时才会暴露在空气中。腐生兰花存在于少数属中，分布在温带和热带地区。一些属的建立正是根据这一性状，如无叶兰属（*Aphyllorchis*）、珊瑚兰属（*Corallorhiza*）、叠鞘兰属（*Chamaegastrodia*）、虎舌兰属（*Epipogium*）、鸟巢兰属（*Neottia*）、山珊瑚属和天麻属（*Gastrodia*）。此外，部分异养型的腐生兰也会出现在一些以自养型为主的属里，例如，兰属（*Cymbidium*）的大根兰（*C. macrorhizon*）、美冠兰属（*Eulophia*）的无叶美冠兰（*E. zollingeri*）以及头蕊兰属（*Cephalanthera*）的硕距头蕊兰（*C. calcarata*)等。

兰花株型大小的多样性可与其他大部分植物家族媲美。最小的兰花可能是一些微小的石豆兰属（*Bulbophyllum*）植物，如澳大利亚分布的迷你石豆兰（*B. minutissimum*），其假鳞茎、叶子和花序不超过4mm。然而，令人难以置信的是，株型最大的兰花是生活在热带雨林里的香荚兰属植物。它们的藤蔓可以顺着高大的乔木，爬到热带雨林上层树冠，去享受充足的阳光和雨露。因此，有的香荚兰植株，可长达30m。当然，从重量上来说，香荚兰不是最重的兰花。在东南亚到巴布亚、新几内亚等热带雨林里，生活着世界上最高重量级的附生兰，叫巨兰（*Grammatophyllum specosum*），一丛植株的重量可达数百公斤。因花瓣的褐色斑纹，形似老虎皮，又被称为“虎兰”，这是世界上较为珍稀的大型附生兰。

图1-5　云南南部亚热带常绿阔叶林下的腐生兰：齿爪叠鞘兰*Odontochilus poilanei*

图1-6　云南南部热带雨林下的附生兰：异型兰*Chiloschista yunnanensis*

根

兰花的根有多种功能，包括扎根在土里，或附着在树干或岩石上；吸收水分和营养物质进行光合作用；甚至是收集雨林里掉落的叶片和枝干。当然，兰花的根系还有一个最重要的功能，就是为兰科植物在野外生长时必不可少的共生真菌提供通道。兰科根系发达的或肉眼不可见的根毛，就是让在周围环境里潜伏的真菌种类融入兰科生活史的关键通路。由于种类繁多，生境多样，兰花的根系也是多种多样的，这与它们的生物学功能是分不开的。无论是地生兰、附生兰，还是腐生兰，其根系都由次生根或不定根组成。因种而异，形态解剖学特征表明，在兰花的根系解剖横切面上，根系的厚度差别明显，但外界的共生菌根可以通过根毛进入根部组织。菌根内的共生系统也较为复杂，共生真菌的种类既有专一性，也有普遍性，这是理解兰科生长繁育和物种多样性形成的关键。

虽然大多数地生兰花的根系横切面仅有一个简单的根皮层，但部分类群却和附生兰一样会分化出膜层，膜层为1～18层细胞组成的表皮组织。这些膜层细胞会随着根的成熟而凋亡，在根外壁上形成海绵状的白色鞘，白色鞘由一层较长的有空隙的死细胞和较短的活通道细胞组成，外皮层与皮层分开。膜层和下面的外皮层至少有两种功能：附着于基质和在周期性干燥的环境中吸收水分和养分（Pridgeon，1987）。Capesius和Barthlott的研究（Capesius & Barthlott，1975；Barthlott，1976）表明根皮可以吸收水分和营养（香荚兰类除外）。蓝绿藻或蓝藻细菌已被发现在根皮内，且可以为兰花固定氮。根皮不是兰花所特有的，其也在一些百合科（Liliaceae）和天南星科（Araceae）中被发现（Pridgeon，1987）。

附生兰物种繁多，主要见于数目最多的树兰亚科（图1–1，图1–2，图1–3，图1–6，图1–7，图1–9）。该亚科的根系有以下几种类型：气生根通常是圆柱形的，但附着在树干或石头上生长的根，多为背腹明显的扁平形或半圆柱形。例如，蝴蝶兰属（*Phalaenopsis*）和抱树兰属（*Dendrophylax*）所有物种的根都有些扁平。被压平的根部在与附着物接触时，通常会形成较短的突起，或紧密地依附在附着物表面，从而获得更大的吸收营养和水分的表面积。

许多地生兰的根是贮藏器官，它们看起来肿大且呈块茎状。兰花的英文（orchid）就源于希腊语（orchis），原意是指它们的球形假鳞茎。玉凤花属的部分植物也有肉质肥厚的地下根茎，长圆形或椭圆形，看起来像人参根，例如，粉叶玉凤花和凸披孔参（*Habenaria acuifera*）。绶草属的根也是肉质肥厚的。在美洲，美洲朱兰属（*Cleistes*）、拟兰属和一些竹茎兰属的根也会肿胀成块茎。有的种类，如双尾兰族，其块茎主要由根组织形成，但有一个包括休眠芽在内的茎结构核心，有时也产生于匍匐茎的末端，如舌唇兰属（*Platanthera*）。不过，对于腐生兰来说，其根茎是不发达的，缩短或退化。但也有例外，天麻属的块根肥厚，富含淀粉和天麻素，是重要的传统中草药。鸟巢兰属和珊瑚兰属都有珊瑚状的根，其主要的吸收功能是由菌根真菌承担的。有趣的是，有的兰花物种，其根可以产生不定芽，形成新芽，如对叶兰属、朱兰属（*Pogonia*）或蝴蝶兰属（Stoutamire，1974）。

更有意思的是，在兰科指甲兰亚族里，存在着较为典型的附生型无叶兰。从种子萌发、幼苗生长到开花结果，在整个生活史里，叶片出现的时间较短，几乎可忽略。但值得注意的是，这些无叶兰有发达而庞大的气生根系，既便于攀爬固定，又可以从空气中吸收阳光和水分，因为这些根系的末端是绿色的，含有丰富的叶绿素，因此在周围环境水热条件充足的情况下，就可以完成光合作用，实现自养。这些绿色根尖在异型兰属（*Chiloschista*）（图1–2）、巾唇兰属、蝴蝶兰属、球距兰属（*Microcoelia*）、带叶兰属（*Taeniophyllum*）和弯唇兰属（*Campylocentrum*）等无叶兰中较为常见，绿色的根部完全接管了由叶片才能完成的光合作用。

茎

兰花有两种生长方式，要么合轴生长，要么单轴生长，这个理论是由Pfitzer（1889）首次系统使用的。在合轴生长过程中，每个枝条的顶端在开花轴终止，随后的营养枝从新枝条顶端以下的一个节点中产生，通常新茎的生长是每年或季节性的。单轴生长，是茎尖不确定地生长和花序侧生的结果，见于香荚兰类和万代兰类兰科植物。

根状茎是合生兰花呈水平或上升的茎，或在基质表面以下，或在基质表面以上，在很多兰花中都可以找到。根状基是复合器官，由许多茎基的前几个节组成，要么肉质多汁，要么木质坚韧。沿根状茎二列排列的是鳞片叶，其中有更新芽，它能保证根状花序的延续，以及保留芽，它代表根状茎的潜在分枝点（Rasmussen，1986）。空中或直立的芽出现在更新芽之上，并可能成为假球茎。叉柱兰属（*Cheirostylis*）和斑叶兰亚族（*Goodyerinae*）的一些物种有肿胀的根茎，没有根，但有根脊和根毛。拟白及属（*Bletia*）和美冠兰属的物种均有球茎，球茎是地下膨大的贮藏器官，而叶片中的贮藏物质极少。

假鳞茎是肿胀或增厚的茎，本质上是合轴分枝兰花的储水器官。这些通常类似肿胀的鸡蛋或高尔夫球棒。它们在热带附生兰花中很常见，但也在许多热带陆生物种中被发现，如生长于地面上的虾脊兰属（*Calanthe*）或地下生长的美冠兰属物种。假鳞茎有两种类型：由单个节点组成的异胚型和由两个或两个以上节点组成的同胚型。这种差异已被用来区分属，如节茎兰属（*Oeceoclades*）和美冠兰属。同胚假鳞茎可能在每个节上生叶，朝向先端或仅在先端。在许多兰花里，假鳞茎或假茎是绿色的，可进行光合作用。

热带兰花可能会周期性缺水，但这并不会立刻显现出来。即使在最潮湿的栖息地，降雨也不是连续的，并且在包括热带地区在内的许多地方，降雨模式具有明显的季节性。此外，大多数热带兰花是附生或岩生的，生长在树干、树枝和小枝上或岩石上，在这种情况下，水分会迅速流失，如果在雨后的阳光下，兰花会很快干燥。因此，许多兰花已经发展出一个或多个器官的显著适应性，以使它们能够在这些周期性的干旱中生存下来。其中一些适应性的变化与仙人掌科（Cactaceae）植物的适应性变化一样引人关注。

一些地生兰采用了不同的方法在逆境中生存。例如，红门兰属、萼距兰属（*Disa*）、双尾兰属（*Diuris*）、玉凤花属和舌唇兰属都没有假鳞茎，但都有地下块茎作为多年生器官，可以在干旱或寒冷的天气中生存。在适宜的条件下，块茎的一端会生出新的植株。其他物种，如杓兰属、线柱兰属和斑叶兰属（*Goodyera*）的根状茎是肉质的或有点肿胀，但并非结节样。

叶

叶片在自养型兰花植物中是重要的光合作用营养器官，通常为二列平行着生在茎干上，见于大部分附生，有的叶片也多为基生或茎生叶，前者如斑叶兰属和红门兰属，后者如线柱兰属（*Zeuxine*）、竹叶兰属（*Arundina*）和鹤顶兰属（*Phaius*）等。大部分兰科的叶片无明显的叶柄，但具有典型的叶鞘，叶鞘有紫色或棕色，并有短柔毛或不太常见的腺毛，如笋兰属（*Thunia*）和虾脊兰属等。在树兰亚科的部分物种里，其叶片基部具明显关节，如兰属。兰花的叶片多为基生或互生，也有少数种类具对生叶片，如对叶兰属（*Listera*）和玉凤花属的落地金钱（*Habenaria aitchisonii*）等。

兰花的叶片普遍为披针形、长披针形、卵圆形或椭圆形，如兰属、石斛属和香荚兰属等。也有部分物种为扇形或近心形，前者见于台湾杓兰（*Cypripedium formosanum*）和扇脉杓兰（*C. japonicum*），后者见于心叶球柄兰（*Tainia cordifolia*）。大部分兰花的叶片多为扁平形，具明显的背腹面之分，但凤蝶兰属（*Papilionanthe*）和钗子股属（*Luisia*）（图1–7）的叶片为圆柱形，槽舌兰属的叶片为具沟槽的肉质圆柱形。叶型大小在兰科物种里变化明显，小叶片多见于株型矮小的附生石豆兰属，多为卵形叶，最小的叶片见于迷你石豆兰（*Bulbophyllum minutissimum*），仅有1mm长。大叶片则出现在株型较大的兰花种类里，例如，鹤顶兰属和多花脆兰等，可长达1m。因此，叶形态特征在兰科分类系统里具有重要的价值。例如，石斛属（*Dendrobium*）的叶片大部分物种为披针形和线形叶，叶片具有明显的背腹面之分。然而，叶型、质地、毛被和叶鞘等特征在石斛属物种里变化明显，可作为划分组（section）的依据。例如，黑毛组（Sect. *Formosae*）的叶片具叶鞘和黑毛，顶叶组（Sect. *Chrysotoxae*）的叶片基部无叶鞘，剑叶组（Sect. *Aporum*）的叶片肉质，无背腹面之分，呈套叠状排列，圆柱叶组的肉质叶片半圆柱形或钻状圆柱形，基肿组（Sect. *Crumenata*）的叶片扁平或压扁状圆柱形，或近圆柱形。

兰科的叶片多光滑，但部分兰花的叶片为具褶皱的扁平叶，如杓兰属和虾脊兰属等。有的兰花也具肉质的柱状叶，如凤蝶兰属和钗子股属等。叶脉和叶型关系密切，大部分具有披针形叶片的兰花具有典型的平行脉，有的较为明显，如叶片纸质或近革质的兰属、筒瓣兰属和虾脊兰属等；有的不明显，隐身于光滑的肉质或革质叶片中，如石斛属和石豆兰属等。有的兰花种类叶型与叶脉较为特别，如扇脉杓兰（*Cypripedium japonicum*）、台湾杓兰（*Cypripedium formosanum*）和芋兰属（*Nervilia*）（图1–8）等。叶片的质地与生境条件密切相关，大部分附生兰具革质或肉质叶片，叶表皮具明显的角质层，具有能适应旱季或

图1-7　云南南部热带雨林下的附生兰：钗子股*Luisia morsei*

图1-8　云南南部和滇中地区松林下的地生兰：七角叶芋兰*Nervilia mackinnonii*

干旱环境的特性。地生兰的落地金钱叶片圆形肉质，呈铜钱状，具有较厚的角质层。大部分兜兰属植物的叶片革质化程度较高，叶表皮上的角质层也较为发达。一些地生兰多具纸质叶，叶表皮角质层不明显，喜欢林下荫湿或溪边环境。

叶片上的毛被类型通常被认为是典型的分类学特征。无毛光滑的叶片最常见，特别是附生植物，如斑叶兰亚族和一些其他兰亚科植物，但有叶片被毛的物种也出现在不同亚科类群，如杓兰属（*Cypripedium*）、虾脊兰属、芋兰属（*Nervilia*）和*Pilophyllum*等。叶片边缘可有纤毛或无纤毛，锯齿状或其他边缘分离是罕见的，但勾喙兰属（*Ancistrorhynchus*）部分物种的末端叶是有锯齿的。

大多数兰花具有不明显的绿色叶子，通常上面的叶子比下面的叶子颜色更深，更有光泽。然而，有些兰花在其上（正面）或下（背面）表面有不同程度的斑纹。在一些兰科植物中发现了叶肉和叶脉颜色不同的着色区，如兜兰属的*Parvisepalum*亚属和*Brachypetalum*亚属以及兜兰亚属的Barbata部分区域。厄瓜多尔毛鞘丽斑兰（*Lepanthes calodictyon*）的叶子呈棋盘格状，暗绿色，叶缘呈强烈的波状。暗紫色的黑色斑点发现于杓兰属Trigonopedium组物种叶片的近轴表面。浑浊的紫色斑点标志着广布芋兰（*Nervilia aragoana*）心形的叶子。黄花鹤顶兰（*Phaius flavus*）的叶片正面有时有黄色斑点，紫色斑点更常见于叶片背面，特别是在属中，如兜兰属、芋兰属和拟蝶唇兰属（*Psychopsis*）。林下的一些地生兰，特别是斑叶兰属、开唇兰属（*Anoectochilus*）、长唇兰属（*Macodes*）、血叶兰属（*Ludisia*）和它们的近缘属，叶子完全是紫色或绿色的，紫色叶上有漂亮的脉纹。有些紫色的叶子上有网状的银脉、金脉或红色脉，该类兰花通常被称为“宝石兰花”。

腐生兰的植株终生没有叶片的生长，即使有也会因为缺乏叶绿素，叶片变成无色或浅黄色的退化结构。最具代表性的腐生植物是山珊瑚属，它可以长成多米长的类似藤萝的植物。缺乏叶绿素的植物不能进行光合作用，必须从与其相关的菌根真菌中获得全部营养。例如，天麻属的共生真菌为蜜环菌，其种子萌发和生长开花均由蜜环菌提供全部营养。

花序

兰科花的着生方式多种多样，即使在同一个属内，不同的物种也有不同的花朵。花序可以从茎的任何部位产生，原始态为花序顶生，即花芽的终末态。在其他情况下，花序是侧生的，从侧面或基部的芽或根状茎产生。最常见的花序类型是总状花序，着生一到多朵花，通常腋生在一个或多或少延长的花轴上，其中包括一个叫做花梗和花序轴的部分。花梗和花序轴的形状和纹饰多种多样，具有一定的分类意义。它们在横截面上通常是圆柱状的，但也可能是有角的，甚至是有翼的。它们可以是光滑无毛的，有毛的，或有腺的。在一般情况下，花被苞片所包围，苞片可能是显眼的，也可能不是。不育苞片可以存在或不存在，如果有，它们可以覆盖花序轴或不覆盖。例如，常见的非洲物种齿舌美冠兰（*Eulophia odontoglossa*）很容易被识别，因为它的花梗被纸质苞片覆盖。碧玉兰的花在一

图1-9　云南南部常绿阔叶林下大型附生兰：云南火焰兰*Renanthera imschootiana*

图1-10　具有伞形花序的梳帽卷瓣兰*Bulbophyllum andersonii*

个细长的下垂的总状花序上，不分枝，花排列在一个松散的螺旋轴周围。在其他兰属物种的兰花中，总状花序仍然是多花但直立的，而在兔耳兰（*Cymbidium lancifolium*）中，花序减少到在一个直立的总状花序上开2朵或3朵花。在总状花序上，花通过花梗附着在花序轴上。在一些属中，如阔蕊兰属（*Peristylus*）和三蕊兰属（*Neuwiedia*）没有花梗，花在轴上无梗，这样的花序称为穗状花序。

由许多花组成的复合花序在兰科中很常见，特别是在树兰类和万代兰类中。在火焰兰属（图1–9）、文心兰属和鹿角兰属（*Pomatocalpa*）等属中，出现了有分枝的圆锥花序。圆锥花序出现在许多附生属中，但在陆生属中罕见。顶生花首先开放，然后是一个或两个对着的芽，这些芽会产生末端开花的枝，这些枝又会产生末端开花的枝，以此类推。有些花序或多或少为球形，花朵密集且呈螺旋状排列在轴的顶端，如球序兰属及其近缘属。石豆兰属的大部分卷瓣兰都具平铺的伞形花序，如梳帽卷瓣兰（*Bulbophyllum andersonii*）（图1–10）。单生花为1朵，或无柄，或具长或短的花梗，见于许多属，如兜兰属、杓兰属、石豆兰属等。

花

大多数兰花的花在发育过程中都有一个很有趣的特征，就是花结构发生了上下颠倒的移位现象。在花蕾期，唇瓣通常位于合蕊柱上方，离子房最远，但在开放期，唇瓣位于花下部，离子房较近，处于合蕊柱下方的最下面。这是由于在发育过程中，花梗或子房通过180°螺旋扭转，致使花器官的位置发生了反转。在具有下垂花序的复旋物种中，如碧玉兰（*Cymbidium lowianum*）在花开放时唇瓣仍然是最低的。在陆生的地宝兰属（*Geodorum*）中，花序刚好在第一朵花的下方弯曲，其效果是花序轴下垂。不倒转是指那些在发育过程中不弯曲的花（如*Satyriuni*），或者弯曲360°（如*Angraecuni*），使唇瓣处于最上面。在兰亚科和树兰亚科中有很多不倒置的例子。

兰花的花结构简单，有3轮，包括3枚萼片、3枚花瓣和雌雄蕊愈合而成的合蕊柱，都位于子房顶部，为典型的下位子房。由于大部分兰花3枚花瓣中的1枚特化为形态各异的唇瓣，雌雄蕊高度愈合为扁平的半圆柱形，且花梗或子房常扭转，因此呈现为典型的两侧对称花型，且唇瓣通常从花蕾期时位于合蕊柱顶部，变为盛花期时旋转到合蕊柱下方，更靠近子房。大多数兰花的胎座类型是侧膜胎座，但也有少数兰花的胎座是中轴胎座，如碗兰属（*Selenipedium*）和美洲兜兰属。在*Epistephium*和*Clematepistephium*中，子房顶端但花萼下方有苞片状的轮生。

兰花的花结构最外一轮是花萼，通常为3枚，形态较为相似，根据位置分为1枚背萼片和2枚侧萼片。但在杓兰亚科里，存在2枚侧萼片愈合为合萼片的现象，但也有例外，如离萼杓兰存在3枚萼片。有的兰花，2枚侧萼片基部愈合构成萼囊（mentum），如石斛属（*Dendrobium*）、石豆兰属（*Bulbophyllum*）和毛兰属（*Eria*）。通常萼囊为短圆锥形，但部分物种可延伸为如花距一样的结构，如长距石斛。在形态和颜色上，花萼通常比侧花瓣小，萼片的颜色与花瓣相比，通常比较单调，尽管萼片内部的颜色往往比外部的颜色更鲜艳。萼片可以承担花瓣的功能，如石豆兰属、尾萼兰属（*Masdevallia*）和小龙兰属（*Dracula*）。

兰科的花结构的第2轮花器官为花瓣，具有3枚，其中一枚常特化为形态颜色各异的唇瓣，卡特兰属植物紫唇卡特兰（*Cattleya amethystystsa*）和碧玉兰的花冠由3个色彩鲜艳的花瓣组成。两侧的花瓣在花的最上面，与位于花底部的第3片花瓣明显不同（在这些和其他倒转的物种中）。侧面的花瓣通常大而艳丽，颜色各异。一些兰花的表面有毛或腺体，边缘有纤毛。很少有花瓣比萼片小得多的，在一些石豆兰属植物中，花瓣可以大大减少，甚至退化。第三瓣，称为唇瓣，高度进化，3裂，并在其上表面有一个愈伤组织。在其他兰花中，唇瓣的上表面可能有凸起的脊、片、簇或毛，或腺体区域的愈伤组织。唇瓣是兰花一个重要的促进传粉的适应器官，可以吸引潜在的和特定的传粉者，然后以愈伤组织的形式引导花粉到柱头表面。唇瓣包括视觉线索和气味线索（香味腺体），可视为一个引诱剂和/或降落平台。兰花的唇形和胼胝质等特征在兰科物种分类中具有重要价值。

在许多物种中，但不包括紫唇卡特兰和碧玉兰，唇瓣在基部伸展，形成囊状或丝状突起，可能含有或不含有花蜜，这对于吸引潜在的传粉者很重要，它的距长可达30cm，如马达加斯加的长距彗星兰（*Angraecum sesquipedale*），其传粉者为长喙天蛾，系达尔文（1862）预言的，又被称为达尔文兰。在一些万代兰类中，兰花的距本身可能包含肉质胼胝，这是重要的识别特征。从合蕊柱基部延伸和融合的侧萼片的萼囊也可以形成距。

相较于其他单子叶植物，兰花的花结构有了质的飞跃。花器官结构在发育过程中存在明显的次生融合和退化现象，在大部分兰科成员里出现了雌蕊和雄蕊愈合的复合型结构，即合蕊柱（column）。兰花的合蕊柱变化很大，在许多兰花中，它是一个简单的茎状器官，但在许多兰花中却复杂得多。如果没有Kurzweil（1987，1988，1993）和Rasmussen（1982）等人的仔细研究，很难解释合蕊柱结构的同源性。关于合蕊柱、可育雄蕊数目和散粉单元类型的分类学意义，本书将在本章的第三节“兰科花形态多样性及其系统演化意义”中进一步讨论。

果

被称为蒴果的兰花果实很少被兰科分类系统学或兰花专著等收录描述。这是因为兰科大部分类群的蒴果很难被采集并用于观察研究，处于未知状态。同时因为兰花的果期漫长（2个月~2年），成熟后就会开裂，不容易保存，因此其果实形态特征常被植物学家忽略。值得注意的是，早期的研究者，如Beer（1863）和Halle（1977），他们在描述新喀里多尼亚的兰花植物多样性组成时，专门描述了果实形态特征。Dressler（1981）也曾简要描述过兰花的蒴果形态特征。但对于大多数兰花而言，在授粉后的受精发育过程中，花朵会萎蔫变色，过早地从子房顶端脱落。然而，也有部分兰花在受精后，花瓣、花萼及合蕊柱等结构均会宿存，继续为果实发育提供营养，直至果实成熟，如兜兰属、蝴蝶兰属、豹皮兰属（*Promenaea*）和轭瓣兰属（*Zygopetalum*）。

兰科的蒴果由3个心皮组成，由3个侧膜胎座发育而来的粉末状种子在其果实的横切面上清晰可见。果实会沿着每个心皮的中线开裂，而非在心皮间缝合处开裂，并与一些邻近组织的中脉分离，留下3条宽的缝合线和3条窄的缝合线，从而分隔成6个瓣膜（valves）。在某些物种中，这些瓣膜由横向纤维连接，种子必须通过纤维才能释放出来，由空气散发出去。有时，6个瓣膜在顶端完全分开，如某些腭唇兰属和洛克兰属（*Lockhartia*）的物种，但在大多数种中，它们在顶端保持连接。一些兰花的蒴果，如风兰属（*Angraecum*）沿着一条线分裂，而篦叶兰属（*Dichaea*）和腋唇兰属（*Pleurothallis*）兰花的蒴果则分裂成两个不等长的瓣膜。

兰科的蒴果光滑无毛或具短柔毛，即使被毛脱落或被摩擦掉的有毛的卵巢也可以发育成无毛的果实，也可有乳突、刚毛、体刺、隆起的脊或喙等各种各样的装饰。喙通常由花管或cuniculus组成。早期的幼果直到发育成熟的果实通常都是绿色的，能进行光合作用。陆生兰花成熟的蒴果通常直立，壁薄，相当干燥，呈纸状，而附生植物的蒴果通常下垂，壁厚，是肉质的。蒴果的姿态确保种子被释放到流动的气流中，以有效地传播。许多兰花在受精后伸长的花梗上结出果实。在杓兰及其近缘属中花梗延长1～3cm（很少高达15），蒴果接近成熟时，芋兰属和铠兰属的花梗伸长。

在种子之间，附生兰花的蒴果中通常有弹丝或毛，在部分兰花中，这些毛是拉长的，有高吸湿性，如万代兰族。这个理论认为，通过吸收水分，毛发的运动有助于种子的释放。陆生物种似乎没有毛发。

干燥果实脱落并产生干燥种子是大多数兰花的常态。Dressler（1981）提出两个特征：肉质果实，有潮湿的果肉和细长的果实，这都是相对原始的属的特征。肉质果实见于三蕊兰属、碗兰属、山珊瑚属的肉果兰组（sect. *Cyrtosia*）和香荚兰属；细长的果实见于拟兰属、碗兰属和香荚兰亚科（Vanilloideae）植物。

种子

兰花种子已被分类学家广泛研究，Beer（1863）给出了多样性的早期研究。Clifford和Smith（1969）以及Barthlott（1976）的研究表明，种子形态在族和亚族研究上尤其有用。大多数兰花有微小的种子，胚周围有一层松散的薄质地的种皮，通常长度为8～10m（Stoutamire，1974；Arditti，1992），高达5mm（Dressler，1981），并包含10～120个细胞（Johansen，1950；Nishimura，1991）。直到目前，胚胎还被认为是一团未分化的细胞，但在一些物种中（Clements，1988，1995）可区分出胚柄、表皮、皮层和分生组织。兰科种皮的形状、大小和纹饰因种而异，具有重要的分类学价值。种皮纹饰与种皮细胞壁的结构有关。种皮外壁纹饰可能有纵向、横向或网状的图案，也可能有蜡沉积，如树兰族。Barthlott和Ziegler（1981）描述了无叶的附生植物异型兰（*Chiloschista yunnanensis*）的特殊种子形态，其种皮一端的细胞壁呈螺旋状加厚，当种子受潮时，螺旋状的增厚层解开，形成长达4mm的丝线。他们推测这些丝线会把种子固定在适合发芽的环境里。

兰科种子虽小，大部分种皮较薄，呈灰尘状或粉末状，并不起眼，但也有不少兰花的种子表现出显著的特征。例如，拟兰属、三蕊兰属、碗兰属和香荚兰属的种子有坚硬的黑外壳，具深棕色或黑色的种皮。拟兰属的种子表皮并不平整，有凹陷，具有黏性。碗兰属的种子有棱角，有光泽。香荚兰属的种子呈晶体状，也有光泽。其他香荚兰亚科种类，如山珊瑚属和美蕉兰属，其种子都有坚硬的种皮，在种子周围发育有或多或少的翅（Cameron & Chase，1998）。此外，三蕊兰属的种子较小，两端具充气的种皮。类似这样兰科物种间的种子形态特征变异的现象，值得人们关注。也许在扩大采样范围的基础上，通过系统观察种子形态特征，建立兰科种子形态特征数据库，会让人们对兰科分类系统学及兰科多样性保护有更多的认识和理解。

多花指甲兰*Aerides rosea*

第三节

兰科花形态多样性及其系统演化意义

兰科是被子植物里仅次于菊科的第二大科，拥有约800属近25000种，全世界范围内均有分布，多见于湿润的热带地区和亚热带地区，少数分布于温带地区（Chen *et al.*, 2009）。大部分兰科植物具有以下4个典型的花形态特征（Dressler，1986，1990，1993）：（1）花两侧对称，花萼和花瓣2轮，各3枚，形态相似，中央1枚花瓣特化为唇瓣（lip或labellum），形态各异。（2）雄蕊和雌蕊（除子房外）愈合成一个柱状复合结构，叫做合蕊柱或蕊柱（gynostemium or column）。（3）花药成熟时，花粉常聚合成不同数目排列的花粉小块或花粉团。（4）子房下位，常具1室，侧膜胎座着生数枚倒生胚珠，发育为无胚乳的种子。因此，兰科演化出了一套专属于其家族特有的花形态特征术语（见表1-1），包括唇瓣、合蕊柱、蕊喙、花粉团、黏盘、黏盘柄、花粉团柄、花药帽等。

表1-1　兰科花形态解剖特征专业术语

编号	花特征	英文	名词解释
1	苞片	bract	花序外的1枚叶状结构
2	中萼片	dorsal sepal	又叫“背萼片”，外轮中央的1枚萼片，近直立
3	侧萼片	lateral sepal	外轮两侧的2枚萼片，常舒展
4	合萼片	synsepal	由2枚侧萼片愈合而成，见于杓兰亚科
5	萼筒	calyx tube	各萼片之间彼此联合的合生部位
6	花瓣	petal	内轮花被片，通常指左右未特化的两片
7	兜状结构	hood	中萼片与花瓣贴合为兜状结构
8	唇瓣	labium/lip	内轮中央1枚花瓣，形态颜色明显变异
9	侧裂片	lateral lobe of lip	指唇瓣3裂中位于两侧的小裂片
10	中裂片	middle lobe of lip	指唇瓣3裂中位于中央的小裂片

续表1-1

编号	花特征	英文	名词解释
11	下唇	hypochile	指唇瓣由于中部缢缩而分为两部分时，靠近基部的部分
12	上唇	epichile	指唇瓣由于中部缢缩而分为两部分时，离轴的部分
13	距	spur	唇瓣基部向下延伸成中空的圆筒状的部分
14	褶片	lamella	唇瓣上面纵向延伸的薄片状或薄脊状组织
15	合蕊柱	gynostemium/ column	雌雄蕊融合而成的柱状器官，上面通常只有1枚雄蕊和1个柱头（腔）
16	蕊柱足	column foot	蕊柱基部向前下方延伸的部分
17	柱头腔	stelidium/stigma cavity	树兰亚科的柱头呈凹陷状的空腔，便于花粉团落入
18	蕊喙	rostellum	位于花药和柱头之间的舌状组织，是由柱头组织的一部分变异而来的
19	药床	clinandrium/anther bed	蕊柱顶端的凹陷部分，花药存卧于其中
20	花药	anther	雄蕊中产生花粉的地方
21	花药帽	anther cap	花药顶端的帽状组织，成熟花粉包藏在其中
22	退化雄蕊	staminode/sterile stamen	由雄蕊退化变态而来，呈种形状，或2枚位于蕊柱顶端两侧，或1枚位于蕊柱后上方，如兜兰和杓兰
23	花粉团	polliniun （pl. pollinia）	花粉黏合而成的团块，每个花药内有2～8个。可分为松弛柔软的粒粉质花粉团和坚硬的蜡质花粉团
24	花粉团柄	caudicle	花粉团的一端变态而成的柄状物，常伸出药室之外，连接于蕊喙的黏盘上
25	黏盘柄	stipe	从柱头组织起，一端连接于黏盘，另一端连接于花粉团或花粉团柄
26	黏盘	viscidium	包藏于蕊喙或镶嵌于蕊喙中的盘状黏块，在接触昆虫身体后脱出，并黏于昆虫身体上

长期以来，花结构里出现的合蕊柱和花粉团一直被视为兰科多样性演化的关键性、革新性特征。它们的形成都离不开雌蕊和雄蕊的贡献（Endress，1999，2001；Rudall & Bateman，2002；Givinish *et al.*，2015）。合蕊柱是由1枚可育雄蕊（花丝）和雌蕊（花柱和柱头）愈合形成的柱状复合结构，花粉团在是花药开裂时露出的凝聚成团的散粉单元（pollen dispersal unit，PDU）（Dressler，1986；Pridgeon *et al.*，1999）。这样一对连锁结构通常出现在99%以上的兰科类群，包括香荚兰亚科、兰亚科和树兰亚科，香荚兰亚科的散粉单元为黏性花粉。这3个亚科都有一个共同特征，即只有1枚可育雄蕊参与了合蕊柱

的形成，也被称为单雄蕊（monandrous）类群。同时，兰科还存在3枚或2枚可育雄蕊，它们的散粉单元为花粉粒（dry pollens）和黏性花粉粒（sticky pollens），出现在拟兰亚科和杓兰亚科，分别被称为三雄蕊（triandrous）和双雄蕊（diandrous）类群。

近年来的分子系统学研究为进一步理解兰科雄蕊数目和散粉单元的系统学意义提供了可行性框架。最近更新的分子系统学（Chase *et al.*，2015；Li *et al.*，2016）支持兰科被分为5个独立亚科，包括基部类群的拟兰亚科、次基部类群的香荚兰亚科和杓兰亚科，核心类群的兰亚科和树兰亚科（Chase *et al.*，2003，2005；Cameron *et al.*，2009）。基于形态和分子系统学证据，可育雄蕊数目的减少和散粉单元逐步愈合的特征在5个亚科的系统演化过程中表现出明显的平行演化趋势（Singer *et al.*，2008）。因此，可育雄蕊数目和花粉散粉单元在5个亚科里区别明显，这可作为它们的分类学特征（图1–11），具体如下：基部类群拟兰亚科有3枚可育雄蕊和单花粉粒；近基部类群杓兰亚科有2枚可育雄蕊和黏性花粉粒，另一次基部类群香荚兰亚科有1枚可育雄蕊和黏花粉粒；核心类群的兰亚科和树兰亚科均有1枚可育雄蕊，前者有花粉小块，而后者为花粉团。为更好地理解兰科可育雄蕊和花粉散粉单元的系统演化意义，本文把兰科的雄蕊和花粉特征初步归纳为5类，各见于5个亚科，分别为：（1）三雄蕊–花粉粒；（2）双雄蕊–黏性花粉粒；（3）单雄蕊–黏性花粉粒；（4）单雄蕊–花粉小块；（5）单雄蕊–花粉团。

1. 三雄蕊–花粉粒（triandrous with loose pollens）

三雄蕊–花粉粒指可育雄蕊有3枚，花药成熟时散粉单元为干燥的花粉单体（monad），呈颗粒状，出现在基部类群的拟兰亚科。作为基部类群，拟兰亚科是兰科其余4个亚科的姐妹群，物种最少，仅有2属17种，为林下地生兰，分布于热带亚洲和大洋洲（Chase *et al.*，2003；Dressler，1993；de Vogel，1969）。

拟兰亚科作为基部类群，是兰科中最小的一个亚科。拟兰亚科不像大部分兰科那样具有完整的合蕊柱、花粉团和两侧对称花等特征，其成熟花药散粉单元为松散的花粉单体（monad）或四合花粉（tetrad），呈颗粒状，具有3枚可育雄蕊（图1–12：1～4）。它所包含的三蕊兰属和拟兰属，具有辐射对称花，3枚花萼和3枚花瓣相似，花柱明显具顶生柱头，在花形态特征方面更接近兰科的姐妹群——仙茅科Hypoxidaceae （Cameron *et al.*，1999，2009；Chase *et al.*，2003）（图1–12：1～2）。不过，这两个属在可育雄蕊数目和花药开裂方式上区别明显。三蕊兰属具3枚可育雄蕊，花药纵裂开口。拟兰属有2枚可育雄蕊和1枚退化雄蕊，花药顶孔开裂。现有资料表明（Kocyan & Endress，2001；Yin *et al.*，2016）。拟兰属顶孔开裂的花药紧紧围绕着柱头形成了管状结构，其花粉收集者为无刺的蜜蜂（Apidae：*Meliponia*），这意味着通过蜜蜂传粉也是有可能的，同时花粉也可作为报酬回报传粉者。毕竟其他具有顶孔开裂的被子植物，如茄科和野牡丹科等也存在蜜蜂传粉的现象（Dressler，1993；Endress，1994）。

图1-11　雄蕊和花药在兰科5个亚科的系统演化趋势

A.拟兰（*Apostasia odorata*），示三雄蕊-花粉粒，拟兰亚科（Apostasioideae）；B.大香荚兰（*Vanilla siamensis*），示单雄蕊-黏花粉，香荚兰亚科（Vanilloideae）；C.杏黄兜兰（*Paphiopedilum armeniacum*），示双雄蕊-黏花粉，杓兰亚科（Cypripedioiedeae）；D.勐远玉凤花（*Habenaria myriotricha*），示单雄蕊-花粉小块，兰亚科Orchidoideae；E.小蓝万代兰（*Vanda coerulescens*），示单雄蕊-花粉团，树兰亚科Epidendroideae。

图1-12　三雄蕊-花粉粒，双雄蕊-黏花粉，单雄蕊-黏花粉的形态特征

1～4. 拟兰亚科Apositasioideae：1. 拟兰（*Apostasia odorata*），示辐射对称花型和顶生柱头；2～4. 三蕊兰（*Neuwiedia zollingeri* var. *singapureana*），示柱头正面3枚可育雄蕊（2）、侧面花丝（3）和散生花粉粒（4）。5～8. 杓兰亚科（Cypripedioidaeae）：5～6. 杏黄兜兰(*Paphiopedilu armeniacum*)的花形态（5）、2枚可育雄蕊和1枚退化雄蕊（6）；7～8. 硬叶兜兰（*Paphiopedilum micranthum*）扫描电镜下的黏花粉粒。9～11.香荚兰亚科（Vanilloideae），示花型（9），合蕊柱背面（10）和侧面（11）。

2. 双雄蕊–黏性花粉粒（diandrous orchid with pasty pollens）

双雄蕊–黏性花粉粒，指具有2枚可育雄蕊和1枚退化雄蕊，其成熟花药的散粉单元为具有黏性的花粉粒，呈浆糊状（pasty）或粉状，可为粉状或黏液状的单花粉粒，或两两黏合为花粉单体（monad），或四合花粉（tetrad）（图1–12：5～8），出现在杓兰亚科。该亚科在兰科里识别度较高，是有2枚侧萼片愈合为合萼片、唇瓣特化为囊状、中央有1枚退化雄蕊等特征的独特类群，具有较高的分类识别度，与香荚兰亚科组成兰科的次基部类群，分布于欧亚大陆和美洲，包括5属和180种（Pridgeon *et al.*，2001）。值得一提的是，杓兰亚科的2枚可育雄蕊几乎没有花丝，分别着生在唇瓣两侧，位于传粉者的必经之路。传粉生物学研究揭示了杓兰亚科有报酬和无报酬异花传粉机制与其精巧的花结构陷阱（elaborated trap–flowers）密切相关，如退化雄蕊形态、花瓣上的斑点、囊状唇瓣内部的蜜腺和刺毛等在不同的传粉机制下会有不同的变异（Dressler，1981，1993；Endress，1994；vander Cingel，1995，2001）。传粉者常被醒目的花形态结构或气味诱惑，很容易失足跌落至囊状唇瓣，为了逃离困境，昆虫必须通过唇瓣两侧靠近花药的通道往外爬。在逃离的过程，传粉昆虫的背部就会蹭到囊口的黏性花粉粒。研究发现，黏在传粉者体表的花粉粒为花粉单体涂片（smears of monads）或四合花粉的状态（Banziger，1996；Banziger *et al.*，2005；Merhoff，1983；Pansarin，2003；van der Pijl & Dodson，1966）。对于无报酬的欺骗性传粉的花朵，其座果率明显较低（Neiland & Wilcock，1998）。

3. 单雄蕊–黏性花粉粒（monandrous orchid with pasty pollens）

单雄蕊–黏性花粉粒，指合蕊柱仅由1枚可育雄蕊及雌蕊的花柱和柱头高度愈合，花药成熟时的散粉单元为黏性花粉，呈浆糊状或粉状，可为具有黏性的单花粉粒（pasty pollens）、两两黏合的花粉单体（pollen monads）或四合花粉（pollen tetrad）（图1–12：9～11），见于香荚兰亚科。该亚科特有的单雄蕊–黏性花粉粒和杓兰亚科中的双雄蕊–黏性花粉粒的形态一致，但这两类花粉都不形成真正意义上的花粉团（Singer *et al.*，2008）。研究表明，这两个亚科亲缘关系较近，均具黏性花粉粒，呈浆糊状或粉状，以涂片状（smear）的形式黏在传粉者背部（Dressler，1993；Pansarin，2003），但传粉机制不同。杓兰亚科具有如陷阱般的囊状唇瓣来吸引昆虫，而香荚兰亚科部分物种的雄蕊只有一个厚实有弹性的花丝朝前弯曲（bent，hyperimcumbent，由Dressler界定，1933），在传粉者络绎不绝的拜访中，花粉粒慢慢释放并传播。当传粉者离开花朵时，身体上覆盖着一层如粉尘般的花粉粒。有研究表明，一些香荚兰亚科植物具蜜腺，可以回报传粉者（Pansarin，2003）。香荚兰亚科是兰科的次基部类群之一，为多年生地生兰或附生兰，或攀援草本，广布全球，包括2族15属约185种（Pridgeon *et al.*，2001）。

4. 单雄蕊-花粉小块（monandrous orchid with sectile pollinia）

单雄蕊-花粉小块，指合蕊柱仅有1枚可育雄蕊和雌蕊的花柱高度愈合，成熟花药散粉时为可分割的花粉团（sectile pollinia），又称花粉小块（massula），由于质地柔软，也称松软花粉团（soft pollinia）（图1-13：1～4），主要见于兰亚科。可分割的花粉团是指同一个孢子囊里所有花粉凝聚成的整体花粉团，还可以进一步分化为独立的单元或亚单位（divisible in subunit），即花粉小块。花粉小块在同一孢子囊是这样排列的，即数个楔形的同源花粉团亚单元（花粉小块）（fairly homogenous wedge-shaped massula）围绕着具有弹性黏状结构附着生长，并具有花粉团柄（caudicle）、黏盘（viscidium）和黏盘柄（stipe）等附属结构（accessory structure），以此提高传粉效率（Freudenstein and Rasmussen 1997）。至此，在兰科系统演化中，真正意义上的花粉团出现了（Banziger，1996；Banziger *et al.*，2005；Singer *et al.*，2006）。花粉团是一个孢子囊所有花粉黏合成一个散粉单元的集合（Johnson & Edwards，2000；Verhoeven & Venter，2001），这在一定程度上提高了异花传粉的效率（Singer & Sazima，1999，2000，2001；Singer *et al.*，2006），是兰科演化路线上物种多样性急剧增加的第一个重要变革性特征（Dressler，1993；Givnish *et al.*，2015）。兰亚科是兰科演化系统中的核心类群之一，为多年生地生兰，包括了7个族约180属和3630种，约占兰科组成的15%（Pridgeon *et al.*，2001）。

图1-13　单雄蕊-花粉小块的形态

1～4. 粉叶玉凤花*Habenariaglaucifolia*的花形态，花正面观（1），合蕊柱的顶面观（2）和底面观（3），花粉小块结构（4）；5～6. 竹叶兰*Arundina graminifolia*的花形态，花的正面观（5），合蕊柱的正面观（6）；7～8. 带花粉团的花药帽的背面（7）以及8枚花粉团（8）。缩写：ac =花药帽，an=花药，c=合蕊柱，ca =花粉团柄，ds=中萼片，ll =唇瓣中裂片，lip=唇瓣，ls=侧萼片，m=花粉小块，ml =唇瓣裂片，r=蕊喙，v=黏盘。

5. 单雄蕊-花粉团（monandrous orchid with hard pollinia）

单雄蕊-花粉团，指合蕊柱由1枚可育雄蕊和雌蕊的花柱和柱头高度愈合，花药成熟开裂时，其散粉单元为凝聚成一体的坚固花粉团（hard pollinium）（图1-13：5~8），见于树兰亚科。花粉团是完整不可分割的花粉集合体，其质地坚硬，表面光滑，呈蜡质，即经典兰科分类系统中所谓的蜡质、坚硬花粉团（so-called ‘waxy’ or ‘hard’ pollinia）（Dressler，1981，1993；Endress，1994）。从结构组成而言，一个孢子囊里的花粉团可以是带附属结构的花粉器（pollinarium）（Dressler，1981，1993），也可以是无附属结构（accessory structures）的裸花粉团（naked pollinium）（图1-13：8）。显然，单独的裸花粉团是不会被传粉者从花药里带走的，合蕊柱顶部位于花药和柱头腔之间的蕊喙组织在受到外界干扰时会分泌释放黏性物质，帮助花粉团黏在传粉者身上，完成传粉。这个花结构的形态机制普遍见于新热带分布的石豆兰属、亚洲分布的石斛属及其近缘类群（Dressler，1981，1993）。另一方面，带有附属结构的花粉块特征对于树兰亚科的适应性传粉机制和系统演化显得至关重要，在族、亚族和属间都有不同的形态变异，形成不同的传粉机制（Givnish，*et al.*，2015；Endress *et al.*，2016；Mosquera *et al.*，2019）。树兰亚科是兰科的核心类群，通常为多年生地生兰或附生兰，分布在热带和亚热带地区，包括17族650属（Bateman *et al.*，2004）和21160种，物种数占兰科组成的74%（Freudestein & Chase，2015）。

现有研究结果从花形态结构和传粉生物学角度揭示了兰科合蕊柱和散粉单元的变化及其在系统演化和传粉生物学方面的意义（Lindeley，1840；Dressler，1986；Singer，2008；Cameron *et al.*，2009；Chase *et al.*，2003，2005，2015；Givnish *et al.*，2015；Li *et al.*，2016；黄双全, 郭友好，2000；罗毅波等，2003；史军等，2007；任宗昕等，2012）。考虑到兰科物种数目多达26000种，现有资料仅关注了极少物种的花形态结构特征，取样范围有限，可供比较分析的研究资料相对较少，尚不能系统揭示5个亚科5类花形态特征及其系统演化的意义（Sway，1949；Freudestein *et al.*，1996,1997；Pridegeion *et al.*，1999，2015；Singer *et al.*，2008；Endress，2015）。

第四节

浅谈中国兰科植物多样性保护现状

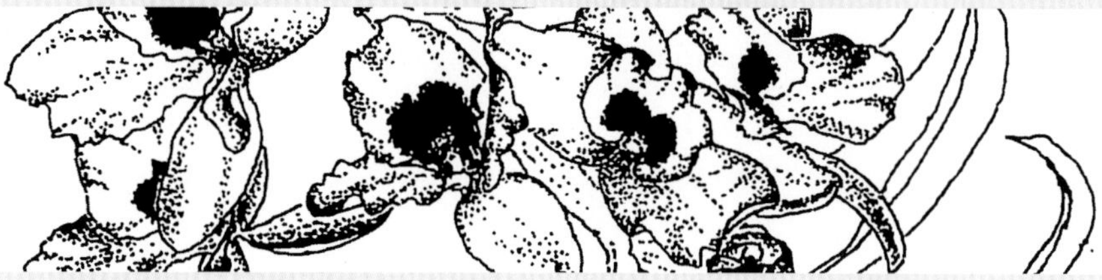

兰科是被子植物中仅次于菊科的第二大家族，拥有近800属和约28000种（The Plant List，2014），广泛分布于除两极和极端干旱沙漠地区以外的各种陆地生态系统，大部分生长在温暖潮湿的热带和亚热带地区（Gustavo，1996）。随着生态环境和生物多样性保护受到全球的高度关注和支持，不断有新属、新种和地理分布新记录被报道，全世界每年约有500个新种被发表，约有13个新属被报道，地理分布新记录也陆续出现（Chase *et al.*，2015）。Dressler（1993）曾预计有700属和20000～35000种。植物数据库记录了兰科合格发表的属名有899个，接受发表的物种名有27801种，仅次于菊科的1191属和32193种（The Plant List，2021）。

1. 中国兰科物种组成特点和地理分布

我国是兰科植物多样性最丰富的地区，保留着许多原始类群，涵盖了该科5个亚科的代表性物种，是开展兰科植物多样性研究的重点区域（郎楷永，1980，1983，1985，1986，1990，1994；吉占和，1993）。最新数据表明，我国现有兰科植物种类约有190属1600种（金效华等，2020），较之前的统计结果有所增加和补充。例如，20年前有171属1247种（陈心启等，1999），10年前有194属和1388种（Chen *et al.*，2009），以及5年前有189属和1489种（金效华，杨永，2015）。这主要是随着兰科野生植物资源调查的深入开展，一批又一批的新种、地理分布新记录以及分类修订类群（Li *et al.*，2016）不断积累的成果。

云南是我国兰科植物最丰富的地区，被视为中国兰科植物多样性起源和分化中心。云南拥有全国兰科属数的一半以上，包括了兰科所有的5个亚科代表类群和特有类群，涵盖了地生兰、附生兰和腐生兰3种生活型的兰科资源（吉占和，陈心启，1995）。目前，云南约有1100种和150属兰科植物，包含300个特有种、单种属及寡种属，在物种数量和区系组成丰富度上都位居全国第一（金效华等，2020）。此外，在县级行政区域上，我国兰科物种数量达150种以上的县有13个，其中云南有12个（金效华等，2020），集中在滇东南地区。随着野外资源调查的深入开展，近年出版的《云南野生兰花》收录了151属和709种（含12个变种和1个杂交品种），其中有22个新种，35种中国新记录（含31个云南新记录种）（徐志辉等，2015）。因此，被列入世界34个生物多样性热点地区的云南，一直享有“植物王国”之美誉，也成了国内外兰花爱好者青睐的“兰花宝藏地”。

2. 我国野生兰科植物资源的利用与保护现状

众所周知，兰科植物大多具有较高的观赏价值，在园艺花卉市场上备受瞩目。这些观赏兰花分为两类：第一类为洋兰，指花型硕大、花色绚丽的洋兰种类，尤其以人工培育的兰花种类为主，如蝴蝶兰、卡特兰、兜兰、石斛、文心兰和独蒜兰；第二类是国兰，即我国传统的观赏兰花，因花型独特雅致、叶片舒展修长得到文人隐士的追捧，尤其以树兰亚科的兰属野生植物资源为主，栽培历史悠久，品种分化繁多，尤以素雅幽香等为上品，包括春兰、寒兰、蕙兰、建兰、虎头兰、莲瓣兰、珍珠矮、朵香、大雪素、小雪素等，主要见于我国南方地区，常见于云南、广东、福建等地。

在我国，大部分野生兰花都是传统药用植物，如石斛、天麻、小白及和独蒜兰（冰球子）等，都是传统的药用兰科植物资源。千百年来，这些药用兰科植物资源的利用都严重依赖于野生自然资源。近半个世纪以来，随着人口剧增，人们对健康生活的追求，这些药用兰科植物的野生资源岌岌可危，处于濒临灭绝的威胁中，严重影响了该类资源的保护与可持续利用。然而，随着生物技术的兴起，科学家破解了兰科植物种子共生真菌萌发的瓶颈，成功地创建了兰科植物种子无菌萌发和繁育栽培技术。在市场需求的引导下，我国大力推广种苗繁育栽培技术，目前，人工栽培的石斛、天麻、小白及以及独蒜兰等均已实现了规模化种植，让昂贵的天麻和石斛（枫斗）等药材走进了千家万户。

为更好地保护和利用我国丰富的野生兰科植物资源，国家和地方政府、科研院所和企业都竭尽所能投入其中，譬如建设自然保护区，开展就地迁地和回迁物种保护工作，开展人工繁育组培技术，从而为市场需求提供基本原料。为了更有效地保护野生兰科植物资源，促进其可持续发展，2021年9月，国家林业和草原局颁布的《国家重点保护野生植物名录》收录了兜兰属、杓兰属、石斛属、白芨属、金线莲属和火焰兰属等近400种珍稀濒危植物。新出版的《中国重点保护野生兰科植物识别手册》（罗毅波，李敏，2023）为我国野生兰科植物多样性保护提供了重要的参考依据。在相关部门的大力支持和帮助下，本书作者把多年来收集的兰科花形态多样性研究资料整理成册，先后撰写并出版《中国石斛属花形态图志》和《中国珍稀濒危野生兰科花形态图志》。两本书均从具有分类鉴定意义的花形态结构特征入手，详细记录了我国108种石斛属植物和126种野生兰科植物的植株、花结构、地理分布和经济价值等基本信息，为我国兰科野生植物资源的保护和可持续开发利用提供了新资料，同时对发展兰花种植产业也具有积极的实践意义。

热带雨林一棵倒下来的大树上，有4～5种附生兰

表1-2 本书采纳的野生兰科植物濒危等级评估标准（引自世界自然保护联盟IUCN官网）

	国际物种濒危等级标准		
编号	等级名称	等级缩写	等级含义
1	灭绝	EX = Extinct	如果1个生物分类单元的最后一个个体已死亡，列为灭绝
2	野外灭绝	EW = Extinct in the Wild	如果1个生物分类单元的个体仅生活在人工栽培和人工圈养状态下，列为野生灭绝
3	极危	CR = Critically Endangered	野外状态下1个生物分类单元灭绝概率很高时，列为极危
4	濒危	EN = Endangered	1个生物分类单元，虽未达到极危，但在可预见的将来，其野生状态下灭绝的概率高，列为濒危
5	易危	VU = Vulnerable	1个生物分类单元虽未达到极危或濒危的标准，但在未来一段时间中其在野生状态下灭绝的概率较高，列为易危
6	近危	NT = Near Threatened	1个生物分类单元，经评估不符合列为极危、濒危或易危任一等级的标准，列为低危
7	无危	LC = Least Concern	低关注度物种，或无危物种，受威胁程度较低的物种
8	数据缺乏	DD = Date Deficient	1个生物分类单元，若无足够的资料对其灭绝风险进行直接或间接评估时，可列为数据不足
9	未予评估	NE = Not Evaluated	未应用有关IUCN濒危物种标准评估的分类单元列为未评估

表1-3 本书收录的国家重点保护野生兰科植物共14属61种（国家林业和草原局，2021）

序号	中文名	拉丁学名	保护等级
一	杓兰属*Cypripedium* L.		
1	黄花杓兰	*Cypripedium flavum* P. F. Hunt et Summerh	二级
2	云南杓兰	*Cypripedium yunnanense* Franch.	二级
二	兜兰属*Paphiopedilum* Pfitz.		
3	卷萼兜兰	*Paphiopedilum appletonianum* (Gower) Rolfe	一级
4	杏黄兜兰	*Paphiopedilu armeniacum* S. C. Chen et F. Y. Liu	一级
5	小叶兜兰	*Paphiopedilum barbigerum* T Tang et F. T. Wang	一级
6	巨瓣兜兰	*Paphiopedilum bellatulum* (Rchb. F.) Stein	一级
7	红旗兜兰	*Paphiopedilum charlesworthii* (Rolfe) Pfitzer	一级
8	同色兜兰	*Paphiopedilum concolor* (Lindl. ex Bateman) Pfitzer	一级
9	德氏兜兰	*Paphiopedilum delenatii* Guillaumin	一级
10	长瓣兜兰	*Paphiopedilum dianthum* T. Tang et F. T. Wang	一级
11	白花兜兰	*Paphiopedilum emersonii* Koop. & P. J. Cribb	一级
12	格力兜兰	*Paphiopedilum gratrixianum* Rolfe	一级

续表1-3

序号	中文名	拉丁学名	保护等级
13	香花兜兰	*Paphiopedilum hangianum* Perner & O. Gruss	一级
14	海伦兜兰	*Paphiopedilum helenae* Aver.	一级
15	亨利兜兰	*Paphiopedilum henryanum* Braem	一级
16	带叶兜兰	*Paphiopedilum hirsutissimum* (Lindl. ex Hook.) Stein	一级
17	麻栗坡兜兰	*Paphiopedilum malipoense* S. C. Chen et Z. H. Tsi	一级
18	硬叶兜兰	*Paphiopedilum micranthum* T. Tang et F. T. Wang	二级
19	紫纹兜兰	*Paphiopedilum purpuratum* (Lindl.) Stein	一级
20	白旗兜兰	*Paphiopedilum spicerianum* (Rchb. f.) Pfitz.	一级
21	虎斑兜兰	*Paphiopedilum tigrinum* Koop. et Haseg.	一级
22	天伦兜兰	*Paphiopedilum tranlienianum* O. Gruss & Perner	一级
23	秀丽兜兰	*Paphiopedilum venustum* (Sims.) Pfitz.	一级
24	紫毛兜兰	*Paphiopedilum villosum* (Lindl.) Stein	一级
25	彩云兜兰	*Paphiopedilum wardii* Summerh.	一级
26	文山兜兰	*Paphiopedilum wenshanense* Z. J. Liu & J. Yong Zhang	一级
三	金线兰属*Anoectochilus* Bl.		
27	短唇金线兰	*Anoectochilus brevilabris* Lindl.	二级
28	南丹金线兰	*Anoectochilus nandanensis* Y. Feng Huang & X. C. Qu	二级
29	金线兰	*Anoectochilus roxburghii* (Wall.) Lindl.	二级
四	血叶兰属*Ludisia* A. Rich		
30	血叶兰	*Ludisia discolor* (Ker-Gawl.) A. Rich.	二级
五	白及属*Blettia* Rchb. f.		
31	白及	*Bletilla striata* (Thunb. ex Murray) Rchb. f.	二级
六	独蒜兰属*Pleione* D. Don		
32	大花独蒜兰	*Pleione grandiflora* (Rolfe) Rolfe	二级
33	秋花独蒜兰	*Pleione maculata* (Lindl.) Lindl.	二级
34	疣鞘独蒜兰	*Pleione praecox* (J. E. Smith) D. Don	二级
七	石豆兰属*Bulbophyllum* Thou.		
35	美花卷瓣兰	*Bulbophyllum rothschildianum* (O' Brien) J. J. Sm.	二级
八	石斛属*Dendrobium* Sw.		
36	密花石斛	*Dendrobium densiflorum* Lindl. ex Wall.	二级
37	球花石斛	*Dendrobium thyrsiflorum* Rchb. f.	二级

续表1-3

序号	中文名	拉丁学名	保护等级
九	兰属*Cymbidium* Sw.		
38	垂花兰	*Cymbidium cochleare* Lindl.	二级
39	莎叶兰	*Cymbidium cyperifolium* Wall. ex Lindl.	二级
40	福兰	*Cymbidium devonianum* Paxt.	二级
41	独占春	*Cymbidium eburneum* Lindl.	二级
42	莎草兰	*Cymbidium elegans* Lindl.	二级
43	长叶兰	*Cymbidium erythraeum* Lindl.	二级
44	蕙兰	*Cymbidium faberi* Rolfe	二级
45	碧玉兰	*Cymbidium lowianum* (Rchb. f.) Rchb. f.	二级
46	大根兰	*Cymbidium macrorhizon* Lindl.	二级
47	象牙白	*Cymbidium maguanense* F. Y. Liu	二级
48	珍珠矮	*Cymbidium nanulum* Y. S. Wu et S. C. Chen	二级
49	邱北冬蕙兰	*Cymbidium qiubeiense* K. M. Feng et H. Li	二级
50	豆瓣兰	*Cymbidium serratum* Schltr.	二级
51	墨兰	*Cymbidium sinense* (Jacks. ex Andr.) Willd.	二级
52	西藏虎头兰	*Cymbidium tracyanum* L. Castle	二级
十	杜鹃兰属 *Cremastra* Lindl.		
54	杜鹃兰	*Cremastra appendiculata* (D. Don) Makino	二级
十一	鹤顶兰属*Phaius* Lour.		
54	文山鹤顶兰	*Phaius wenshanensis* F. Y. Liu	二级
十二	蝴蝶兰属*Phalasenopsis* Bl.		
55	罗氏蝴蝶兰	*Phalaenopsis lobbii* (Rchb. f.) H. R. Sweet	二级
56	麻栗坡蝴蝶兰	*Phalaenopsis malipoensis* Z. J. Liu & S. C. Chen	二级
57	华西蝴蝶兰	*Phalaenopsis wilsonii* Rolfe	二级
十三	火焰兰属*Renanthera* Lour.		
58	中华火焰兰	*Renanthera citrina* Aver.	二级
59	火焰兰	*Renanthera coccinea* Lour.	二级
60	云南火焰兰	*Renanthera imschootiana* Rolfe	二级
十四	万代兰属*Vanda* Jones ex R. Br.		
61	大花万代兰	*Vanda coerulea* Griff. ex Lindl.	二级

第二章

中国珍稀濒危野生兰科花形态

中国珍稀濒危野生兰科花形态

Chapter 2

大香荚兰*Vanilla siamensis*

众所周知，花形态结构是兰科物种鉴定和分类系统重建的主要依据，包括唇瓣形态、可育雄蕊数目、成熟花药开裂时的散粉单元类型、合蕊柱愈合程度和柱头的形态特征等。2015年重建的兰科分子系统学（Chase *et al.*，2015）将其分为5个亚科，各具明显的花形态分类特征，具体如下。

第一，拟兰亚科有辐射对称花冠，2～3枚可育雄蕊和花粉粒，雌蕊的柱头为球状，雄蕊和雌蕊仅在基部愈合。该亚科的物种数目最少，仅有2属17种。

第二，香荚兰亚科具两侧对称花型，只有1枚可育雄蕊，退化雄蕊无残迹，合蕊柱细长，花粉黏性呈团，蕊喙不明显。该亚科有15属185种，广布全球热带地区。

第三，杓兰亚科具两侧对称花型，1枚花瓣特化为囊状，2枚侧萼片多愈合为合萼片，可育雄蕊2枚较短，位于合蕊柱基部两侧，不育雄蕊发达与雌蕊的柱头近等高，两者皆为肉质扁平近盾状，花药开裂时为黏性花粉。该亚科有5属约180种，广泛分布于北半球欧亚大陆和美洲的地生兰。

第四，兰亚科又名红门兰亚科，花呈两侧对称，具有1枚可育雄蕊，花药开裂时露出松散的花粉小块，具有黏盘，雌蕊具分枝状柱头或凹陷或凸面状柱头。该亚科有8族20亚族180属3630种，占兰科物种组成的15%，分布在新世界和旧世界温带和热带地区。

第五，树兰亚科具两侧对称花冠，有1枚可育雄蕊，成熟花药开裂时露出坚固致密的花粉团，花丝和花柱高度愈合，柱头呈凹陷的柱头腔。该亚科的种类最多，17族650属21160种，约占兰科的74%。

根据前人的研究基础，本章选择了中国产的5亚科10族47属126种珍稀濒危兰花为研究对象，在野外调查或国内部分兰科迁地保护中心采集新鲜开放花，通过解剖镜观察记录每种植物的花形态特征，包括花型、花色、质地、可育雄蕊数目和形态、花药在合蕊柱上的着生位置和方向、散粉单元类型、花药帽的内壁和外壁、蕊喙、黏盘和黏盘柄等，采集图像后，利用图片编辑软件（Adobe Photoshop 2019版）分析归纳每种兰花的花形态结构特征，为深入理解兰科花形态的系统演化提供形态学证据。

表2-1　兰科5个亚科的花形态分类学特征*

序号/Number	特征/Feature	拟兰亚科 Apostasioideae	香荚兰亚科 Vanilloideae	杓兰亚科 Cypripedioideae	兰亚科 Orchidoideae	树兰亚科 Epidendroideae
1	数目（可育雄蕊/不育雄蕊）/number（stamen/staminode）	2–3/0–1	1/2	2/1	1/2	1/2
2	散粉单元/pollen dispersal units	干燥花粉/dry pollen	黏性花粉/pasty pollen	黏性花粉/pasty pollen	可分割的花粉团/sectile pollinium	坚固花粉团/hard pollinium

续表2-1

序号/Number	特征/Feature	拟兰亚科 Apostasioideae	香荚兰亚科 Vanilloideae	杓兰亚科 Cypripedioideae	兰亚科 Orchidoideae	树兰亚科 Epidendroideae
3	柱头类型/stigma type	球状柱头/ rounded stigma	柱头腔/ stigma cavity	盾状柱头/ shield stigma	柱头腔或柱头枝/stigma cavity, stigma branch	柱头腔/ stigma cavity
4	蕊柱/column	基部愈合/ basifixed	高度愈合/ developed	半愈合/ undeveloped	高度愈合/ developed	高度愈合/ developed
5	蕊喙/rostellum	无/absent	无/absent	无/absent	有/present	有/present

*参考文献：Chase *et al.*, 2015; Pridegeon *et al.*, 1999, 2001, 2003, 2005, 2009, 2014; 金效华等，2019。

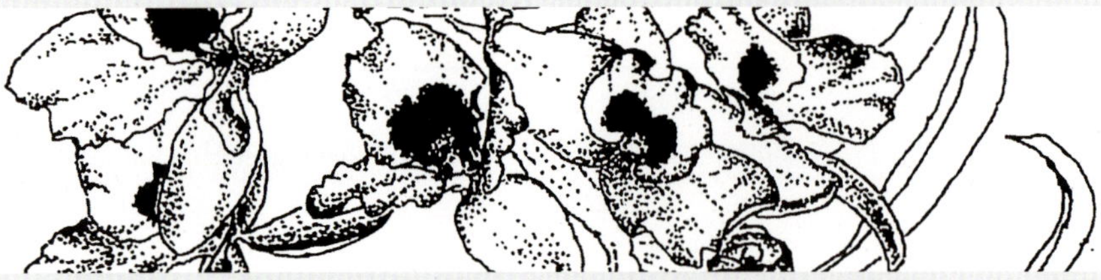

Ⅰ 拟兰亚科 Apositasiodeae

地生亚灌木状草本，下部常有支柱状根。叶生于茎上，折扇状。花序有时分枝；花近辐射对称，具3室子房；萼片相似或侧萼片略有不同；唇瓣与花瓣相似或稍大。蕊柱具2～3枚可育雄蕊；可育雄蕊具明显的花丝和2室花药；花粉不黏合成团块，为干燥松散的花粉粒。退化雄蕊（来自内轮中央雄蕊）有1枚或缺失。花柱明显，具球状柱头，常高于花药。果实浆果状或蒴果状。种子具坚硬的外种皮，球形或较少两端有膨胀、延长的附属物。

包括2属约17种，为兰科5个亚科里物种数目最少的一类，属于林下地生兰，分布于热带亚洲和大洋洲。我国有2属5种，分布于南方热带地区。本书收录1属1种。

一、拟兰属 *Apostasia* Bl.

亚灌木状草本，直立或下部伏地，具根状茎。根状茎有时发出少数支柱状根。茎较纤细，有时分枝，具多枚叶。叶通常较密集，折扇状，一般先端有由边缘背卷而成的管状长芒，基部收狭成柄；叶柄在基部扩大成鞘状而抱茎。花序顶生或生于上部叶腋，常外弯或有时下垂，总状或具侧枝而呈圆锥状；花苞片较小；子房3室，细长；花近辐射对称，黄色至白色；萼片相似；花瓣亦大致相似，有时中央的1枚（唇瓣）较大。蕊柱直立或弯曲，具2枚可育雄蕊；花丝通常较短，连接于花药背面基部上方；花药早期常多少围抱蕊柱，两个药室等长或不等长；退化雄蕊若存在则位于背侧，与中萼片对生（来自外轮中央雄蕊）；花粉不黏合成团块；花柱圆柱状；柱头顶生，小头状。果实为蒴果，细圆柱形，略有3纵棱。种子成熟时黑色，有坚硬的外种皮。

我国有3种，分布于广东、海南、广西和云南等省（区）的南部。本书收录1种。

本属模式种：*Apostasia odorata* Bl.

拟兰*Apostasia odorata*

1. 拟兰 *Apostasia odorata* Bl.

图2-1A　拟兰*Apostasia odorata*
（摄影：罗艳）

植株形态特征：根状茎较长，与茎无明显界限，有时发出少数支柱状根。茎直立或下部匍匐，不分枝或偶见1个分枝，下部具数枚圆筒状的鞘，鞘上方具多枚叶。叶片披针形或线状披针形，先端具芒尖，基部收狭成柄；花序顶生，常弯垂，具1～3个侧枝，圆锥状，通常有10余朵花。（图2-1A）

花形态解剖特征：花梗和子房绿色，无毛；花淡黄色，花直径约1cm（图2-1B：1）。萼片狭长圆形，先端短尾状，边缘皱波状，通常具3条脉（图2-1B：1～2）；花瓣与萼片相似，但中脉较粗厚。蕊柱（合生部分）长约2mm，背侧在退化雄蕊下方具2个突出的翅；翅近方形，中央有纵沟（图2-1B：4、5）。可育雄蕊的花丝长约1mm；花药近线形，基部戟形，顶端具细尖，两药室不等长（图2-1B：3）；退化雄蕊近圆柱形，略短于花柱，除上端约1mm离生外，全部贴生于花柱上（图2-1B：4）。花柱（分离部分）长5～6mm，略高出花药之上，顶端具稍膨大的柱头（图2-1B：3）。

地理分布：产于广东北部至南部（翁源、增城）、海南、广西西南部（龙州）和云南南部（思茅、勐腊）。常生长于海拔690～720m的林下。国外分布于越南、老挝、柬埔寨、泰国、马来西亚、印度尼西亚和印度。

花期：5—7月。

濒危等级：LC。

图2-1B　拟兰*Apostasia odorata*的花形态解剖特征 （摄影：罗艳）

1～2. 花的正面（1）、极面（2）；3.剥离花被片后的合蕊柱：4～5.合蕊柱的近正面（4）和侧面（5）。缩写：a=花药；f=花丝；o=子房；p=花瓣；s=花萼；st=不育雄蕊；sti=柱头；sty=花柱；w=合蕊柱基部的翅。

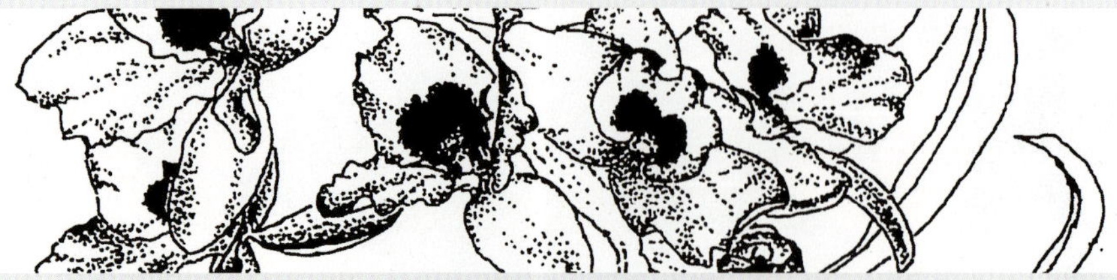

Ⅱ 香荚兰亚科 Vanilloideae

直立或攀缘植物，灌木状或草本，自养或腐生。茎下部稍木质或肉质。叶茎生，席卷式，肉质或革质，有时无叶（腐生种类）。花序顶生或侧生，不分枝或分枝，具数朵花至多朵花；花小或大，扭转，在子房与花被之间有离层，偶见杯状副萼；唇瓣下半部边缘有时与蕊柱边缘合生而多少呈喇叭状，有时多少凹陷成舟状或盆状。蕊柱细长；花药顶生，俯倾；花粉2枚或4枚，粒粉质或十分松散，不具花粉团柄或黏盘；蕊喙通常较宽阔；柱头生于近蕊柱顶端处。果实为荚果状，开裂或不开裂。种子有厚的外种皮，黑色或褐色，无翅或周围有近环状翅。

广布全球热带地区，为攀缘性藤本或地生兰，包括15属185种（Pridgeon *et al.*，2001）。其中，香荚兰属是著名的香料植物，素有“香料皇后”之称；山珊瑚属（*Galeola*）的种子因具翅，在兰科里也较为特别。我国有6属19种，包括5个特有种，见于南方地区（Chen *et al.*，2009）。

二、香荚兰属 *Vanilla* Plum. ex Mill.

攀缘植物，长可达数米。茎稍肥厚或肉质，每节生1枚叶和1条气生根。叶大，肉质，具短柄，有时退化为鳞片状。总状花序生于叶腋，具数朵花至多朵花；花通常较大，扭转，常在子房与花被之间具1层离层；萼片与花瓣相似，离生，展开；唇瓣下部边缘常与蕊柱边缘合生，有时合生部分几乎达整个蕊柱长度，因而唇瓣常呈喇叭状，前部不合生部分常扩大，有时3裂；唇盘上一般有各种附属物，无距。蕊柱长，纤细；花药生于蕊柱顶端，俯倾；花粉2枚或4枚，粒粉质或十分松散，不具花粉团柄或黏盘；蕊喙通常较宽阔，位于花药下方。果实为荚果状，肉质，不开裂或开裂。种子具厚的外种皮，常呈黑色，无翅。

全属约70种，分布于全球热带地区。我国有2~3种。除台湾和云南南部已知的2种外，自福建南部、广东、海南、广西、贵州至云南均采到该属标本。福建标本甚似台湾香荚兰*V. soma*，贵州的植物很可能是*V. annamica* Gagnep。但由于没有花或花不完整，未能做出准确的判断，暂不收入。

本属后选模式种：*Vanilla mexicana* Mill.

大香荚兰*Vanilla siamensis*

2. 大香荚兰 *Vanilla siamensis* Rolfe ex Downie

植株形态特征：草质攀缘藤本，长达数米，具长的节间，节上具1片叶。叶散生，肉质，椭圆形，先端渐尖，基部略收狭，无毛；叶柄粗壮，宽阔。总状花序生于叶腋，具多朵花，花开放时间很短。（图2-2A）

图2-2A　大香荚兰*Vanilla siamensis*
（摄影：闫丽春）

花形态解剖特征：萼片与花瓣淡黄绿色，唇瓣乳白色而具黄色的喉部（图2-2B：1～3）；萼片长圆形或狭卵形，先端圆形并稍内卷；花瓣倒卵状长圆形，质地较薄，（图2-2B：1、2）；唇瓣菱状倒卵形，下部与蕊柱边缘合生，呈喇叭形，上部3裂；侧裂片内卷，围抱蕊柱；中裂片三角形，先端外弯，边缘波状，上表面除基部外较密地生有流苏状长毛；唇盘中部具1个杯状附属物，附属物口部具短毛（图2-2B：3）。蕊柱半圆柱形，前方表面具长柔毛；柱头凹陷（图2-2B：4）。花药帽白色，近方形，基部较透明（图2-2B：5、6）。花粉黄色（图2-2B：6）。

地理分布：产于云南南部（景洪），生于海拔约1300m的林中。泰国也有分布。

花期：8月。

濒危等级：EN。

图2-2B　大香荚兰*Vanilla siamensis*的花形态解剖特征（摄影：罗艳）

1～2. 花的正面（1）和侧面（2）；3. 唇瓣展开可见合蕊柱；4. 合蕊柱正面；5～6. 花药正面（5）和背面（6）。缩写：a=花药；ac=花药帽；c=蕊柱；ds=中萼片；l=唇瓣；ls=侧萼片；o=子房；p=花瓣；po=花粉；r=蕊喙。

3. 台湾香荚兰 *Vanilla somae* Hayata

图2-3A　台湾香荚兰*Vanilla somae*
（摄影：付学维）

植株形态特征：草质攀缘藤本植物，多节。叶互生，狭卵形或椭圆状披针形，厚肉质，先端渐尖，基部钝并具很短的柄，稍具网脉。花序生于叶腋，很短，通常具2朵花；花苞片近三角形，花淡黄绿色或白绿色。（图2-3A）

花形态解剖特征：花开展，淡黄绿色或白绿色（图2-3B：1、2）。萼片与花瓣相似，椭圆状倒披针形或倒披针形，先端外弯（图2-3B：1、2）；唇瓣内表面为淡粉红色和黄色，唇盘中央深绿色并有黄白色附属物，两侧有肉红色脉纹，背面亦多少有红色晕。唇瓣近基部与蕊柱边缘合生成管，管的长度不及蕊柱长度的1/2，唇瓣前部扩大，略3裂，边缘波状；侧裂片较大，内弯，使唇瓣呈喇叭状；中裂片近三角形或圆形，上面有2列小柱状乳突；唇盘中央具刷状附属物，附属物由许多薄片呈扇状相叠而成（图2-3B：3～5）。合蕊柱黄绿色，顶端具2个小翅，花药顶生（图2-3B：6～8）。花药帽淡黄绿色，肉质（图2-3B：9、10）。黏性花粉团黄色，2枚（图2-3B：11、12）。

地理分布：分布于国内东南部以及台湾（台北、花莲、苗栗、高雄）。生于海拔1200m的林下或溪边林下。老挝、缅甸也有分布。

花期：4—8月。

濒危等级：EN。

图2-3B　台湾香荚兰*Vanilla somae*的花形态解剖特征

1～2. 花的正面（1）和侧面（2）；3.唇瓣放大可见合蕊柱；4～5.唇瓣附属物；6～7. 合蕊柱正面（6）和侧面（7）；8. 合蕊柱正面放大；9～10. 花药帽正面（9）和背面（10）；11～12. 黏性花粉团。缩写：a=花药；c=蕊柱；ds=中萼片；l=唇瓣；ls=侧萼片；o=子房；p=花瓣；r=蕊喙。

三、山珊瑚属 *Galeola* Lour.

腐生草本或半灌木状，常具较粗厚的根状茎。茎常较粗壮，直立或攀缘，稍肉质，黄褐色或红褐色，无绿叶，节上具鳞片。总状花序或圆锥花序顶生或侧生，具多数稍肉质的花；花序轴被短柔毛或秕糠状短柔毛；花苞片宿存；花中等大，通常黄色或带红褐色；萼片离生，背面常被毛；花瓣无毛，略小于萼片；唇瓣不裂，通常凹陷成杯状或囊状，多少围抱蕊柱，明显大于萼片，基部无距，内有纵脊或胼胝体。蕊柱一般较为粗短，上端扩大，向前弓曲，无蕊柱足；花药生于蕊柱顶端背侧。花粉2枚，每个具裂隙，粒粉质，无附属物；柱头大，深凹陷；蕊喙短而宽，位于柱头上方。果实为荚果状蒴果，干燥，开裂。种子具厚的外种皮，周围有宽翅。

全属约10种，主要分布于亚洲热带地区，从中国南部和日本至新几内亚岛，以及非洲马达加斯加岛均可见到。我国产4种。本书收录1种。

本属模式种：*Galeola nudifolia* Lour.

大根兰

4. 山珊瑚 *Galeola faberi* Rolfe

图2-4A　山珊瑚*Galeola faberi*
（摄影：王云强）

植株形态特征：高大植物，半灌木状。根状茎粗壮，横走，直径可达2cm，疏被宽卵形鳞片。茎直立，红褐色，基部多少木质化，高1～2m，仅上部疏被锈色短绒毛。圆锥花序由顶生和侧生的总状花序组成；侧生总状花序长5～10cm，通常具4～7朵花，其总花梗一般较长；总状花序基部的不育苞片披针形，无毛；花苞片披针形或卵状披针形，背面无毛；花梗和子房多少被锈色短绒毛。（图2-4A）

花形态解剖特征：花黄色，开放后直径约3.5cm（图2-4B：1、2）。萼片狭椭圆形或近长圆形，先端钝，背面稍被极短的锈色绒毛；花瓣与萼片相似，无毛；唇瓣稍围抱蕊柱，倒卵形，不裂，长约2cm，宽约1.2cm，下部凹陷，两侧边缘内弯，边缘具不规则缺刻并多少波状，内面具多条粗厚的纵脉，脉上生有不规则的褶片或圆齿，尤以上部为多（图2-4B：1、2）。合蕊柱长约1cm，黄白色，稍向前弯（图2-4B：3～5）。花药帽黄色，正面具不规则凸起，花药壁白色（图2-4B：6、7）。黏性花粉黄色（图2-4B：6、8）。

地理分布：产于四川西南部（峨眉山）、贵州中部（息烽）和云南西北部至东南部（维西、腾冲、建水、金屏、勐腊）。生于海拔1800～2300m的疏林下或竹林下多腐殖质和湿润处。模式标本采自四川峨眉山。

花期：5—7月。

濒危等级：LC。

图2-4B　山珊瑚*Galeola faberi*的花形态解剖特征

1~2. 花的正面（1）和侧面（2）；3~5. 合蕊柱的正面（3）、侧面（4）和背面（5）；6~7. 花药帽的正面（6）和背面（7）；8. 单枚黏性花粉团。缩写：a=花药；ac=花药帽；aw=花药壁；c=蕊柱；ct=蕊柱齿；ds=中萼片；l=唇瓣；ls=侧萼片；o=子房；p=花瓣；po=花粉；r=蕊喙；st=柱头腔。

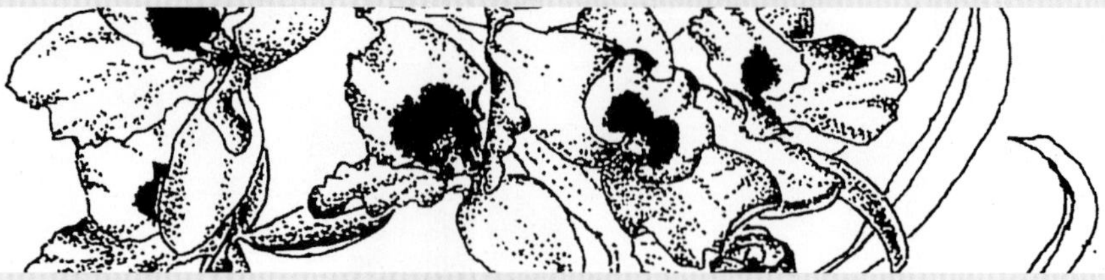

Ⅲ 杓兰亚科 Cypripedioideae

地生或附生草本，极罕近亚灌木状。茎短或长，一般不分枝。叶茎生或基生，折扇状或对折。花序顶生，总状或减退为单花；子房1室或3室；花通常较大，由于子房弯曲而使唇瓣处于下方；侧萼片一般合生而成合萼片，位于唇瓣下方；唇瓣深囊状。蕊柱位于囊口，具2枚可育雄蕊、1枚退化雄蕊和1裂柱头；可育雄蕊通常具短的花丝和较小的花药。花粉多少有黏性，但不形成团块；退化雄蕊位于上方，一般较大；柱头位于下方，肥厚。果实为蒴果。种子通常有翅状种皮，较少例外。

分布于北半球欧亚大陆和美洲的地生兰，种类较少（5属170种），具有较高观赏价值（Pridgeon *et al.*，2009）。我国有2属63种，包括兜兰属*Paphiopedilum*和杓兰属*Cypripedium*，前者分布在我国西南至华南地区，后者生长在东北到西南山地及台湾高山（Chen *et al.*，2009）。本书收录2属25种。

四、杓兰属 *Cypripedium* L.

地生草本，具短的或长的横走根状茎和许多较粗厚的纤维根。茎直立，长或短，成簇生长或疏离，无毛或具毛，基部常有数枚鞘。叶2片至数枚，互生、近对生或对生，有时近铺地；叶片通常椭圆形至卵形，较少心形或扇形，具折扇状脉、放射状脉或3~5条主脉，有时有黑紫色斑点。花序顶生，通常具单朵花或少数具2~3朵花，极罕具5~7朵花；花苞片通常叶状，明显小于叶，少有非叶状或不存在；花大，通常较美丽。中萼片直立或俯倾于唇瓣之上；2枚侧萼片通常合生而成合萼片，仅先端分离，位于唇瓣下方，极罕完全离生；花瓣平展、下垂或围抱唇瓣，有时扭转；唇瓣为深囊状，球形、椭圆形或其他形状，一般有宽阔的囊口，囊口有内弯的侧裂片和前部边缘，囊内常有毛。蕊柱短，圆柱形，常下弯，具2枚侧生的可育雄蕊、1枚位于上方的退化雄蕊和1裂位于下方的柱头；花药2室，具很短的花丝。花粉粉质或带黏性，但不黏合成花粉团块；退化雄蕊通常扁平，椭圆形、卵形或其他形状，有柄或无柄，极罕舌状或线形；柱头肥厚，略有不明显的3裂，表面有乳突。果实为蒴果。

全属约51种，主要产于东亚、北美、欧洲等温带地区和亚热带山地，向南可达喜马拉雅地区和中美洲的危地马拉。我国分布有38种，其中四川省内分布有20种，云南省内分布有16种，其他省（区、市）内分布种数在10种左右。

杓兰属植物的株型秀美，花形较为奇特，花瓣一般多呈杓状、拖鞋状及兜状，且颜色鲜艳，具有较高的观赏价值和经济价值，深受国内外花卉爱好者们的喜爱。杓兰属植物栽培和繁育困难，成活率低，许多观赏性植株多是通过对野生杓兰乱采滥挖获得，致使杓兰属植物许多种类濒危灭绝。目前，杓兰属植物已被列入我国濒危植物保护名录，美国也已将11种杓兰属植物列入不同濒危等级保护植物。本书收录2种。

本属模式种：*Cypripedium calceolus* L.

5. 黄花杓兰 *Cypripedium flavum* P. F. Hunt et Summerh.

图2-5A　黄花杓兰*Cypripedium flavum*

植株形态特征：地生植物。茎直立，密被短柔毛，基部具数枚鞘，鞘上方具3～6枚叶。叶片椭圆形至椭圆状披针形，两面被短柔毛。花序顶生，通常具1朵花；花苞片叶状、椭圆状披针形，被短柔毛；花梗和子房被褐色至锈色短毛；花黄色，有时有红色晕。（图2-5A）

花形态解剖特征：花较大，黄绿色（图2-5B：1）。中萼片椭圆形至宽椭圆形，先端钝，背面中脉与基部疏被微柔毛，边缘具细缘毛；合萼片宽椭圆形，先端几乎不裂，亦具类似的微柔毛和细缘毛；花瓣长圆形至长圆状披针形，稍斜歪，先端钝，并有不明显的齿，内表面基部具短柔毛，边缘有细缘毛；唇瓣深囊状，椭圆形，偶见栗色斑点，两侧和前沿均有较宽阔的内折边缘，囊底具长柔毛（图2-5B：1、2、6）。退化雄蕊近圆形或宽椭圆形，基部近无柄，多少具耳，下面略有龙骨状突起，上面有明显的网状脉纹（图2-5B：3～5）。黏性花粉，黄色（图2-5B：7、8）。

地理特征：产于中国甘肃南部、湖北西部（房县）、四川、云南西北部和西藏东南部。生于海拔1800～3450m林下、林缘、灌丛中或草地上多石湿润之地。模式标本采于四川。

花期：6—9月。

濒危等级：VU。

图2-5B 黄花杓兰*Cypripedium flavum*的花形态解剖特征

1～2. 花的正面（1）和侧面（2）；3～5. 合蕊柱的正面（3）、侧面（4）和背面（5）；6. 唇瓣基部，示具长柔毛；7～8. 花药壁开裂后露出黏性花粉。缩写：a=花药；aw=花药壁；b=苞片；c=蕊柱；ds=中萼片；f=可育雄蕊的花丝；l=唇瓣；o=子房；p=花瓣；s=柱头；sp=黏性花粉；ss=合萼片；sta=退化雄蕊。

6. 云南杓兰 *Cypripedium yunnanense* Franch.

图2-6A 云南杓兰*Cypripedium yunnanense*

植株形态特征：地生植物。植株高20～37cm，具粗短的根状茎。花序顶生，具1朵花；花序柄上端疏被短柔毛；茎直立，无毛或在上部近节处疏被短柔毛，基部具数枚鞘，鞘上方具3～4枚叶。叶片椭圆形或椭圆状披针形，先端渐尖，上面无毛或疏被微柔毛，背面被微柔毛，毛尤以脉上为多。花苞片叶状，卵状椭圆形或卵状披针形。（图2-6A）

花形态解剖特征：花略小，粉红色、淡紫红色或偶见灰白色，有深色的脉纹（图2-6B：1）。中萼片卵状椭圆形，先端渐尖；合萼片椭圆状披针形，与中萼片等长，先端2浅裂（图2-6B：2）；花瓣披针形，先端渐尖，稍扭转或不扭转，内表面基部具毛；唇瓣深囊状，椭圆形，囊口周围有浅色的圈（图2-6B：2），囊底有毛，外面无毛；退化雄蕊椭圆形或卵形，白色，并在中央具1条紫条纹，基部近无柄（图2-6B：3～5）。黏性花粉，黄色（图2-6B：3、6、7）。子房6枚心皮，可育心皮3枚，不可育心皮3枚，侧膜胎座。（图2-6B：8）。

地理特征：产于四川西部至西南部（马尔康、汶川、九龙、道孚、康定）、云南西北部（香格里拉、丽江、洱源）和西藏东南部。生于海拔2700～3800m的松林下、灌丛中或草坡上。模式标本采自云南。

花期：5月。

濒危等级：EN。

图2-6B 云南杓兰*Cypripedium yunnanense*的花形态解剖特征

1～2. 花的正面（1）和侧面（2）；3～5. 合蕊柱的正面（3）、侧面（4）和背面（5）；6～7. 花药壁开裂后露出黏性花粉；8. 子房横切面，示意侧膜胎座。缩写：a=花药；aw=花药壁；b=苞片；c=蕊柱；ds=中萼片；f=可育雄蕊的花丝；l=唇瓣；o=子房；p=花瓣；s=柱头；sp=黏性花粉；ss=合萼片；sta=退化雄蕊。

五、兜兰属 *Paphiopedilum* Pfitz.

地生、半附生或附生草本；多年生常绿草本植物，是兰科中最原始的类群之一，是世界上栽培最早和最普及的洋兰之一。根状茎不明显或罕有细长而横走，具稍肉质而被毛的纤维根。茎短，包藏于2列的叶基内，通常新苗发自老茎（或老植株）基部，在具细长而横走根状茎的种类中，新苗生于根状茎末端。叶基生，数枚至多枚，2列，对折；叶片带形、狭长圆形或狭椭圆形，两面绿色或上面有深浅绿色方格斑块或不规则斑纹，背面有时有淡红紫色斑点或浓密至完全淡紫红色，基部叶鞘互相套叠。花葶从叶丛中长出，长或短，具单朵花或较少有数朵花或多朵花；花苞片非叶状；子房顶端常收狭成喙状；花大而艳丽，有各种色泽。中萼片一般较大，常直立，边缘有时向后卷；2枚侧萼片通常完全合生成合萼片，先端不裂或稍具小齿；花瓣形状变化较大，匙形、长圆形至带形，向两侧伸展或下垂；唇瓣深囊状，球形、椭圆形至倒盔状，基部有宽阔而具内弯边缘的柄或较少无柄，囊口常较宽大，口的两侧常有直立而呈耳状并多少有内折的侧裂片，较少无耳或整个边缘内折，囊内一般有毛。蕊柱短，常下弯，具2枚侧生可育雄蕊，1枚位于上方的退化雄蕊和1个位于下方的柱头；花药2室，具很短的花丝；花粉粉质或带黏性，但不黏合成花粉团块；退化雄蕊扁平；柱头肥厚，下弯，柱头面有乳突并有不明显的3裂。果实为蒴果。

兜兰属（*Paphiopedilum*）又称拖鞋兰、仙履兰，全属约有86个种，主要分布于亚洲热带地区至太平洋岛屿。兜兰属为热带亚洲属，主要分布于东南亚至喜马拉雅山低地至中国西南部，只有少数种类到达新几内亚和所罗门群岛。中国目前是世界上兜兰种类分布最多的国家，达28种。主要分布中心在我国的云南南部、广西西南部，以及越南北部。兜兰由于独特的花朵造型、绚丽的花朵色彩、持久的观赏花期而具有极高的观赏价值，是国际上的高档花卉，属于兰科植物七大观赏属之一。本书收录22种。

本属模式种：*Paphiopedilum insigne*（Lindl.）Pfitz.

Paphiopedilum wenshanense 文山兜兰

7. 卷萼兜兰 *Paphiopedilum appletonianum* (Gower) Rolfe

植株形态特征：地生植物。花葶直立，长17～25cm，并在果期继续延长达60cm，紫褐色，疏被短柔毛，顶端通常生1朵花；叶基生，2列，4～8枚；叶片狭椭圆形，先端急尖并常有2～3枚小齿，上面有深浅绿色相间的网格斑（明显或不甚明显），背面淡绿色并在基部有紫晕，无毛。花苞片2枚，大的1枚宽卵形，围抱子房，背面有龙骨状突起并被短柔毛，边缘具缘毛；小的线形。（图2-7A）

图2-7A 卷萼兜兰*Paphiopedilum appletonianum*
（摄影：黄家林）

花形态解剖特征：花直径8～9cm（图2-7B：1、2）。中萼片绿白色并有紫褐色脉，基部常有紫晕，合萼片亦为绿白色并具深色脉，卵状椭圆形；花瓣近匙形，先端近急尖并略有2～3个小齿，下半部有暗褐色与灰白色相间的条纹或斑及黑色斑点（图2-7B：1、2）；唇瓣倒盔状，末端淡黄绿色至灰色，囊口边缘部分淡紫红色并有绿色，囊近狭椭圆形，囊口极宽阔，两侧各具1个直立的耳；中萼片宽卵形，先端短渐尖，上部边缘内卷，基部边缘外卷，绿白色并有绿色脉（图2-7B：1、2）。退化雄蕊呈椭圆形或近圆形，中央深绿色，边缘淡绿色，先端有明显凹缺，缺口中央具短尖，基部略呈心形，上面中央有不甚明显的突起（图2-7B：3～5）。可育雄蕊绿白色，黏性花粉，黄色（图2-7B：6、7）。

地理分布：产于海南（东方、感恩、陵水、定安）和广西南部。生于海拔300～1200m的林下阴湿、腐殖质多的土壤上或岩石上。越南、老挝、柬埔寨和泰国也有分布。模式标本采自泰国。

花期：1—5月。

濒危等级：EN。

图2-7B　卷萼兜兰*Paphiopedilum appletonianum*的花形态解剖特征

1～2. 花的正面（1）和侧面（2）；3～5. 合蕊柱背面（3）、侧面（4）和正面（5）；6. 合蕊柱一侧的可育雄蕊；7. 2枚花药。缩写：a=花药；aw=花药壁；c=蕊柱；ds=中萼片；f=可育雄蕊的花丝；l=唇瓣；p=花瓣；s=柱头；sp=黏性花粉；sta=退化雄蕊。

8. 杏黄兜兰 *Paphiopedilum armeniacum* S. C. Chen et F. Y. Liu

图2-8A　杏黄兜兰*Paphiopedilum armeniacum*

植株形态特征：地生或半附生植物。花葶直立，长15～28cm，淡紫红色与绿色相间，被褐色短毛，顶端生1朵花。地下具细长而横走的根状茎，根状茎直径2～3mm，有少数稍肉质而被毛的纤维根。叶基生，2列，5～7枚；叶片长圆形，坚革质，先端急尖或有时具弯缺与细尖，上面有深浅绿色相间的网格斑。（图2-8A）

花形态解剖特征：花大，纯黄色，仅退化雄蕊上有浅栗色纵纹（图2-8B：1）。花瓣大，宽卵形或近圆形，先端急尖或近浑圆，边缘具缘毛；唇瓣深囊状，近椭圆状球形或宽椭圆形，基部具短爪，囊口近圆形，整个边缘内折，但先端边缘较狭窄；中萼片卵形或卵状披针形，先端近急尖，背面近顶端与基部具长柔毛，边缘具缘毛；合萼片与中萼片相似，先端钝而不裂，背面具长柔毛并有2条钝的龙骨状突起，边缘具缘毛（图2-8B：1～3）。退化雄蕊宽卵形或卵圆形，先端急尖，背面具钝的龙骨状突起（图2-8B：4～6）。花药壁黄色，黏性花粉黄色（图2-8B：5、8、9）。子房被毛，具六棱，侧膜胎座，3枚心皮（图2-8B：7）。

地理分布：产于云南西部（泸水）。生于海拔1400～2100m的石灰岩壁积土处或多石而排水良好的草坡上。缅甸可能也有分布。模式标本采自云南泸水。

花期：2—4月。

濒危等级：CR。

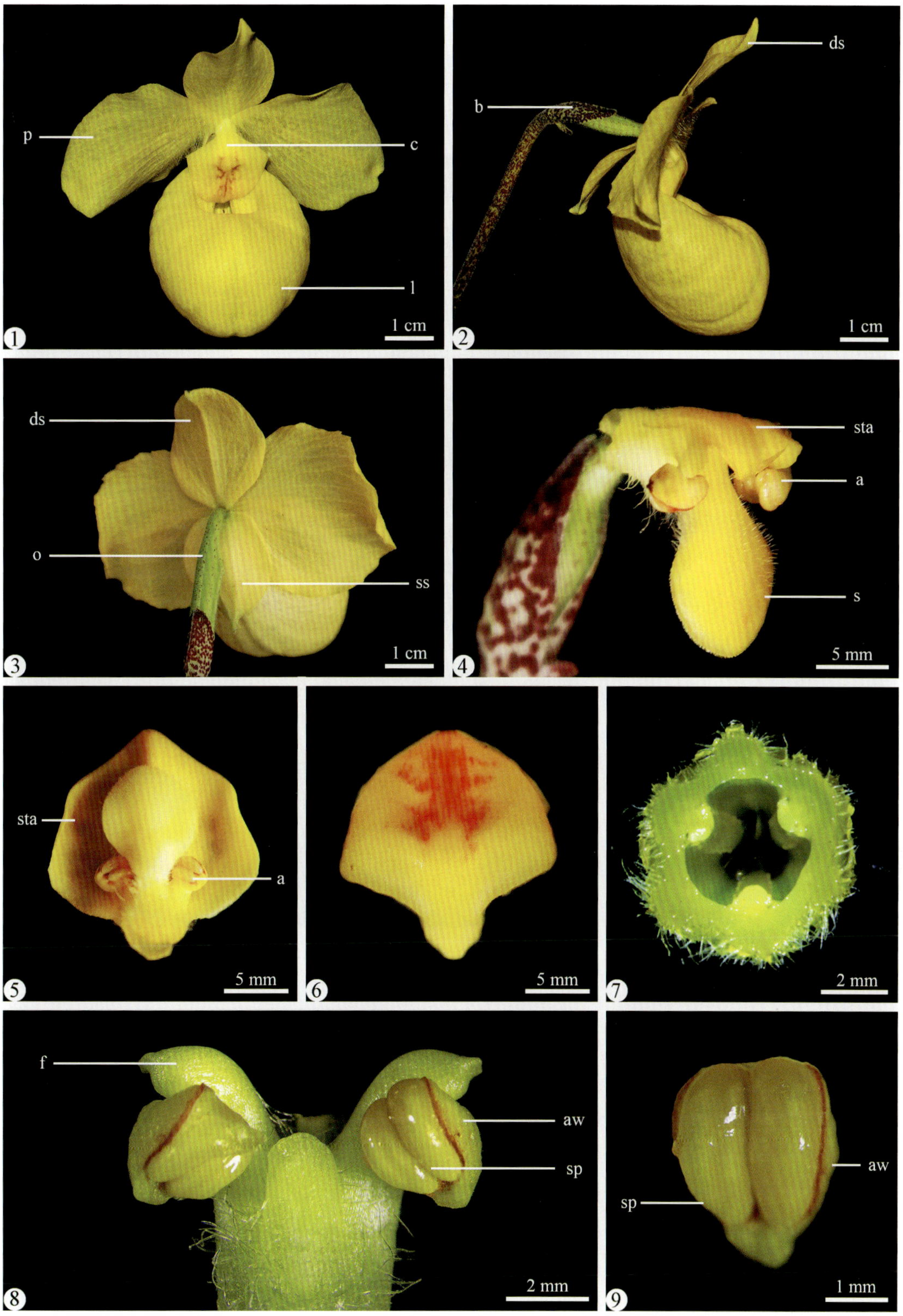

图2-8B　杏黄兜兰*Paphiopedilum armeniacum*的花形态解剖特征

1～3. 花的正面（1）、侧面（2）和背面（3）；4. 去除退化雄蕊的合蕊柱，示意柱头呈匙状；5～6. 合蕊柱的正面（5）和背面（6）；7. 子房横切面，示意侧膜胎座；8. 去掉不育雄蕊和柱头后的合蕊柱基部结构；9.单枚花药。缩写：a=花药；aw=花药壁；b=苞片；c=蕊柱；ds= 中萼片；f=可育雄蕊的花丝；l=唇瓣；o=子房；p=花瓣；s=柱头；sp = 黏性花粉；ss=合萼片；sta=退化雄蕊。

9. 小叶兜兰 *Paphiopedilum barbigerum* T. Tang et F. T. Wang

图2-9A　小叶兜兰*Paphiopedilum barbigerum*
（摄影：黄家林）

植株形态特征：地生或半附生植物。叶基生，2列，5～6枚，宽线形，先端略钝或有时具2个小齿，基部收狭成叶柄状并对折而互相套叠。花葶直立，长8～16cm，有紫褐色斑点，密被短柔毛，顶端生1朵花。（图2-9A）

花形态解剖特征：花开展，中等大小（图2-9B：1～3）。中萼片近圆形或宽卵形，中央黄绿色至黄褐色，上端与边缘白色，先端钝，基部有短柄，背面被短柔毛；合萼片明显小于中萼片，与中萼片同色但无白色边缘；花瓣狭长圆形或略带匙形，边缘波状，先端钝，边缘奶油黄色至淡黄绿色，中央有密集的褐色脉纹或整个呈褐色；唇瓣倒盔状，浅红褐色，囊近卵形，囊口极宽阔，两侧各具1个直立的耳，两耳前方的边缘不内折（图2-9B：1～3）。退化雄蕊宽倒卵形，基部略有耳，上面中央具1个脐状突起（图2-9B：4～6）。黏性花粉粒黄色（图2-9B：7、8）。子房被毛，近三角形（图2-9B：9）。

地理分布：产于广西北部和贵州。生于海拔800～1500m的石灰岩山丘荫蔽多石之地或岩隙中。

花期：10—12月。

濒危等级：EN。

图2-9B　小叶兜兰*Paphiopedilum barbigerum*的花形态解剖特征

1～3. 花的正面（1）、侧面（2）和背面（3）；4～6. 合蕊柱的正面（4）、背面（5）和侧面（6）；7. 去掉不育雄蕊和柱头后的合蕊柱基部结构；8. 单枚花药；9. 子房横切面，示意侧膜胎座。缩写：a=花药；aw=花药壁；b=苞片；c=蕊柱；ds=中萼片；f=可育雄蕊的花丝；l=唇瓣；o=子房；p=花瓣；s=柱头；sp=黏性花粉；ss=合萼片；sta=退化雄蕊。

10. 巨瓣兜兰 *Paphiopedilum bellatulum* (Rchb. f.) Stein

植株形态特征：地生或半附生植物，通常较矮小。叶基生，2列，4～5枚；叶片狭椭圆形或长圆状椭圆形，先端钝并有不对称的裂口，上面有深浅绿色相间的网格斑，背面密布紫色斑点。花葶直立，很短，长一般不超过10cm，紫褐色，被长柔毛，顶端生1朵花。（图2-10A）

图2-10A　巨瓣兜兰*Paphiopedilum bellatulum*

花形态解剖特征：花白色或带淡黄色，具紫红色或紫褐色粗斑点，萼片稍向内收拢（图2-10B：1、2）。中萼片横椭圆形至宽卵形，先端浑圆或钝并常有短尖头，背面被短柔毛并有龙骨状中脉；花瓣巨大，宽椭圆形或宽卵状椭圆形，边缘有细缘毛；唇瓣深囊状，椭圆形，有时向末端稍变狭，基部具很短的爪，囊口宽阔，整个边缘内弯，但前方内弯边缘狭窄（图2-10B：1、2）。退化雄蕊近圆形或略带方形，先端略有3齿，退化雄蕊上的紫褐色斑点较细（图2-10B：3～5）。黏性花粉黄色（图2-10B：6）。子房密被柔毛，侧膜胎座，心皮6枚，可育心皮和不可育心皮各3枚（图2-10B：7）。

地理分布：产于广西西部和云南东南部至西南部。生于海拔1000～1800m的石灰岩岩隙积土处或多石土壤上。缅甸和泰国也有分布。模式标本采自缅甸。

花期：4—6月。

濒危等级：EN。

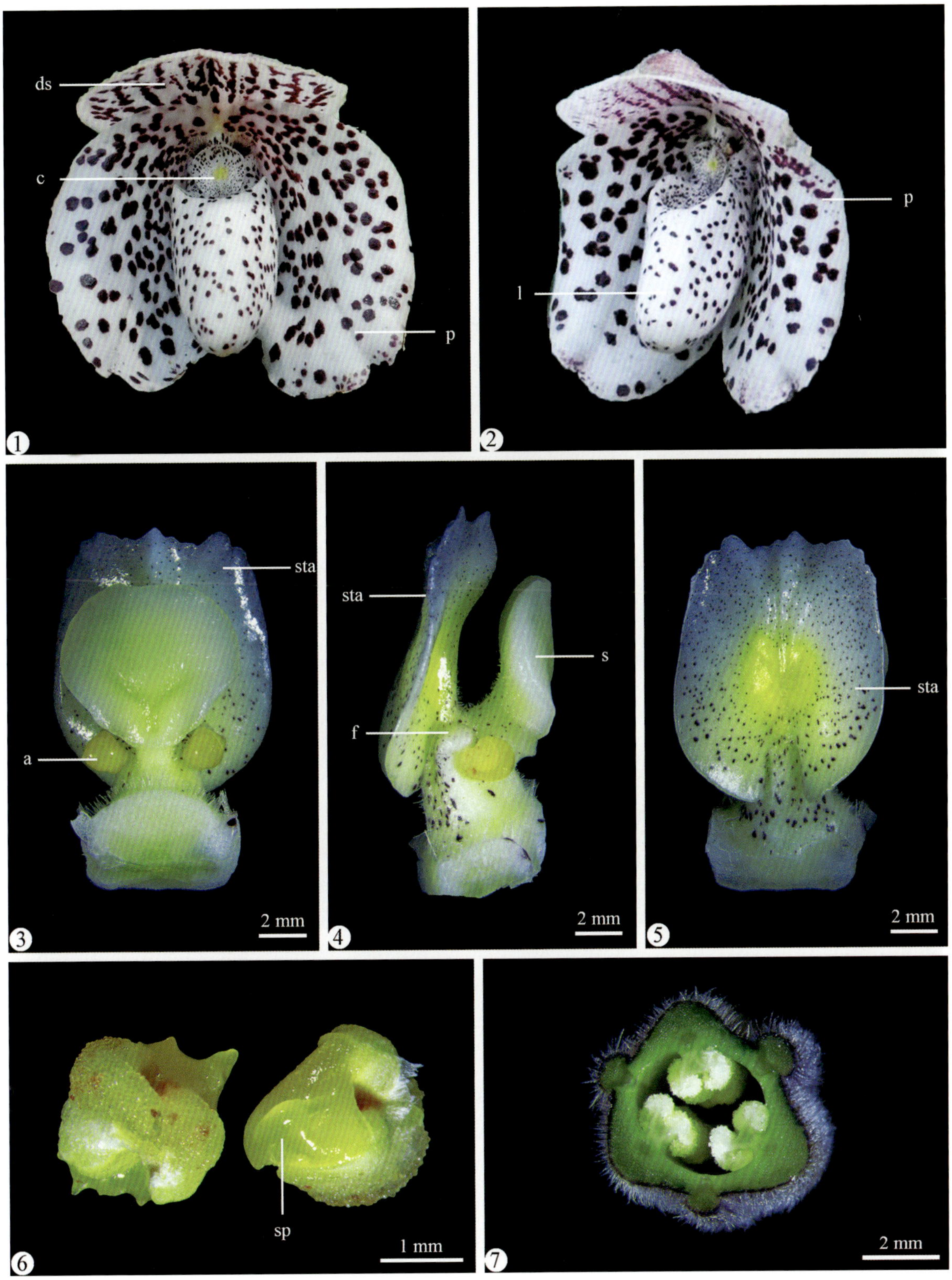

图2-10B　巨瓣兜兰*Paphiopedilum bellatulum*的花形态解剖特征

1～2.花的正面（1）和近侧面（2）；3～5.合蕊柱的正面（3）、侧面（4）和背面（5）；6.花药壁开裂后露出黏性花粉；7.子房横切面，示侧膜胎座。缩写：a=花药；c=蕊柱；ds=中萼片；f=可育雄蕊的花丝；l=唇瓣；p=花瓣；s=柱头；sp=黏性花粉；sta=退化雄蕊。

11. 红旗兜兰 *Paphiopedilum charlesworthii* (Rolfe) Pfitz.

植株形态特征：地生植物。叶4片或5片，2列；叶片背面淡绿色，近基部有暗紫色斑点，正面均匀绿色或有时非常不明显地镶嵌有深绿色和浅绿色，线形长圆形，先端锐尖和不相等的双圆形。花葶直立，有紫色、棕色的斑点，被短柔毛，顶端生1朵花。（图2-11A）

图2-11A　红旗兜兰*Paphiopedilum charlesworthii*（摄影：黄家林）

花形态解剖特征：花开展，中萼片稍向前下压（图2-11B：1、2）。花瓣淡绿黄色，长圆形、匙形，正面紫色具长柔毛向基部，具缘毛，边缘稍波状，具紧密的棕色网状脉；中萼片大，粉红色或粉白色，具深色脉，近圆形到横向椭圆形，先端近截形或有短尖；合萼片带绿色，脉带褐色，椭圆形或卵形，背面被微柔毛；唇瓣盔状，浅黄棕色，纹理明显（图2-11B：1、2）。退化雄蕊倒卵形，中部白色边缘近透明状，正面中央具有1个黄色脐状乳突（图2-11B：3~5）。花药壁紫褐色，黏性花粉粒黄色（图2-11B：6、7）。

地理分布：产于云南西部（高黎贡山的西向山坡）。缅甸、泰国亦有分布。生于海拔1300~1600m的常绿阔叶林中，或岩石和腐殖质丰富的地方。

花期：9—10月。

濒危等级：EN。

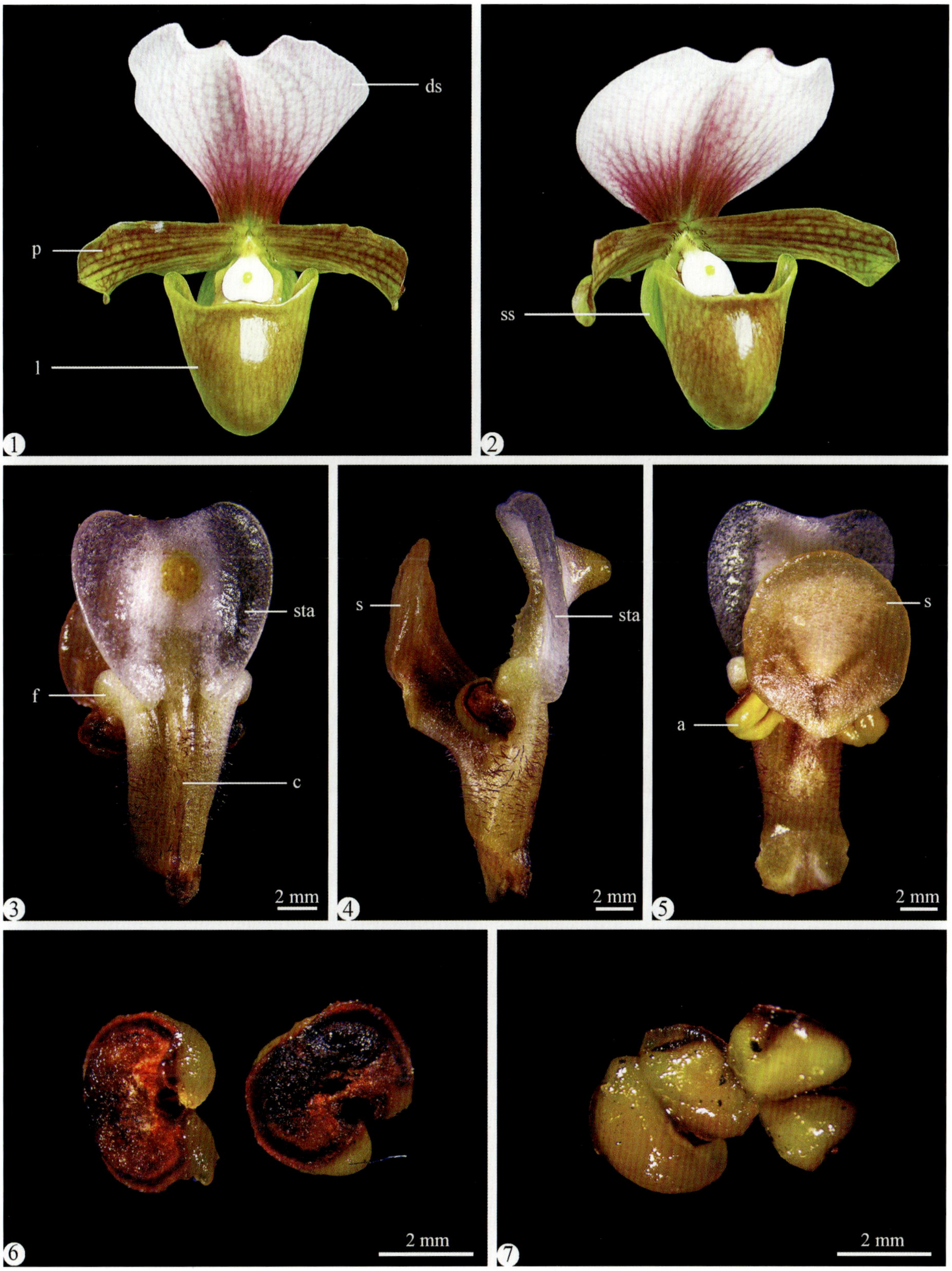

图2-11B　红旗兜兰*Paphiopedilum charlesworthii*的花形态解剖特征

1～2. 花的正面（1）和近侧面（2）；3～5. 合蕊柱的正面（3）、侧面（4）和背面（5）；6～7. 花药壁开裂后露出黏性花粉。缩写：a=花药；c=蕊柱；ds=中萼片；f=可育雄蕊的花丝；l=唇瓣；p=花瓣；s=柱头；ss=合萼片；sta=退化雄蕊。

12. 同色兜兰 *Paphiopedilum concolor* (Bateman) Pfitz.

植株形态特征：地生或半附生植物。具粗短的根状茎和少数稍肉质而被毛的纤维根。叶基生，2列，4~6枚；叶片狭椭圆形至椭圆状长圆形，先端钝并略有不对称，上面有深浅绿色（或有时略带灰色）相间的网格斑，背面具极密集的紫点或几乎完全紫色，中脉在背面呈龙骨状突起，基部收狭成叶柄状并对折而彼此套叠。花葶直立，长5~12cm，紫褐色，被白色短柔毛，顶端通常具1~2朵花，罕有3朵花。（图2-12A）

图2-12A　同色兜兰*Paphiopedilum concolor*

花形态解剖特征：花大，淡黄色或罕有近象牙白色，具紫色细斑点（图2-12B：1）。花瓣斜的椭圆形、宽椭圆形或菱状椭圆形，先端钝或近斜截形，近无毛或略被微柔毛；中萼片宽卵形，长宽相近，先端钝或急尖，两面均被微柔毛，边缘多少具缘毛，尤以上部为甚；唇瓣深囊状，狭椭圆形至圆锥状椭圆形，囊口宽阔，整个边缘内弯，基部具短爪（图2-12B：1、2）。退化雄蕊宽卵形至宽卵状菱形，先端略有3个小齿，基部收狭并具耳（图2-12B：3~5）。花药壁白色，黏性花粉粒黄色（图2-12B：6）。子房外壁被长柔毛，具纵棱，侧膜胎座，心皮6枚，可育心皮和不可育心皮各3枚（图2-12B：7）。

地理分布：产于广西西部、贵州和云南东南部至西南部。生于海拔300~1400m的石灰岩地区多腐殖质土壤上或岩壁缝隙或积土处。缅甸、越南、老挝、柬埔寨和泰国也有分布。模式标本为栽培植物，采自缅甸毛淡棉。

花期：6—8月。

濒危等级：VU。

图2-12B　同色兜兰*Paphiopedilum concolor*的花形态解剖特征

1～2. 花的正面（1）和背面（2）；3～5. 合蕊柱的正面（3）、侧面（4）和背面（5）；6. 2枚花药；7. 子房横切面。缩写：a=花药；aw=花药壁；b=苞片；c=蕊柱；ds=中萼片；f=可育雄蕊的花丝；l=唇瓣；o=子房；p=花瓣；s=柱头；sp=黏性花粉；ss=合萼片；sta=退化雄蕊。

13. 德氏兜兰 *Paphiopedilum delenatii* Guill.

图2-13A　德氏兜兰*Paphiopedilum delenatii*
（摄影：黄家林）

植株形态特征：地生植物。叶4～6枚，矩圆形，上面具明显深浅绿色相间的网格斑，背面具密集的紫色斑点，先端钝，近叶面先端具金黄色的鸟足状斑纹，基部对折并在边缘具缘毛。花葶近直立，紫褐色，具密集的白色长硬毛；花顶生2朵或1朵。（图2-13A）

花形态解剖特征：花大，中萼片、合萼片和花瓣均为白色，尤其在背面有模糊的浅粉色斑点和脉纹（图2-13B：1、2）。花瓣宽椭圆形，先端浑圆；唇瓣深囊状，近球形，粉红色至浅紫红色，前端边缘内卷，外面被微柔毛（图2-13B：1、2）。退化雄蕊菱状卵形，白色，前半部有紫红色晕，中央有浅黄色板块，边缘具缘毛（图2-13B：3）。2枚可育雄蕊清晰可辨，花丝较长，顶端带黄色（图2-13B：4、5）。花柱基部具白色毛（图2-13B：6），黏性花粉粒黄白色（图2-12B：6、7）。

地理分布：产于广西北部（柳州以北）、云南东南部（富宁县、西畴县和麻栗坡县）。生于海拔1000～1300m的石灰岩地区灌木和杂草丛生之地。越南南部和北部也有分布。

花期：3—4月。

濒危等级：DD。

图2-13B　德氏兜兰*Paphiopedilum delenatii*的花形态解剖特征

1～2. 花的正面（1）和侧面（2）；3. 退化雄蕊；4. 合蕊柱的正面；5. 去掉退化雄蕊的合蕊柱背面；6. 合蕊柱基部放大，示柱头基部具毛和2枚可育雄蕊；7.单枚花药。缩写：a=花药；aw=花药壁；c=蕊柱；ds=中萼片；f=可育雄蕊的花丝；l=唇瓣；o=子房；p=花瓣；s=柱头；sp=黏性花粉；ss=合萼片；sta=退化雄蕊。

14. 长瓣兜兰 *Paphiopedilum dianthum* T. Tang et F. T. Wang

植株形态特征：附生植物，较高大。叶基生，2列，2~5枚；叶片宽带形或舌状，厚革质，先端近浑圆并有裂口或小弯缺，背面中脉呈龙骨状突起，无毛。花葶近直立，长30~80cm，绿色；总状花序具2~4朵花。（图2-14A）

图2-14A　长瓣兜兰*Paphiopedilum dianthum*

花形态解剖特征：花大，开展（图2-14B：1、2）。中萼片与合萼片白色而有绿色的基部和淡黄绿色脉，中萼片近椭圆形，先端具短尖，边缘向后弯卷，背面中脉呈龙骨状突起；合萼片与中萼片相似，但稍宽而短（图2-14B：1、2）；唇瓣倒盔状，绿黄色并有浅栗色晕，囊近椭圆状圆锥形或卵状圆锥形，囊口极宽阔，两侧各有1个直立的耳，两耳前方边缘不内折（图2-14B：3）。退化雄蕊倒心形或倒卵形，淡绿黄色而有深绿色斑块，先端有弯缺，背面有龙骨状突起，边缘具细缘毛（图2-14B：4~6）。合蕊柱白色，被毛；2枚可育雄蕊由于退化雄蕊边缘的内卷而清晰可辨（图2-14B：7）。花药壁黄白色，黏性花粉粒黄色（图2-14B：8）。

地理分布：产于广西西南部（靖西）、贵州西南部（兴义）和云南东南部（麻栗坡）。生于海拔1000~2250cm的林缘或疏林中的树干上或岩石上。

花期：7—9月。

濒危等级：VU。

图2-14B 长瓣兜兰*Paphiopedilum dianthum*的花形态解剖特征

1~2. 花的正面（1）和侧面（2）；3. 唇瓣正面；4~6. 合蕊柱的正面（4）、背面（5）和侧面（6）；7. 去掉不育雄蕊和柱头的合蕊柱基部结构；8. 2枚花药。缩写：a=花药；b=苞片；c=合蕊柱；ds=中萼片；f=可育雄蕊的花丝；l=唇瓣；o=子房；p=花瓣；s=柱头；ss=合萼片；sta=退化雄蕊。

15. 白花兜兰 *Paphiopedilum emersonii* Koop. & P. J. Cribb

植株形态特征：地生或半附生植物，通常较矮小。叶基生，2列，3～5枚；叶片狭长圆形，先端近急尖，上面深绿色，通常无深浅绿色相间的网格斑，但细心观察在一些叶上可看到极淡的网格斑，背面淡绿色并在基部可有紫红色斑点，中脉在背面呈龙骨状突起，基部收狭成叶柄状并对折而彼此套叠。花葶直立，长11～12cm，淡绿黄色，被疏柔毛，顶端生1朵花。（图2-15A）

图2-15A　白花兜兰*Paphiopedilum emersonii*（摄影：黄家林）

花形态解剖特征：花大，白色，有时带极淡的紫蓝色晕，花瓣基部有少量栗色或红色细斑点（图2-15B：1、2）。中萼片椭圆状卵形，先端钝，两面被短柔毛；合萼片宽椭圆形，先端钝，背面略有2条龙骨状突起；花瓣宽椭圆形至近圆形，长约6cm，宽约5cm，先端钝或浑圆，两面略被细毛；唇瓣近卵形或卵球形，深囊状，有时有淡黄色晕，通常具不甚明显的淡紫蓝色斑点，囊口近圆形，整个边缘内折（图2-15B：1、2）。柱头黄色被细毛，花丝较长，黄色（图2-15B：3、4）退化雄蕊鳄鱼头状，长达2cm，宽约1cm，淡绿色并在上半部有大量栗色斑纹，上面中央具宽阔的纵槽，两侧边缘粗厚并近直立（图2-15B：5、6）。黏性花粉（图2-15B：7）。

地理分布：产于广西北部（地点不详）和贵州南部（荔波）。生于海拔约780m的石灰岩灌丛中覆有腐殖土的岩壁上或岩石缝隙中。模式标本为栽培植物，原产地为我国，但具体地点不详。

花期：4—5月。

濒危等级：CR。

图2-15B 白花兜兰*Paphiopedilum emersonii*的花形态解剖特征

1～2. 花的正面（1）和侧面（2）；3～4. 去掉退化雄蕊的合蕊柱正面（3）和背面（4）；5～6.合蕊柱的背面（5）和侧面（6）；7.花药。缩写：a=花药；aw=花药壁；c=蕊柱；ds=中萼片；f=可育雄蕊的花丝；l=唇瓣；p=花瓣；s=柱头；sp=黏性花粉；ss=合萼片；sta=退化雄蕊。

16. 格力兜兰 *Paphiopedilum gratrixianum* Rolfe

植株形态特征：地生或石上附生植物。叶4～8枚，2列，倒披针状矩圆形至狭矩圆形，革质，先端不等的2浅裂或具3个小齿，上面深绿色，背面绿色，近基部具紫色斑点。花葶近直立，绿色，被紫色短柔毛，顶生1朵花；苞片近椭圆状卵形，绿色，近背面基部被紫色短柔毛；花梗和子房被紫色短柔毛覆盖。（图2–16A）

图2–16A　格力兜兰*Paphiopedilum gratrixianum*

花形态解剖特征：花开展（图2–16B：1、2）。花瓣匙形，先端微凹，边缘通常波状并外弯，黄褐色。唇瓣浅黄褐色；中萼片宽椭圆形或近圆形，白色，先端急尖，边缘具缘毛，背面被微柔毛，沿中脉与基部毛较多近基部常为浅绿色或浅褐绿色，从基部向上2/3处具深紫色斑点（图2–16B：3）；唇瓣盔状，囊卵形，囊口两侧略呈耳状（图2–16B：1、2、4）。退化雄蕊倒心形，先端急尖，上面具泡状乳突和一个中央脐状突起，近基部有紫色毛（图2–16B：6～9）。黏性花粉粒黄色，开裂花药壁表面具颗粒状突起（图2–16B：10～11）。

地理分布：云南东南部（麻栗坡县）。见于海拔1800～1900m的林下多石之地。老挝、越南北部也有分布。

花期：花期9—12月。

濒危等级：EN。

图2-16B　格力兜兰*Paphiopedilum gratrixianum*的花形态解剖特征

1~2. 花的正面（1）和侧面（2）；3. 萼片正面；4. 唇瓣与合蕊柱；5. 子房；6~8. 合蕊柱的正面（6）、侧面（7）和背面（8）；9. 退化雄蕊；10~11. 花药背面（10）和正面（11）。缩写：a=花药；c=蕊柱；ds=中萼片；l=唇瓣；p=花瓣；s=柱头；ss=合萼片；sta=退化雄蕊。

17. 香花兜兰（汉氏兜兰）*Paphiopedilum hangianum* Perner & O. Gruss

植株形态特征：石上附生植物。花单朵，稍有香气；花葶近直立，长13～23cm，淡黄绿色；叶4～6枚，2列，革质，狭椭圆形，先端钝，上面深绿色，有光泽，背面淡绿色并有龙骨状突起，基部边缘具紫色缘毛。（图2–17A）

图2–17A　香花兜兰*Paphiopedilum hangianum*

花形态解剖特征：花黄色，半开展，萼片稍向前收拢（图2–17B：1、2）。花瓣宽卵状椭圆形，稍斜歪，近基部有淡紫红色晕，两面被微柔毛，基部具密集的白色长柔毛，边缘具缘毛；唇瓣深囊状，近球形，长3.5～5cm，宽2.5～3.4cm，前端边缘内卷；中萼片宽卵状椭圆形，先端钝，两面具细柔毛，边缘具细缘毛；合萼片宽椭圆形，两面亦具毛（图2–17B：1、2）。

地理分布：产于广西西南部（那坡县、靖西市与越南交界处）、云南东南部（金平县与越南交界处）。生于海拔600～800m的十分潮湿但排水良好之地，常在水帘或瀑布后方。越南北部也有分布。

花期：4—5月。

濒危等级：CR。

图2-17B　香花兜兰*Paphiopedilum hangianum*的花形态解剖特征

1. 花的正面观；2. 花的背面观。缩写：b=苞片；ds=中萼片；l=唇瓣；o=子房；p=花瓣；s=柱头；ss=合萼片。

18. 巧花兜兰（海伦兜兰）*Paphiopedilum helenae* Aver.

植株形态特征：地生草本。叶基生，2列，3～5枚，叶宽线形，直或稍微弯曲，坚革质，有时甚厚，稍肉质，叶面深绿色，边缘有浅黄白色或灰绿色条纹，叶背面为灰绿色，基部有紫红色斑点，叶尖圆钝并具细小三齿。花葶近直立，水平或稍微下垂，顶端生1朵花；花苞片卵形或椭圆形，尖端钝。（图2-18A）

图2-18A　巧花兜兰*Paphiopedilum helenae*（摄影：黄家林）

花形态解剖特征：花较小，开展（图2-18B：1、2）。花瓣狭长圆形或略带匙形，橙色，边缘直。唇瓣倒兜状，橙褐色并有枣红色晕；中萼片倒卵形，黄色，具有白色边缘带，顶端微凹或钝，背面和边缘被短柔毛（图2-18B：1、2）。子房被毛（图2-18B：6）。退化雄蕊近圆形，淡黄绿色，具有白色边缘带，先端微凹，边缘具细缘毛，中央有1个深黄色的脐状胼胝体（图2-18B：3、4、6）。黏性花粉（图2-18B：7）。

地理分布：分布于中国广西西部。生长在海拔700～1000m非常干旱的石灰岩山顶处的悬崖窄缝土壤中，土壤腐殖质含量很高。

花期：9—11月。

濒危等级：EN。

图2-18B　巧花兜兰*Paphiopedilum helenae*的花形态解剖特征

1～2. 花的正面（1）和侧面（2）；3～5. 合蕊柱的正面（3）、侧面（4）和背面（5）；6. 带子房的合蕊柱侧面，示子房被毛；7. 2枚花药。缩写：a=花药；aw=花药壁；b=苞片；c=蕊柱；ds=中萼片；f=可育雄蕊的花丝；l=唇瓣；o=子房；p=花瓣；s=柱头；sp=黏性花粉；ss=合萼片；sta=退化雄蕊。

19. 亨利兜兰 *Paphiopedilum henryanum* Braem

植株形态特征：地生或半附生植物。叶基生，2列，通常3枚；叶片狭长圆形，先端钝，上面深绿色，背面淡绿色或有时在基部有淡紫色晕。花葶直立，长16～22cm，绿色，密生褐色或紫褐色毛，顶端生1朵花。（图2-19A）

图2-19A　亨利兜兰*Paphiopedilum henryanum*
（摄影：黄家林）

花形态解剖特征：花开展，中萼片稍向前下压（图2-19A：1、2）。中萼片近圆形或扁圆形，奶油黄色或近绿色，有许多不规则的紫褐色粗斑点，先端钝或略具短尖，上半部边缘略波状，背面被微柔毛；合萼片色泽相近但无斑点或具少数斑点；花瓣玫瑰红色，基部有紫褐色粗斑点，狭倒卵状椭圆形至近长圆形，边缘多少波状，先端有不甚明显的3个小齿，内表面基部偶见疏柔毛，边缘有缘毛；唇瓣倒盔状，囊近宽椭圆形，玫瑰红色并略有黄白色晕与边缘，囊口极宽阔，两侧各具1个直立的耳，两耳前方边缘不内折（图2-19B：1、2）。退化雄蕊倒心形至宽倒卵形（图2-19B：3～5），上面具1枚黄色脐状突起（图2-19B：3、4）。成熟花粉粒具有黏性，黄色，表面光滑（图2-19B：8），由紫红色花药壁包裹（图2-19B：6、7）。

地理分布：产于广西西南部、云南东南部（麻栗坡、马关）。生于海拔900～1300m的林缘草坡上或石灰岩山岩石缝中。越南北部也有分布。模式标本为栽培植物，据说采自中越边界。

花期：花期7—8月。

濒危等级：VU。

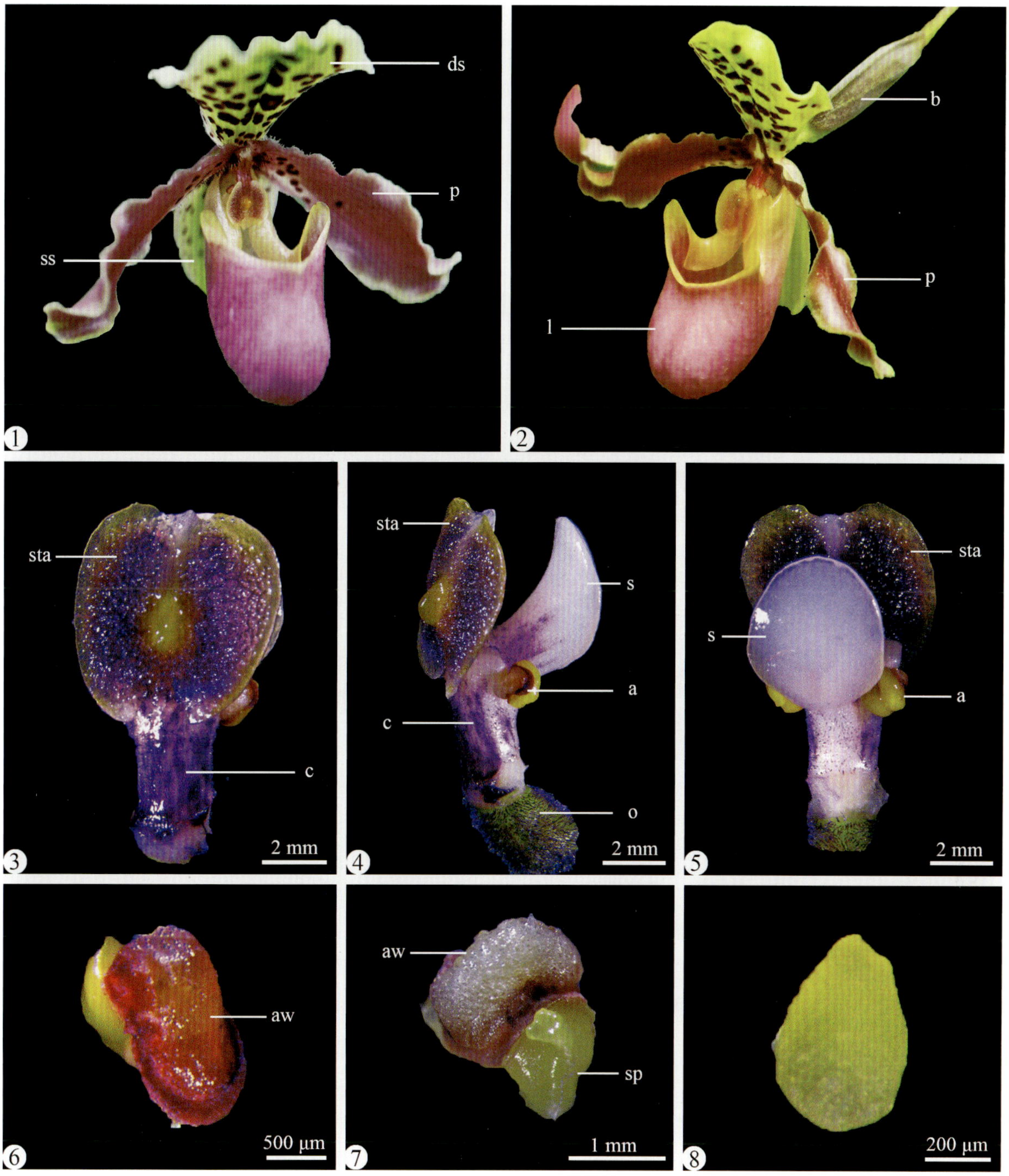

图2-19B 亨利兜兰*Paphiopedilum henryanum*的花形态解剖特征

1～2. 花的正面（1）和侧面（2）；3～5. 合蕊柱的背面（3）、侧面（4）和正面（5）；6～7. 花药；8. 黏性花粉。缩写：a=花药；aw=花药壁；b=苞片；c=蕊柱；ds=中萼片；l=唇瓣；o=子房；p=花瓣；s=柱头；sp=黏性花粉；ss=合萼片；sta=退化雄蕊。

20. 带叶兜兰 *Paphiopedilum hirsutissimum* (Lindl. ex Hook.) Stein

植株形态特征：地生或半附生植物。叶基生，2列，5～6枚，叶片带形，革质，中脉在背面略呈龙骨状突起，无毛；花苞片宽卵形。花葶直立，长20～30cm，通常绿色并被深紫色长柔毛，顶端生1朵花。（图2-20A）

图2-20A　带叶兜兰*Paphiopedilum hirsutissimum*（摄影：黄家林）

花形态解剖特征：花较大，中萼片和合萼片除边缘淡绿黄色外，中央至基部有浓密的紫褐色斑点或甚至连成一片（图2-20B：1～3）。中萼片宽卵形或宽卵状椭圆形，先端钝，背面被疏柔毛，边缘具缘毛；合萼片卵形，亦具类似的柔毛与缘毛；花瓣匙形或狭长圆状匙形，下半部黄绿色而有浓密的紫褐色斑点，上半部玫瑰紫色并有白色晕，先端常近截形或微凹，稍扭转，下部边缘皱波状且上面有时有黑色毛，边缘有缘毛；唇瓣倒盔状，淡绿黄色而有紫褐色小斑点，囊椭圆状或近狭椭圆形，囊口极宽阔，两侧各有1个直立的耳，两耳前方边缘不内折（图2-20B：1～3）。退化雄蕊近正方形，色泽与唇瓣相似，有2个白色"眼斑"，长与宽各8～10mm，顶端近截形或有极不明显的3裂，基部有钝耳，上面中央和基部两侧各有1枚突起物，中央1枚较大，背面有龙骨状突起（图2-20B：4～6）。黏性花粉黄色，表面光滑（图2-20B：7、8）。

地理分布：产于广西西部至北部（龙州、天峨）、贵州西南部（兴义等）和云南东南部（富宁、文山、麻栗坡）。生于海拔700～1500m的林下或林缘岩石缝中或多石湿润土壤上。印度东北部、越南、老挝和泰国也有分布。模式标本采自印度东北部。

花期：4—5月。

濒危等级：VU。

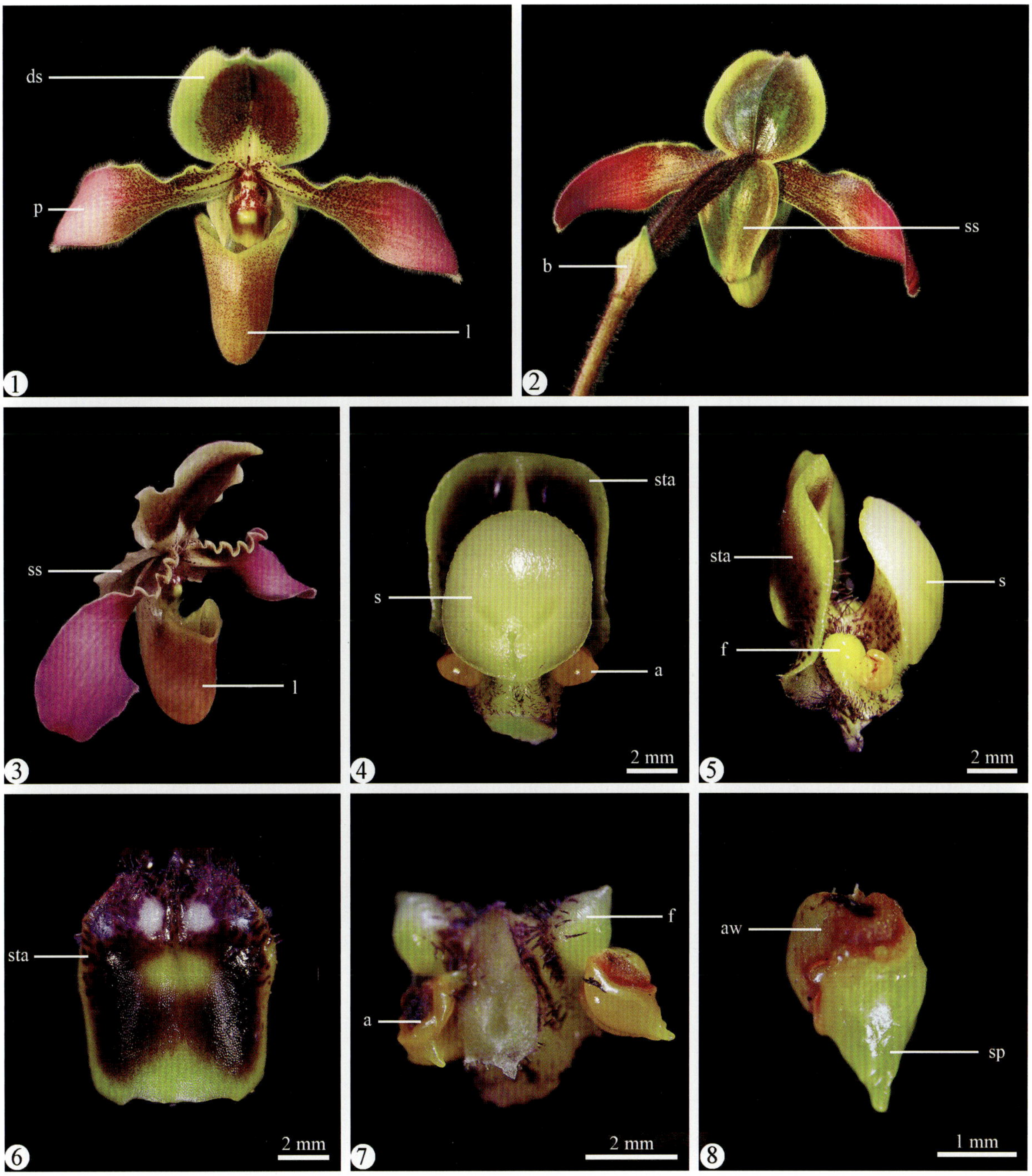

图2-20B　带叶兜兰*Paphiopedilum hirsutissimum*的花形态解剖特征

1～3. 花的正面（1）、背面（2）和侧面（3）；4～6. 合蕊柱的正面（4）、侧面（5）和背面（6）；7. 去掉不育雄蕊和柱头后的合蕊柱基部结构，示2室花药里的黏性花粉； 8. 单枚花药。缩写：a=花药；aw=花药壁；b=苞片；c=蕊柱；ds=中萼片；f=可育雄蕊的花丝；l=唇瓣；p=花瓣；s=柱头；sp=黏性花粉；ss=合萼片；sta=退化雄蕊。

21. 麻栗坡兜兰 *Paphiopedilum malipoense* S. C. Chen et Z. H. Tsi

图2-21A 麻栗坡兜兰*Paphiopedilum malipoense*
（摄影：黄家林）

植株形态特征：地生或半附生植物。具短的根状茎，有少数稍肉质而被毛的纤维根。叶基生，2列。叶片中脉在背面呈龙骨状突起，基部收狭成叶柄状并对折而套叠，边缘具缘毛。花葶直立，紫色，具锈色长柔毛，中部常有1枚不育苞片，顶端生1朵花。（图2-21A）

花形态解剖特征：花开展，黄绿色或淡绿色（图2-21B：1、2）。中萼片椭圆状披针形，先端渐尖或长渐尖，内表面疏被微柔毛，背面具长柔毛，边缘有缘毛；花瓣上有紫褐色条纹或多少由斑点组成的条纹；唇瓣深囊状，近球形，有时有不甚明显的紫褐色斑点，囊口近圆形，整个边缘内折（图2-21B：1、2）。退化雄蕊长圆状卵形，长达1.3cm，宽1.1cm，白色而近先端有深紫色斑块，先端截形，背面有龙骨状突起，上表面有4个脐状隆起（图2-21B：3～5）。花丝白色，顶端圆钝（图2-21B：6）。2枚黏性花粉粒浅黄色，表面光滑（图2-21B：7）。

地理分布：产于广西西部（那坡）、贵州西南部（兴义）和云南东南部（麻栗坡、文山、马关）。生于海拔1100～1600m的石灰岩山坡林下多石处或积土岩壁上。越南也有分布。模式标本为温室栽培植物，采自云南麻栗坡。

花期：12月一次年3月。

濒危等级：CR。

图2-21B　麻栗坡兜兰*Paphiopedilum malipoense*的花形态解剖特征

1～2. 花的正面（1）和侧面（2）；3～5. 合蕊柱的正面（3）、侧面（4）和背面（5）；6. 去掉退化雄蕊的合蕊柱背面；7. 2枚花药。缩写：a=花药；c=蕊柱；ds=中萼片；f=可育雄蕊的花丝；l=唇瓣；p=花瓣；s=柱头；ss=合萼片；sta=退化雄蕊。

22. 硬叶兜兰 *Paphiopedilum micranthum* T. Tang et F. T. Wang

植株形态特征：地生或半附生植物。地下具细长而横走的根状茎。叶基生，2列，4～5枚；叶片长圆形或舌状，坚革质，先端钝，上面有深浅绿色相间的网格斑，背面有密集的紫斑点并具龙骨状突起，基部收狭成叶柄状并对折而彼此套叠。花葶直立，被长柔毛，顶端具1朵花。（图2–22A）

图2–22A　硬叶兜兰*Paphiopedilum micranthum*（摄影：黄家林）

花形态解剖特征：花开展（图2–22B：1～3）。中萼片卵形或宽卵形，通常白色而有黄色晕和淡紫红色粗脉纹，先端急尖，背面被长柔毛并有龙骨状突起；合萼片卵形或宽卵形；花瓣宽卵形、宽椭圆形或近圆形，通常白色而有黄色晕和淡紫红色粗脉纹，先端钝或浑圆，内表面基部具白色长柔毛，背面多少被短柔毛；唇瓣白色至淡粉红色，深囊状，卵状椭圆形至近球形，基部具短爪，囊口近圆形，整个边缘内折，囊底有白色长柔毛（图2–22B：1～3）。退化雄蕊椭圆形，黄色并有淡紫红色斑点和短纹，先端急尖，两侧边缘尤其中部边缘近直立并多少内弯，使中央貌似具纵槽（图2–22B：4～6）。合蕊柱具长柔毛，2枚可育雄蕊清晰可辨（图2–22B：7）。花药壁黄白色，黏性花粉粒黄色，表面光滑（图2–22B：8、9）。

地理分布：产于广西西南部、贵州南部和西南部（荔波、兴义）、云南东南部（麻栗坡、西畴、文山）。生于海拔1000～1700m的石灰岩山坡草丛中或石壁缝隙或积土处。越南也有分布。模式标本采自云南麻栗坡。

花期：3—5月。

濒危等级：VU。

图2—22B 硬叶兜兰*Paphiopedilum micranthum*的花形态解剖特征

1～3. 花的正面（1）、侧面（2）和背面（3）；4～6. 合蕊柱的正面（4）、侧面（5）和背面（6）；7. 去掉不育雄蕊和柱头后的合蕊柱基部结构，示2室花药里的黏性花粉；8～9. 花药。缩写：a=花药；aw=花药壁；c=蕊柱；b=苞片；ds=中萼片；f=可育雄蕊的花丝；l=唇瓣；o=子房；p=花瓣；s=柱头；sp=黏性花粉；ss=合萼片；sta=退化雄蕊。

23. 紫纹兜兰 *Paphiopedilum purpuratum* (Lindl.) Stein

植株形态特征：地生或半附生植物。叶基生，2列，叶片狭椭圆形或长圆状椭圆形，上面具暗绿色与浅黄绿色相间的网格斑，背面浅绿色。花葶直立，紫色，密被短柔毛，顶端生1朵花。（图2-23A）

图2-23A 紫纹兜兰*Paphiopedilum purpuratum*

花形态解剖特征：花开展，中萼片侧缘稍向后卷（图2-23B：1、2）。中萼片卵状心形，先端短渐尖，边缘外弯并疏生缘毛，背面被短柔毛；合萼片卵形或卵状披针形，先端渐尖；花瓣近长圆形，先端渐尖，上面仅有疣点而通常无毛，边缘有缘毛；唇瓣倒盔状，紫褐色或淡栗色，（图2-23B：1、2）。退化雄蕊肾状半月形或倒心状半月形，先端有明显凹缺，凹缺中有1～3个小齿，上面有极微小的乳突状毛（图2-23B：3～5）。花丝绿白色，较长，羚羊角状（图2-23B：6）。花药壁红褐色，黏性花粉粒黄色，表面光滑（图2-23B：7）。

地理分布：产于广东南部（阳春）、香港、广西南部（上思十万大山）和云南东南部（文山）。生于海拔700m以下的林下腐殖质丰富多石之地或溪谷旁苔藓砾石丛生之地或岩石上。越南也有分布。

花期：10月一次年1月。

濒危等级：EN。

图2−23B　紫纹兜兰*Paphiopedilum purpuratum*的花形态解剖特征

1～2. 花的正面（1）和侧面（2）；3～5. 合蕊柱的正面（3）、侧面（4）和背面（5）；6. 去掉不育雄蕊和柱头后的合蕊柱基部结构，示2室花药里的黏性花粉和长的花丝；7. 2枚花药。缩写：a=花药；aw=花药壁；c=蕊柱；ds=中萼片；f=可育雄蕊的花丝；l=唇瓣；o=子房；p=花瓣；s=柱头；sp=黏性花粉；ss=合萼片；sta=退化雄蕊。

24. 白旗兜兰 *Paphiopedilum spicerianum* (Rchb. f.) Pfitz.

植株形态特征：陆生或岩生植物。叶4～6片，2列；叶片背面淡绿色和具紫色斑点向基部，正面均匀深绿色，狭长圆形、椭圆形，革质，沿基部边缘稍波状，锐尖和稍具双圆形在先端。花葶近直立，顶端生1朵花；花序梗紫色，上面疏生短柔毛。（图2-24A）

图2-24A　白旗兜兰*Paphiopedilum spicerianum*（摄影：罗艳）

花形态解剖特征：花开展（图2-24B：1、2）。中萼片向前弯曲，宽卵形圆形或近圆形，白色具褐红色中脉和带绿色的基部；合萼片卵形，黄绿色或白绿色，先端钝；花瓣线形、匙形或狭长圆形，黄绿色具棕色、紫色中脉和许多浅色斑点沿着侧脉，边缘波状，先端圆形或钝；唇瓣浅绿棕色或浅黄棕色，有深棕色脉（图2-24B：1、2）。退化雄蕊倒卵形或倒卵形近圆形，在基部边缘卷曲，白色，中央有一个大的紫色圆形（图2-24B：3～5）。

地理分布：分布于云南（思茅、高黎贡山）。生于海拔900～1400m的森林或茂密山坡上的岩石地、悬崖或石灰岩裂缝。缅甸北部亦有分布。

花期：9—11月。

濒危等级：EN。

图2-24B　白旗兜兰*Paphiopedilum spicerianum*的花形态解剖特征

1～2. 花的正面（1）和侧面（2）；3～5. 合蕊柱的正面（3）、极面（4）和侧面（5）。缩写：a=花药；b=苞片；c=蕊柱；ds=中萼片；f=可育雄蕊的花丝；l=唇瓣；o=子房；p=花瓣；s=柱头；ss=合萼片；sta=退化雄蕊。

25. 虎斑兜兰 *Paphiopedilum tigrinum* Koop. & N. Haseg.

图2-25A　虎斑兜兰*Paphiopedilum tigrinum*
（摄影：黄家林）

植株形态特征：地生或半附生植物。叶基生，2列，2～3枚；叶片狭长圆形，先端钝并常有小裂口或弯缺，绿色，背面色略浅，无毛，基部收狭成叶柄状并对折而互相套叠。花葶直立，长21～25cm，紫色，被短柔毛，顶端生1朵花。（图2-25A）

花形态解剖特征：花大，开展（图2-25B：1）。中萼片宽卵形至极宽的倒卵形，黄绿色而有3条紫褐色粗纵条纹，先端常有短尖头，背面有微柔毛；合萼片淡黄绿色并在基部有紫褐色细纹；花瓣近匙形，边缘（尤其中部至基部）波状，基部至中部黄绿色并在中央有2条紫褐色粗纵条纹，上部淡紫红色；唇瓣倒盔状，淡黄绿色而有淡褐色晕，基部有宽阔的、长1.5～2cm的柄，囊近椭圆形，向末端略变狭，囊口极宽阔，两侧各有1个直立的耳，两耳前方的边缘不内折（图2-25B：1）。退化雄蕊近椭圆形或倒卵状椭圆形，黄绿色但在中央有紫斑，长1.2～1.5cm，宽8～9mm，中央具脐形突起（图2-25B：2～4）。可育雄蕊在合蕊柱两侧，花丝上着生花粉（图2-25B：2～4）。花药壁黄色，黏性花粉黄色（图2-25B：5）。

地理分布：产于云南西部（泸水）。生于海拔1500～2210m的林下荫蔽多石处或山谷旁灌丛边缘。模式标本为栽培植物，来自中国云南西部。

花期：6—8月。

濒危等级：EN。

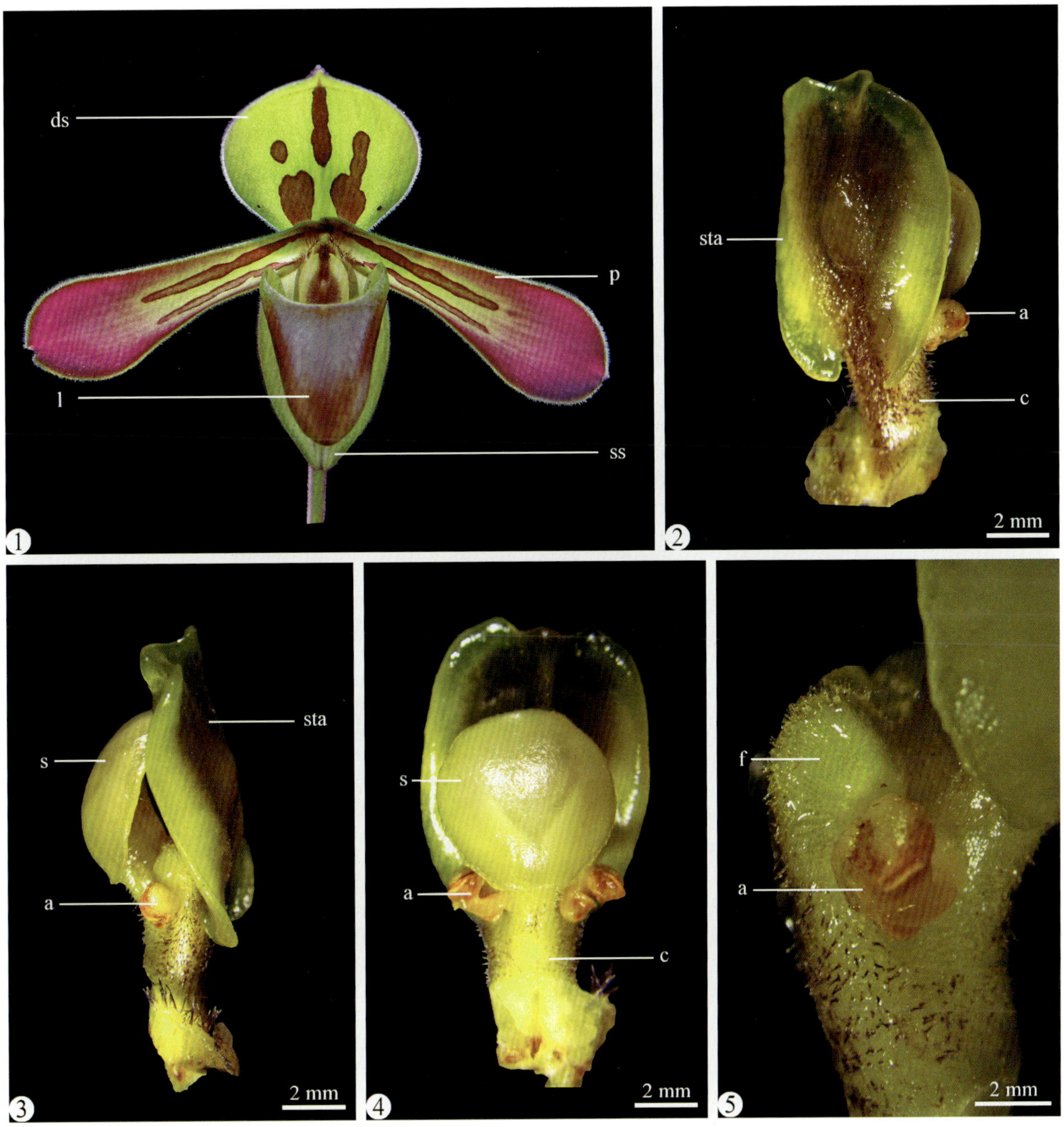

图2–25B　虎斑兜兰*Paphiopedilum tigrinum*的花形态解剖特征

1. 花的正面；2～4. 合蕊柱的背面（2）、侧面（3）和正面（4）；5. 合蕊柱一侧的可育雄蕊。缩写：a=花药；c=蕊柱；ds=中萼片；f=可育雄蕊的花丝；l=唇瓣；p=花瓣；s=柱头；ss=合萼片；sta=退化雄蕊。

26 天伦兜兰 *Paphiopedilum tranlienianum* O. Gruss & Perner

图2-26A 天伦兜兰*Paphiopedilum tranlienianum*

植株形态特征：地生植物。叶4~6枚，2列，叶片长圆形，长10~24cm，宽1.6~2.7cm，先端具3个小齿。花序梗绿色，被毛，顶端生1朵花；花苞片绿色。（图2-26A）

花形态解剖特征：花开展（图2-26B：1）。中萼片近圆形，长宽25~35mm，白色而基部2/3具紫色纵条纹；合萼片近倒卵形，绿色；花瓣狭长圆形，淡绿色，边缘强烈地呈波状；唇瓣盔状，淡棕色（图2-26B：1、2）。退化雄蕊椭圆形，上面具泡状乳突和一个中央脐状突起，近基部有深色毛。2枚可育雄蕊由于退化雄蕊边缘的内卷而清晰可辨（图2-26B：3~5）；花丝黄色，较短，顶端圆钝（图2-26B：6）。黏性花粉黄色，由黄色花药壁包裹（图2-26B：6、7）。

地理分布：产于中国云南省。生于海拔约1000m的林下岩石缝中。越南也有分布。

花期：9月。

濒危等级：EN。

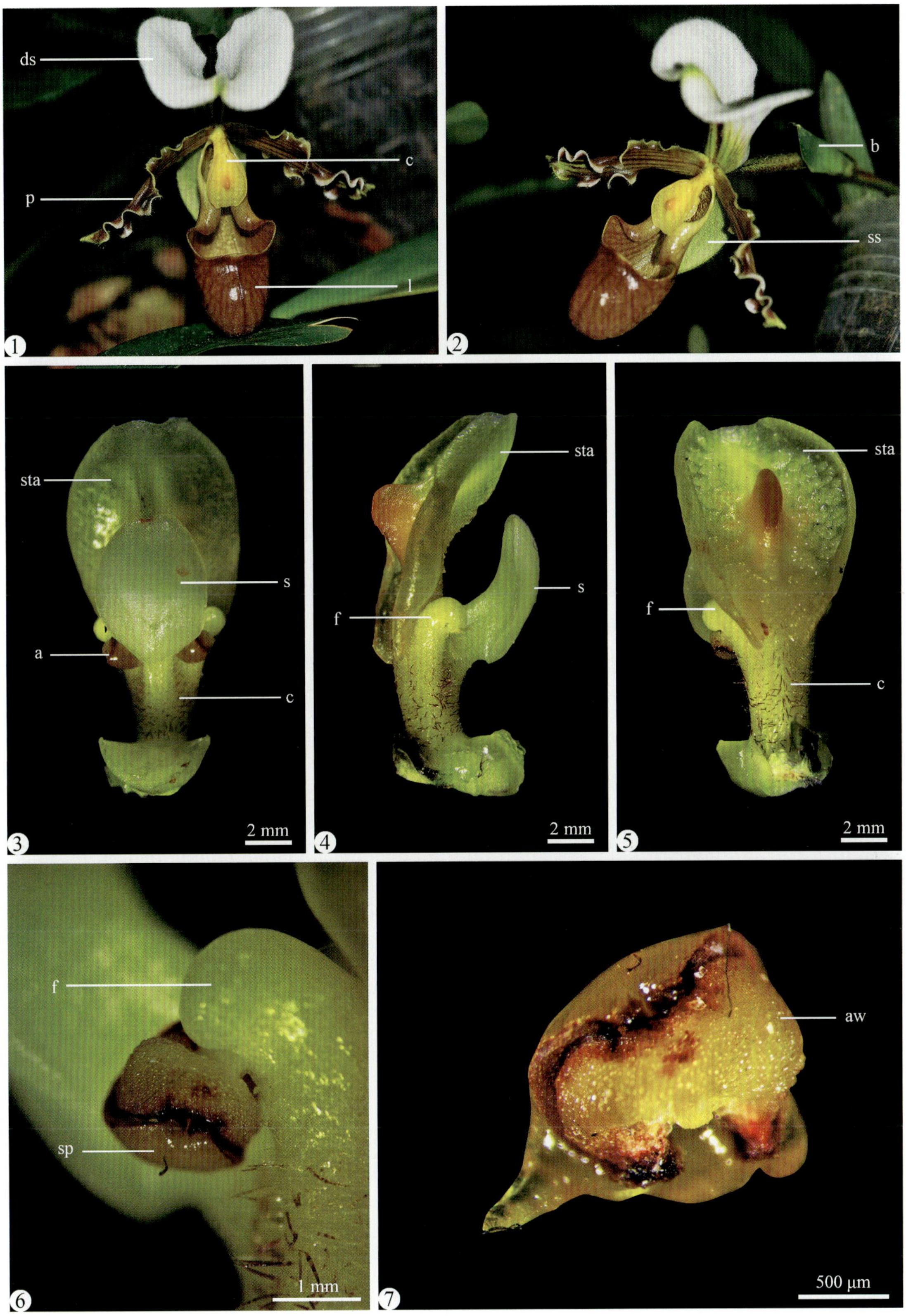

图2-26B　天伦兜兰*Paphiopedilum tranlienianum*的花形态解剖特征

1～2. 花的正面（1）和侧面（2）；3～5. 合蕊柱正面（3）、侧面（4）和背面（5）；6. 合蕊柱一侧的可育雄蕊；7. 单枚花药。缩写：a=花药；aw=花药壁；b=苞片；c=蕊柱；ds=中萼片；f=可育雄蕊的花丝；l=唇瓣；p=花瓣；s=柱头；sp=黏性花粉；ss=合萼片；sta=退化雄蕊。

27. 秀丽兜兰 *Paphiopedilum venustum* (Sims.) Pfitz.

图2-27A　秀丽兜兰*Paphiopedilum venustum*
（摄影：黄家林）

植株形态特征：地生或半附生植物。叶基生，2列，4～5枚；叶片长圆形至椭圆形，上面通常有深浅绿色（或多少带褐黄色）相间的网格斑，背面有较密集的紫色斑点，基部收狭成叶柄状并对折而互相套叠。花葶直立，长21～27cm，紫褐色，密被短硬毛，顶端生1朵花或罕有2朵花。（图2-27A）

花形态解剖特征：花开展，中萼片稍向前下压（图2-27B：1～3）。中萼片与合萼片白色而有绿色粗脉纹，中萼片宽卵形或近心形，先端渐尖，背面被短柔毛，边缘具缘毛；花瓣近长圆形或倒披针状长圆形，黄白色而有绿色脉、暗红色晕和黑色粗疣点，先端钝或近急尖，上半部边缘波状，整个边缘均有较长的缘毛；唇瓣倒盔状，淡黄色而有明显的绿色脉纹，囊口宽阔，两侧各具1个直立的耳，两耳前方的边缘不内折（图2-27B：1～3）。退化雄蕊肾状倒心形，先端有凹缺，凹缺中央有宽齿，上面有细小的乳突（图2-27B：3～5）。

地理分布：产于西藏东南部至南部（墨脱、定结）。尼泊尔、不丹、印度东北部和孟加拉国也有分布。生于海拔1100～1600m的林缘或灌丛中腐殖质丰富处。模式标本采自孟加拉国。

花期：花期1—3月。

濒危等级：EN。

图2-27B　秀丽兜兰*Paphiopedilum venustum*的花形态解剖特征

1～3. 花的正面（1）、侧面（2）和背面（3）；4～6. 合蕊柱的正面（4）、背面（5）和极面（6）。缩写：a=花药；b=苞片；c=蕊柱；ds=中萼片；f=可育雄蕊的花丝；l=唇瓣；o=子房；p=花瓣；s=柱头；ss=合萼片；sta=退化雄蕊。

28. 紫毛兜兰 *Paphiopedilum villosum* (Lindl.) Stein

植株形态特征：地生或附生植物。叶基生，2列，通常4～5枚；叶片宽线形或狭长圆形，先端常为不等的2尖裂，深黄绿色，背面近基部有紫色细斑点，无毛，基部收狭成叶柄状并对折而互相套叠。（图2-28A）

图2-28A　紫毛兜兰*Paphiopedilum villosum*（摄影：黄家林）

花形态解剖特征：花大，开展（图2-28B：1）。中萼片倒卵形至宽倒卵状椭圆形，中央紫栗色而有白色或黄绿色边缘，基部边缘向后弯卷；合萼片卵形，淡黄绿色；花瓣倒卵状匙形，具紫褐色中脉，先端钝，边缘波状并有缘毛；唇瓣倒盔状，亮褐黄色而略有暗色脉纹，囊近椭圆状圆锥形，囊口极宽阔，两侧各有1个直立的耳，两耳前方边缘不内折（图2-28B：1、2）。退化雄蕊椭圆状倒卵形，基部有耳，中央具脐状突起，脐状突起上有时具不明显的小疣（图2-28B：3～5）。合蕊柱黄色，被紫红色柔毛；2枚可育雄蕊由于退化雄蕊边缘的内卷而清晰可辨（图2-28B：4、5）。成熟花粉粒具有黏性，黄色，由黄色花药壁包裹（图2-28B：6、7）。

地理分布：产于云南南部至东南部（文山、勐腊、景洪）。生于海拔1100～1700m的林缘或林中树上透光处或多石、有腐殖质和苔藓的草坡上。缅甸、越南、老挝和泰国也有分布。模式标本采自缅甸。

花期：11月—次年3月。

濒危等级：VU。

图2-28B　紫毛兜兰*Paphiopedilum villosum*的花形态解剖特征

1～2. 花的正面（1）和侧面（2）；3. 退化雄蕊；4～5. 合蕊柱的侧面（4）和背面（5）；6～7. 花药。缩写：a=花药；aw=花药壁；c=蕊柱；ds=中萼片；l=唇瓣；p=花瓣；s=柱头；sp=黏性花粉；sta=退化雄蕊。

29. 彩云兜兰 *Paphiopedilum wardii* Summerh.

植株形态特征：地生植物。叶基生，2列，3～5枚，狭长圆形，先端钝的3浅裂，上面有深浅蓝绿色相间的网格斑，背面有较密集的紫色斑点。花葶直立，长12～25cm，紫红色，密生短柔毛，顶端生1朵花。（图2-29A）

图2-29A 彩云兜兰*Paphiopedilum wardii*
（摄影：黄家林）

花形态解剖特征：花较大，开展，中萼片稍向前下压（图2-29B：1、2）。中萼片与合萼片白色而有绿色粗脉纹，花瓣绿白色或淡黄绿色而有密集的暗栗色斑点或有时有紫褐色晕，唇瓣绿黄色而具暗色脉和淡褐色晕以及栗色小斑点（图2-29B：1、2）。退化雄蕊倒心状半月形，淡黄绿色而有深绿色和紫褐色脉纹，长约1cm，宽1.2～1.5cm，先端有宽阔的弯缺，弯缺中央具短尖（图2-29B：3、5、6）。成熟花药黄色，表面光滑（图2-29B：4、7）。

地理分布：产于云南西南部。生于海拔1210～1700m的山坡草丛多石积土中。模式标本采自缅甸。缅甸也有分布。

花期：12月—次年3月。

濒危等级：DD。

图2-29B　彩云兜兰*Paphiopedilum wardii*的花形态解剖特征

1～2. 花的正面（1）和侧面（2）；3～4. 合蕊柱的正面（3）和背面（4）；5～6. 退化雄蕊的背面（5）和腹面（6）；7. 2枚可育雄蕊的成熟花药。缩写：a=花药；c=蕊柱；ds=中萼片；l=唇瓣；p=花瓣；s=柱头；ss=合萼片；sta=退化雄蕊。

30. 文山兜兰 *Paphiopedilum wenshanense* Z. J. Liu & J. Yong Zhang

植株形态特征：地生植物。叶4片或5片，2列；叶片背面紫色，除了绿色和紫色斑点的基部，正面镶嵌有深色和淡绿色，有点斑驳具暗白色，近椭圆形，钝圆形和不相等的双叶在先端。花葶近直立，顶端生1～3朵花。（图2-30A）

图2-30A　文山兜兰*Paphiopedilum wenshanense*

花形态解剖特征：花半开展，萼片稍向前收拢（图2-30B：1、2）。中萼片宽卵形到近圆形，先端钝圆形，直径2～2.5mm，具棕红色斑点；合萼片卵形，具较小的棕红色斑点；花瓣宽椭圆形或长椭圆形，正面有毛向基部，具较小的棕红色斑点；唇瓣椭圆形，外部白色微柔毛，顶端边缘狭弯曲，具较小的棕红色斑点（图2-30B：1、2）。退化雄蕊宽椭圆形，先端锐尖或钝圆，具粗细不均的齿状，先端形状变化多样（图2-30B：3～6）。花丝短，黄白色（2-30B：9）。黏性花粉为黄色（图2-30B：7～9）。

地理分布：分布于云南东南部。生于石灰岩地区密集的灌木和草坡。

花期：5月。

濒危等级：EN。

图2-30B　文山兜兰*Paphiopedilum wenshanense*的花形态解剖特征

1～2. 花的正面（1）和侧面（2）；3～5. 合蕊柱背面（3）、侧面（4）和正面（5）；6. 合蕊柱上的退化雄蕊先端边缘变异明显；7～8. 单枚花药；9. 合蕊柱一侧的可育雄蕊。缩写：a=花药；aw=花药壁；c=蕊柱；ds=中萼片；f=可育雄蕊的花丝；l=唇瓣；p=花瓣；s=柱头；sp=黏性花粉；ss=合萼片；sta=退化雄蕊。

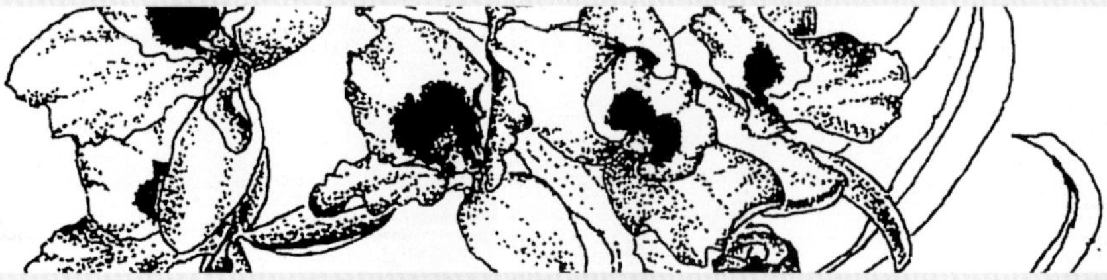

Ⅳ 兰亚科 Orchidoideae

多为地生草本，少见附生或腐生草本，具根状茎、块茎或假鳞茎。叶茎生或基生，折扇状、对折或具网状脉，草质至革质。花序（或花葶）顶生或侧生；花通常两侧对称，有特化的唇瓣，少有例外，一般扭转，具1室子房。蕊柱通常具1枚可育雄蕊；花粉黏合成团块，称花粉团；花粉团2～8枚，粒粉质或蜡质，其一端常伸出花粉团柄并连接于黏盘，也有直接连接于黏盘或通过黏盘柄连接于黏盘的，较少既无花粉团柄又无黏盘柄与黏盘的；柱头1枚或2枚，凹陷或凸出；蕊喙通常存在，大或小。果实通常为蒴果，较少呈荚果状。种子通常两端有延长的翅，较少无翅并有厚的外种皮。

兰亚科包括8族21亚族180属3630种，占兰科物种组成的15%，分布在新世界和旧世界温带和热带地区。中国有46属344种，包括4属153种特有种，大部分见于高山和亚高山温带地区，是中国温带兰类群的代表。本书收录10属21种。

本亚科模式属：红门兰属*Orchis* L.

（一）粉药兰族 Tribe Cranichideae

多为地生草本，罕见附生草本，具肉质的根状茎或块茎。叶卷曲，无褶，肉质，在茎上螺旋状排列。总状花序顶生，通常有短柔毛或腺状毛。萼片相似，侧萼在基部稍倾斜。花瓣的质地薄，附着在背萼片的腹面，形成一个盖状结构。唇瓣2裂或3裂，基部具囊或距，距的基部常形成乳突或其他附属结构。子房常扭转。合蕊柱通常短而大，蕊柱足有或无。柱头全缘或2裂，卵形或椭圆形，凹或平。许多物种的蕊喙细长，呈喙状，急尖或平截。黏盘多层，膜质。花药直立，心形至长椭圆形，花丝较短；药室2室，花粉团2枚或4枚，粒粉质，由小团块组成；退化雄蕊呈翅状，较薄，与花丝愈合于柱头的边缘。

粉药兰族约有98属1140种，归属兰亚科，分布于除南极洲外的所有大陆，尤其物种多样性中心位于美洲和亚洲的热带及亚热带地区。中国分布有19属，本书收录5属7种。

六、金线兰属 *Anoectochilus* Bl.

地生兰。根状茎伸长，茎状，匍匐，肉质，具节；节上生根。茎直立，或向上伸展，圆柱形，具叶。叶互生，常稍肉质，部分种的叶片上面具杂色的脉网或脉纹，基部通常偏斜，具柄。花大、中等大或较小，倒置（唇瓣位于下方）或不倒置（唇瓣位于上方），排列成疏散或较密集的、顶生的总状花序；萼片离生，背面通常被毛，中萼片凹陷，舟状，与花瓣黏合呈兜状；侧萼片常较中萼片稍长，基部围绕唇瓣之基部；花瓣较萼片薄，膜质，与中萼片近等长，常斜歪；唇瓣基部与蕊柱贴生，基部凹陷呈圆球状的囊，囊小，被侧萼片的基部包着，或延伸成圆锥状的距，伸出于侧萼片基部之外，下垂或上举；唇瓣前部多明显扩大成2裂，其裂片的形状多样且叉开，罕前部略扩大，中部收狭成或长或短的爪，其两侧多具流苏状细裂条或具锯齿而少为全缘的，基部囊或距的末端2浅裂或不裂，其内面中央具1枚纵向隔膜状的龙骨状的褶片或罕无，而在它的两侧各具1枚肉质、具短柄或无柄的胼胝体；蕊柱短，前面两侧常各具1枚纵向、平行的翼状的附属物或罕无；花药2室；花粉团2枚，每个多少纵裂为2裂，棒状，为具小团块的粒粉质，具长或短的花粉团柄，共同具1个黏盘；蕊喙通常直立，叉状2裂；柱头2枚，离生，凸出，位于蕊喙基部前方或基部的两侧，极罕2枚柱头紧靠一起而合生成较大的1枚，位于蕊喙前面之下的正中央。

约有40余种，分布于亚洲热带地区至大洋洲。我国有21种，2变种，产于西南部至南部。本书收录3种。

本属模式种：*Anoectochilus setaceus* Bl.

31. 短唇金线兰 *Anoectochilus brevilabris* Lindl.

图2-31A 短唇金线兰*Anoectochilus brevilabris*
（摄影：罗艳）

植株形态特征： 地生植物。花序顶生，总状花序，具8～10朵小花，长2～4cm，花序梗密被短柔毛，具2～3枚鞘苞片。花苞片渐尖，具短柔毛，长3～5mm。子房长圆柱形，扭转，被柔毛。（图2-31A）

花形态解剖特征： 花白色，倒置（唇瓣位于下方）（图2-31B：1～3）。萼片背面被柔毛，中萼片凹陷呈舟状，与花瓣黏合呈兜状；侧萼片张开，偏斜得近长圆形或长圆状椭圆形，长6mm，先端稍尖；花瓣近镰刀状，与中萼片等长（图2-31B：1、2）；唇瓣"Y"字形，白色，长4～8mm，基部具圆锥状距，前部扩大并2裂，其裂片近钝三角形，全缘，中部收狭，其两侧各具1～3个绿色小细齿，距与子房平行，末端2浅裂，内侧在靠近距口处具2枚肉质的胼胝体（图2-31B：1～5）。蕊柱长3～5mm，前面两侧各具1枚宽片状的附属物。柱头2枚，离生，位于蕊喙基部两侧（图2-31B：6～8）。花药帽卵形，渐尖，红棕色（图2-31B：9）。花粉团2枚，斜棒状，黄色，长4mm，通过黄色的花粉团柄相连接（图2-31B：10）。

地理分布： 产于西藏（墨脱）、云南（河口）。生于海拔1000～1800m的山坡或沟谷常绿阔叶林下阴湿处。越南、泰国也有分布。模式标本采自越南。

花期： 6—7月。

濒危等级： EN。

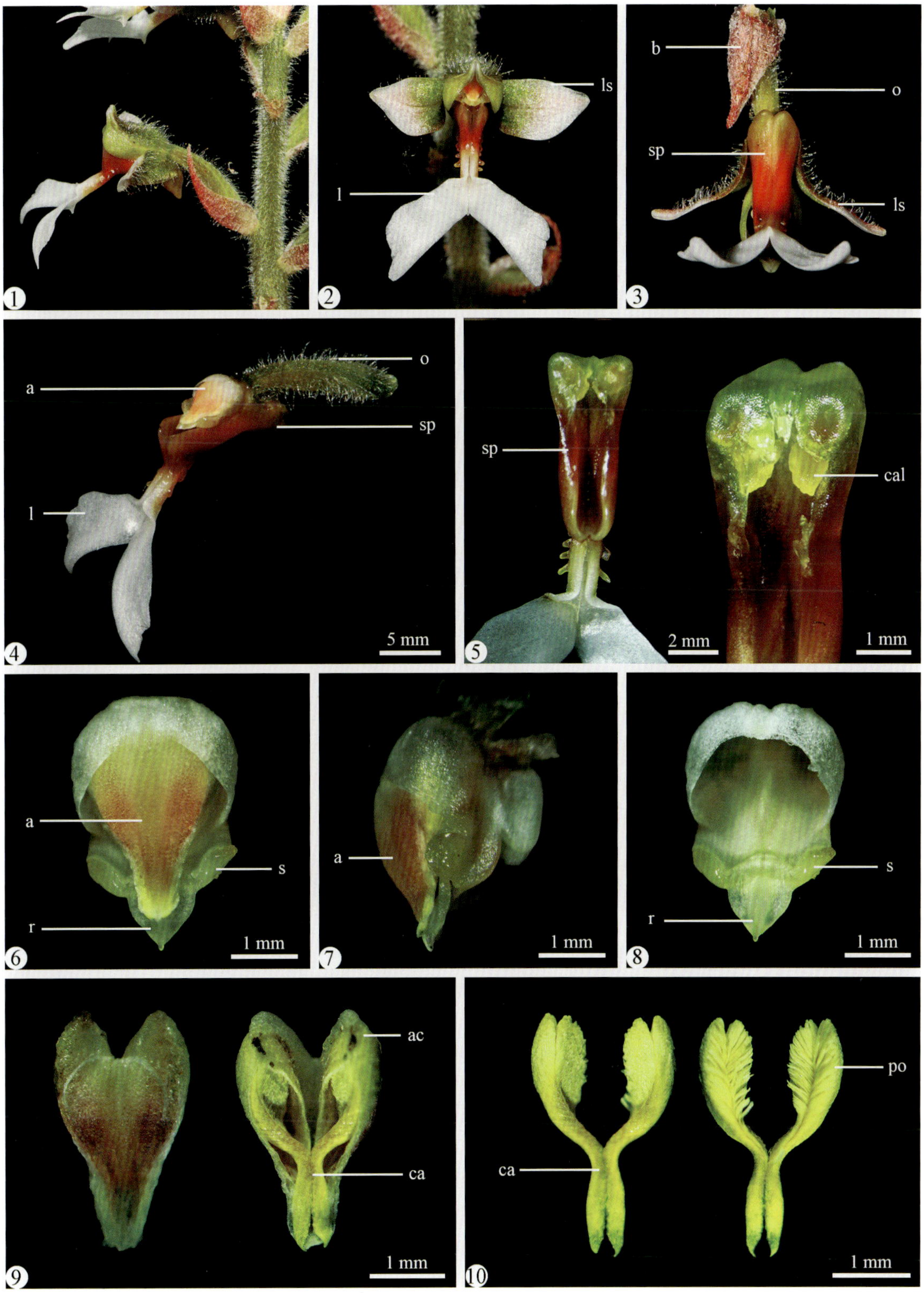

图2-31B　短唇金线兰*Anoectochilus brevilabris*的花形态解剖特征

1～3. 花的侧面（1）、正面（2）和背面（3）；4. 去除萼片和花瓣的花侧面；5. 唇瓣正面及基部放大，示唇瓣基部具圆锥状距，距口具2个胼胝体；6～8. 合蕊柱正面（6）、侧面（7）和背面（8）；9. 花药帽正面和背面；10. 花粉团及花粉团柄。缩写：a=花药；ac=花药帽；b=苞片；ca=花粉团柄；cal=胼胝体；l=唇瓣；ls=侧萼片；o=子房；po=花粉团；r=蕊喙；s=柱头；sp=花距。

32. 南丹金线兰 *Anoectochilus nandanensis* Y. Feng Huang & X. C. Qu

植株形态特征：地生植物。茎基部匍匐，淡红色，较粗，表面光滑，呈半透明，肉质。直立茎呈圆柱状，红棕色。叶为单叶互生，卵心形，叶上表面为深绿色，脉纹为金黄色，中脉明显，边缘两条叶脉间细脉平行，少数伸至叶尖，其他叶脉间细脉呈分枝状，背面淡紫红色或棕红色，叶柄基部扩大成抱茎的鞘。花苞片被毛，淡紫红色。（图2-32A）

图2-32A　南丹金线兰*Anoectochilus nandanensis*

（摄影：罗艳）

花形态解剖特征：花不倒置（图2-32B：1）。中萼片近舟状；侧萼片长椭圆形；唇瓣白色，呈“Y”字形，基部具圆锥状距，前部扩大并2裂，裂片近长圆形，中部收狭，其两侧呈向下的细齿状或角片状，白色细齿各有4～5条，距呈棕红色，末端有2浅裂，与子房近垂直（图2-32B：1～3）。蕊柱短，蕊喙位于花药两侧。柱头2枚，白色，近球形，位于蕊喙基部（图2-32B：4）。花药帽浅黄色，呈心形（图2-32B：5、6）。1对浅黄色的花粉团通过花粉团柄相连，近“Y”形（图2-32B：7）。

地理分布：产于广西、贵州。

花期：7—8月。

濒危等级：EN。

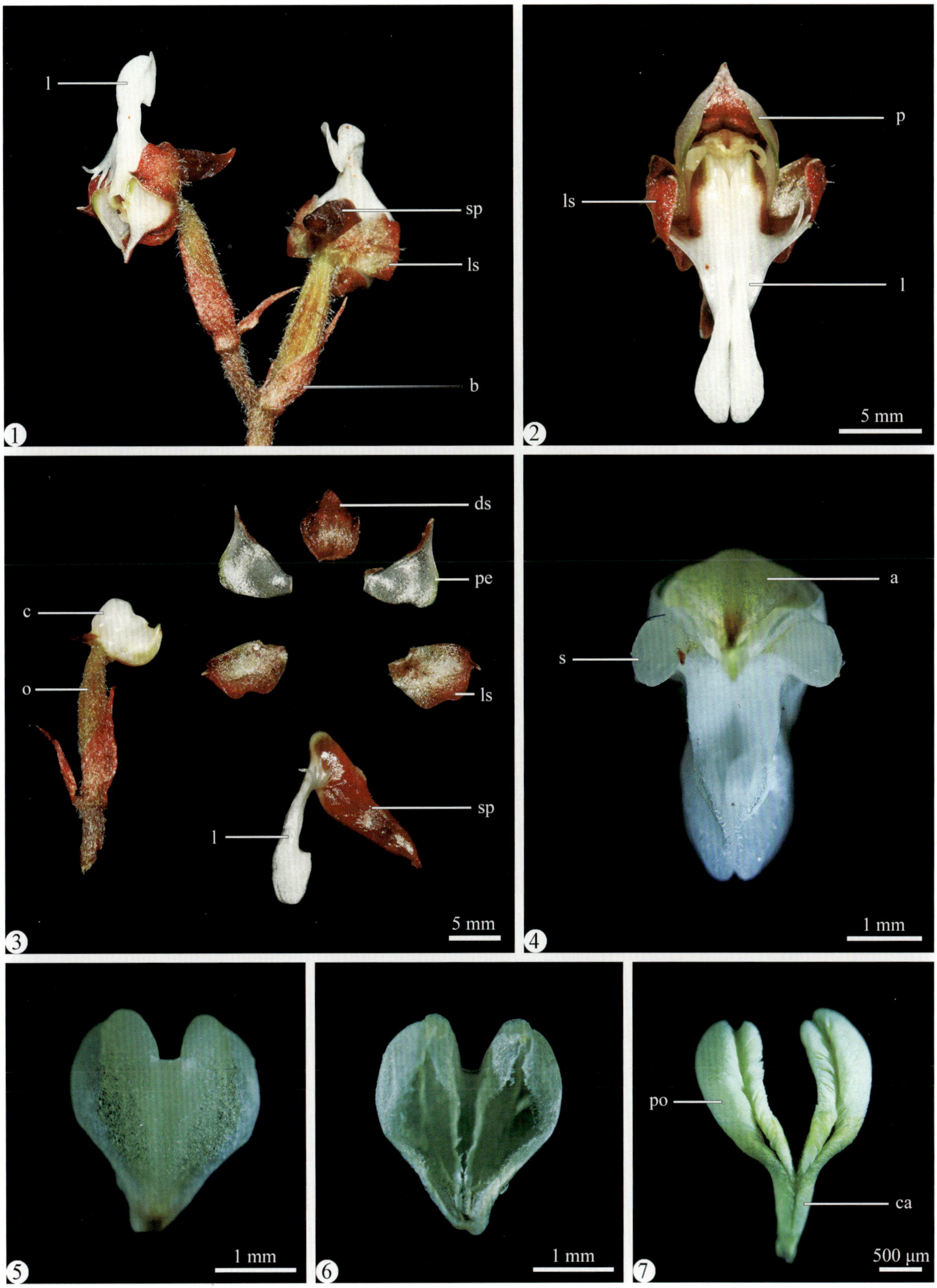

图2-32B　南丹金线兰*Anoectochilus nandanensis*的花形态解剖特征

1. 总状花序，示花的正面和侧面；2. 花的底面；3. 花器官解剖图；4. 合蕊柱正面；5～6. 花药帽的正面（5）和背面（6）；7. 花粉团及花粉团柄。缩写：a=花药；b=苞片；c=蕊柱；ca=花粉团柄；ds=中萼片；l=唇瓣；ls=侧萼片；o=子房；p=花瓣；po=花粉团；s=柱头；sp=花距。

33. 金线兰 *Anoectochilus roxburghii* (Wall.) Lindl.

图2–33A　金线兰*Anoectochilus roxburghii*

植株形态特征：地生植物。根状茎匍匐，伸长，肉质，具节，节上生根。茎直立，肉质，圆柱形。叶片卵圆形或卵形，上面暗紫色或黑紫色，具金红色带有绢丝光泽的美丽网脉，背面淡紫红色，先端近急尖或稍钝，基部近截形或圆形。总状花序，花序轴淡红色，和花序梗均被柔毛，花序梗具2～3枚鞘苞片。花苞片淡红色，卵状披针形或披针形，先端长渐尖。子房长圆柱形，不扭转，被柔毛。（图2–33A）

花形态解剖特征：花白色或淡红色，不倒置（唇瓣位于上方）（图2–33B：1、2）。中萼片凹陷呈舟状，与花瓣黏合呈兜状；侧萼片张开，近长圆形或长圆状椭圆形，先端稍尖（图2–33B：1、2、6）；唇瓣顶部呈“Y”字形，前部扩大且2裂，其裂片近楔状，全缘，先端钝，中部收狭成长爪，其两侧各具6～8条流苏状细裂条，基部具圆锥状距（图2–33B：1、2、5）；距上举指向唇瓣，末端2浅裂（图2–33B：2）。花药帽白色，近心形（图2–33B：3）。花粉团浅黄色，具浅黄色的花粉团柄（图2–33B：4）。

地理分布：产于浙江、江西、福建、湖南、广东、海南、广西、四川、云南、西藏东南部（墨脱）。生于海拔50～1600m的常绿阔叶林下或沟谷阴湿处。日本、泰国、老挝、越南、印度（阿萨姆至西姆拉）、不丹至尼泊尔、孟加拉国也有分布。模式标本采自尼泊尔。

花期：（8—）9—11（—12）月。

濒危等级：EN。

图2-33B　金线兰*Anoectochilus roxburghii*的花形态解剖特征

1～2. 花的侧面（1）和正面（2）；3. 花药帽；4. 花粉团；5. 唇瓣侧面；6. 萼片和侧花瓣。缩写：ca=花粉团柄；ds=中萼片；l=唇瓣；ls=侧萼片；o=子房；p=花瓣；po=花粉团；sp=花距。

七、叉柱兰属 *Cheirostylis* Bl.

地生草本或半附生草本。根状茎具节，匍匐或斜上升，肉质，呈莲藕状或毛虫状。茎直立，常较短，下部互生2～5枚叶，极罕叶退化为鞘状。叶片卵形或心形，具柄。花茎直立，长或短，被毛或无毛；总状花序顶生，具2朵至数朵花；花较小，多不偏向一侧，倒置（唇瓣位于下方）；萼片膜质，在中部或中部以上合生成筒状；花瓣与中萼片贴生；唇瓣直立，基部通常多少扩大呈囊状，囊内通常在两侧的侧脉上具胼胝体，少数基部平坦而无胼胝体；中部收狭成爪；前部扩大，常2裂，少不裂，边缘具流苏状裂条或锯齿或全缘；蕊柱短，顶部前侧具2枚臂状直立的附属物，其多数几乎与叉状的蕊喙等高；花药直立，位于蕊喙的背面；花粉团2枚，每个纵裂为2裂，为具小团块的粒粉质，具短或长的花粉团柄，共同具1个黏盘；蕊喙直立，2裂，叉状；柱头2枚，凸出，离生，较大，位于蕊喙的基部两侧。

约53种，分布于热带非洲、热带亚洲和太平洋岛屿。我国有19种，产于台湾、华南至西南地区。本书收录1种。

本属模式种：*Cheirostylis montana* Bl.

云南叉柱兰*Cheirostylis yunanense*

34. 云南叉柱兰 *Cheirostylis yunnanensis* Rolfe

植株形态特征： 地生植物。茎圆柱形，淡绿色，基部具2～3枚叶。叶片卵形，绿色，膜质，先端急尖，基部近圆形，骤狭成柄。总状花序具2～5朵花。花苞片卵形，凹陷，先端渐尖，背面被毛，较子房短。子房圆柱状纺锤形，被毛，具花梗。（图2-34A）

图2-34A　云南叉柱兰*Cheirostylis yunnanensis*

花形态解剖特征： 花小（图2-34B：1）。萼片膜质，近中部合生成筒状，萼筒外面下部被疏的毛，分离部分为三角状卵形，先端近钝（图2-34B：2、3）；唇瓣白色，直立，基部稍扩大，囊状，囊内两侧包含2个梳状愈伤组织，每个愈伤组织扁平、具3 - 5齿（图2-34B：5），中部收狭成爪，中部具绿色斑点（图2-34B：4），前部扩大，扇形，2裂，裂片边缘具3～7枚不整齐的齿（图2-34B：1、2、4）。蕊柱短，具2枚臂状附属物，蕊喙直立，与蕊喙的2臂状附属物片近等长，柱头2枚，位于蕊喙的基部（图2-34B：6～10）。花药帽通体呈黄色，两侧凸出的部分为红色（图2-34B：11）。粒粉质的花粉团通过透明的黏盘柄连接至黏盘（图2-34B：12、13）。

地理分布： 产于陕西南部、甘肃南部、江苏、安徽、浙江、台湾、河南南部、湖北、湖南、广东、四川、贵州、云南、西藏。生于海拔560～2210m的林下阴湿处。尼泊尔、印度、朝鲜半岛南部、日本也有。模式标本采自尼泊尔。

花期： 2—7月。

用途： 药用。

濒危等级： LC。

图2-34B　云南叉柱兰*Cheirostylis yunnanensis*的花形态解剖特征

1～2. 花的极面（1）、侧面（2）；3. 花被片；4. 带唇瓣和萼筒的合蕊柱正面；5. 唇瓣基部，有梳状胼胝体；6. 带唇瓣的合蕊柱正面；7. 带花粉团的合蕊柱正面；8. 去除花药的合蕊柱正面；9～10. 合蕊柱侧面（9）和背面（10）；11. 花药帽正面和背面；12. 花粉团及黏盘；13. 黏盘放大。缩写：a=花药帽；ds=中萼片；l=唇瓣；o=子房；po=花粉团；r=蕊喙；s=柱头；stu=萼筒；v=黏盘。

八、血叶兰属 *Ludisia* A. Rich.

地生植物。根状茎伸长，匍匐，肉质，肥厚，具节，节上生根。茎圆柱形，直立，具几枚叶。叶互生，上面通常黑绿色或暗紫红色，常具金红色或金黄色的脉，具柄。总状花序顶生，具少数或多数花；花苞片膜质；花小或较小，倒置（唇瓣位于下方）；萼片离生，近相似，中萼片凹陷，与花瓣黏合呈兜状，侧萼片张开；花瓣较萼片狭；唇瓣扭转，顶部往往扩大成横长方形，下部通常与蕊柱的下部合生成短的小管，基部具2浅裂的囊，囊内具2枚较大的胼胝体；蕊柱在花药下骤然收缩成为1个蕊柱柄，以顺时针方向扭转（与唇瓣扭转的方向相反），前面两侧无附属物；花药大，2室；花粉团2枚，为粒粉质，狭倒卵形，具细长的花粉团柄，共同具1个长圆形的黏盘；蕊喙不为2裂，扭曲，把黏盘卷起来；柱头1枚，位于蕊喙之下。

约4种，分布于印度、缅甸、中南半岛至印度尼西亚。我国产1种，分布于南部至云南南部。本书收录1种。

本属模式种：*Ludisia discolor*（Ker－Gawl.）A. Rich.

血叶兰*Ludisia discolor*

35. 血叶兰 *Ludisia discolor* (Ker - Gawl.) A. Rich.

图2-35A　血叶兰*Ludisia discolor*

植株形态特征：地生植物。茎直立。叶片卵形或卵状长圆形。总状花序顶生，花序轴被短柔毛。花苞片卵形或卵状披针形，带淡红色，膜质，先端渐尖，边缘具细缘毛。子房圆柱形，扭转，被短柔毛。（图2-35A）

花形态解剖特征：花白色或带淡红色（图2-35B：1）。中萼片卵状椭圆形，凹陷呈舟状，与花瓣黏合呈兜状；侧萼片偏斜成卵形或近椭圆形，背面前端有很短的龙骨状突起；花瓣近半卵形，先端钝；唇瓣下部与蕊柱的下半部合生成管，基部具囊，上部通常扭转（图2-35B：1、2）。蕊柱底部较细，顶部膨大。柱头1枚，位于蕊喙下方（图2-35B：3～5）。花药帽黄色，近心形（图2-35B：6、7）。1对粒粉质的花粉团，浅黄色，通过黄色的花粉团柄连接到黏盘上，呈斜“Y”形（图2-35B：8）。

地理分布:产于广东、香港、海南、广西和云南南部。生于海拔900～1300m的山坡或沟谷常绿阔叶林下阴湿处。缅甸、越南、泰国、马来西亚、印度尼西亚和大洋洲的纳吐纳群岛也有分布。模式标本根据J. Lindley的意见很可能采自中国。

花期：2—4月。

濒危等级：LC。

图2-35B　血叶兰*Ludisia discolor*的花形态解剖特征

1～2. 花的正面（1）和背面（2）；3～5.合蕊柱正面（3）、侧面（4）和背面（5）；6～7.花药帽正面（6）、背面（7）；8. 花粉团及花粉团柄和黏盘。缩写：a=花药；c=蕊柱；ca=花粉团柄；ds=中萼片；l=唇瓣；ls=侧萼片；p=花瓣；po=花粉团；r=蕊喙；s=柱头；v=黏盘。

九、齿唇兰属 *Odontochilus* Bl.

地生草本。根状茎匍匐，分节，肉质。茎直立或上升，基部管状鞘，叶散生或无叶。叶卵状披针形或椭圆形，基部具鞘。总状花序顶生。子房扭转或不扭转，无毛或具短柔毛。侧萼片与背萼片相似。花瓣通常与背萼片靠合，线状至卵形，膜质。唇瓣3裂。甚近开唇兰属*Anoectochilus*，区别点在于本属距短，囊状，藏于两侧萼片基部之内，叶一般绿色，萼片较厚，以及蕊柱前面的2条褶片状脊不明显等。

约25种，分布于北印度和喜马拉雅山脉，穿过东南亚，北至日本，东至西南太平洋岛屿。我国有11种，2特有种。本书收录1种。

齿爪叠鞘兰 Chamaegastrodia poilanei

36. 齿爪齿唇兰 *Odontochilus poilanei* (Gagnep.) Ormer.

图2-36A 齿爪齿唇兰 *Odontochilus poilanei* (Gagnep.) Ormer.

植株形态特征：腐生植物。茎粗壮，直立，带紫红色，具密集带紫红色的鞘状鳞片，鳞片膜质，背面和边缘被短柔毛，彼此多少叠生。总状花序，花序轴被短柔毛。花苞片卵形，带紫红色，先端渐尖，背面被短柔毛，与子房等长。子房圆柱形，不扭转，带紫红色，被短柔毛。（图2-36A）

花形态解剖特征：花较大，萼片和花瓣带紫红色（图2-36B：1）。萼片卵形；中萼片凹陷，舟状，先端近急尖；侧萼片偏斜，稍张开，先端急尖；花瓣斜线状披针形，镰状，先端急尖，与中萼片黏合呈兜状（图2-36B：1）；唇瓣位于上方，深黄色，基部稍扩大且凹陷呈囊状，前部扩大，2裂，其边缘具不整齐的缺刻状齿，在靠近先端中部处各具1条细长的流苏裂条，而在裂条之间叉开成深的“V”字形缺口（图2-36B：1、2）。花药帽玫红色，近楔形（图2-36B：3）。花粉团粒粉质，浅黄色，具狭长的花粉团柄和黏盘（图2-36B：4、5）。

地理分布：产于西藏（墨脱）、云南（河口）。生于海拔1000～1800m的山坡或沟谷常绿阔叶林下阴湿处。越南、泰国也有分布。模式标本采自越南。

花期：8月。

濒危等级：LC。

图2-36B　齿爪齿唇兰*Odontochilus poilanei*的花形态解剖特征

1. 总状花序，示花的正面；2.唇瓣；3. 花药帽的正面和背面；4. 花粉团及花粉团柄；5. 花粉团由花粉小块构成。缩写：ca=花粉团柄；po=花粉团。

十、线柱兰属 *Zeuxine* Lindl.

地生草本。根状茎常伸长，茎状，匍匐，肉质，具节，节上生根。茎直立，圆柱形，具叶。叶互生，常稍肉质，宽者具叶柄，狭窄者无柄，上面绿色或沿中肋具1条白色的条纹，部分种的叶在花开放时凋萎，垂下。花茎直立，被毛或无毛；总状花序顶生，具少数或多数花，后者似穗状花序；花小，几乎不张开，倒置（唇瓣位于下方）；萼片离生，背面被毛或无毛，中萼片凹陷，与花瓣黏合呈兜状；侧萼片围着唇瓣基部；花瓣与中萼片近等长，但较狭，较萼片薄；唇瓣基部与蕊柱贴生，凹陷呈囊状，中部收狭成爪，爪通常很短，前部扩大，多少成2裂，叉开，裂片形状种种；囊内近基部两侧各具1枚胼胝体；蕊柱短，前面两侧具或不具纵向、翼状附属物；花药2室；花粉团2枚，每个多少纵裂为2裂，为具小团块的粒粉质，具很短的花粉团柄，共同具1个黏盘；蕊喙常显著，直立，叉状2裂；柱头2枚，凸出，位于蕊喙的基部两侧。蒴果直立。

约50种，分布于从非洲热带地区至亚洲热带和亚热带地区。我国有13种，产于长江流域及其以南诸省（区、市），尤以台湾为多。本书收录1种。

本属模式种：*Zeuxine sulcata* (Roxb.) Lindl.

线柱兰*Zeuxine strateumatica*

37. 宽叶线柱兰 *Zeuxine affinis* (Lindl.) Benth.ex Hook.f.

植株形态特征：地生植物。叶片卵形、卵状披针形或椭圆形，花开放时常凋萎，下垂，先端急尖或钝，基部收狭成柄。花茎淡褐色，被柔毛，具鞘状苞片，鞘状苞片背面被柔毛。总状花序具几朵至10余朵花。花苞片卵状披针形，背面和边缘具柔毛，先端渐尖，与子房等长或稍短。子房圆柱形，扭转，被柔毛。（图2-37A）

图2-37A　宽叶线柱兰*Zeuxine affinis*

花形态解剖特征：花较小，黄白色（图2-37B：1）。萼片背面被柔毛；中萼片宽卵形，凹陷，先端钝或急尖，具1条脉；侧萼片斜的卵状长圆形，先端钝，具1条脉；花瓣白色，斜的长椭圆形，与中萼片等长，宽约2mm，先端钝，与中萼片黏合呈兜状（图2-37B：1、2）；唇瓣白色，呈“Y”字形，前部扩大成2裂，其裂片倒卵状扇形，前部边缘具波状齿，中部收狭成边缘全缘且向内卷的爪，基部扩大并凹陷呈囊状（图2-37B：3～5）。蕊柱较短，蕊喙直立（图2-37B：t3～5）。花药帽黄色，近三角形，一端渐尖（图2-37B：6、7）。1对短棒状的花粉团，通过黏盘柄连接至同一黏盘上（图2-37B：7、8）。

地理分布：产于台湾、广东、海南、云南。生于海拔800～1650m的山坡或沟谷林下阴处。马来西亚、泰国、老挝、缅甸、孟加拉国、印度、不丹也有分布。模式标本采自缅甸。

花期：2—4月。

濒危等级：LC。

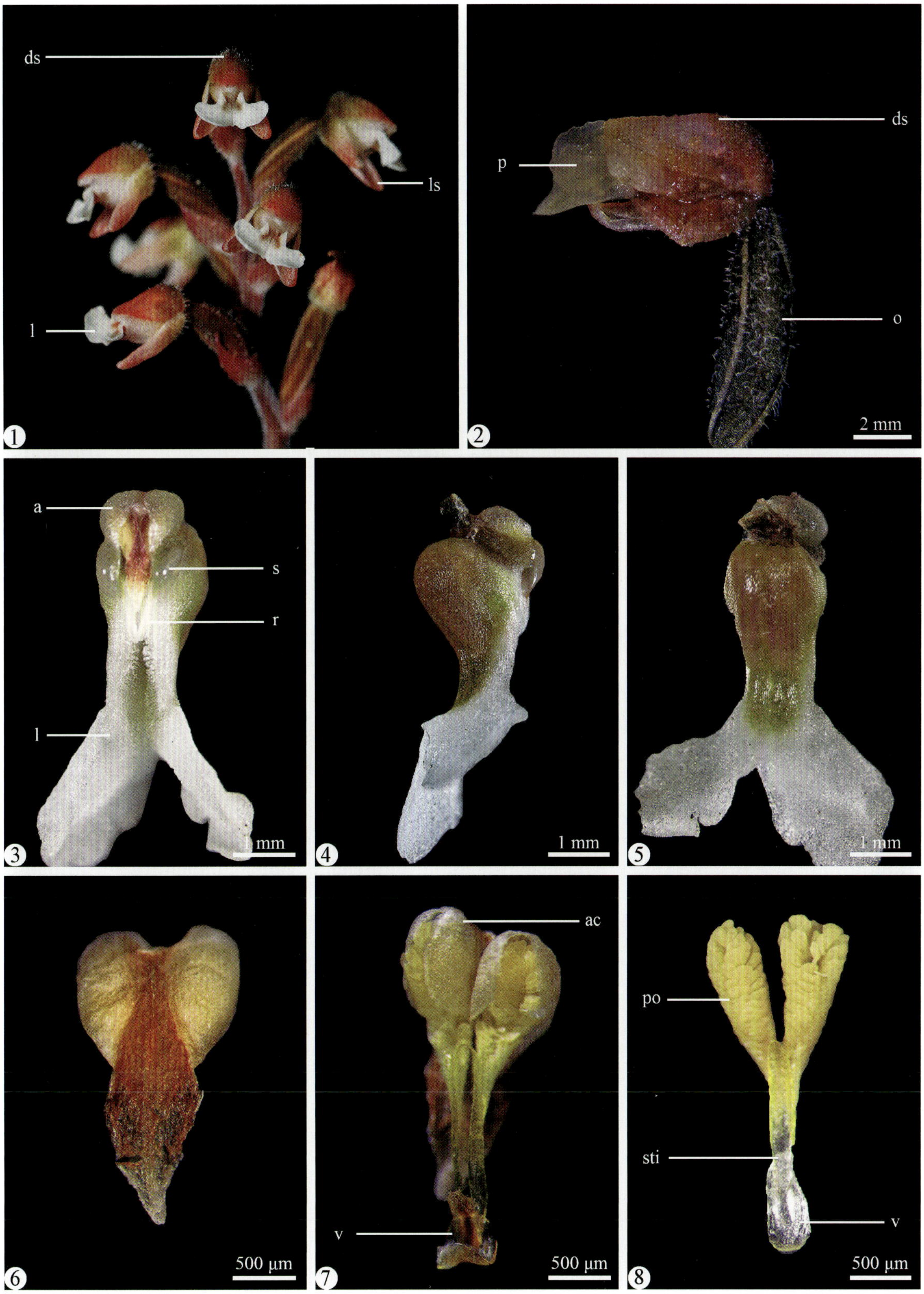

图2-37B　宽叶线柱兰*Zeuxine affinis*的花形态解剖特征

1.总状花序；2.花的侧面；3～5. 带唇瓣的合蕊柱的正面（3）、侧面（4）和背面（5）；6.花药帽；7. 花药结构；8. 花粉团及黏盘柄和黏盘。缩写：a=花药；ac=花药帽；ds=中萼片；l=唇瓣；ls=侧萼片；o=子房；p=花瓣；po=花粉团；r=蕊喙；s=柱头；sti=黏盘柄；v=黏盘。

（二）红门兰族 Tribe Orchideae

地生或罕有腐生草本。地下有块茎或根状茎；茎直立，稍粗状或纤细。叶1枚至多枚，基生或散生于茎上，草质。花序顶生，不分枝；少见单花；花扭转；唇瓣基部常具距；花药以宽阔的基部或背部与蕊柱完全合生或融合；两药室基部稍叉开或分开；花粉2枚或4枚，粒粉质，由许多可分的小团块组成，具花粉团柄，后者从花药基部伸出黏附于黏盘；黏盘1个或2个；蕊喙位于两药室之间；柱头1枚或2枚，通常凸出。

红门兰族有72属2100多种，广泛分布于新、旧世界的北温带和热带地区。该族有21属272种分布于中国，是中国兰亚科植物物种最丰富的类群。本书收录2属6种。

十一、玉凤花属 *Habenaria* Willd.

地生草本。块茎肉质，椭圆形或长圆形，不裂，颈部生几条细长的根。茎直立，基部常具2～4枚筒状鞘，鞘以上具1枚至多枚叶，向上有时还有数枚苞片状小叶。叶散生或集生于茎的中部、下部或基部，稍肥厚，基部收狭成抱茎的鞘。花序总状，顶生，具少数或多数花；花苞片直立，伸展；子房扭转，无毛或被毛；花小、中等大或大，倒置（唇瓣位于下方）；萼片离生；中萼片常与花瓣靠合呈兜状，侧萼片伸展或反折；花瓣不裂或分裂；唇瓣一般3裂，基部通常有长的或短的距，有时为囊状或无距；蕊柱短，两侧通常有耳（退化雄蕊）；花药直立，2室，药隔宽或窄，药室叉开，基部延长成短或长的沟；花粉团2枚，为具小团块的粒粉质，通常具长的花粉团柄，柄的末端具黏盘；黏盘裸露，较小；柱头2枚，分离，凸出或延长，成为“柱头枝”，位于蕊柱前方基部；蕊喙有臂，通常厚而大，臂伸长的沟与药室伸长的沟相互靠合呈管围抱着花粉团柄。

约835种，分布于全球热带、亚热带至温带地区。我国现知有58种，除新疆外，南北各省（区、市）均产，主要分布于长江流域及其以南，以西南部，特别是横断山脉地区为多。本书收录4种。

本属后选模式种：*Habenaria macroceratitis* Willd.

棒距玉凤花*Habenaria mairei*

38. 毛莛玉凤花 *Habenaria ciliolaris* Kranzl.

图2-38A　毛莛玉凤花*Habenaria ciliolaris*

植株形态特征： 地生植物。叶片椭圆状披针形、倒卵状匙形或长椭圆形，先端渐尖或急尖，基部收狭抱茎。总状花序，花葶具棱，棱上具长柔毛。花苞片卵形，先端渐尖，边缘具缘毛，较子房短。子房圆柱状纺锤形，扭转，具棱，棱上有细齿，先端弯曲，具喙。（图2-38A）

花形态解剖特征： 花白色或绿白色，中等大（图2-38B：1、2）。中萼片宽卵形，凹陷，兜状，先端急尖或稍钝，近顶部边缘具睫毛，背面具3条片状具细齿或近全缘的龙骨状突起，与花瓣靠合呈兜状；侧萼片反折，卵形，具3～4条弯曲的脉，前部边缘臌出，宽圆形，先端急尖；花瓣直立，斜披针形，不裂，先端渐尖或长渐尖，外侧增厚；唇瓣较萼片长，基部3深裂，侧裂片极狭窄，丝状，向上弯曲，中裂片下垂；距圆筒状棒形（图2-38B：1、2）。蕊柱较短，花药直立。药室两侧各具1枚退化雄蕊。药室基部伸长的沟与蕊喙臂伸长的沟两者靠合成细的管，管前伸，稍向上弯（图2-38B：3、4）。柱头2枚，隆起，长圆形。1对花粉团，黄色，各具较狭长的花粉团柄和较小的黏盘（图2-38B：5、6）。

地理分布： 产于甘肃（文县碧口）、浙江、江西、福建、台湾、湖北、湖南、广东、香港、海南、广西、四川、贵州。生于海拔140～1800m的山坡或沟边林下阴处。模式标本采自我国香港。

花期： 7—9月。

濒危等级： LC。

图2-38B　毛莛玉凤花*Habenaria ciliolaris*的花形态解剖特征

1～2. 花的正面（1）和侧面（2）；3～4. 合蕊柱的背面（3）和正面（4）；5. 1对花粉团，带黏盘柄和黏盘；6. 花粉团由花粉小块构成。缩写：a=花药；ds=中萼片；ll=唇瓣侧裂片；ls=侧萼片；ml=唇瓣中裂片；o=子房；po=花粉团；r=蕊喙；s=柱头；sp=花距；sta=退化雄蕊；sti=黏盘柄；v=黏盘。

39. 鹅毛玉凤花 *Habenaria dentata* Schltr.

植株形态特征：地生植物。茎粗壮，直立，圆柱形，具3～5枚疏生的叶，叶之上具数枚苞片状小叶。叶片长圆形至长椭圆形，先端急尖或渐尖，基部抱茎，干时边缘常具狭的白色镶边。总状花序常具多朵花，花序轴无毛。花苞片披针形，先端渐尖，下部与子房等长。子房圆柱形，扭转，无毛，先端渐狭，具喙。（图2-39A）

图2-39A　鹅毛玉凤花*Habenaria dentata*

花形态解剖特征：花白色，较大（图2-39B：1）。中萼片宽卵形，直立，凹陷，先端急尖，与花瓣靠合呈兜状；侧萼片张开或反折，斜卵形，先端急尖；花瓣直立，镰状披针形，不裂，先端稍钝；唇瓣宽倒卵形，3裂，侧裂片近菱形或近半圆形，前部边缘具锯齿；中裂片线状披针形或舌状披针形，先端钝；距细圆筒状棒形，下垂，中部稍向前弯曲，向末端逐渐膨大，末端钝，较子房长，中部以下绿色（图2-39B：1～3）。蕊柱短，蕊喙位于花药下方（图2-39B：4、5）。花粉团黄色，粒粉质，花粉团柄狭长，黏盘2个，球形（图2-39B：6、7）。

地理分布：产于安徽、浙江、江西、福建、台湾、湖北、湖南、广东、广西、四川、贵州、云南、西藏。生于海拔190～2300m的山坡林下或沟边。尼泊尔、印度、缅甸、越南、老挝、泰国、柬埔寨、日本也有。模式标本采自我国东部。

花期：8—10月。

濒危等级：LC。

图2-39B　鹅毛玉凤花*Habenaria dentata*的花形态解剖特征

1～3. 花的正面（1）、背面（2）和侧面（3）；4. 保留中萼片和花瓣的合蕊柱正面；5. 合蕊柱的极面；6. 1对花粉团，各具黏盘柄和黏盘；7. 花粉团由花粉小块组成。缩写：a=花药；ds=中萼片；l=唇瓣；ls=侧萼片；o=子房；p=花瓣；po=花粉团；r=蕊喙；s=柱头；sp=花距；sta=退化雄蕊；sti=黏盘柄；v=黏盘。

40. 粉叶玉凤花 *Habenaria glaucifolia* Bur.et Franch.

植株形态特征：地生植物。茎直立，圆柱形，被短柔毛，基部具2枚近对生的叶，在叶之上无或具鞘状苞片。叶片平展，较肥厚，近圆形或卵圆形，上面粉绿色，背面带灰白色，先端骤狭具短尖或近渐尖，基部圆钝，骤狭并抱茎。总状花序，花序轴被短柔毛。花苞片直立伸展，披针形或卵形，先端渐尖，较子房短。子房圆柱形，扭转，被短柔毛。（图2-40A）

图2-40A　粉叶玉凤花*Habenaria glaucifolia*

花形态解剖特征：花较大，白色或白绿色（图2-40B：1、2）。中萼片卵形或长圆形，直立，凹陷呈舟状，先端钝，与花瓣靠合呈兜状；侧萼片反折，斜卵形或长圆形，先端急尖；唇瓣反折，较萼片长多，基部具短爪，基部之上3深裂；侧裂片叉开，线状披针形，向先端渐狭，前部拳卷状，先端渐尖；中裂片线形，先端钝，较侧裂片稍宽；距下垂，细圆筒状在近末端稍膨大增粗，近棒状，末端稍钝，与子房近等长（图2-40B：1、2）。柱头2枚，突起呈舌形，并行（图2-40B：3）。1对花粉团近球形，深黄色，花粉团柄细长，黏盘马蹄形（图2-40B：4）。

地理分布：产于陕西南部、甘肃南部、四川西部、贵州、云南西北部至东南部、西藏东南部。生于海拔2000～4300m的山坡林下、灌丛下或草地上。模式标本采自四川（康定）。

花期：7—8月。

濒危等级：LC。

图2-40B　粉叶玉凤花*Habenaria glaucifolia*的花形态解剖特征

1～2. 花的正面（1）和背面（2）；3. 带中萼片和花瓣的合蕊柱正面；4. 1对花粉团，带黏盘柄和黏盘。缩写：a=花药；ds=中萼片；ls=侧萼片；ll=唇瓣侧裂片；ml=唇瓣中裂片；o=子房；p=花瓣；po=花粉团；r=蕊喙；s=柱头；sp=花距；sti=黏盘柄；v=黏盘。

41. 棒距玉凤花 *Habenaria mairei* Schltr.

图2-41A　棒距玉凤花*Habenaria mairei*

植株形态特征：植株高18～65cm，干后变成黑色。茎较粗壮，直立，圆柱形，在叶之下具2～3枚长的筒状鞘，其上具5～6枚叶。叶片椭圆状舌形或长圆状披针形，直立伸展，先端渐尖，基部抱茎，向上逐渐变小。总状花序具4～19朵较密生的花。花苞片椭圆状披针形，先端渐尖，下部的与花等长，上部的常较短，边缘具缘毛。子房圆柱形，扭转，无毛。（图2-41A）

花形态解剖特征：花较大，绿白色（图2-41B：1）。萼片黄绿色，边缘具缘毛，中萼片狭卵形，直立，凹陷呈舟状，先端钝，具5条脉；侧萼片张开，稍斜卵状披针形，先端急尖，具5条脉；花瓣白色，直立，斜长圆形，不裂，先端钝，具3条脉，边缘具缘毛，内侧边缘不臌出，与中萼片靠合呈兜状（图2-41B：1～3）；唇瓣白色或黄白色，长20～25cm，基部不裂，在基部以上才3深裂，裂片近等长，具缘毛，中裂片线形，长18～20cm；侧裂片线形，长19～22cm，外侧边缘为篦齿状深裂，其裂片8～10条，丝状（图2-41B：1～4）；距圆筒状棒形，下垂，向末端增粗，末端急尖或钝，与子房等长或稍短。花药直立，药隔顶部凹陷，药室叉开，基部伸长的沟，与蕊喙臂伸长的沟两者靠合成细的管，管上举（图2-41B：5、6）。花粉团狭椭圆形，具细长、线形、长4mm的柄和黏盘，黏盘小，卵形（图2-41B：5、7）。柱头突起2个，伸长，棒状，与药室等长，前部呈镰状膨大，且稍向上弯曲（图2-41B：2、6）。退化雄蕊小，卵形。

地理分布：产于四川西部、云南西北部、西藏东南部（察隅）。生于海拔2400～3400m的林下或灌丛草地。模式标本采自云南西北部。

花期：7—8月。

用途：药用。

濒危等级：NT。

图2-41B　棒距玉凤花*Habenaria mairei*的花形态解剖特征

1～3. 花的正面（1）、侧面（2）和背面（3）；4.唇瓣；5～6. 合蕊柱的侧面（5）和极面（6）；7. 单室的花药，示花粉团柄。缩写：a=花药；b=苞片；ca=花粉团柄；ds=中萼片；ll=唇瓣侧裂片；ls=侧萼片；ml=唇瓣中裂片；o=子房；p=花瓣；po=花粉团；s=柱头；sti=黏盘柄；v=黏盘。

十二、鸟足兰属 *Satyrium* Sw.

地生草本。地下具块茎，块茎肉质，通常近椭圆形，2个。茎直立，通常具少数叶，基部有2～3枚鳞片状鞘。叶生于茎下部或近基部，草质或稍肥厚，基部下延为抱茎的鞘。总状花序顶生，通常具多朵花；花苞片常多少叶状，较大，反折；花梗极短；花两性或罕有单性，不扭转；萼片与花瓣离生，花瓣常略小于萼片；唇瓣位于上方，贴生于蕊柱基部，兜状，基部有2个距或囊状距，极罕距或囊完全消失；蕊柱较长或短，向后弯曲；花药生于蕊柱背侧，基部与蕊柱完全合生，由于花不扭转而处于下方；花粉团2枚，粒粉质，由小团块组成，每个花粉团具1个花粉团柄和1个黏盘；柱头大，伸出；蕊喙较大，平展或下弯。

全属约86种，主要分布于非洲，特别是南部非洲，仅3种见于亚洲。我国有3种。本书收录2种。

本属模式种：*Satyrium bicorne* (L.) Thunb.

缘毛鸟足兰*Satyrium nepalense* var. *ciliatum*

42. 缘毛鸟足兰 *Satyrium nepalense* var. *ciliatum* (Lindl.) Hook. f.

图2-42A　缘毛鸟足兰*Satyrium nepalense* var. *ciliatum*

植株形态特征：地生植物。茎直立，基部具膜质鞘，鞘的上方具叶和叶状鞘。叶片卵状披针形至狭椭圆状卵形，上面的较小，先端渐尖或急尖，边缘略皱波状，基部的鞘抱茎。总状花序，密生21余朵或更多的花。花苞片卵状披针形，反折。（图2-42A）

花形态解剖特征：花粉红色，通常两性，较少雄蕊退化而成为雌性（雌性植株）（图2-42B：1、2）。中萼片狭椭圆形，近先端边缘具细缘毛；侧萼片长圆状匙形，亦具类似细缘毛；花瓣匙状倒披针形，先端常有不甚明显的齿缺或裂缺；唇瓣位于上方，兜状，半球形，先端急尖并具不整齐齿缺，背面有明显的龙骨状突起（图2-42B：1、2、5）；距2个，基部紫色，较宽，顶部绿色，较窄（图2-42B：5）。蕊柱向后弯曲，柱头近方形，蕊喙唇3裂（图2-42B：3、4）。蕊柱两侧各具粒粉质的花粉团，花粉团较小，约为黏盘的2倍，与花粉团柄近等长（图2-42B：6、7）。

地理分布：产于湖南西北部（石门）、四川西部至西南部（马尔康至木里）、贵州西南部（盘州市）、云南西部至西北部和西藏南部至东南部（亚东、错那、米林、工布江达、察瓦龙）。生于海拔1800～4100m的草坡上、疏林下或高山松林下。印度、不丹、尼泊尔也有分布。模式标本采自尼泊尔。

花果期：8—10月。

濒危等级：LC。

图2-42B 缘毛鸟足兰*Satyrium nepalense* var. *ciliatum*的花形态解剖特征

1～2. 总状花序，示花的正面（1）和侧面（2）；3～4. 合蕊柱的正面（3）和侧面（4）；5. 花的背面；6～7. 花粉团及附属结构。缩写：a=花药；c=蕊柱；ca=花粉团柄；ds=中萼片；l=唇瓣；ls=侧萼片；o=子房；p=花瓣；po=花粉团；r=蕊喙；s=柱头；sp=花距；v=黏盘。

43. 云南鸟足兰 *Satyrium yunnanense* Rolfe

图2-43A　云南鸟足兰*Satyrium yunnanense*

植株形态特征：地生植物。茎直立，基部具膜质鞘，鞘的上方具叶和叶状鞘。叶片卵形至近椭圆形。总状花序较粗短，具10余朵排列稍疏松的花。花苞片卵形。（图4-43A）

花形态解剖特征：花黄色至近金黄色（图2-43B：1）。中萼片长圆形；侧萼片亦为长圆形，略斜歪，先端钝；花瓣近长圆状匙形；唇瓣位于上方，兜状，近半球形，先端外折并多少具不整齐齿缺，背面具龙骨状突起（图2-43B：2、3）；花距2个，黄色，对称（图2-43B：4）。蕊柱短，稍向后弯。柱头唇呈椭圆形（图2-43B：5），蕊喙唇与柱头唇等长（图2-43B：5）。花药帽近盔状，黄色。花粉团粒粉质，黄色，由小团块组成（图2-43B：6、7）。

地理分布：产于四川西南部（泸定、盐源、木里、稻城）和云南中部至西北部（昆明、鹤庆、丽江、香格里拉）。生于海拔2000～3700m的疏林下、草坡上或乱石岗上。模式标本采自云南。

花果期：8—11月。

濒危等级：EN。

图2-43B　云南鸟足兰*Satyrium yunnanense*的花形态解剖特征

1. 总状花序；2～4. 花的正面（2）、侧面（3）和背面（4），示唇瓣位于上部，双距；5. 合蕊柱，示花药位于蕊喙唇下端；6. 一对开裂的花药室结构；7. 单枚花药开裂后，露出松散的花粉小块。缩写：a=花药；aw=花药壁；c=蕊柱；ca=花粉团柄；ds=中萼片；l=唇瓣；ls=侧萼片；o=子房；p=花瓣；po=花粉团；r=蕊喙；s=柱头；sp=花距；v=黏盘。

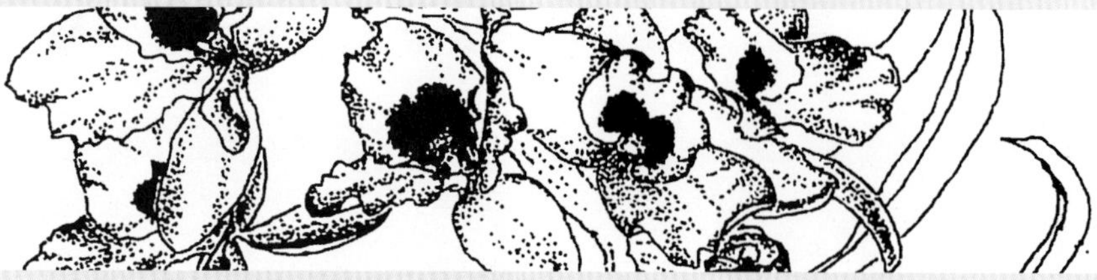

Ⅴ 树兰亚科 Epidendroideae

附生或较少地生或腐生草本，偶见攀缘藤本；附生种类常有假鳞茎或肉质茎。叶基生或茎生，常为革质、纸质或肉质，罕有草质，少数无叶（腐生种类）。花变化较大；萼片合生或离生；唇瓣有距或无距；花药以狭窄基部或花丝连接于蕊柱，常俯倾，两药室一般密接并藏于药帽之内，花后常枯萎或脱落；花粉团一般4～8枚，较少2枚，蜡质或有时粒粉质，具或不具花粉团柄或黏盘，偶见黏盘柄；蕊喙一般位于柱头上方。

树兰亚科分布在热带和亚热带地区，是兰科最大的亚科，有17族650属和21160种，物种数占兰科的74%（Pridgeon *et al.*，2105）。我国有135属985种，包括7属305个中国特有种，大部分为附生兰，常见的有兰属、石斛属、独蒜兰属、万代兰属和指甲兰属等（Chen *et al.*，2109）。本书收录了该亚科的8族35属82种。

（一）鸟巢兰族 Tribe Neottieae

地生或腐生草本。地下通常有长的或短的根状茎，极罕具块茎，不具假鳞茎。叶基生或茎生；叶片通常扁平，罕有近圆筒形，少数无叶（腐生种类）。花两侧对称或罕有近辐射对称；唇瓣基部一般不具长距；花药以狭窄基部或花丝连接于蕊柱，常枯萎或脱落；花粉团通常2枚，罕有4枚，粒粉质，为均匀的粒粉质或由可分的小团块组成，具或不具花粉团柄和黏盘，若有花粉团柄则从花药顶端伸出；蕊喙长或短，前者常直立并分裂。

鸟巢兰族约有80属，全球热带至温带均有分布。我国有8个亚族共45属。

本族模式属： *Neottia* L.

十三、头蕊兰属 *Cephalanthera* Rich.

地生或腐生草本。通常具缩短的根状茎和成簇的肉质纤维根，腐生种类则具较长的根状茎和稀疏的肉质根。茎直立，不分枝，通常中部以上具数枚叶，下部有若干近舟状或圆筒状的鞘。叶互生，折扇状，基部近无柄并抱茎，腐生种类则退化为鞘。总状花序顶生，通常具数朵花，较少减退为单花或达10朵以上；花苞片通常较小，有时最下面1～2枚近叶状，极罕全部叶状；花两侧对称，近直立或斜展，多少扭转，常不完全开放；萼片离生，相似；花瓣常略短于萼片，有时与萼片多少靠合成筒状；唇瓣常近直立，3裂，基部凹陷成囊状或有短距；侧裂片较小，常多少围抱蕊柱；中裂片较大，上面有3～5条褶片；蕊柱直立，近半圆柱形；花药生于蕊柱顶端背侧，直立，2室；花丝明显；退化雄蕊2枚，白色而有银色斑点；花粉团2枚，每个稍纵裂为2裂，粒粉质，不具花粉团柄，亦无黏盘；柱头凹陷，位于蕊柱前方近顶端处；蕊喙短小，不明显。

全属约16种，主要产于欧洲至东亚，北美也有，个别种类向南可分布到北非、印度、缅甸和老挝。我国有9种，主要产于亚热带地区。本书收录2种。

本属后选模式种： *Cephalanthera damasonium* (Mill.) Druce

44. 头蕊兰 *Cephalanthera longifolia* (L.) Fritsch

图2-44A　头蕊兰*Cephalanthera longifolia*
（摄影：段涵宁）

植株形态特征：地生草本。茎直立，下部具3～5枚排列疏松的鞘。叶4～7枚；叶片披针形、宽披针形或长圆状披针形，基部抱茎。总状花序，具2～13朵花；花苞片线状披针形至狭三角形，长2～6mm，但最下面1～2枚叶状，长可达5～13cm。（图2-44A）

花形态解剖特征：花白色，稍开放或不开放（图2-44B：1）。萼片狭菱状椭圆形或狭椭圆状披针形，先端渐尖或近急尖，具5条脉；花瓣近倒卵形，先端急尖或具短尖；唇瓣3裂，基部具囊；侧裂片近卵状三角形，多少围抱蕊柱（图2-44B：1、2）；中裂片三角状心形，上面具3～4条纵褶片，近顶端处密生乳突（图2-44B：1）。合蕊柱细长，白色，稍向前弯曲（图2-44B：3～5）。花药帽白色，近圆形，表面具乳突（图2-44B：6、7）。花粉团4枚，呈镰刀状（图2-44B：8）。

地理分布：产于山西南部、陕西南部、甘肃南部、河南西部、湖北西部、四川西部、云南西北部和西藏南部至东南部。生于海拔1000～3300m的林下、灌丛中、沟边或草丛中。广泛分布于欧洲、中亚、北非至喜马拉雅地区。模式标本采自欧洲。

花期：5—6月。

濒危等级：LC。

图2-44B　头蕊兰*Cephalanthera longifolia*的花形态解剖特征

1. 总状花序；2. 花的正面；3～5. 合蕊柱的正面（3）、侧面（4）和背面（5）；6～7.花药帽的正面（6）和背面（7）；8. 花粉团。缩写：ac=花药帽；c=蕊柱；cf=蕊柱足；ct=蕊柱齿；ds=中萼片；l=唇瓣；ls=侧萼片；o=子房；p=花瓣；po=花粉团；s=柱头。

45. 金佛山兰 *Cephalanthera nanchuanica* (S. C. Chen) X. H. Jin & Xiang X. G.

图2-45A　金佛山兰*Cephalanthera nanchuanica*
（摄影：胡国雄）

植株形态特征：地生草本。根状茎粗短，具多数肉质纤维根。叶4～6枚；叶片椭圆形、椭圆状披针形或披针形，近无柄，纸质，先端急尖或渐尖，基部抱茎，无毛，具5～7条脉。总状花序顶生，通常具3～6朵花，罕有减退为1～2朵花；花苞片三角状披针形，最下面的1枚常近镰刀状。（图2-45A）

花形态解剖特征：花黄色，基部稍带白色，直立，不开放或稍张开（图2-45B：1）。萼片3片，狭椭圆形或近椭圆形，基部收狭成短爪，先端钝，具5条脉；花瓣3片，无唇瓣，均为倒卵状椭圆形，基部明显具爪（图2-45B：2～4）。蕊柱近三棱状圆柱形，顶端稍扩大，黄绿色（图2-45B：5）。花药帽长圆状卵球形，生于蕊柱顶端背侧（图2-45B：5、6），花药2室，各有1对粉粒状花粉块，白色，基部有花粉团柄，侧面观近镰刀状狭卵形（图2-45B：7、8）。柱头顶生，凹陷呈浅宽杯状，无蕊喙（图2-45B：9）。

地理分布：产于四川东南部（南川金佛山）和贵州北部（桐梓）。生于海拔700～2100m的林下透光处、灌丛边缘和草坡上。模式标本采自四川。

花期：4—6月。

濒危等级：EN。

备注：《中国植物志》记录该种有5枚退化雄蕊，本书作者观察到1枚可育雄蕊参与了合蕊柱形成。本种发表时根据其辐射对称花冠和5枚退化雄蕊的花形态特征，建立了单种属金佛山兰属（*Tangtsinia* S. C. Chen），后被描述为该种具1枚可育雄蕊和粉粒花粉，并结合分子系统学证据将其移到头蕊兰属（Xiang *et al.*，2012）。

图2-45B　金佛山兰*Cephalanthera nanchuanica*的花形态解剖特征

1. 总状花序；2. 花的侧面；3. 萼片的背面；4. 花瓣的侧面；5～6. 蕊柱的正面（5）和背面（6）；7～8. 花药以及花药帽的正面（7）和侧面（8）；9. 蕊柱顶端，示凹陷的柱头。缩写：a=花药；ac=花药帽；c=蕊柱；ct=蕊柱齿；ds=中萼片；ls=侧萼片；p=花瓣；po=花粉块；s=柱头。

（二）龙嘴兰族 Tribe Arethuseae

地生草本。根具毛。叶肉质，线形到披针形，对折；花序顶生或腋生；花倒置或不倒置；萼片离生，基部愈合；花瓣离生或不离生；唇瓣贴生或离生与蕊柱，三裂。蕊柱直立，具翅；花粉团4枚或8枚。蒴果直立到下垂。

全世界有27属，中国有12属。本书收录了8属11种。

模式属：*Arethusa* L.

十四、筒瓣兰属 *Anthogonium* Lindl.

地生草本，地下具假鳞茎。假鳞茎扁球形，被少数鳞片状鞘，顶生少数叶。叶狭长，具折扇状脉，基部具柄，常较长而包卷呈假茎状，无关节。花葶侧生于假鳞茎顶端，直立，纤细，常不分枝；总状花序疏生数朵花；花不倒置，具细长的花梗，外倾或下垂；萼片下半部联合而形成窄筒状，垂直于子房，上部分离，稍反卷；花瓣中部以下藏于萼筒内，上部稍反卷；唇瓣位于花的上方，基部具长爪，贴生于合蕊柱基部，上半部扩大并且3裂。合蕊柱细长，顶端扩大并且骤然向前弯，具翅，无蕊柱足；花粉团4枚，蜡质，扁卵圆形，近等大，每2个成1对，无花粉团柄和黏盘。

仅1种，分布于热带喜马拉雅经我国到缅甸、越南、老挝和泰国。

筒瓣兰*Anthogonium gracile*

46. 筒瓣兰 *Anthogonium gracile* Lindl.

植株形态特征：植株假鳞茎单生或聚生。叶纸质，狭椭圆形或狭披针形，先端渐尖，基部收狭为短柄；叶柄和鞘包卷而形成纤细假茎。花葶纤细，直立，常高出叶层之外，不分枝或偶然在上部分枝，无毛，被数枚筒状鞘；总状花序疏生数朵花；花苞片小，卵状披针形，先端急尖；花下倾。（图2-46A）

图2-46A 筒瓣兰*Anthogonium gracile*
（摄影：田琴）

花形态解剖特征：花淡紫色，萼片下半部合生成狭筒状，上半部分离生（图2-46B：1、2）。中萼片长圆状披针形，凹陷，先端稍钝；侧萼片镰刀状匙形，先端锐尖；花瓣狭长圆状匙形，与萼片等长，近先端处宽2mm，先端钝；唇瓣纯紫红色或白色而带紫红色，基部具爪，前端3裂；侧裂片卵状三角形，先端钝；中裂片近卵形，与侧裂片近等大，先端钝（图2-46B：1～3）。合蕊柱长，白色，顶端扩大并且骤然向前弯，具翅，无蕊柱足（图2-46B：4～6）。花药帽黄色，位于合蕊柱的上端，内侧含有未退化的花药壁残留（图2-46B：7、8）。花粉团蜡质，黄色，4枚（图2-46B：9）。

地理分布：产于广西西部（凌云）、贵州西南部（兴仁）、云南（文山、屏边、蒙自、景东、勐腊、勐海、思茅、普洱、凤庆、镇康、绿春、昆明、广南、嵩明、大姚、双柏、大理、怒江流域）和西藏东南部（墨脱、林芝、波密）。生于海拔1180～2300m的山坡草丛中或灌丛下。也分布于热带喜马拉雅、缅甸、泰国、老挝和越南。模式标本采自尼泊尔。

花期：8—10月。

用途：观赏。

濒危等级：LC。

图2-46B　筒瓣兰*Anthogonium gracile*的花形态解剖特征

1～2. 花的侧面（1）和极面（2）；3. 花部解剖；4～6. 合蕊柱的正面（4）、侧面（5）和背面（6）；7～8. 花药帽的背面（7）和正面（8）；9.花粉团。缩写：a=花药；ac=花药帽；c=蕊柱；ds=中萼片；l=唇瓣；ls=侧萼片；p=花瓣；po=花粉团；stu=萼筒。

十五、竹叶兰属 *Arundina* Bl.

地生草本。地下具粗壮的根状茎。茎直立，常数个簇生，不分枝，较坚挺，具多枚互生叶。叶2列，禾叶状，基部具关节和抱茎的鞘。花序顶生，不分枝或稍分枝，具少数花；花苞片小，宿存；花大；萼片相似，侧萼片常靠合；花瓣明显宽于萼片；唇瓣贴生于合蕊柱基部，3裂，基部无距；侧裂片围抱合蕊柱，中裂片伸展；唇盘上有纵褶片。合蕊柱中等长，上端有狭翅，基部无明显的合蕊柱足；花药俯倾；花粉团8枚，每个花药室各有4枚，均簇生于花粉团柄。

全属1～2种，分布于热带亚洲，自东南亚至南亚和喜马拉雅地区，向北到达我国南部和日本琉球群岛，向东南到达塔希提岛。

本属后选模式种：*Arundina speciosa* Bl. ［*Arundina graminifolia* (D. Don) Hochr., *Bletia graminifolia* D. Don］

竹叶兰*Arundiana graminifolia*

47. 竹叶兰 *Arundina graminifolia* (D. Don) Hochr.

植株形态特征：地生植物。具较多纤维根，茎直立，丛生，具多枚2列互生的叶。叶片线状披针形，基部具圆筒状抱茎的鞘。花序顶生，具多朵花，花开展，粉红色、白色或杂色。花苞宽卵状三角形。（图2–47A）

图2–47A　竹叶兰*Arundina graminifolia*

花形态解剖特征：花开展，花粉红色或略带紫色（图2–47B：1、2）。具3枚萼片，狭椭圆披针形；花瓣2枚，卵状椭圆形，全缘，与萼片近等长（图2–47B：3）；唇瓣1枚，近长卵圆状，唇盘为鹅黄色，有三条纵向褶片；前端颜色较深，具不规则褶皱，内弯且环抱合蕊柱（图2–47B：1）。合蕊柱长，淡紫色，无蕊柱足，蕊喙发达，是位于花药与柱头之间的舌状组织（图2–47B：4、5）。花药位于柱头上方，药帽之内具两药室，药帽整体为白色，边缘为褐色，正面扁圆形（图2–47B：6～8）。8枚花粉团，粒粉质，不具花粉团柄、黏盘以及黏盘柄（图2–47B：9～11）。

地理分布：产于浙江、江西、福建、台湾、湖南南部、广东、海南、广西、四川南部（米易）、贵州（榕江、兴义）、云南（邓川、凤庆、景洪、西畴、屏边等）和西藏东南部（墨脱）。生于草坡、溪谷旁、灌丛下或林中，海拔400～2800m。尼泊尔、不丹、印度、斯里兰卡、缅甸、越南、老挝、柬埔寨、泰国、马来西亚、印度尼西亚、琉球群岛和塔希提岛也有分布。

花期：9—11月。

用途：观赏，药用，传统傣药。

濒危等级：LC。

图2-47B　竹叶兰*Arundina graminifolia*的花形态解剖特征

1～2. 花的正面（1）和侧面（2）；3. 外轮3枚萼片和内轮2枚花瓣及唇瓣；4～6. 合蕊柱的正面（4）和侧面（5），示合蕊柱长，具带花药帽的花药和蕊喙（6）；7～8. 花药帽的正面（7）和背面（8）；9. 带着花药帽的花粉团；10～11. 移去花药帽的8枚金黄色的花粉团，每个药室内4枚一组，一端相互黏合，共有8枚。缩写：a=花药；ac=花药帽；c=蕊柱；ds=中萼片；l=唇瓣；ls=侧萼片；o=子房；p=花瓣；po=花粉团；r=蕊喙。

十六、白及属 *Bletilla* Rchb. f.

地生植物。茎基部具膨大的假鳞茎，其茎旁常具多枚前一年和以前每年所残留的扁球形或扁卵圆形的假鳞茎；假鳞茎的侧边常具2枚突起，彼此以同一方向的突起与毗邻的假鳞茎相连成一串，假鳞茎上具荸荠似的环带，肉质，富黏性，生数条细长根。叶（2～）3～6枚，互生，狭长圆状披针形至线状披针形，叶片与叶柄之间具关节，叶柄互相卷抱成茎状。花序顶生，总状，常具数朵花，通常不分枝或极罕分枝；花序轴常常曲折成“之”字状；花苞在开花时常凋落；花紫红色、粉红色、黄色或白色，倒置，唇瓣位于下方；萼片与花瓣相似，近等长，离生；唇瓣中部以上常明显3裂；侧裂片直立，多少抱合蕊柱，唇盘上从基部至近先端具5条纵脊状褶片，基部无距。合蕊柱细长，无蕊柱足，两侧具翅，顶端药床的侧裂片常为略宽的圆形，后侧的中裂片为齿状。花药着生于药床的齿状中裂片上，帽状，内屈或者近于悬垂，具或多或少分离的2室。花粉团8枚，成2群，每室4枚，成对而生，粒粉质，多颗粒状，具不明显的花粉团柄，无黏盘；柱头1个，位于蕊喙之下。蒴果长圆状纺锤形，直立。

约6种，分布于亚洲的缅甸北部经我国至日本。我国产4种，分布于北起江苏、河南，南至台湾，东起浙江，西至西藏东南部（察隅）等地。本书收录1种。

假鳞茎均供药用，有止血补肺、生肌止痛之效。

本属模式种：*Bletilla gebina* (Lindl.) Rchb. f. ［*Bletilla striata* (Thunb. ex A. Murray) Rchb. f.］

白及*Bletilla striata*

48. 白及 *Bletilla striata* (Thunb. ex Murray) Rchb. f.

图2-48A　白及*Bletilla striata*

植株形态特征：假鳞茎扁球形，上面具荸荠似的环带，富黏性。茎粗壮，劲直。叶4~6枚，狭长圆形或披针形，先端渐尖，基部收狭成鞘并抱茎。花序具3~10朵花，常不分枝或极少分枝；花序轴或多或少呈“之”字状曲折；花苞片长圆状披针形，开花时常凋落；花大，紫红色或粉红色。人工栽培条件下，花型变异较大，不宜区别。（图2-48A）

花形态解剖特征：盛花期的白及花大，呈紫红色（图2-48B：1）。其萼片和花瓣几乎等长，狭长圆形，先端具急尖；花瓣较萼片稍宽。唇瓣倒卵状椭圆形，白色带紫红色，三裂，侧裂片通体白色尖端紫红色，中裂片尖端凹陷，具紫色脉；唇盘上面具竖条纵褶片，从基部伸至中裂片近顶部，仅在中裂片上面为波状（图2-48B：1、2）。合蕊柱白色上端紫色，较为细长，扁柱状，具狭翅，向内弯曲；蕊喙发达，白色舌状（图2-48B：3~5）。花药帽白色带深黄色先端，位于蕊喙之上，被合蕊柱翅环抱（图2-48B：3、5）。花药帽内部明显分割为两室，包含花药开裂花粉团释放后花药壁残留组织（图2-48B：6、7）。黄色粒粉质花粉团8枚，每4枚基部由不发达的花粉团柄粘连成一簇（图2-48B：8）。

地理分布：产于陕西南部、甘肃东南部、江苏、安徽、浙江、江西、福建、湖北、湖南、广东、广西、四川和贵州。生于海拔100~3210m的常绿阔叶林下、栎树林或针叶林下、路边草丛或岩石缝中，在北京和天津有栽培。朝鲜半岛和日本也有分布。模式标本采自日本。

花期：4—5月。

用途：观赏，药用。

濒危等级：EN。

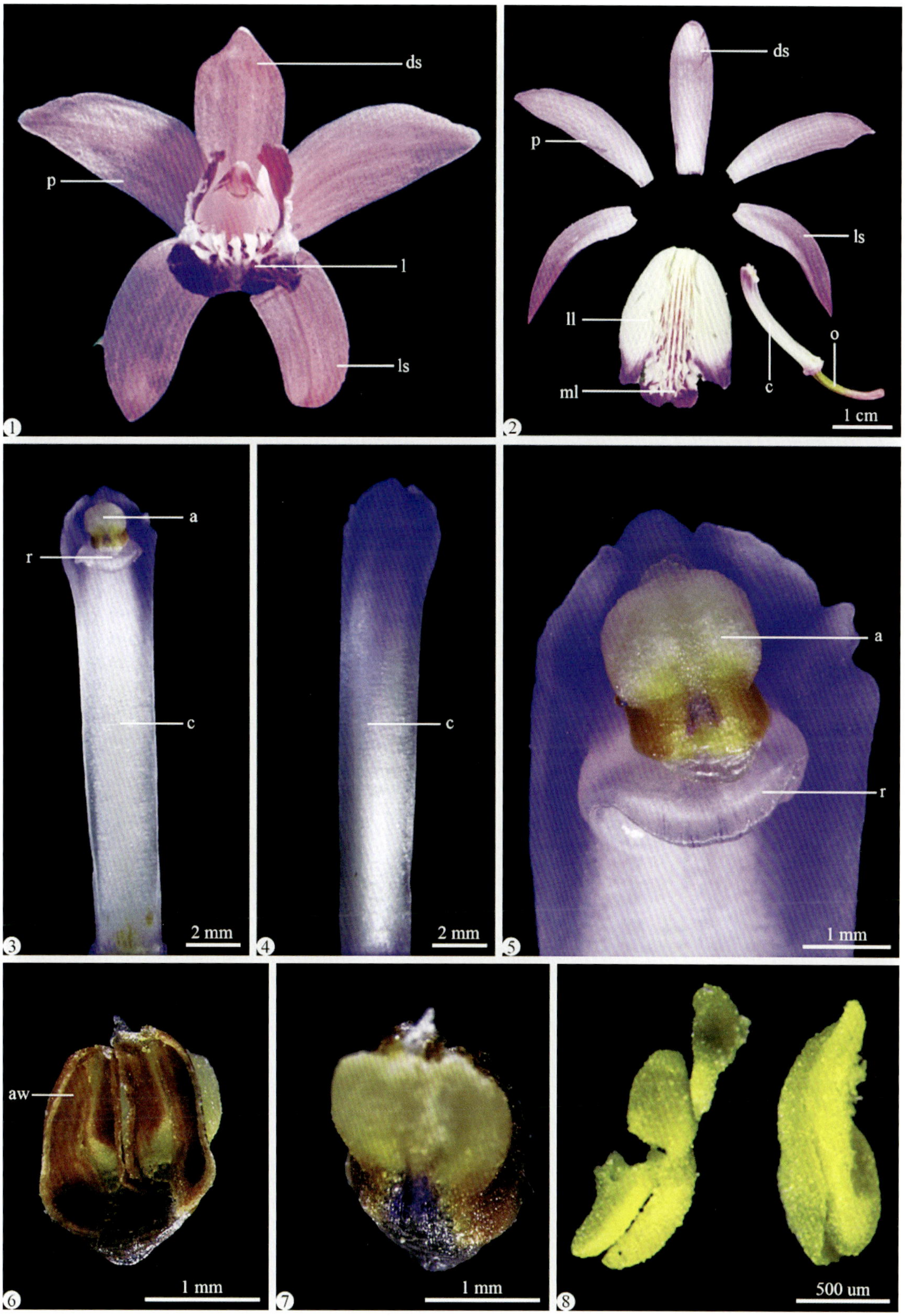

图2-48B　白及*Bletilla striata*的花形态解剖特征

1～2. 单朵花正面（1）和解剖图（2）；3～5. 合蕊柱的正面（3）、侧面（4）和顶端局部放大（5）；6～7. 花药帽的背面（6）、正面（7），示意由明显的药隔组织分割的两个药室以及残留的花药壁；8. 8枚金黄色花粉团，4枚一簇，一端相互黏合。缩写：a=花药；aw=花药壁；c=蕊柱；ds=中萼片；l=唇瓣；ll=唇瓣侧裂片；ls=侧萼片；ml=唇瓣中裂片；o=子房；p=花瓣；po=花粉团；r=蕊喙。

十七、蜂腰兰属 *Bulleyia* Schltr.

附生草本。假鳞茎密集地生于粗短的根状茎上，下面生许多纤维根，顶端生2枚叶。叶狭长，具多脉，基部逐渐收狭成明显的柄。花葶生于两叶中央，连同幼嫩假鳞茎和幼叶从老假鳞茎基部附近的根状茎上发出，俯垂；总状花序具多数花；花序轴左右曲折；花苞片二列套叠，在花后逐渐脱落；花中等大；中萼片与花瓣多少靠合；侧萼片斜歪，基部扩大，互相靠合而多少呈囊状；唇瓣近长圆形，中部略皱缩，基部稍扩大并凹陷，有距；距向前上方弯曲，整个包藏于2枚侧萼片基部之内。合蕊柱细长，无蕊柱足，上部扩大并有翅；翅围绕合蕊柱顶端；柱头凹陷，较大；蕊喙舌状，位于柱头穴上方。花粉团4枚，蜡质，基部黏合，无其他附属物。果无棱或翅，顶端具宿存合蕊柱。

本属仅1种，产于我国云南。

蜂腰兰*Bulleyia yunanensis*

49. 蜂腰兰 *Bulleyia yunnanensis* Schltr.

图2-49A　蜂腰兰*Bulleyia yunnanensis*

植株形态特征：假鳞茎狭卵形或狭卵状椭圆形，干后金黄色，有光泽。叶2枚，近等长，线状披针形或近披针形，坚纸质，先端长渐尖，基部楔形。总状花序，具10余朵或更多的花，基部通常有2枚不育苞片；花苞片淡红绿色，宽卵形，革质，对折而套叠，具多条细纵脉；花初开时包藏于花苞片内，开放后基部仍为残留的花苞片所包，以后花苞片逐渐脱落。（图2-49A）

花形态解剖特征：花白色，不开展（图2-49B：1、2）。唇瓣淡褐色，中萼片卵状长圆形；侧萼片近狭卵状披针形，基部近圆形，互相靠合并多少呈囊状；花瓣近线形，与中萼片近等长；唇瓣长，中部皱缩而稍呈提琴形，先端微缺、截形或具小尖头（图2-49B：1、2），距向前上方弯曲。合蕊柱长，黄色，具翅（图2-49B：3～5）。药帽红褐色，两室（图2-49B：7、8）。花粉团4枚，淡黄色（图2-49B：8）。

地理分布：产于云南西北部至东南部（贡山、维西、福贡、大理、漾濞、泸水、临沧、景东、建水、屏边）。生于林中树干上或山谷旁岩石上，海拔1300～2500m。模式标本采自云南大理附近。

花期：7—8月。

用途：观赏。

濒危等级：EN。

图2-49B　蜂腰兰*Bulleyia yunnanensis*的花形态解剖特征

1.花序；2.单花的正面；3～5.合蕊柱的正面（3）、侧面（4）和背面（5）；6.合蕊柱正面；7. 花药帽正面；8. 花药帽以及由花粉团柄连接的4枚花粉团。缩写：a=花药；ac=花药帽；b=苞片；c=蕊柱；cw=蕊柱翅；ds=中萼片；ls=侧萼片；l=唇瓣；o=子房；p=花瓣；po=花粉团；st=柱头腔。

十八、贝母兰属 *Coelogyne* Lindl.

附生草本。根状茎常延长，通常具较密生的节，节上被鳞片状鞘。假鳞茎常较粗厚，以一定距离着生于根状茎上，基部常被箨状鞘，顶端生1～2枚叶。叶通常长圆形至椭圆状披针形，基部具柄。花葶生于假鳞茎顶端，常与幼叶同时出现于幼嫩假鳞茎顶端，初时发自近老假鳞茎基部的根状茎上，有时在花葶基部或上部近花序轴处具多枚2列套叠的、宿存的革质颖片；总状花序直立或俯垂；花苞片常较大，近舟状；花常白色或绿黄色，唇瓣多有斑纹；萼片相似，有时背面有龙骨状突起；花瓣常为线形；唇瓣常以狭窄的基部着生于合蕊柱基部，3裂或罕有不裂；侧裂片直立并多少围抱合蕊柱；唇盘上有2～5条纵褶片或脊。合蕊柱较长，上端两侧常具翅，无蕊柱足；柱头凹陷；蕊喙较大。花药内倾，花粉团4枚，成2对，蜡质，附着于1个黏质物上。蒴果中等大，常有棱或狭翅。

全属约210种，分布于亚洲热带和亚热带南缘至大洋洲。我国有26种，主要产于西南，少数也见于华南。本书收录2种。

本属后选模式种：*Coelogyne cristata* Lindl.

禾叶贝母兰 *Colegyne viscosa*

50. 髯毛贝母兰 *Coelogyne barbata* Griff.

植株形态特征：附生草本。根状茎粗壮，假鳞茎疏离，通常狭卵状长圆形，顶端生2枚叶，基部具数枚鞘；鞘卵状披针形。叶倒披针状长圆形或近长圆形。花葶从已接近长成的假鳞茎顶端两叶中央发出，在花序基部下方有多枚2列套叠的革质颖片；花序轴稍左右曲折；花苞片菱状宽卵形，稍对折而呈舟状，在花完全开放后脱落。（图2-50A）

图2-50A　髯毛贝母兰*Coelogyne barbata*

花形态解剖特征：花白色，开展（图2-50B：1）。中萼片白色，稍对折而呈舟状，2枚侧萼片为卵状长圆形或近长圆形，侧萼片常略狭于中萼片；花瓣线状披针形，与萼片近等长；唇瓣近卵圆形3裂；侧裂片近半圆形，先端常伸至中裂片中部，直立；中裂片卵形至近长圆形，边缘具长流苏；唇盘上有3条撕裂成流苏状毛的纵褶片，其中左右2条延伸至中裂片上部近顶端处，中央1条仅达中裂片中部（图2-50B：1、2）。合蕊柱为长圆锥形，向前弧曲，顶端有不规则细齿，具翅，无蕊柱足（图2-50B：3～5）。花药帽压扁圆形，深黄色（图2-50B：6、7）。花粉团4枚，2对，黄绿色蜡质，近等大（图2-50B：8、9）。

地理分布：产于四川西南部、云南西部至西北部、西藏东南部（墨脱）。生于林中树上或岩壁上，海拔1210～2800m。尼泊尔、不丹和印度东北部也有分布。

花期：9—10月。

用途：观赏。

濒危等级：NT。

图2-50B　髯毛贝母兰*Coelogyne barbata*的花形态解剖特征

1～2. 花的正面（1）和侧面（2）；3～5. 合蕊柱的正面（3）、侧面（4）和背面（5）；6～7. 花药帽的正面（6）和背面（7）；8～9. 花粉团。缩写：a=花药；c=蕊柱；cw=蕊柱翅；ds=中萼片；l=唇瓣；ls=侧萼片；o=子房；p=花瓣；st=柱头腔。

51. 密茎贝母兰 *Coelogyne nitida* (Wall. ex D. Don) Lindl.

植株形态特征：附生草本。根状茎粗壮，被鳞片状鞘，密生假鳞茎。假鳞茎长圆状椭圆形，干后淡黄棕色并强烈皱缩，具深槽，有光泽，顶端生2枚叶，基部有鞘。叶狭椭圆形，革质。花葶连同幼嫩假鳞茎和叶从靠近老假鳞茎基部的根状茎上发出，下部为革质鞘所包；总状花序具2~3朵花；花苞片早落。（图2-51A）

图2-51A　密茎贝母兰*Coelogyne nitida*

花形态解剖特征：花白色或稍带淡黄色，开展（图2-51B：1、2）。萼片长圆形，先端渐尖；花瓣近宽线形或狭长圆形；唇瓣上有彩色眼斑，唇瓣卵形，3裂，侧裂片半倒卵形，直立，中裂片近椭圆形，上面有3条纵脊，侧面两条较粗，中央1条不甚明显，唇盘上的3条纵脊不甚明显（图2-51B：2）。合蕊柱稍向前倾，两侧边缘有翅，翅自下向上渐宽（图2-51B：3、4）。花粉团4枚，淡黄色（图2-51B：6）。花药帽黄色，具有两个药室（图2-51B：5、7）。

地理分布：产于云南南部和西北部。生于海拔1800~2400m的石灰岩山地林中树上。越南、老挝、泰国、缅甸、印度、尼泊尔、不丹也有分布。

花期：3月。

用途：观赏。

濒危等级：LC。

图2−51B 密茎贝母兰*Coelogyne nitida*的花形态解剖特征

1. 总状花序；2. 花的正面；3～4. 合蕊柱的正面（3）和侧面（4）；5. 合蕊柱的极面，示花药帽正面；6. 4枚成熟的花粉团；7. 花药帽的背面。缩写：a=花药；c=蕊柱；ds=中萼片；l=唇瓣；ls=侧萼片；p=花瓣。

十九、石仙桃属 *Pholidota* Lindl.

附生草本。通常具根状茎和假鳞茎。假鳞茎密生或疏生于根状茎上，卵形至圆筒状或以基部连接于短根状茎上，而短根状茎又连接于相邻假鳞茎中部。叶1～2枚，生于假鳞茎顶端，基部稍具柄。花葶生于假鳞茎顶端或与幼叶同时从幼嫩的假鳞茎顶端发出；总状花序常稍弯曲，具数朵或多朵花；花序轴常稍曲折；花苞片大，2列，稍凹陷，宿存或脱落；花小，常不完全张开；萼片相似，常稍凹陷；侧萼片背面一般有龙骨状突起；花瓣通常小于萼片；唇瓣凹陷或仅基部凹陷成浅囊状，不裂或罕有3裂，唇盘上有时有粗厚的脉或褶片，无距。合蕊柱短，上端有翅，翅常围绕花药，无蕊柱足；蕊喙较大，拱盖于柱头腔之上。花药前倾，生于药床后缘上。花粉团4枚，蜡质，近等大，成2对，共同附着于黏质物上。蒴果较小，常有棱。

全属约30种，分布于亚洲热带和亚热带南缘地区，南至澳大利亚和太平洋岛屿。我国有14种，产于西南、华南至台湾。本书收录1种。

本属模式种： *Pholidota imbricata* Hook.

节茎石仙桃*Pholidota articulata*

52. 节茎石仙桃 *Pholidota articulata* Lindl.

植株形态特征：附生植物。假鳞茎近圆筒形，肉质，有时两端略收狭，彼此以首尾相连接，貌似长茎状，有时有少数分枝。叶2枚，生于新假鳞茎顶端，花期叶已长成，倒卵状椭圆形、长圆形或狭椭圆形。花葶从假鳞茎顶端两叶中央发出，通常略长或短于叶；总状花序具10余朵花；花通常淡绿白色或白色而略带淡红色，2列排列，略疏松。（图2-52A）

图2-52A　节茎石仙桃*Pholidota articulata*

花形态解剖特征：花通常淡绿白色或白色而略带淡红色，半开展（图2-52B：1）。中萼片长圆形或椭圆形，凹陷成舟状，背面具龙骨状突起；侧萼片卵形，斜歪，略宽于中萼片；花瓣长圆状披针形或近倒披针形；唇瓣轮廓为宽长圆形，在上部1/4～1/3处缢缩而成前后唇；后唇凹陷成舟状，略宽于前唇，前唇横椭圆形，边缘皱波状（图2-52B：1、2）。合蕊柱粗壮，顶端在药床周围有宽翅；蕊喙甚大，宽卵形至圆形，先端有短尖头（图2-52B：3～5）；4枚花粉团紧簇，红黄色，黏盘呈橙红色（图2-52B：6）。花药帽红黄色（图2-52B：7、8）。

地理分布：产于四川西南部（西昌、泸定）、云南西北部至东南部和西藏东南部（墨脱）。生于海拔800～2500m的林中树上或稍荫蔽的岩石上。尼泊尔、不丹、印度、缅甸、越南、柬埔寨、泰国、马来西亚和印度尼西亚也有分布。模式标本采自印度东北部。

花期：7—9月。

用途：观赏。

濒危等级：LC。

图2-52B　节茎石仙桃*Pholidota articulata*的花形态解剖特征

1～2. 花的正面（1）和侧面（2）；3～5. 合蕊柱的正面（3）、侧面（4）和背面（5）；6. 花粉团；7～8. 花药帽的极面（7）和底面（8）。缩写：a=花药；b=苞片；c=蕊柱；ct=蕊柱齿；ds=中萼片；l=唇瓣；ls=侧萼片；p=花瓣；r=蕊喙；st=柱头腔；v=黏盘。

二十、独蒜兰属 *Pleione* D. Don

附生、半附生或地生小草本。假鳞茎一年生，常较密集，卵形、圆锥形、梨形至陀螺形，向顶端逐渐收狭成长颈或短颈，或骤然收狭成短颈，叶脱落后顶端通常有皿状或浅杯状的环。叶1～2枚，生于假鳞茎顶端，通常纸质，稍具折扇状脉，有短柄，一般在冬季凋落，少有宿存。花葶从老鳞茎基部发出，直立，与叶同时或不同时出现；花序具1～2朵花；花苞片常有色彩，较大，宿存；花大，一般较艳丽；萼片离生，相似；花瓣一般与萼片等长，常略狭于萼片；唇瓣明显大于萼片，不裂或不明显3裂，基部常稍收狭，有时贴生于蕊柱基部而呈囊状，上部边缘啮蚀状或撕裂状，上面具两条至数条纵褶片或沿脉具流苏状毛。合蕊柱细长，稍向前弯曲，两侧具狭翅；翅在顶端扩大。花粉团4枚，蜡质，每2枚成1对，每对常有1枚花粉团较大，倒卵形或其他形状。蒴果纺锤状，具3条纵棱，成熟时沿纵棱开裂。

全属约19种，主要产于我国秦岭山脉以南，西至喜马拉雅地区，南至缅甸、老挝和泰国的亚热带地区和热带凉爽地区。我国有16种，主要产于西南、华中和华东，也见于广东和广西的北部和台湾山地。本书收录3种。

本属模式种：*Pleione praecox* (J. E. Smith) D. Don

大花独蒜兰*Pleione grandiflora*

53. 大花独蒜兰 *Pleione grandiflora* (Rolfe) Rolfe

植株形态特征：附生草本。假鳞茎近圆锥形，上端渐狭成明显的长颈，绿色，顶端具1枚叶。叶在花期尚幼嫩，披针形，纸质，先端急尖，基部渐狭成柄。（图2-53A）

图2-53A　大花独蒜兰*Pleione grandiflora*

花形态解剖特征：花白色，较大（图2-53B：1）。中萼片倒披针形，先端浑圆；侧萼片狭椭圆形，偏斜，略短而宽于中萼片，先端钝；花瓣镰刀状倒披针形，先端浑圆；唇瓣宽卵状椭圆形，有时具深紫红色或褐色的斑，不明显3裂，基部收狭成爪，先端微缺，中部至上部边缘撕裂状，上面具褶片，褶片呈不规则的撕裂状（图2-53B：1、2）。合蕊柱白色，向前弯曲，顶部两侧具极窄的蕊柱翅；蕊柱翅在顶端全缘，围绕蕊柱（图2-53B：3、4）。花药帽白色，前端略带棕色（图2-53B：5）。花粉团4枚，黄色，长心形（图2-53B：6、7）。

地理分布：产于云南。生于海拔2650～2850m的林下岩石上。

花期：5月。

濒危等级：CR。

图2-53B　大花独蒜兰*Pleione grandiflora*的花形态解剖特征

1～2. 花的正面（1）和侧面（2）；3～4. 合蕊柱正面（3）和背面（4）；5. 花药帽；6～7. 花粉团正面（6）和背面（7）。缩写：a=花药；b=苞片；c=蕊柱；cw=蕊柱翅；ds=中萼片；l=唇瓣；ls=侧萼片；p=花瓣；r=蕊喙；st=柱头腔；v=黏盘。

54. 秋花独蒜兰 *Pleione maculata* (Lindl.) Lindl.

植株形态特征：附生草本。假鳞茎陀螺状，顶端骤然收狭成明显的喙，绿色，常包藏于宿存的老鞘内，顶端具2枚叶。叶在花后出现，椭圆状披针形至倒披针形，纸质，先端急尖。花葶从无叶的老假鳞茎基部发出，几乎全部包藏于数枚膜质筒状鞘内，直立，顶端具1朵花；花芳香。（图2-54A）

图2-54A　秋花独蒜兰*Pleione maculata*

花形态解剖特征：花近直立或平展，白色或略带淡紫红色晕（图2-54B：1）。花苞片近兜状，宽倒卵形或近圆形，黄绿色（图2-54B：2）。萼片、花瓣白色，长披针形；唇瓣卵状长圆形，前部具深紫红色粗斑纹，中央有黄色斑块，侧裂片较小（图2-54B：1）。合蕊柱稍向前弯曲，顶端有不规则齿缺，表面有紫色条纹（图2-54B：3～5）。花药帽黄白色，能看到明显的两个药室（图2-54B：6～7）。花粉团4枚，蜡质，每2枚成1对，倒卵形（图2-54B：8）。

地理分布：产于云南西部（高黎贡山）。生于阔叶林中树干上或苔藓覆盖的岩石上，海拔600～1600m。尼泊尔、不丹、印度、缅甸和泰国也有分布。模式标本采自印度。

花期：10—11月。

濒危等级：VU。

图2-54B　秋花独蒜兰*Pleione maculata*的花形态解剖特征

1～2. 花的正面（1）和背面（2）；3～5. 合蕊柱的正面（3）、侧面（4）和背面（5）；6～7. 花药帽的正面（6）和背面（7）；8. 4枚花粉团。缩写：a=花药；b=苞片；c=蕊柱；ds=中萼片；l=唇瓣；ls=侧萼片；p=花瓣；r=蕊喙。

55. 疣鞘独蒜兰 *Pleione praecox* (J. E. Smith) D. Don

植株形态特征：多年生草本。假鳞茎通常呈陀螺状，顶端骤然收狭成明显的喙，绿色与紫褐色相间成斑，外面的鞘具疣状突起，顶端具2枚叶或极罕为1枚叶。叶在花期会接近枯萎，残留或脱落，椭圆状倒披针形至椭圆形，纸质，先端渐尖，基部渐狭成柄。花葶生于假鳞茎基部，基部有3枚具疣状突起的膜质筒状鞘，顶端具1朵花或罕有2朵花。（图2-55A）

图2-55A　疣鞘独蒜兰*Pleione praecox*（摄影：张伟）

花形态解剖特征：花大，淡紫红色，稀白色，唇瓣上的褶片黄色（图5-55B：1）。中萼片近长圆状披针形，先端急尖；侧萼片与中萼片相似，稍斜歪，基部稍宽于中萼片；花瓣线状披针形，多少镰刀状；唇瓣倒卵状椭圆形或椭圆形，侧裂片不明显；中裂片先端微缺，边缘具脑蚀状齿；唇盘至中裂片基部具3～5条褶片，褶片分裂成流苏状或乳突状齿（图5-55B：1）。蕊喙白色，合蕊柱稍向前弯曲，两侧具狭翅，蕊柱顶端有不规则齿缺（图5-55B：2～4）。花药帽呈现乳白色，能看到明显的两个药室（图5-55B：5、6）。花粉团4枚，每2枚成1对，黄色，倒卵形（图5-55B：7）。

地理分布：产于云南西南部至东南部（临沧、澜沧、勐海、屏边）和西藏东南部。生于海拔1210～2500（～3400）m的林中树干上或苔藓覆盖的岩石或岩壁上。尼泊尔、不丹、印度、缅甸和泰国也有分布。

花期：9—10月。

濒危等级：VU。

图5-55B　疣鞘独蒜兰*Pleione praecox*的花形态解剖特征

1. 花的正面；2～3. 合蕊柱的正面（2）和背面（3）；4. 花药分离的合蕊柱正面；5～6. 花药帽正面（5）和背面（6）；7. 4枚花粉团中的1对。缩写：a=花药；c=蕊柱；ds=中萼片；l=唇瓣；ls=侧萼片；p=花瓣；r=蕊喙；st=柱头腔；v=黏盘。

二十一、笋兰属 *Thunia* Rchb. f.

地生或附生草本，通常较高大，地下具粗短根状茎。茎常数个簇生，二年生，圆柱形，有节，不分枝，近直立，具多数叶。叶通常较薄而大，薄纸质或近草质，花后凋落，基部具关节和抱茎的鞘。总状花序顶生，常多少外弯或下垂，具数朵花；花苞片较大，宿存，舟状；花大，艳丽，质薄，常多少俯垂；萼片与花瓣离生，相似，但花瓣一般略狭小；唇瓣较大，贴生于合蕊柱基部，几乎不裂，两侧上卷并围抱合蕊柱，基部具囊状短距；唇盘上常有5～7条纵褶片。合蕊柱细长，顶端两侧具狭翅，无蕊柱足；蕊喙近3裂；柱头凹陷。花药俯倾；花粉团8枚或4枚，前者每4枚为一群，其中2枚较大，后者每2枚为一群，等大，蜡质，无明显的花粉团柄，但向下方渐狭，共同附着于黏性物质上。

全属约4种，分布于印度、尼泊尔、缅甸、越南、泰国、马来西亚、印度尼西亚和我国西南部。我国有1种。

本属模式种：*Thunia alba* (Lindl.) Rchb. f. (*Phaius albus* Lindl.)

笋兰*Thunia alba*

56. 笋兰 *Thunia alba* (Lindl.) Rchb. f.

植株形态特征：地生或附生草本。地下具粗短根状茎及大量纤维根。茎直立，较粗壮，圆柱形，通常具10余枚互生叶，基部有数枚抱茎鞘，初时全部包藏于叶鞘内，秋季叶脱落后仅留筒状鞘，貌似多节竹笋。叶薄纸质，狭椭圆形或狭椭圆状披针形，先端长渐尖或渐尖，基部具筒状鞘并抱茎，有关节，花后叶片凋落仅留下筒状鞘。总状花序，具2～7朵花；花苞片大，宽椭圆形至狭椭圆形，舟状，薄革质，宿存。（图2-56A）

图2-56A　笋兰*Thunia alba*（摄影：段云芳）

花形态解剖特征：花大，白色，开展（图2-56B：1）。萼片狭长圆形，先端渐尖；花瓣与萼片近等长，稍狭（图2-56B：2）；唇瓣黄色而有橙色或栗色斑和条纹，仅边缘白色，宽卵状长圆形或宽长圆形，几乎不裂，上部边缘皱波状，有不规则流苏或呈啮蚀状；唇盘上部有多枚褶片，褶片不规则裂成短流苏（图2-56B：1～3）；基部的距圆筒状，先端钝（图2-56B：3）。合蕊柱白色，细长，扁圆柱状；顶端两侧具狭翅，无蕊柱足；蕊喙近3裂；柱头凹陷（图2-56B：4～6）。花药帽黄色，圆锥状上端渐尖（图2-56B：7、8）。花粉团8枚，每4枚为一簇，有不发达的花粉团柄连接（图2-56B：9）。

地理分布：产于四川西南部（盐边、木里、米易、冕宁）、云南西南部至南部（镇康、景东、景洪、勐腊、勐海）和西藏东部。生于海拔1210～2300m的林下岩石上或树杈凹处，也见于多石地上。尼泊尔、印度、缅甸、越南、泰国、马来西亚和印度尼西亚也有分布。模式标本采自印度。

花期：6月。

用途：观赏。

濒危等级：LC。

图2-56B 笋兰*Thunia alba*的花形态解剖特征

1～2.花的正面（1）和侧面（2）；3. 带唇瓣的合蕊柱，示唇瓣贴生于合蕊柱基部及花距；4～5. 合蕊柱的正面（4）和侧面（5）；6. 合蕊柱顶部放大；7～8. 花药帽的正面（7）和背面（8）；9. 8枚短棒状花粉团。缩写：a=花药；c=蕊柱；ca=花粉团柄；cw=蕊柱翅；ds=中萼片；l=唇瓣；ls=侧萼片；o=子房；p=花瓣；po=花粉团；r=蕊喙；sp=花距；st=柱头腔。

（三）沼兰族 Tribe Malaxideae

陆生或附生。通常有匍匐根状茎。叶1枚到数枚，薄的具纹理或肉质，折叠或对折，背面扁平或鸢尾形，很少圆柱状，互生或二叉形，在基部具鞘。花序顶生，花呈螺旋状，轮生或2列排列，总状或近圆柄状，不分枝，花梗和花轴圆柱形或显著具翅或有角，无毛或有毛；通常苞片宿存。花薄有纹理，通常半透明。萼片离生或有时与侧生萼片融合，全缘，通常展开。花瓣离生，通常小于萼片，线形，通常反折。唇瓣全缘到浅裂，下弯，没有距，通常具脊或胼胝体，基部常为耳状。合蕊柱先端常具翅，无蕊柱足。花药顶生或近背侧，2室。花粉4枚成2对，通常大小不等，侧面压扁，无黏盘柄。子房圆柱形。蒴果长梭形到近圆形。

约有16属，广泛分布于世界的热带和亚热带地区，有少数延伸到北温带地区。中国有8属，本书收录2属4种。

本族模式属：*Malaxcis* Sw.

二十二、石豆兰属 *Bulbophyllum* Thou.

附生草本。根状茎匍匐，少有直立的，具或不具假鳞茎。假鳞茎紧靠、聚生或疏离，形状、大小变化甚大，具1个节间。叶通常1枚，少有2～3枚，顶生于假鳞茎，无假鳞茎的直接从根状茎上发出；叶片肉质或革质，先端稍凹或锐尖、圆钝，基部无柄或具柄。花葶侧生于假鳞茎基部或从根状茎的节上抽出，比叶长或短，具单花或多朵至许多花组成为总状或近伞状花序；花苞片通常小；花小至中等大；萼片近相等或侧萼片远比中萼片长，全缘或边缘具齿、毛或其他附属物；侧萼片离生或下侧边缘彼此黏合，或由于其基部扭转而使上下侧边缘彼此有不同程度的黏合或靠合，基部贴生于蕊柱足两侧而形成囊状的萼囊；花瓣比萼片小，全缘或边缘具齿、毛等附属物；唇瓣肉质，比花瓣小，向外下弯，基部与蕊柱足末端连接而形成活动或不动的关节。蕊柱短，具翅，基部延伸为足；蕊柱翅在蕊柱中部或基部以不同程度向前扩展，向上伸延为形状多样的蕊柱齿。花药俯倾，2室或由于隔膜消失而成1室；花粉团蜡质，4枚成2对，无附属物。

约1000种，分布于亚洲、美洲、非洲等热带和亚热带地区，大洋洲也有。我国有98种和3变种，主要产于长江流域及其以南各省（区、市）。本书收录2种。

本属模式种：*Bulbophyllum nutans* (Thou.) Thou.

57. 伏生石豆兰 *Bulbophyllum reptans* Lindl.

植株形态特征：附生植物。根状茎分枝，匍匐生根，被筒状鞘；假鳞茎在根状茎上彼此相距5～9cm，直立，卵形或卵状圆锥形，顶生1枚叶。叶革质，直立，狭长圆形，先端钝并且稍凹入，基部收窄为柄，在上面中肋凹陷。花葶从假鳞茎基部抽出，直立，纤细，短于或有时高出叶外；总状花序长约为花葶长的1/2，通常具3～6朵花；花序柄被3～4枚筒状鞘；花苞片卵状披针形，比花梗连同子房长或短。（图2-57A）

图2-57A　伏生石豆兰*Bulbophyllum reptans*（摄影：罗艳）

花形态解剖特征：花淡黄色带紫红色条纹，半开展（图2-57B：1）。萼片质地较厚，披针形，先端近急尖，具3条脉或仅中肋明显，在背面中肋呈龙骨状突起；侧萼片比中萼片稍长，在中部以下的下侧边缘彼此黏合，基部贴生在蕊柱足上；花瓣质地较薄，卵状椭圆形或倒卵形，先端圆钝，边缘全缘，具1条脉或不明显的3条脉（仅中肋到达先端）（图2-57B：2、3）；唇瓣近肉质，稍比花瓣长，后半部两侧对折，从中部向外下弯，顶端钝，边缘全缘（图2-57B：2、4、5）。合蕊柱粗短，淡黄色，蕊柱足长2cm，其分离部分长1cm，蕊柱齿丝状或钻状（图2-57B：6、7）。花药帽黄色，前缘近圆形（图2-57B：8、9）。花粉团黄色，4枚（图2-57B：10）。

地理分布：产于海南（白沙、琼中）、广西（平南）、云南东南部经南部至西北部（景洪、麻栗坡、屏边、景东、临沧、镇康、高黎贡山一带）、西藏东南部（墨脱、波密）。生于海拔1000～2800m的山地常绿阔叶林中树干上或林下岩石上。分布于西喜马拉雅、尼泊尔、不丹、印度东北部、缅甸、越南。模式标本采自尼泊尔。

花期：1—10月。

濒危等级：LC。

图2-57B 伏生石豆兰*Bulbophyllum reptans*的花形态解剖特征

1. 总状花序；2～3. 花的正面（2）和侧面（3）；4～5. 唇瓣的正面（4）和侧面（5）；6～7. 合蕊柱的正面（6）和侧面（7）；8～9. 花药帽的正面（8）和背面（9）；10. 花粉团。缩写：ac=花药帽；c=蕊柱；cf=蕊柱足；ct=蕊柱齿；ds=中萼片；l=唇瓣；ls=侧萼片；o=子房；p=花瓣；po=花粉团；st=柱头腔。

58. 美花卷瓣兰 *Bulbophyllum rothschildianum* (O'Brien) J. J. Sm.

植株形态特征：附生植物。根状茎粗壮，密被短的筒状鞘，其上疏生假鳞茎。假鳞茎卵球形，顶生1枚叶，基部被鳞片状鞘，干后金黄色，表面光滑稍带光泽。叶厚革质，近椭圆形，先端钝并且稍凹入，基部楔形，具长约1cm的柄。花葶从假鳞茎基部抽出，挺直，粗壮；伞形花序，具4～6朵花；花序柄疏生3枚鞘；鞘筒状，膜质，紧抱于花序柄。（图2-58A）

图2-58A　美花卷瓣兰*Bulbophyllum rothschildianum*

花形态解剖特征：花形偏大，呈淡紫红色（图2-58B：1）。顶生1枚中萼片，具流苏状毛；2枚侧生花瓣为卵状三角形，边缘与中萼片一样具流苏状毛；1枚唇瓣肉质，舌状椭圆形，后半部两侧对折为深紫色。2枚侧萼片为披针形，具紫红色斑纹，两侧萼片上侧边缘彼此黏合为“合萼”（图2-58B：1、2）。合蕊柱具紫色斑纹，柱头腔深凹，蕊喙呈透明色；蕊柱齿近矩形，先端变为狭镰刀状，蕊柱翅在近蕊柱中部向前伸展呈三角形（图2-58B：3、4）。花药帽具深紫色斑纹，前缘先端凹进；花药2室（图2-58B：5、6）。花粉团黄色，4枚，近长豆瓣状（图2-58B：7）。

地理分布：产于云南南部（景洪、勐海）。生于海拔1550m的山地密林中树干上。分布于印度东北部（模式标本产地）。

花期：9月。

濒危等级：VU。

图2-58B　美花卷瓣兰*Bulbophyllum rothschildianum*的形态解剖特征

1. 伞形花序；2. 花的正面；3～4. 合蕊柱的正面（3）和侧面（4）；5～6. 花药帽的正面（5）和背面（6）；7. 花粉团。缩写：c=蕊柱；cf=蕊柱足；ct=蕊柱齿；cw=蕊柱翅；ds=中萼片；l=唇瓣；ls=侧萼片；p=花瓣；po=花粉团；r=蕊喙；st=柱头腔。

二十三、石斛属 *Dendrobium* Sw.

附生草本。茎丛生，少有疏生在匍匐茎上的，直立或下垂，圆柱形或扁三棱形，不分枝或少数分枝，具少数节或多数节，有时一个至数个节间膨大，肉质（亦称假鳞茎）或质地较硬，具少数至多数叶。叶互生，扁平，圆柱状或两侧压扁，先端不裂或2浅裂，基部有关节和通常具抱茎的鞘。总状花序或有时伞形花序，直立，斜出或下垂，生于茎的中部以上节上，具少数至多数花，少有退化为单朵花的；花小至大，通常开展；萼片近相似，离生；侧萼片宽阔的基部着生在蕊柱足上，与唇瓣基部共同形成萼囊；花瓣比萼片狭或宽；唇瓣着生于蕊柱足末端，3裂或不裂，基部收狭为短爪或无爪，有时具距；蕊柱粗短，顶端两侧各具1枚蕊柱齿，基部具蕊柱足；蕊喙很小。花粉团蜡质，卵形或长圆形，4枚，离生，每2枚为1对，无附属物。

约1000种，国外广泛分布于亚洲热带和亚热带地区至大洋洲。我国有74种和2变种，产于秦岭以南诸省（区、市），尤其云南南部为多。本书收录2种。值得提醒的是，由于作者撰写的《中国石斛属花形态图志》收录了108种石斛属植物，包括国产的73种，国外的27种，近缘属厚唇兰属和金石斛属各6种和2种，因此本书仅收录2种，作为代表取样，供读者了解石斛属的花形态特征。

本属国产种类中具细茎而花小的类群，如细茎石斛 *D. moniliforme* (L.) Sw.、铁皮石斛 *D. officinale* Kimura et Migo、梳唇石斛 *D. strongylanthum* Rchb. f.、美花石斛 *D. loddigesii* Rolfe、钩状石斛 *D. aduncum* Lindl.、霍山石斛 *D. huoshanense* C. Z. Tang et S. J. Cheng 等是中药“石斛”的原植物；茎粗而花大的种类均可作花卉供观赏。

本属模式种： *D. moniliforme* (L.). Sw. (*Epidendrum moniliforme* L.)

小黄花石斛*Dendrobium jenkinsii*

59. 密花石斛 *Dendrobium densiflorum* Lindl. ex Wall.

植株形态特征：附生草本。茎粗壮，通常棒状或纺锤形，下部常收狭为细圆柱形，不分枝，具数个节和4条纵棱，有时棱不明显，干后淡褐色并且带光泽。叶常3～4枚，近顶生，革质，长圆状披针形，先端急尖，基部不下延为抱茎的鞘；总状花序从上年或2年生具叶的茎上端发出，下垂，密生许多花，花序柄基部被2～4枚鞘；花苞片纸质，倒卵形，先端钝，具约10条脉，干后多少席卷；花梗和子房白绿色。（图2-59A）

图2-59A　密花石斛*Dendrobium densiflorum*

花形态解剖特征：花开展，萼片和花瓣淡黄色（图2-59B：1、2）。中萼片卵形，先端钝，具5条脉，全缘；侧萼片卵状披针形，近等大于中萼片，先端近急尖，全缘；萼囊近球形；花瓣近圆形，基部收狭为短爪，中部以上边缘具啮齿；唇瓣金黄色，圆状菱形，先端圆形，基部具短爪，中部以下两侧围抱蕊柱，上面和下面的中部以上密被短绒毛（图2-59B：1、2）。合蕊柱粗短，黄色，蕊柱足与合蕊柱成钝角（图2-59B：3～5）。药帽橘黄色，前后压扁的半球形或圆锥形，前端边缘截形，并且具细缺刻（图2-59B：6、7）。花粉团4枚，黄色，长条状（图2-59B：8、9）

地理分布：产于广东、海南、广西、西藏。生于海拔421～1000m的常绿阔叶林中树干上或山谷岩石上。国外分布于尼泊尔、不丹、印度东北部、缅甸、泰国。模式标本采自尼泊尔。

花期：4—5月。

濒危等级：VU。

相似种：本种易与球花石斛相混淆，主要区别在于本种的茎通常棒状或纺锤形，具明显的4条棱；萼片和花瓣浅黄色。

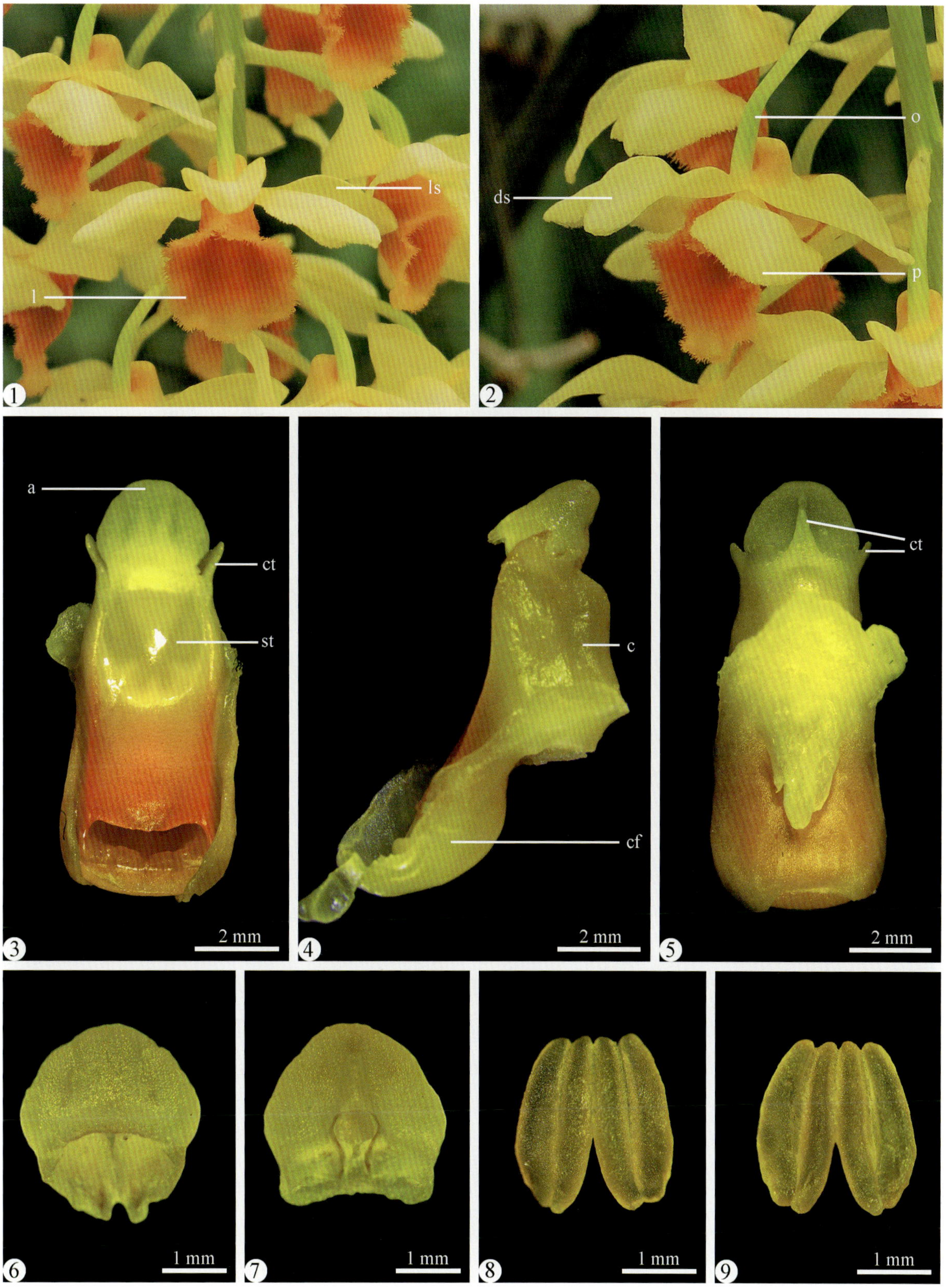

图2-59B　密花石斛*Dendrobium densiflorum*的花形态解剖特征

1～2. 花的正面（1）和侧面（2）；3～5. 合蕊柱的正面（3）、侧面（4）和背面（5）；6～7. 药帽的正面（6）和背面（7）；8～9. 4枚花粉团的正面（8）、背面（9）。缩写：a=花药；c=蕊柱；cf=蕊柱足；ct=蕊柱齿；ds=中萼片；l=唇瓣；ls=侧萼片；o=子房；p=花瓣；st=柱头腔。

60. 球花石斛 *Dendrobium thyrsiflorum* Rchb. f.

植株形态特征：附生草本。茎直立或斜立，圆柱形，粗状，基部收狭为细圆柱形，不分枝，具数节，黄褐色并且具光泽，有数条纵棱。叶3～4枚互生于茎的上端，革质，长圆形或长圆状披针形，先端急尖，基部不下延为抱茎的鞘，但收狭为柄；总状花序侧生于带有叶的老茎上端，下垂，密生许多花，花序柄基部被3～4枚纸质鞘；花苞片浅白色，纸质，倒卵形，先端圆钝，具数条脉，干后不席卷；花梗和子房浅白色带紫色条纹。（图2-60A）

图2-60A　球花石斛*Dendrobium thyrsiflorum*

花形态解剖特征：花开展，质地薄，萼片和花瓣白色（图2-60B：1、2）。中萼片卵形，先端钝，全缘；侧萼片稍斜卵状披针形，先端钝，全缘；萼囊近球形；花瓣近圆形，先端圆钝，基部具爪，具7条脉和许多支脉，基部以上边缘具不整齐的细齿；唇瓣金黄色，半圆状三角形，先端圆钝，基部具爪，上面密布短绒毛，背面疏被短绒毛；爪的前方具1枚倒向的舌状物（图2-60B：1、2）。合蕊柱粗短，白色；在去除花药帽的蕊柱顶端，可见舌状的蕊喙；蕊柱足淡黄色（图2-60B：3～6）。药帽白色，前后呈压扁的圆锥形（图2-60B：7、8）。花粉团4枚，黄色，单个形状为棒状（图2-60B：9、10）。

地理分布：产于云南。生于海拔1100～1800m的山地林中树干上。国外分布于印度东北部、缅甸、泰国、老挝、越南。模式标本采自缅甸。

花期：4—5月。

濒危等级：NT。

用途：色泽艳丽，观赏价值高，有益胃生津，滋阴清热的功效。

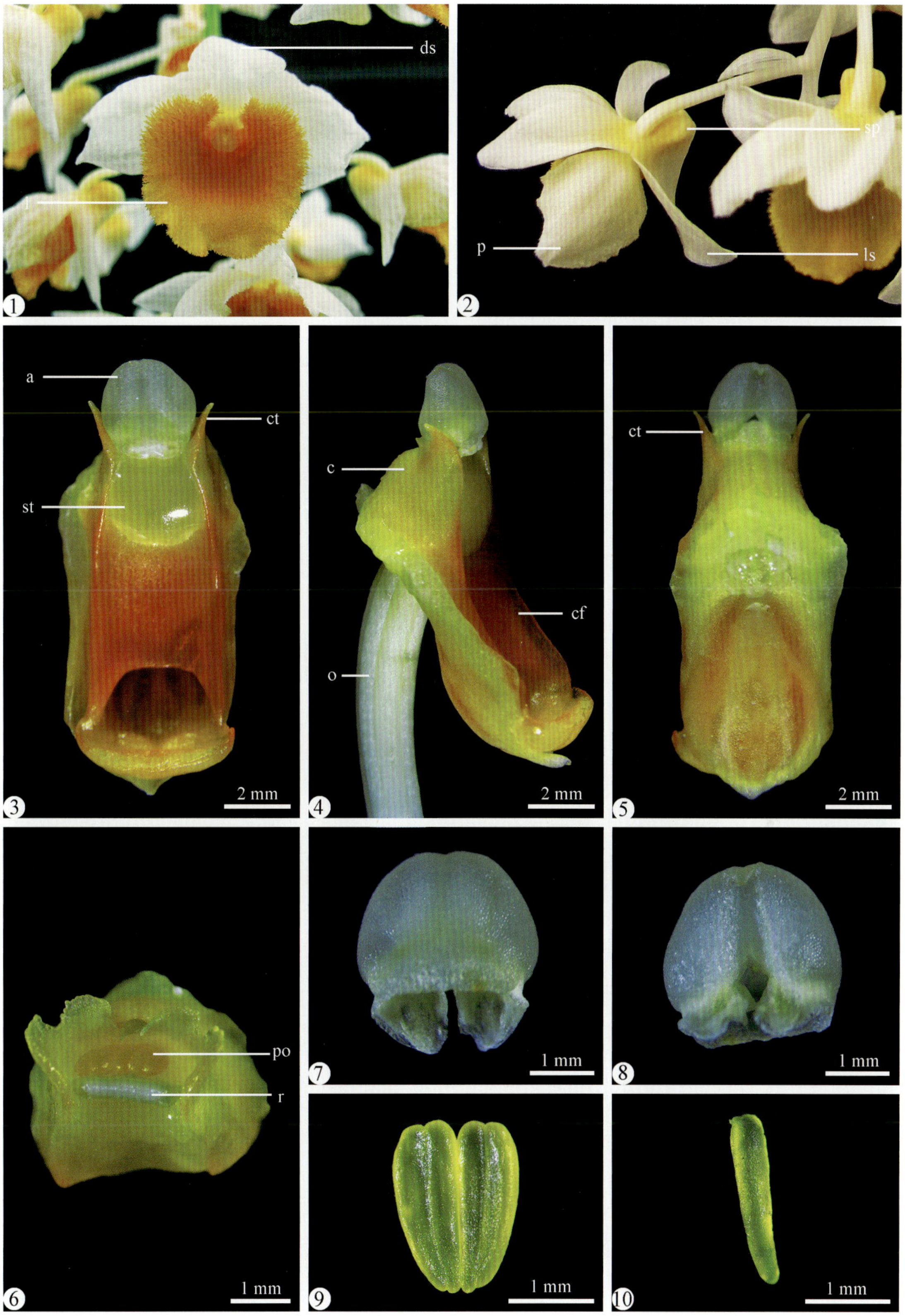

图2-60B　球花石斛*Dendrobium thyrsiflorum*的花形态解剖特征

1～2. 花的正面（1）和侧面（2）；3～5. 合蕊柱的正面（3）、侧面（4）和背面（5）；6. 去除花药帽的合蕊柱顶端；7～8. 药帽的正面（7）和背面（8）；9～10. 4枚花粉团的正面（9）和单枚花粉团（10）。缩写：a=花药；c=蕊柱；cf=蕊柱足；ct=蕊柱齿；ds=中萼片；l=唇瓣；ls=侧萼片；o=子房；p=花瓣；sp=花距；st=柱头腔。

（四）兰族 Tribe Cymbidieae

附生、陆生或石生的草本。根部无毛，根状茎匍匐。茎直立具假鳞茎。叶很少无或退化为鳞片，互生；叶片扁平，很少侧面扁平或半圆柱形。总状花序基生，侧生或很少近尖端；花两性或单性，两边对称或不对称；唇瓣与蕊柱连接，很少扭曲，通常无距，有时短距或囊状。柱头杯状；蕊喙1～3裂。花粉团2枚大小相等或4枚，通常大小不等；花粉柄通常一个，很少两个，具有黏盘柄。

全球均有分布，以热带至北温带为多，约有164属，中国有4属。本书收录3属19种。

本族模式属：*Cymbidium* Sw.

二十四、兰属 *Cymbidium* Sw.

附生或地生草本，自养或罕为腐生。假鳞茎卵圆形、椭圆形或纺锤形，常稍两侧压扁，罕有不存在或呈茎状，常多少包藏于叶鞘之内。叶数枚至多枚，2列，通常带状或线形，罕有狭椭圆状倒披针形至狭椭圆形，近基部有关节或罕有关节不存在。花葶从假鳞茎基部或罕有从叶腋发出，直立、外弯或下垂；总状花序具数朵花或多朵花，极少减退为单朵花；花苞片宿存；花大或中等大；萼片与花瓣离生，相似；唇瓣通常3裂，离生或基部与蕊柱基部边缘合生长达3～6（～10）mm；侧裂片直立，常多少围抱蕊柱；中裂片通常下弯；唇盘上常有2条纵褶片或纵脊延伸至接近中裂片基部（褶片有时在顶端膨大或在中部断开），罕有只具2个胼胝体；蕊柱较长，常稍弧曲，两侧稍具翅；花粉团或2个而深裂，或4个而形成2对，蜡质，以一个极短或不明显的花粉团柄共同附着于一个宽阔的黏盘上。大多数种类的蒴果在传粉后需要约一年的时间成熟。

兰属全属约89种，主要分布在亚洲热带和亚热带地区。我国约有67种（王涛等，2022），主要分布于秦岭以南地区。本书收录12种。

本属的地生种类，如春兰（*C.goeringii*）、蕙兰（*C. faberi*）、建兰（*C. ensifolium*）等，都在中国有一千余年的栽培历史。在市场的推动下，每年国际上的兰花杂交种登记数量不断上涨。而兰属的大花附生种类，如虎头兰（*C. hookerianum*）、黄蝉兰（*C. iridioides*）、独占春（*C. eburneum*）等也开始受到重视，主要以兰属植物的原生种和大花种类为亲本，杂交培育出来的大花蕙兰品种系列，有很高的观赏价值，是当今花卉市场上最受欢迎的品种之一。

本属模式种：*Cymbidium aloifolium* (L.) Sw.

61. 垂花兰 *Cymbidium cochleare* Lindl.

图2-61A 垂花兰*Cymbidium cochleare*
（摄影：王晓云）

植株形态特征：附生植物。假鳞茎通常呈纺锤形，稍向两侧扁平，包围在宿存叶基部。叶2列，基部有节，边缘稍外卷，先端渐尖。花序侧生，下垂；花序梗深棕色，纤细，具数个宽间隔鞘；花7～21朵；花蜡质，有光泽，虚弱而下垂；萼片和花瓣绿褐色。（图2-61A）

花形态解剖特征：花下垂，不完全开放；萼片和花瓣绿褐色，唇瓣黄绿色，有密集的小紫红色斑点（图2-61B：1）。萼片倒披针形、匙形，先端锐尖；花瓣倒披针形，先端亦锐尖；唇瓣倒卵形，基部与合蕊柱合生达2～3cm，3浅裂；侧裂片直立合抱蕊柱（图2-61B：1）。合蕊柱细长，背腹面有紫红色斑点；蕊喙近透明，前端平截状（图2-61B：2、3）。花药帽黄褐色，表面不平略隆起，基部延伸而成尖端（图2-61B：4、5）。花粉团4枚（裂隙深到可分为2枚），黄色，近棒状，有方形白色透明的黏盘连接（图2-61B：6、7）。

地理分布：产于台湾（台北、高雄）。生于海拔21～1000m的阴湿密林中树上。印度也有分布。

花期：11月—次年1月。

濒危等级：VU。

图2-61B　垂花兰*Cymbidium cochleare*的花形态解剖特征

1. 花序；2～3. 合蕊柱的正面（2）和侧面（3）；4～5. 花药帽的正面（4）和背面（5）；6～7. 花粉块的正面（6）和背面（7）。缩写：a=花药；ca=花粉团柄；c=蕊柱；ds=中萼片；l=唇瓣；ls=侧萼片；p=花瓣；r=蕊喙；st=柱头腔；v=黏盘。

62. 莎叶兰 *Cymbidium cyperifolium* Wall. ex Lindl.

图2-62A 莎叶兰*Cymbidium cyperifolium*

植株形态特征：地生或半附生植物。假鳞茎较小，包藏于叶鞘之内。叶4～12枚，带形，常整齐2列而多少呈扇形，先端急尖，基部2列套叠的鞘有膜质边缘。花葶从假鳞茎基部发出，直立；总状花序具3～7朵花；花苞片近披针形；花与寒兰颇相似，有柠檬香气；萼片与花瓣黄绿色或苹果绿色，偶见淡黄色或草黄色。（图2-62A）

花形态解剖特征：花开展，萼片与花瓣黄绿色，有5～7条红棕色纵脉（图2-62B：1、2）。萼片线形至宽线形；花瓣狭卵形（图2-62B：1、2）；唇瓣淡黄色，卵形，稍3裂；唇盘上2条纵褶片从近基部处向上延伸到中裂片基部，上部略向内倾斜（图2-62B：3）；侧裂片上有紫纹，具小乳突或细小的短柔毛；中裂片上有紫色斑，中裂片强烈外弯，前部疏生小乳突，近全缘（图2-62B：3、4）。合蕊柱稍向前弯曲，两侧有狭翅，上部明显为紫色，中下部为淡黄色（图2-62B：5）。花药帽黄绿色，半卵圆形（图2-62B：6、7）。花粉团4枚，成2对（图2-62B：8）。（说明：图1～图5为夜晚在闪光灯下拍摄，导致略有色差）

地理分布：产于广东、海南、广西南部、贵州西南部、云南东南部（蒙自、砚山、麻栗坡、屏边）。生于海拔900～1600m的林下排水良好、多石之地或岩石缝中。尼泊尔、不丹、印度、缅甸、泰国、越南、柬埔寨、菲律宾也有分布。

花期：10月—次年2月。

濒危等级：VU。

图2-62B　莎叶兰*Cymbidium cyperifolium*的花形态解剖特征

1～2. 花的正面（1）和侧面（2）；3～4. 唇瓣的正面（3）和侧面（4）；5. 合蕊柱的侧面；6. 花药帽的正面；7. 花药帽和花粉团；8. 花粉团。缩写：a=花药；ac=花药帽；b=苞片；c=蕊柱；ds=中萼片；l=唇瓣；ls=侧萼片；o=子房；p=花瓣；po=花粉团；st=柱头腔。

63. 福兰 *Cymbidium devonianum* Paxt.

植株形态特征： 地生草本。假鳞茎近圆柱形，包藏于叶基之内，具粗短的根状茎。叶近直立，2～4枚，革质，坚挺，倒披针形，在中部以下收狭成柄；叶片先端急尖或钝，具明显的中脉；叶柄纤细，具槽，具浮凸的纵脉，有关节。花葶从假鳞茎基部发出，近直立或稍外弯，下部和基部具多枚鞘；鞘基部抱轴，具21～40朵花；花苞片卵状披针形；花梗和子房无毛。（图2-63A）

图2-63A　福兰*Cymbidium devonianum*

花形态解剖特征： 花紫色，半开展（图2-63B：1）。中萼片狭卵状披针形；侧萼片与中萼片相似；花瓣略小于萼片，先端渐尖，狭椭圆状披针形；唇瓣近菱形或近倒卵状菱形，不裂或有时有不明显3裂，近先端的边缘皱波状，先端钝，唇瓣上有两块暗紫色斑（图2-63B：1、2）。合蕊柱顶部具被花药帽覆盖的花粉团及蕊喙，背面有细小的浅紫色斑点（图2-63B：3～5）。花药帽黄色，半卵圆形（图2-63B：6）。花粉团4枚，成2对，金黄色，近等大，有裂缝（图2-63B：7）。

地理分布： 产自云南东南部。生于海拔约1500m的疏林下岩石上。印度、尼泊尔、泰国、越南也有分布。

花期： 3—4月。

濒危等级： LC。

图2-63B　福兰*Cymbidium devonianum*的花形态解剖特征

1～2. 花的正面（1）和侧面（2）；3～5. 合蕊柱的正面（3、4）和侧面（5），示被花药帽覆盖的花粉团和蕊喙；6. 花药帽的正面；7. 花粉块的正面和背面。缩写：a=花药；c=蕊柱；ct=蕊柱齿；ds=中萼片；l=唇瓣；ls=侧萼片；p=花瓣；po=花粉团；r=蕊喙；st=柱头腔；v=黏盘。

64. 独占春 *Cymbidium eburneum* Lindl.

植株特征形态：附生植物。假鳞茎近梭形或卵形，包藏于叶基之内，基部常有由叶鞘撕裂后残留的纤维状物。叶6～11枚，每年继续发出新叶，带形。花葶从假鳞茎下部叶腋发出，直立；总状花序具1～2（～3）朵花；花较大，不完全开放，稍有香气；萼片与花瓣白色，有时略有粉红色晕，唇瓣亦白色，中裂片中央至基部有一个黄色斑块。（图2-64A）

图2-64A　独占春*Cymbidium eburneum*

花形态解剖特征：花不完全开展，萼片与花瓣白色，有时略有粉红色晕（图2-64B：1）。萼片狭长圆状倒卵形，先端常略钝；花瓣狭倒卵形，与萼片等长；唇瓣近宽椭圆形，亦白色，侧裂片直立，略围抱蕊柱（图2-64B：1）；中裂片稍外弯，中央至基部有一个黄色斑块，连接于黄色褶片末端，有紫红色斑点（图2-64B：2）。合蕊柱上部白色，下部黄色，腹面有紫色斑点，顶部具蕊柱齿（图2-64B：3～5）。花药帽乳白色，宽卵圆形（图2-64B：6、7）。花粉团2枚，黄色，呈四方形，有裂缝（图2-64B：8～10）；白色透明黏盘基部两侧有丝状附属物（图2-64B：8、9）。

地理分布：产于海南（崖州、昌江）、广西南部和云南西南部。生于溪谷旁岩石上。尼泊尔、印度、缅甸也有分布。

花期：2—5月。

濒危等级：EN。

图2-64B　独占春*Cymbidium eburneum*的花形态解剖特征

1. 花的形态图；2. 唇瓣中裂片，示两条褶片合而为一；3. 合蕊柱的正面；4～5. 合蕊柱顶部的侧面（4）和背面（5）；6～7. 花药帽的正面（6）和极面（7）；8～9. 花粉块的正面（8）和背面（9）；10. 示2枚花粉团的形状。缩写：a=花药；c=蕊柱；cf=蕊柱足；ct=蕊柱齿；ds=中萼片；l=唇瓣；ls=侧萼片；p=花瓣；v=黏盘。

65. 莎草兰 *Cymbidium elegans* Lindl.

植株特征形态： 附生草本。假鳞茎近卵形。叶6~13枚，2列，带形，先端渐尖或钝，通常略2裂。花葶从假鳞茎下部叶腋内长出，下弯；总状花序下垂，具21余朵花；花狭钟形，稍有香气，奶油黄色至淡黄绿色，有时略有淡粉红色晕或唇瓣上偶见少数红斑点。（图2-65A）

图2-65A 莎草兰*Cymbidium elegans*（摄影：王晓云）

花形态解剖特征： 花下垂，狭钟形，几乎不开放，奶油黄色至淡黄绿色，有时略有淡粉红色晕或唇瓣上偶见少数红斑点（图2-65B：1、2）。萼片狭倒卵状披针形；花瓣宽线状倒披针形（图2-65B：1、2）；唇瓣倒披针状三角形，3裂；侧裂片多少围抱蕊柱，常具很小的乳突，边缘无缘毛；中裂片较小，中央有1个密生短毛的斑块，边缘稍波状；唇盘上的2条纵褶片从基部延伸至中裂片基部，在近末端处汇合并具短毛，在基部增粗并在两褶片间形成槽状凹陷（图2-65B：3）。合蕊柱上部黄绿色，有蕊喙，稍弧曲（图2-65B：4、5）。花药帽整体为半卵圆形，基部有延伸而略凸出，红褐色，有两个药室，药帽尖端较突出（图2-65B：6~8）。花粉团2枚，黄色，近三角形，常呈棒状，有裂缝，基部有黏盘连接（图2-65B：9~11）。

地理分布： 产于四川西南部、云南西北部至东南部和西藏东南部。生于海拔1700~2800m的林中树上或岩壁上。

花期： 10—12月。

濒危等级： EN。

图2-65B　莎草兰*Cymbidium elegans*的花形态解剖特征

1～2. 花的正面（1）和背面（2）；3. 唇瓣的正面；4～5. 合蕊柱上半部分的正面（4）和侧面（5）；6. 花药帽和花粉团；7～8. 花药帽的正面（7）和背面（8）；9～11. 花粉块的正面（9）、背面（10）和极面（11）。缩写：a=花药；ac=花药帽；c=蕊柱；ca=花粉团柄；ds=中萼片；l=唇瓣；ls=侧萼片；p=花瓣；po=花粉团；r=蕊喙；st=柱头腔；sti=黏盘柄；v=黏盘。

66. 长叶兰 *Cymbidium erythraeum* Lindl.

植株形态特征：附生植物。假鳞茎卵球形。叶5～11枚，2列，带形，从中部向顶端渐狭，基部紫色。花葶较纤细，近直立或外弯；总状花序具3～7朵或更多的花；花苞片近三角形；花有香气。（图2-66A）

花形态解剖特征：花开展（图2-66B：1）。萼片与花瓣绿色，但由于有红褐色脉和不规则斑点而呈红褐色，且中间一条叶脉红褐色颜色最深；唇瓣近椭圆状卵形，淡黄色至白色，侧裂片上有横向红褐色脉，中裂片上有红褐色短斑纹和1条中央纵线；萼片狭长圆状倒披针形；花瓣镰刀状，先端渐尖（图2-66B：1、2）。合蕊柱稍弧曲，腹面及顶端有紫褐色斑纹（图2-66B：3、4）。花药帽为半圆形，顶端颜色黄绿色，背面基部及花药壁为浅黄色（图2-66B：5～7）。花粉团2枚，近三角形，黄绿色，都有深裂缝，基部有白色透明的黏盘（图2-66B：8～10）。

图2-66A　长叶兰*Cymbidium erythraeum*

本种有一变种为黄花长叶兰*Cymbidium erythraeum* var. *flavum*。花开展，萼片和花瓣黄绿色，斜展；侧萼片镰刀状，中萼片向前弯曲，遮盖住合蕊柱；唇瓣近椭圆状卵形，3裂，侧裂片黄色，直立，多少围抱合蕊柱，中裂片白色，上有黄色斑点，唇盘上有两条淡黄色褶片（图2-66C：1、2）。合蕊柱稍弧曲，黄绿色，顶部具被花药帽覆盖的花粉团（图2-66C：3～7）。花粉团2枚，黄色，近三角形，下有三角形黏盘（图2-66C：8）。花药帽为半卵圆形，黄绿色（图2-66C：9～11）。

地理分布：产于四川西南部、云南西北部至东南部和西藏（波密、察隅、墨脱）。生于海拔2400～2800m的林中或林缘树上或岩石上。尼泊尔、不丹、印度、缅甸也有分布。

花期：10月—次年1月。

濒危等级：VU。

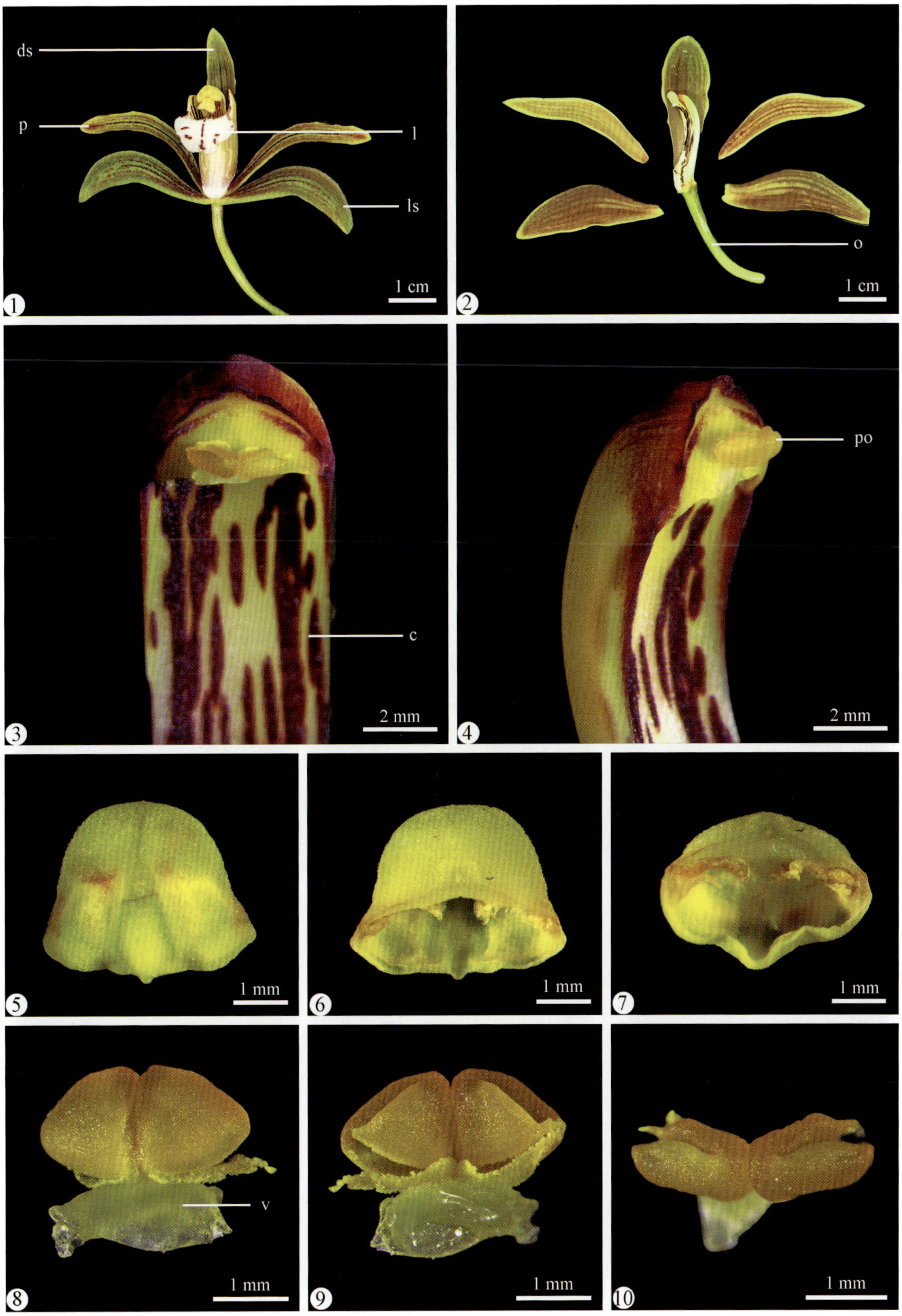

图2-66B　长叶兰*Cymbidium erythraeum*的花形态解剖特征

1. 花的正面；2. 单朵花拆解花萼和花瓣后；3～4. 合蕊柱的正面（3）和侧面（4），并移去了花药帽；5～7. 花药帽的正面（5）、背面（6）和侧面（7）；8～10. 花粉块的正面（8）、背面（9）和极面（10）。缩写：c=蕊柱；ds=中萼片；l=唇瓣；ls=侧萼片；o=子房；p=花瓣；po=花粉团；v=黏盘。

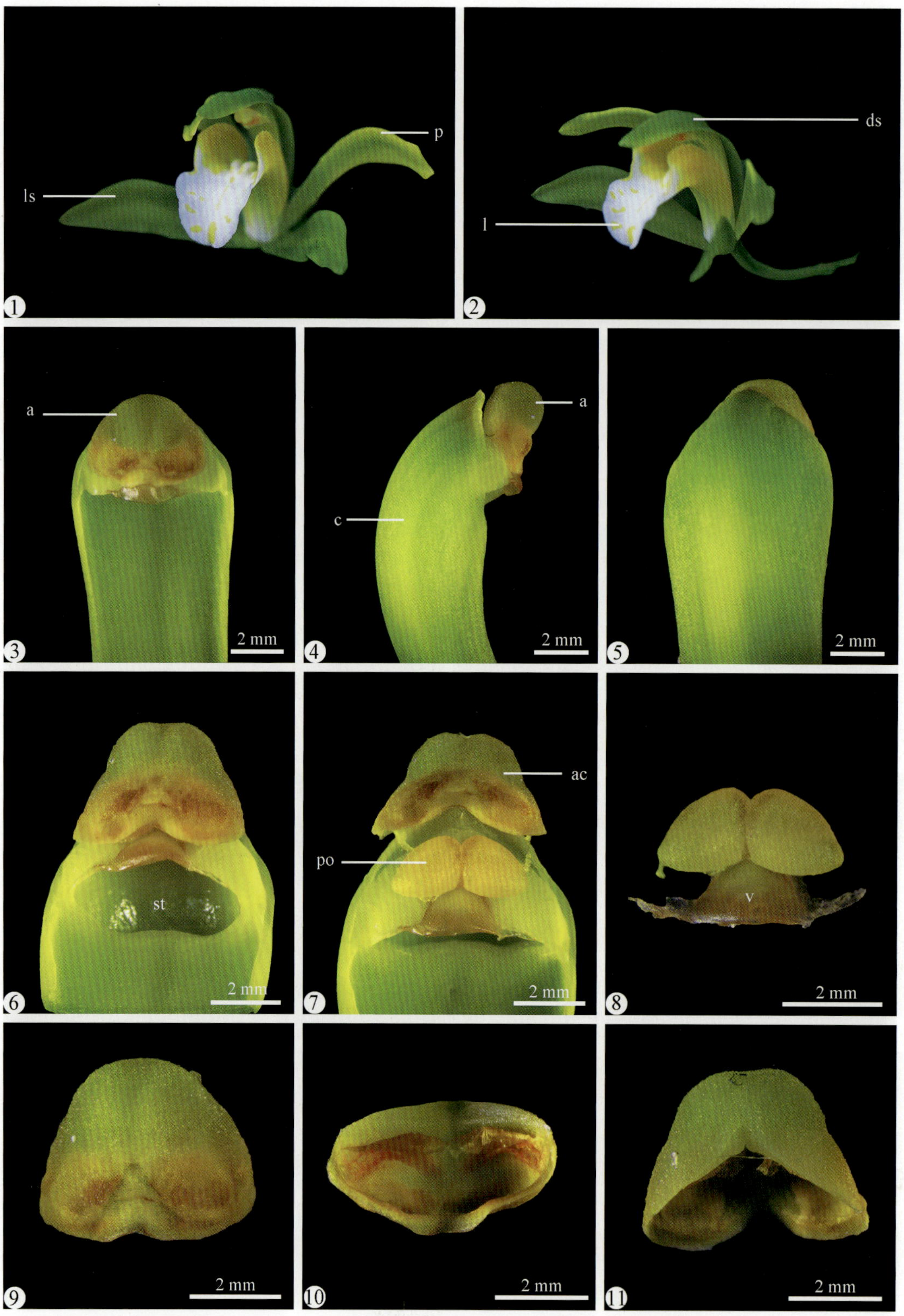

图2-66C　黄花长叶兰*Cymbidium erythraeum*的花形态解剖特征

1～2. 花的正面（1）和侧面（2）；3～5. 合蕊柱的正面（3）、侧面（4）和背面（5）；6. 合蕊柱顶部放大，示柱头腔；7. 在柱头上打开花药帽后的花粉块；8. 花粉块的正面；9～11. 花药帽的正面（9）、侧面（10）和背面（11）。缩写：a=花药；ac=花药帽；c=蕊柱；ds=中萼片；l=唇瓣；ls=侧萼片；p=花瓣；po=花粉团；r=蕊喙；st=柱头腔；v=黏盘。

黄花长叶兰 *Cymbidium erythraeum*

67. 蕙兰 *Cymbidium faberi* Rolfe

图2-67A　蕙兰*Cymbidium faberi*

植株形态特征：地生草本。假鳞茎不明显。叶5～8枚，带形，直立性强，基部常对折而呈“V”形，叶脉透亮，边缘常有粗锯齿。花葶从叶丛基部最外面的叶腋抽出，近直立或稍外弯，被多枚长鞘；总状花序具5～11朵或更多的花；花苞片线状披针形，最下面的1枚长于子房；花有香气。（图2-67A）

花形态解剖特征：花开展，常为浅黄绿色，唇瓣有紫红色斑（图2-67B：1）。萼片近披针状长圆形或狭倒卵形；花瓣与萼片相似，常略短而宽（图2-67B：1）；唇瓣长圆状卵形，3裂；中裂片较长，强烈外弯，边缘常皱波状（图2-67B：2）；唇盘上2条纵褶片从基部上方延伸至中裂片基部，上端向内倾斜并汇合，多少形成短管（图2-67B：3）。合蕊柱稍弯曲，顶部具蕊柱齿，腹面与背面有紫红色斑（图2-67B：4、5）。花药帽黄绿色，半卵圆形，具两个药室（图2-67B：6、7）。花粉团4枚，成为不等大的2对，宽卵形（图2-67B：8、9）。

地理分布：产于陕西南部、甘肃南部、安徽、浙江、江西、福建、台湾、河南南部、湖北、湖南、广东、广西、四川、贵州、云南和西藏东部。生于海拔700～3000m湿润但排水良好的透光处。尼泊尔、印度北部也有分布。

花期：3—5月。

濒危等级：LC。

图2-67B　蕙兰*Cymbidium faberi* 的花形态解剖特征

1. 单朵花的正面；2. 去掉萼片和侧花瓣后，合蕊柱和唇瓣的侧面；3. 唇瓣的正面；4～5. 合蕊柱的正面（4）和侧面（5）；6～7. 花药帽的正面（6）和背面（7）；8～9. 花粉块的正面（8）和背面（9）。缩写：a=花药；c=蕊柱；ct=蕊柱齿；ds=中萼片；l=唇瓣；la=褶片；ls=侧萼片；o=子房；p=花瓣；v=黏盘。

68. 碧玉兰 *Cymbidium lowianum* (Rchb. f.) Rchb. f.

植株形态特征： 附生植物。假鳞茎狭椭圆形，略压扁，包藏于叶基之内。叶5～7枚，带形，先端短渐尖或近急尖，关节位于距基部6～9cm处。花葶从假鳞茎基部穿鞘而出，近直立、平展或外弯；总状花序具10～21朵或更多的花；花苞片卵状三角形，花无香气。（图2-68A）

图2-68A　碧玉兰*Cymbidium lowianum*

花形态解剖特征： 花开展，黄绿色（图2-68B：1）。花瓣狭倒卵状矩圆形，萼片与花瓣为苹果绿色或浅黄绿色，具有红棕色纵脉；唇瓣为浅黄色，中裂片上近边缘具有“V”形深红色斑且有一条深红色中线，唇瓣轮廓近宽卵形，侧萼片直立，边缘呈现波浪状（图2-68B：1～3）。合蕊柱弧曲，具蕊柱齿，腹面具有红棕色斑纹（图2-68B：4～6）。花药帽浅黄色，半卵圆形状，有两个药室（图2-68B：7、8）。花粉团2枚，有深裂隙，近三角形，具白色透明的黏盘（图2-68B：9、10）。

地理分布： 产于云南西南部至东南部。生于海拔1300～1900m的林中树上或溪谷旁岩壁上。缅甸和泰国也有分布。

花期： 4—5月。

濒危等级： EN。

图2-68B　碧玉兰*Cymbidium lowianum*的花形态解剖特征

1～2. 花的正面（1）和侧面（2）；3. 唇瓣的正面；4～5. 合蕊柱的正面（4）和侧面（5）；6. 示蕊柱足和子房；7～8. 花药帽的正面（7）和背面（8）；9～10. 花粉块的正面（9）和背面（10）。缩写：a=花药；c=蕊柱；cf=蕊柱足；ct=蕊柱齿；ds=中萼片；l=唇瓣；ls=侧萼片；o=子房；p=花瓣；po=花粉团；r=蕊喙；v=黏盘。

69. 大根兰 *Cymbidium macrorhizon* Lindl.

植株形态特征：腐生植物。无绿叶，亦无假鳞茎，地下有根状茎；根状茎肉质，白色，斜生或近直立，常分枝，具节。花葶直立，紫红色，中部以下具数枚圆筒状的鞘；总状花序具2～5朵花；花苞片线状披针形；花白色带黄色至淡黄色。（图2-69A）

图2-69A　大根兰*Cymbidium macrorhizon*（摄影：段云芳）

花形态解剖特征：花开展，白色带黄色至淡黄色，萼片与花瓣有1条紫红色纵带（2-69B：1）。萼片狭倒卵状长圆形；花瓣狭椭圆形（2-69B：1）；唇瓣近卵形，略3裂，有紫红色斑；侧裂片直立，中裂片较大，稍下弯；唇盘上2条纵褶片从基部延伸至中裂片基部，上端向内倾斜并靠合，多少形成短管（2-69B：1～3）。合蕊柱稍向前弯曲，两侧具狭翅，边缘及背面有紫红色斑，有蕊柱足（图2-69B：4～6）。花药帽为半卵圆形，黄色，有两个药室（2-69B：7、8）。花粉团4枚，黄色，宽卵形，有裂缝（2-69B：9）。

地理分布：产于四川西南部至南部、贵州西南部（兴义）和云南东北部（东川）。生于海拔700～1500m的河边林下、马尾松林缘或开旷山坡上。尼泊尔、巴基斯坦、印度、缅甸、越南、老挝、泰国、日本也有分布。

花期：6—8月。

濒危等级：NT。

图2-69B 大根兰*Cymbidium macrorhizon* 的花形态解剖图

1. 花的正面；2～3. 唇瓣的正面（2）和侧面（3）；4～6. 合蕊柱的正面（4）、侧面（5）和背面（6）；7～8. 花药帽的正面（7）和极面（8）；9. 花粉团。缩写：a=花药；c=蕊柱；cf=蕊柱足；ds=中萼片；l=唇瓣；la=褶片；ls=侧萼片；p=花瓣；po=花粉团。

70. 象牙白 *Cymbidium maguanense* F. Y. Liu

植株形态特征：附生植物。假鳞茎近圆柱形，包围在叶基部。叶8枚或9枚，2列，带状，有节，先端渐尖和不相等的二裂片。花序1个或2个，生于叶腋，近直立；花苞片卵形或三角形；花芳香；萼片和花瓣白色或带粉红色，有时在外表面微染略带紫色。（图2-70A）

图2-70A 象牙白*Cymbidium maguanense*

花形态解剖特征：花开展，白色（图2-70B：1）。萼片狭长椭圆形，先端渐尖；侧萼片斜展；花瓣狭长圆形、披针形，先端渐尖；唇瓣近倒卵形或倒卵状椭圆形，基部与合蕊柱合生约5mm，3浅裂；侧裂片直立，略围抱合蕊柱；中裂片边缘皱波状，中心有一块黄色斑块（图2-70B：1、2）。合蕊柱黄绿色，边缘为白色，稍弓形；顶部具蕊柱齿（图2-70B：3~5）；蕊喙前端扁平状（图2-70B：6）。花粉团2枚，黄色，呈四方形，有裂缝，有白色透明的黏盘连接（图2-70B：6、8）。花药帽黄绿色，宽卵圆形，具两个药室（图2-70B：7）。

地理分布：产于云南东南部（马关、麻栗坡）。生于海拔1000~1800m的林下。

花期：10—12月。

濒危等级：CR。

图2-70B　象牙白*Cymbidium maguanense*的花形态解剖特征

1. 花的正面；2. 掰开唇瓣后的花结构，示唇瓣基部与合蕊柱有合生部分；3～5. 合蕊柱的正面（3）、侧面（4）和背面（5）；6. 示移去花药帽后留在柱头上的花粉块；7. 花药帽的背面；8. 花粉块的正面。缩写：a=花药；c=蕊柱；ct=蕊柱齿；ds=中萼片；l=唇瓣；ls=侧萼片；o=子房；p=花瓣；po=花粉团；r=蕊喙；st=柱头腔；v=黏盘。

71. 珍珠矮 *Cymbidium nanulum* Y. S. Wu et S. C. Chen

植株形态特征：地生植物。矮小，常单株生长，无假鳞茎；根状茎扁圆柱形。叶2～3枚，带形，直立，先端近急尖，边缘具细齿；叶鞘常带紫色。花葶从植株基部发出，直立；总状花序疏生3～4朵花；花苞片线形或线状披针形；花有香气。（图2-71A）

图2-71A　珍珠矮*Cymbidium nanulum*

花形态解剖特征：花黄绿色或淡紫色，萼片开展，花瓣常靠拢，（图2-71B：1）。萼片与花瓣有5条深色脉纹；萼片长圆形，先端圆钝并具细尖；背萼片向前倾，侧萼片多少围抱合蕊柱；花瓣长圆形，先端亦圆钝（图2-71B：1、2）；唇瓣中裂片外弯，亦有紫斑（图2-71B：1～3）。合蕊柱两翅不明显，稍弧曲，腹面带有紫色斑点（图2-71B：4、5）。花药帽黄色，呈卵圆形状，具两个药室，基部及花药壁为红褐色（图2-71B：6、7）。花粉团4枚，成2对，金黄色，长卵圆形，近等大（图2-71B：8）。

地理分布：产于海南、贵州西南部和云南东南部至西南部（文山、思茅、保山）。生于林中多石地上。

花期：6月。

濒危等级：EN。

图2-71B　珍珠矮*Cymbidium nanulum*的花形态解剖特征

1～2. 花的正面（1）和侧面（2）；3. 唇瓣的正面；4～5. 合蕊柱的正面（4）和背面（5）；6～7. 花药帽的正面（6）和背面（7）；8. 花粉块。缩写：aw=花药壁；ds=中萼片；l=唇瓣；ls=侧萼片；p=花瓣；v=黏盘。

72. 丘北冬蕙兰 *Cymbidium qiubeiense* K. M. Feng et H. Li

植株形态特征：地生植物。假鳞茎较小，包藏于青紫褐色的鞘之内；鞘卵形至卵状披针形，3～4枚。叶2～3枚，带形，深绿并带污紫色，先端渐尖，边缘有细齿缺，基部收狭成长柄；叶柄紫黑色，铁丝状，有关节。花葶从假鳞茎基部鞘内发出，直立，紫色，疏生5～6朵花；花有香气。（图2-72A）

图2-72A　邱北冬蕙兰*Cymbidium qiubeiense*

花形态解剖特征：花黄绿色，萼片开展，花瓣常靠拢（图2-72B：1）。萼片与花瓣为绿色，在花瓣基部有暗紫色斑纹；花瓣狭矩圆状披针形，先端渐尖（图2-72B：1）；唇瓣轮廓为椭圆状提琴形，不明显3裂，为白色，侧裂片带红色，中裂片绿色，有紫斑（图2-72B：1、2）；唇盘上2条纵褶片从基部延伸至中裂片基部上方（图2-72B：3、4）。合蕊柱稍弧曲，上部分为黄绿色，中下部分为淡黄色，并有暗紫色斑纹（图2-72B：2、5）。花药帽为半卵圆形，顶端颜色呈现为黄绿色，背面基部及花药壁为浅黄色，具两个药室（图2-72B：6、7）。花粉团4枚，成2对，黄色，近三角形（图2-72B：8、9）。

地理分布：产于贵州西南部和云南东南部。生于海拔700～1800m的林下。

花期：10—12月。

濒危等级：EN。

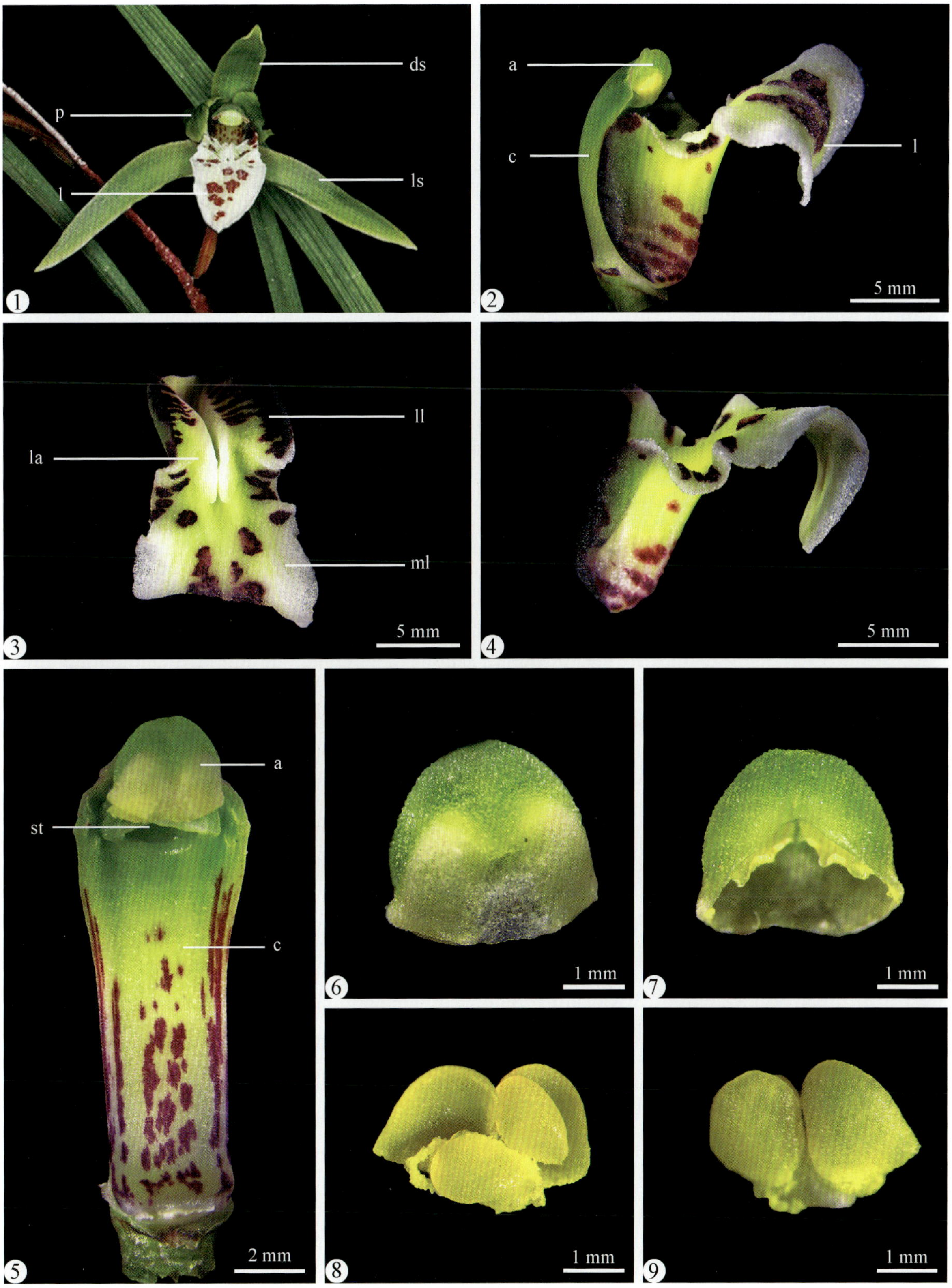

图2-72B　丘北冬蕙兰*Cymbidium qiubeiense*的花形态解剖特征

1. 花的正面；2. 唇瓣和合蕊柱；3～4. 唇瓣的正面（3）和侧面（4）；5. 合蕊柱的正面；6～7. 花药帽的正面（6）和背面（7）；8～9. 花粉块的正面（8）和背面（9）。缩写：a=花药；c=蕊柱；ds=中萼片；l=唇瓣；la=褶片；ll=唇瓣侧裂片；ls=侧萼片；ml=唇瓣中裂片；p=花瓣；st=柱头腔；v=黏盘。

73. 豆瓣兰 *Cymbidium serratum* Schltr.

图2-73A　豆瓣兰*Cymbidium serratum*

植株形态特征：地生植物。假鳞茎较小，卵球形，包藏于叶基之内。叶4～7枚，带形，通常较短小，下部常多少对折而呈"V"形，边缘无齿或具细齿。花葶从假鳞茎基部外侧叶腋中抽出，直立，极罕更高，明显短于叶；花序具单朵花，极罕2朵；花色泽变化较大，通常为绿色或淡褐黄色而有紫红色脉纹，无香气。（图2-73A）

花形态解剖特征：花开展，萼片和花瓣绿色而有紫红色脉纹，质地较厚（图2-73B：1）。有长苞片，浅棕色（图2-73B：2）。萼片近长圆形至长圆状倒卵形，顶端边缘通常弯曲；花瓣倒卵状椭圆形至长圆状卵形，向前展开且略抱合蕊柱；唇瓣白色，3浅裂，长而反卷，有紫红色斑点（图2-73B：1、2）。蕊柱两侧有较宽的翅，腹面及侧面带有紫红色斑点或条纹；蕊喙乳白色透明状（图2-73B：3）。花粉团4枚，成不等大的2对，黄色，卵圆形（图2-73B：4、5）。花药帽正面呈狭椭圆形，整体为黄绿色，正面中下部为黄褐色（图2-73B：6、7）。

地理分布：产于台湾、湖北、四川、贵州、云南。生于海拔1000～2100m的多石山坡、开阔的森林或排水良好的草坡。

花期：2—3月。

濒危等级：NT。

图2-73B　豆瓣兰*Cymbidium serratum* 的花形态解剖特征

1～2. 花的正面（1）和侧面（2）；3. 移去花药帽的柱头；4～5. 花粉块的正面（4）和极面（5）；6～7. 花药帽的正面（6）和背面（7）。缩写：b=苞片；c=蕊柱；ct=蕊柱齿；ds=中萼片；l=唇瓣；ls=侧萼片；o=子房；p=花瓣；po=花粉团；r=蕊喙；v=黏盘。

74. 墨兰 *Cymbidium sinense* (Jacks. ex Andr.) Willd.

图2-74A　墨兰*Cymbidium sinense*

植株形态特征：地生植物。假鳞茎卵球形，包藏于叶基之内。叶3～5枚，带形，近薄革质，暗绿色，有光泽。花葶从假鳞茎基部发出，直立，较粗壮，一般略长于叶；总状花序具10～21朵或更多的花；花的色泽变化较大，较常为暗紫色或紫褐色而具浅色唇瓣，也有黄绿色、桃红色或白色的，一般有较浓的香气。（图2-74A）

花形态解剖特征：花开展，黄绿色，萼片与花瓣有紫色斑点成条脉状（图2-74B：1）。萼片狭长圆形或狭椭圆形；花瓣近狭卵形（图2-74B：1～3）；唇瓣近卵状长圆形，不明显3裂；侧裂片直立，多少围抱蕊柱；中裂片较大，外弯，亦有类似的乳突状短柔毛，边缘略波状；唇盘上2条纵褶片从基部延伸至中裂片基部，上半部向内倾斜并靠合，形成短管（图2-74B：4、5）。合蕊柱稍向前弯曲，两侧有狭翅，腹面有紫色斑点（图2-74B：6、7）。花药帽黄色，半卵圆形（图2-74B：8）。花粉团黄色，4枚，成2对，宽卵形（图2-74B：9）。

地理分布：产于安徽南部、江西南部、福建、台湾、广东、海南、广西、四川（峨眉山）、贵州西南部和云南。生于海拔300～2100m的林下、灌木林中或溪谷旁湿润但排水良好的荫蔽处。印度、缅甸、越南、泰国、日本也有分布。

花期：10月一次年3月。

濒危等级：VU。

图2-74B　墨兰*Cymbidium sinense*的花形态解剖特征

1～3. 花的正面（1）、侧面（2）和底面（3）；4～5. 唇瓣的正面（4）和侧面（5）；6～7. 合蕊柱的正面（6）和侧面（7）；8. 花药帽；9. 花粉块。缩写：b=苞片；c=蕊柱；ct=蕊柱齿；ds=中萼片；l=唇瓣；ls=侧萼片；o=子房；p=花瓣；po=花粉团；v=黏盘。

75. 西藏虎头兰 *Cymbidium tracyanum* L. Castle

植株形态特征：附生植物。假鳞茎椭圆状卵形或长圆状狭卵形，大部分包藏于叶鞘之内。叶5~8枚或更多，带形。花葶从假鳞茎基部穿鞘而出，外弯或近直立；总状花序通常具10余朵花；花大，有香气。（图2-75A）

图2-75A 西藏虎头兰*Cymbidium tracyanum*（摄影：陈罡）

花形态解剖特征：花大，开展，萼片与花瓣为浅黄绿色至橄榄色，有明显的暗红褐色短条纹和不规则的斑点（图2-75B：1）。萼片狭椭圆形；侧萼片稍斜歪并扭曲；花瓣镰刀形，下弯并扭曲（图2-75B：1、2）；唇瓣卵状椭圆形，3裂，基部与蕊柱合生；侧裂片直立，边缘有长缘毛，上面脉上有红褐色毛；中裂片明显外弯，上面有3行长毛连接于褶片顶端，并有散生的短毛；唇盘上2条纵褶片上亦密生长毛（图2-75B：3、4）。蕊柱向前弯曲，两侧具翅，腹面下部有短毛（图2-75B：5、6）。花药帽盔状，黄绿色（图2-75B：7、8），顶端中央有凹陷。花粉团2枚，黄色，三角形，有深裂隙（图2-75B：9）。

地理分布：产于贵州西南部（册亨）、云南西南部至东南部和西藏东南部。生于海拔1210~1900m的林中大树干上或树杈上，也见于溪谷旁岩石上。缅甸、泰国也有分布。

花期：9—12月。

濒危等级：LC。

图2-75B　西藏虎头兰*Cymbidium tracyanum*的花形态解剖特征

1～2. 花的正面（1）和侧面（2）；3～4. 唇瓣的正面（3）和侧面（4）；5～6. 合蕊柱的正面（5）和侧面（6）；7～8. 花药帽的正面（7）和背面（8）；9. 花粉团。缩写：a=花药；c=蕊柱；cf=蕊柱足；ds=中萼片；l=唇瓣；ls=侧萼片；o=子房；p=花瓣；po=花粉团；r=蕊喙。

二十五、美冠兰属 *Eulophia* R. Br. ex Lindl.

地生草本或极罕腐生。茎膨大成球茎状、块状或其他形状假鳞茎，位于地下或地上，通常具数节，疏生少数较粗厚的根。叶数枚，基生，有长柄，叶柄常互相套叠成假茎状，有关节，腐生种类无绿叶。花葶从假鳞茎侧面节上发出，直立；总状花序有时有分枝而形成圆锥花序，极少减退为单朵花；萼片离生，相似，侧萼片常稍斜歪；花瓣与中萼片相似或略宽；唇瓣通常3裂并以侧裂片围抱蕊柱，少有不裂，多少直立，唇盘上常有褶片、鸡冠状脊、流苏状毛等附属物，基部大多有距或囊，较少无距无囊；蕊柱长或短，常有翅；蕊柱足有或无；花药顶生，向前俯倾，不完全2室，药帽上常有2个暗色突起；花粉团2枚，多少有裂隙，蜡质，具短而宽阔的黏盘柄和圆形黏盘。

全属约210种，主要分布于非洲，其次是亚洲热带与亚热带地区，美洲和澳大利亚也有分布。我国有14种。本书收录2种。

本属模式种：*Eulophia guineensis* Lindl.

美冠兰*Eulophia graminea*

76. 紫花美冠兰 *Eulophia spectabilis* (Dennst.) Suresh

图2–76A　紫花美冠兰*Eulophia spectabilis*

植株形态特征：假鳞茎块状，多少近球形。叶2～3枚，长圆状披针形，先端渐尖，基部收狭成柄；叶柄套叠成假茎，外面有数枚鞘。花叶同时；花葶侧生，穿鞘而出；总状花序直立，通常疏生数朵花；花苞片膜质，披针形。（图2–76A）

花形态解剖特征：花半开展，紫红色，唇瓣稍带黄色（图2–76B：1）。中萼片线形或狭长圆形，先端钝或急尖；侧萼片与中萼片相似，但略长而斜歪，着生于蕊柱足上；花瓣近长圆形，先端钝（图2–76B：1、2）；唇瓣着生于蕊柱足末端，卵状长圆形，几乎不裂（图2–76B：6）；距着生于蕊柱足下方，完全附着于蕊柱足，仅前部与唇瓣连生，圆锥形，宽阔（图2–76B：2）。合蕊柱白色带紫纹，有蕊柱足和蕊柱翅（图2–76B：3～5）。花药帽紫红色，药帽上有2个突起（图2–76B：8、9）。花粉团2枚，黄色，长椭圆形，有裂隙，蜡质，连接短而宽阔的黏盘柄和黏盘（图2–76B：10、11）。

地理分布：产于江西南部（龙南）和云南南部至东南部（勐海、澜沧、金平、屏边）。生于海拔1400～1500m的混交林中或草坡上。尼泊尔、不丹、印度、斯里兰卡、缅甸、老挝、越南、柬埔寨、泰国、马来西亚、印度尼西亚、菲律宾、新几内亚岛和太平洋岛屿也有分布。

花期：4—6月。

濒危等级：LC。

图2-76B　紫花美冠兰*Eulophia spectabilis*的花形态解剖特征

1～2. 花的正面（1）和侧面（2）；3～5. 合蕊柱的正面（3、4）和背面（5）；6. 唇瓣及合蕊柱；7. 花药；8～9. 花药帽的正面（8）和背面（9）；10～11. 花粉块的正面（10）和背面（11）。缩写：a=花药；ac=花药帽；c=蕊柱；cw=蕊柱翅；ds=中萼片；l=唇瓣；ls=侧萼片；o=子房；p=花瓣；po=花粉团；sp=花距；st=柱头腔；v=黏盘。

77. 无叶美冠兰 *Eulophia zollingeri* (Rchb. f.) J. J. Sm.

图2-77A　无叶美冠兰*Eulophia zollingeri*
（摄影：罗艳）

植株形态特征：腐生植物，无绿叶。假鳞茎块状，近长圆形，淡黄色，有节，位于地下。花葶粗壮，褐红色，自下至上有多枚鞘；总状花序直立，疏生数朵至十余朵花；花苞片狭披针形；花褐黄色或紫褐色。（图2-77A）

花形态解剖特征：花开展，紫褐色（图2-77B：1）。中萼片椭圆状长圆形，先端渐尖；侧萼片近长圆形，明显长于中萼片，稍斜歪，基部着生于蕊柱足上；花瓣倒卵形，先端具短尖；唇瓣生于蕊柱足上，近倒卵形或长圆状倒卵形，3裂；侧裂片近卵形或长圆形，多少围抱蕊柱；中裂片卵形，上面有5～7条粗脉下延至唇盘上部，脉上密生乳突状腺毛；唇盘上其他部分亦疏生乳突状腺毛，中央有2条近半圆形的褶片（图2-77B：1、2）。合蕊柱黄绿色，柱头腔半圆形，蕊柱足比合蕊柱稍短（图2-77B：3～5）。花药帽黄褐色，上面常有2个暗色突起（图2-77B：6）。花粉团2枚，黄色，有裂隙，蜡质，具黏盘和短而宽阔的花粉团柄（图2-77B：7、8）。

地理分布：产于江西南部（龙南）、福建（顺昌）、台湾、广东、广西和云南中部（漾濞）。生于海拔400～500m的疏林下、竹林或草坡上。斯里兰卡、印度、马来西亚、印度尼西亚、新几内亚岛、澳大利亚北部以及日本也有分布。

花期：4—6月。

濒危等级：LC。

图2-77B　无叶美冠兰*Eulophia zollingeri*的花形态解剖特征

1～2. 花的正面（1）和侧面（2）；3～5. 带花药帽的合蕊柱的正面（3），花药帽脱落后的合蕊柱侧面（4）和正面（5）；6. 花药帽；7～8. 花粉块的正面（7）和背面（8）。缩写：a=花药；ac=花药帽；c=蕊柱；ca=花粉团柄；cf=蕊柱足；ct=蕊柱齿；ds=中萼片；l=唇瓣；ls=侧萼片；o=子房；p=花瓣；po=花粉团；st=柱头腔；v=黏盘。

二十六、地宝兰属 *Geodorum* Jacks.

地生草本。茎膨大成球茎状或块状假鳞茎，位于地下或接近地面，常有少数节。叶数枚，基生，有长柄；叶柄常互相套叠成假茎，具关节。花葶生于假鳞茎侧面的节上，顶端为缩短的总状花序；总状花序俯垂，头状或球形，通常具较密集的花；花中等大或较小；萼片与花瓣相似或花瓣较短而宽，离生，常稍靠合；唇瓣通常不分裂或不明显的3裂，基部着生于短的蕊柱足上，与蕊柱足共同形成各种形状的囊，无明显的长距。蕊柱短或中等长，具短的蕊柱足。花药顶生，向前俯倾，1室或不完全2室；药帽平滑。花粉团2枚，通常有裂隙，蜡质，具宽阔的黏盘柄和较大的黏盘。

全属约10种，分布于亚洲热带地区至澳大利亚和太平洋岛屿。我国有5种。本书收录2种。

地宝兰属植物部分假鳞茎具有抗糖尿病之功效。近年来，由于人为对生境的破坏和过度的采挖，地宝兰野外资源正急剧下降，因此人工培植成了当前植物学与园艺园林方面的研究热点之一。目前，在地宝兰的商业化生产技术中，普遍采用茎尖和节段进行分生组织培养来获得目标基因型植株。

本属模式种：*Geodorum citrinum* G. Jacks.

多花地宝兰*Geodorum recurvum*

78. 大花地宝兰 *Geodorum attenuatum* Griff.

图2-78A　大花地宝兰*Geodorum attenuatum*

植株形态特征：地生植物。假鳞茎块茎状，近椭圆形，横卧。叶3～4枚，倒披针状长圆形，先端渐尖，基部收狭成柄；叶柄套叠成假茎，有关节，外被数枚鞘。花葶从植株基部鞘中发出，短于叶。总状花序俯垂，很短，具2～4朵花；花苞片膜质，披针形。（图2-78A）

花形态解剖特征：花白色，半开展（图2-78B：1）。萼片长圆形或卵状长圆形，先端短渐尖或近急尖；侧萼片略斜歪；花瓣卵状椭圆形，略短于萼片（图2-78B：1、2、6）；唇瓣中上部柠檬黄色，先端近急尖；唇瓣近宽卵形，凹陷，多少舟状，腹面有紫褐色条纹（图2-78B：6），基部具圆锥形的短囊，囊口有1枚2裂的褐色胼胝体（图2-78B：1、2、7）。蕊柱宽阔而短，基部有短的蕊柱足（图2-78B：3～5）。花药帽淡紫色，半圆卵形，四周边缘紫色较深（图2-78B：8、9）。花粉团2枚，近圆卵形（图2-78B：10）。

地理分布：产于海南和云南南部（景洪）。生于海拔800m以下的林缘。越南、老挝、泰国、缅甸也有分布。

花期：5—6月。

濒危等级：LC。

图2–78B ：大花地宝兰*Geodorum attenuatum* 的花形态解剖特征（摄影：罗艳）

1～2. 花的正面（1）和侧面（2）；3～5. 合蕊柱的正面（3）和侧面（4），以及去除花药帽的合蕊柱正面（5）；6. 示外轮的萼片及内轮的唇瓣及花瓣；7. 唇瓣的背面；8～9. 花药帽的背面（8）和正面（9）；10. 花粉团。缩写：a=花药；c=蕊柱；ds=中萼片；l=唇瓣；ls=侧萼片；o=子房；p=花瓣；st=柱头腔。

79. 多花地宝兰 *Geodorum recurvum* (Roxb.) Alston

植株形态特征：地生植物。假鳞茎块茎状，多个相连，位于地下。叶2～3枚，在花期已长成，椭圆状长圆形至椭圆形，先端渐尖或短渐尖，基部收狭成柄。花葶从植株基部鞘中发出，明显短于叶；总状花序俯垂，通常具10余朵稍密集的花；花苞片线状披针形，膜质。（图2-79A）

图2-79A　多花宝地兰*Geodorum recurvum*

花形态解剖特征：花整体白色，仅唇瓣中央黄色和两侧有紫条纹（图2-79B：1、2）。萼片狭长圆形，先端渐尖，侧萼片常比中萼片宽；花瓣倒卵状长圆形，略短于萼片，先端钝或急尖（图2-79B：1、2）；唇瓣宽长圆状卵形，明显短于萼片，先端钝或略有裂缺，上部边缘多少皱波状；唇盘上有2～3条肉质的、近鸡冠状的纵脊，从中部延伸至上部；唇瓣基部凹陷，近无囊或有很短的囊（图2-79B：1～3）。合蕊柱整体呈现淡紫色，正面颜色较深（图2-79B：4、5），上端较深，逐渐变为浅紫色，有短的蕊柱足，蕊喙淡紫色（图2-79B：4）。花药帽整体为白色，半圆卵形，四周边缘淡紫色（图2-79B：6、7）。花粉团2枚，近圆卵形，黏盘柄较宽，黏盘透明淡紫色（图2-79B：8）。

地理分布：产于广东南部、海南和云南南部至东南部（勐腊、石屏）。生于海拔500～900m的林下、灌丛中或林缘。越南、柬埔寨、泰国、缅甸、印度也有分布。

花期：4—6月。

濒危等级：LC。

图2-79B 多花地宝兰*Geodorum recurvum*的花形态解剖特征

1～2. 总状花序及花的正面（1）和侧面（2）；3. 唇瓣；4. 去药帽的柱头顶部；5. 去药帽合蕊柱侧面；6～7. 花药帽的正面（6）和背面（7）；8. 花粉块。缩写：c=蕊柱；cf=蕊柱足；ds=中萼片；l=唇瓣；ls=侧萼片；p=花瓣；po=花粉团；r=蕊喙；st=柱头腔；v=黏盘。

（五）树兰族 Tribe Epidendreae

附生或较少地生或腐生草本，偶见攀缘藤本。附生种类常有假鳞茎或肉质茎。叶基生或茎生，常为革质、纸质或肉质，罕有草质，少数无叶（腐生种类）。花变化较大；萼片合生或离生；唇瓣有距或无距；花药以狭窄基部或花丝连接于蕊柱，常俯倾，两个药室一般密接并藏于药帽之内，开后常枯萎或脱落；花粉团一般4～8枚，较少2枚，蜡质或有时粒粉质，具或不具花粉团柄或黏盘，偶见黏盘柄；蕊喙一般位于柱头上方。

全球均有分布，主要见于热带，约99属，中国有8属。本书收录1属1种。

本族模式属：*Epidendrum* L.

二十七、杜鹃兰属 *Cremastra* Lindl.

地生草本。地下具根状茎与假鳞茎。假鳞茎球茎状或近块茎状，基部密生多数纤维根。叶1～2枚，生于假鳞茎顶端，通常狭椭圆形，有时有紫色粗斑点，基部收狭成较长的叶柄。花葶从假鳞茎上部一侧节上发出，直立或稍外弯，较长，中下部具2～3枚筒状鞘；总状花序具多朵花；花苞片较小，宿存；花中等大；萼片与花瓣离生，近相似，展开或多少靠合；唇瓣下部或上部3裂，基部有爪并具浅囊；侧裂片常较狭而呈线形或狭长圆形；中裂片基部有1枚肉质突起；蕊柱较长，上端略扩大，无蕊柱足；花粉团4枚，成2对，两侧稍压扁，蜡质，共同附着于黏盘上。

本属模式种：*Cremastra appendiculata* (D. Don) Makino (*Cymbidium appendiculatum* D. Don)

全属仅2种，分布于印度北部、尼泊尔、不丹、泰国、越南、日本和我国秦岭以南地区。我国2种均产。本书收录1种。

80. 杜鹃兰 *Cremastra appendiculata* (D. Don) Makino

图2-80A　杜鹃兰*Cremastra appendiculata*
（摄影：罗艳）

植株形态特征：地生植物。假鳞茎卵球形或近球形，有关节，外被撕裂成纤维状的残存鞘。叶通常1枚，生于假鳞茎顶端，狭椭圆形、近椭圆形或倒披针状狭椭圆形，先端渐尖，基部收狭，近楔形；叶柄下半部常为残存的鞘所包蔽。花葶从假鳞茎上部节上发出，近直立；总状花序具5～22朵花；花常偏花序一侧，多少下垂，不完全开放，有香气，狭钟形，淡紫褐色。（图2-80A）

花形态解剖特征：花淡紫褐色，不完全开放，狭钟形（图2-80B：1）。萼片倒披针形，从中部向基部骤然收狭而成近狭线形，先端急尖或渐尖；侧萼片略斜歪；花瓣倒披针形或狭披针形，向基部收狭成狭线形，先端渐尖（图2-80B：2）；唇瓣与花瓣近等长，线形，上部1/4处3裂；侧裂片近线形；中裂片卵形至狭长圆形（图2-80B：3、4），基部在两枚侧裂片之间具1枚肉质突起。合蕊柱细长，顶端略扩大（图2-80B：5、6、8），具蕊柱翅，无蕊柱足（图2-80B：6）。花药帽黄色，心形（图2-80B：7）。花粉团4枚，成2对。

地理分布：产于山西南部（介休、夏县）、陕西南部、甘肃南部、江苏、安徽、浙江、江西（庐山）、台湾、河南、湖北、湖南、广东北部（乳源）、四川、贵州、云南西南部至东南部（凤庆、西畴）和西藏。生于林下湿地或沟边湿地上，海拔500～2900m。尼泊尔、不丹、印度、越南、泰国和日本也有分布。

花期：5—6月。

濒危等级：NT。

图2-80B　杜鹃兰 *Cremastra appendiculata*的花形态解剖特征

1. 花序；2. 花的侧面；3～4. 带唇瓣的合蕊柱侧面（3）和背面（4）；5～6. 合蕊柱的正面（5）和侧面（6）；7. 柱头和花药的极面，示花药帽的颜色和形状；8. 示合蕊柱顶端扩大。缩写：a=花药；c=蕊柱；cw=蕊柱翅；ds=中萼片；l=唇瓣；ls=侧萼片；p=花瓣；po=花粉团；st=柱头腔。

（六）吻兰族 Tribe Collabieae

陆生或少数附生草本。茎圆筒形，具几个节间。叶2分叉，折叠，卷曲。花序侧生或很少顶生、单生，花螺旋状排列。花后倾，平的倒钟状或瓶形，通常艳丽。萼片和花瓣离生。通常近相似。唇瓣通常3裂，有时具萼囊或明显的距。合蕊柱具明显的蕊柱足，蕊喙。柱头侧生，全缘，花药顶生，花粉团8枚，极少4枚，棍棒状，硬到软，通常侧面扁平，具黏盘柄。

多分布于旧大陆，少数分布于亚洲的北温带地区，约有21属，中国有14属。本书收录4属11种。

本族模式属：*Collabium* Bl.

二十八、虾脊兰属 *Calanthe* R. Br.

地生草本。根圆柱形，细长而密被淡灰色长绒毛。根状茎有或无。假鳞茎通常粗短，圆锥状，很少不明显或伸长为圆柱形的。叶少数，常较大，少有狭窄而呈剑形或带状，幼时席卷，全缘或波状，基部收窄为长柄或近无柄，柄下为鞘，在叶柄与鞘相连接处有一个关节或无，无毛或有毛，花期通常尚未全部展开或少有全部展开的。花葶出自当年生由低出叶和叶鞘所形成的假茎上端的叶丛中，或侧生于茎的基部，少有从上年生无叶的茎端发出，直立，不分枝，下部具鞘或鳞片状苞片，通常密被毛，少数无毛；总状花序具少数至多数花；花苞片小或大，宿存或早落；花通常张开，小至中等大；萼片近相似，离生；花瓣比萼片小；唇瓣常比萼片大而短，基部与部分或全部蕊柱翅合生而形成长度不等的管，少有贴生在蕊柱足末端而与蕊柱分离的，分裂或不裂，有距或无距；唇盘具附属物（胼胝体、褶片或脊突）或无附属物；蕊柱通常粗短，无足或少数具短足，两侧具翅，翅向唇瓣基部延伸或不延伸；蕊喙分裂或不分裂；柱头侧生；花粉团蜡质，8枚，每4枚为一群，近相等或不相等；花粉团柄明显或不明显，共同附着于1个黏质物上。

全属约150种，分布于亚洲热带和亚热带地区、新几内亚岛、澳大利亚、热带非洲，以及中美洲。我国有49种及5变种，主要产于长江流域及其以南各省（区、市）。本书收录6种。

本属模式种：*Calanthe triplicata* (Willemet) Ames

81. 银带虾脊兰 *Calanthe argenteostriata* C. Z. Tang & S. J. Cheng

植株形态特征：地生植物。植株无明显的根状茎。假鳞茎粗短，近圆锥形，具2～3枚鞘和3～7枚在花期展开的叶。叶上面深绿色，带5～6条银灰色的条带，椭圆形或卵状披针形。花葶从叶丛中央抽出，密被短毛；总状花序，具10余朵花。（图2-81A）

图2-81A　银带虾脊兰*Calanthe argenteostriata*

花形态解剖特征：花开展，萼片和花瓣稍反折，黄绿色（图2-81B：1、2）。中萼片椭圆形被毛，侧萼片宽卵状椭圆形，具短尖，无毛（图2-81B：1、2）；花瓣近匙形或倒卵形，较萼片稍小，先端近平截，具短尖，无毛；唇瓣白色或黄色，与蕊柱翅合生，3裂，基部具3列金黄色瘤状物，侧裂片近斧头状，先端近圆，中裂片2深裂，裂片与侧裂片等大（图2-81B：1、2、6）；距黄绿色，细圆筒形（图2-81B：2、4）。合蕊柱白色，蕊喙2裂扼形（图2-81B：3～5）。药帽白色，先端喙状（图2-81B：7、8）。花粉团8枚，狭倒卵球形或狭棒状，近等大，具短的花粉团柄，黏盘近方形（图2-81B：9～11）。

地理分布：产于广东北部（从化）、广西西南部（龙州）、贵州西南部（兴义、安龙）和云南东南部（金平、麻栗坡）。生于海拔500～1200m的山坡林下的岩石空隙或覆土的石灰岩面上。

花期：4—5月。

濒危等级：LC。

图2-81B 银带虾脊兰*Calanthe argenteostriata*的花形态解剖特征

1～2. 花的正面（1）和侧面（2）；3.保留花药的合蕊柱正面；4～5. 去掉花药帽的合蕊柱侧面（4）和正面（5）；6. 唇瓣背面；7～8. 花药帽的正面（7）和背面（8）；9～11. 花粉块。缩写：a=花药；ac=花药帽；c=蕊柱；ca=花粉团柄；ds=中萼片；l=唇瓣；ls=侧萼片；o=子房；p=花瓣；po=花粉团；r=蕊喙；sp = 花距；v=黏盘。

82. 通麦虾脊兰 *Calanthe griffithii* Lindl.

植株形态特征：地生植物。假鳞茎粗短，近圆锥形，具2～4枚鞘和3～4枚叶。叶在花期全部展开，长圆形或长圆状披针形，先端锐尖，基部收狭成楔形，两面无毛。花葶从叶丛中抽出，直立，高出叶层外，密生短柔毛；总状花序，疏生多数花；花苞片卵状披针形，先端渐尖，背面疏被柔毛；花梗和子房密被短毛。（图2-82A）

图2-82A　通麦虾脊兰*Calanthe griffithii*
（摄影：罗艳）

花形态解剖特征：花开展（图2-82B：1）。萼片和花瓣浅绿色；中萼片长圆形，先端锐尖，具5～6条脉，背面被短柔毛；侧萼片与中萼片相似，但稍狭，先端短渐尖，具5条脉，背面被短柔毛；花瓣近倒披针形，先端锐尖，具3条脉，无毛（图2-82B：1、2）；唇瓣比萼片短，基部无爪，几乎与整个蕊柱翅合生，3裂，基部延伸成距；侧裂片长圆形，先端近斜截形；中裂片黄褐色，近心形或扇状椭圆形，先端凹缺并具细尖，基部具爪，边缘波状；唇盘中央具1枚近三角形的褶片，两面无毛（图2-82B：1、3、4）。合蕊柱短，黄褐色，近无毛，具蕊柱翅（图2-82B：3、4）。花药帽近半球形，前端收狭（图2-82B：5、6）。花粉团倒卵球形，淡黄色，4对8枚，几乎无花粉团柄（图2-82B：7）。

地理分布：产于西藏东南部（波密、通麦）。生于海拔约2100m的常绿阔叶林下。不丹、缅甸也有分布。模式标本采自不丹。

花期：5月。

濒危等级：VU。

图2–82B　通麦虾脊兰*Calanthe griffithii*的花形态解剖特征

1. 花的正面；2. 总状花序，示花的背面、侧面；3~4. 带唇瓣的合蕊柱极面（3）和侧面（4）；5~6. 花药帽的正面（5）和背面（6）；7. 花粉块。缩写：a=花药；aw=花药壁；c=蕊柱；ds=中萼片；l=唇瓣；ls=侧萼片；o=子房；p=花瓣；po=花粉团；sp=花距；st=柱头腔；sti=黏盘柄。

83. 车前虾脊兰 *Calanthe plantaginea* Lindl.

图2-83A　车前虾脊兰*Calanthe plantaginea*
（摄影：罗艳）

植株形态特征：根状茎不明显；假鳞茎短圆锥形，具4枚鞘和2～4枚叶。叶在花期尚未全部展开，椭圆形，先端锐尖，基部收狭为柄，具4～5条脉，两面无毛。花葶出自假茎上端，高出叶层之外，被短毛；总状花序具多数花。（图2-83A）

花形态解剖特征：花淡紫色或白色，开展（图2-83B：1）。花苞片黄绿色，披针形（图2-83B：6）。中萼片卵状披针形，先端渐尖，具5条脉，背面疏被短毛，先端渐尖；侧萼片比中萼片稍小，卵状披针形，先端渐尖；花瓣长圆形，比萼片稍短，先端锐尖，具3条脉，无毛（图2-83B：1、2）。唇瓣的整体轮廓近扇形，基部与整个蕊柱翅合生，3裂；侧裂片斜倒卵状楔形，先端钝并紧靠中裂片而内弯，基部约1/3贴生在蕊柱翅的外侧边缘；中裂片近长圆形，与侧裂片近等长，先端扩大部分呈圆形或扁圆形，微凹并具短尖；唇盘具3条脊突（中央1条常呈褶片状）或脊突不明显；距圆筒形，纤细，稍弧曲，外面被短毛（图2-83B：1～3）。合蕊柱长，上端扩大，近无毛；蕊柱翅延伸到唇瓣基部，与唇盘上的脊突相连接；蕊喙2裂；裂片三角形，先端稍钝（图2-83B：4、5）。花药帽在前端不收狭，近圆形（图2-83B：7）。8枚花粉团扁卵球形，黄色，具黏盘（图2-83B：8）。

地理分布：产于云南西南部（腾冲）和西藏南部（聂拉木）。生于海拔1800～2200m的山地常绿阔叶林下。也分布于克什米尔地区、印度、尼泊尔和不丹。

花期：3—4月。

濒危等级：VU。

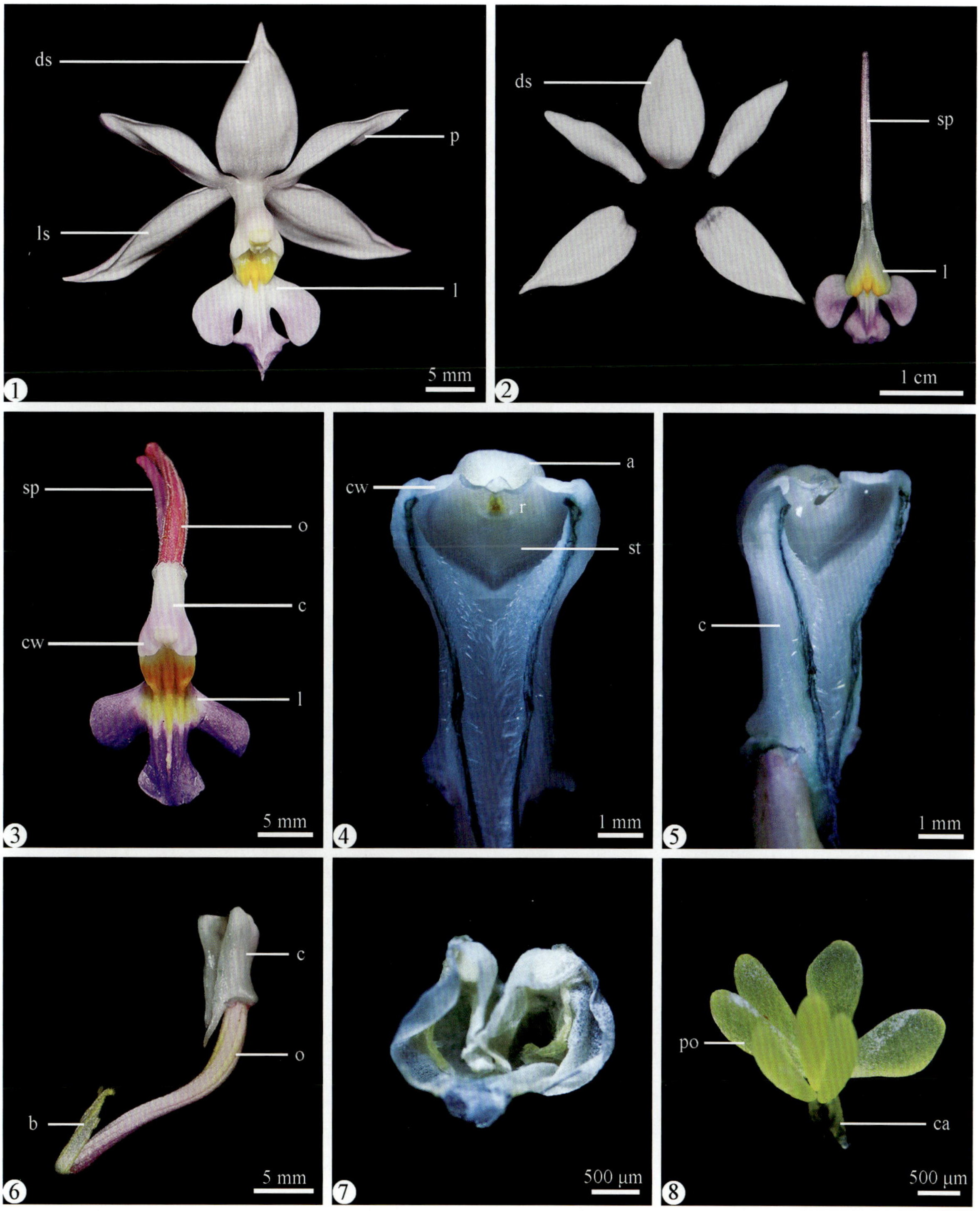

图2-83B　车前虾脊兰*Calanthe plantaginea*的花形态解剖特征

1. 花的正面；2. 花部解剖图；3. 带唇瓣的合蕊柱极面，示唇瓣上具3条脊突和花距；4~5. 合蕊柱正面（4）和侧面（5）；6. 去除萼片花瓣的花部侧面，示苞片和子房；7. 花药帽内面；8. 花粉块。缩写：a=花药；b=苞片；c=蕊柱；ca=花粉团柄；cw=蕊柱翅；ds=中萼片；l=唇瓣；ls=侧萼片；o=子房；p=花瓣；po=花粉团；r=蕊喙；sp=花距；st=柱头腔。

84. 中华虾脊兰 *Calanthe sinica* Z. H. Tsi

图2-84A　中华虾脊兰*Calanthe sinica*

植株形态特征：地生植物。植株根状茎短或不明显，具卵状圆锥形假鳞茎，常具4枚叶，无明显的假茎；叶在花期全部展开，椭圆形，先端急尖，基部收狭，边缘稍波状，两面密被短柔毛。总状花序，从叶丛中抽出，直立，密被短柔毛，花序疏生约10朵花，花紫红色；花梗连子房密被短毛。（图2-84A）

花形态解剖特征：花紫红色，稍下垂（图2-84B：1、2）。萼片近等大，椭圆形，先端锐尖，基部稍收狭，具3～4条脉，背面密被短柔毛，内面无毛；花瓣椭圆形，先端锐尖，基部稍收狭，背面近先端处疏被短柔毛，内面无毛，具3～4条脉（图2-84B：1、2）；唇瓣基部与整个蕊柱翅合生，3裂，两面无毛，侧裂片近圆形或方形，中裂片扇形，基部楔形，先端稍具凹缺，唇盘上具4个呈“品”字形的栗色斑点，基部有3列黄色瘤状附属物（图2-84B：1、3）。合蕊柱粗短，蕊柱翅疏被短柔毛，蕊喙2裂，裂片三角形，先端急尖（图2-84B：5、6）。药帽狭，前端收狭呈喙状（图2-84B：7、8）；花粉团8枚，白色，长倒卵球形，具短的花粉团柄，黏盘长圆形且为褐色（图2-84B：4、9）。

地理分布：产于云南东南部（文山）。生于海拔约1100m的常绿阔叶林下。

花期：夏季。

濒危等级：EN。

相似种：本种与长距虾脊兰［*Calanthe sylvatica*（Thou.）Lindl.］十分近似，区别之处在于本种的叶两面密被短柔毛，唇瓣侧裂片近圆形，距末端膨大而呈棒状。

图2-84B　中华虾脊兰*Calanthe sinica*的花形态解剖特征

1～2. 花的正面（1）和侧面（2）；3. 带唇瓣的合蕊柱极面，示唇瓣的正面；4. 带花粉团的合蕊柱极面，示8枚花粉团和花粉团柄；5～6. 保留花药（5）和去除花药（6）的合蕊柱极面，示蕊柱翅和蕊喙；7～8. 花药帽的正面（7）和背面（8）；9. 花粉块。缩写：a=花药；ac=花药帽；c=蕊柱；ca=花粉团柄；cw=蕊柱翅；ds=中萼片；l=唇瓣；ls=侧萼片；o=子房；p=花瓣；po=花粉团；r=蕊喙；v=黏盘。

85. 长距虾脊兰 *Calanthe sylvatica* (Thou.) Lindl.

图2-85A　长距虾脊兰 *Calanthe sylvatica*

植株形态特征：地生植物。植株无明显的根状茎；假鳞茎狭圆锥形，具3～6枚叶，无明显的假茎。叶在花期全部展开，椭圆形至倒卵形，先端急尖或渐尖，基部收狭为柄，边缘全缘，背面密被短柔毛。花葶从叶丛中抽出，直立，粗壮，中部以下具2枚紧抱花序柄的筒状鞘；总状花序疏生数朵花，其下具数枚苞片状叶；花苞片宿存，披针形，密被短柔毛。（图2-85A）

花形态解剖特征：花淡紫色，开展（图2-85B：1、2）。中萼片椭圆形，先端锐尖，具5～7条脉，背面疏被短柔毛；侧萼片长圆形，先端急尖并呈短尾状，具5～7条脉，背面疏被短柔毛；花瓣倒卵形或宽长圆形，先端稍钝或近锐尖，具5条脉，其两边外侧的主脉分枝（图2-85B：1、2）；唇瓣基部与整个蕊柱翅合生，3裂；侧裂片镰状披针形，向先端变狭，先端稍钝；中裂片扇形或肾形，先端凹缺或浅2裂，裂口中央略有凸尖，前端边缘全缘或具缺刻，基部具短爪；唇盘基部具3列不等长的黄色鸡冠状的小瘤（图2-85B：1、3）。距圆筒状，上下等粗或中部以下稍变粗，伸直或稍弧曲，末端钝，外面疏被短毛；子房稍呈棒状，密被短毛（图2-85B：2）。合蕊柱较短，上端扩大，近无毛；药床宽大；蕊喙2裂；裂片斜卵状三角形，先端锐尖（图2-85B：4、5）。药帽在前端稍收狭，先端截形（图2-85B：6、7）。8枚花粉团狭倒卵球形，等大；黏盘小，近长圆形（图2-85B：8）。

地理分布：产于台湾（台北、南投、台东等地）、湖南、广东（罗浮山、英德、信宜等地）、香港、广西北部和东南部（容县、融水）、云南东南部至南部（河口、屏边、勐腊）和西藏东南部（墨脱）。生于海拔800～2000m的山坡林下或山谷河边等阴湿处。也分布于尼泊尔、不丹、印度、日本、泰国、马来西亚、印度尼西亚、斯里兰卡至南部非洲和马达加斯加。模式标本采自非洲。

花期：4—9月。

濒危等级：LC。

图2-85B　长距虾脊兰*Calanthe sylvatica*的花形态解剖特征

1～2. 花的正面（1）和侧面（2）；3. 带唇瓣的合蕊柱极面，示唇瓣唇盘基部具小瘤；4～5. 保留花药（4）和去除花药（5）的合蕊柱正面，示蕊柱翅和蕊喙；6～7.花药帽的正面（6）和背面（7）；8. 花粉块。缩写：a=花药；ac=花药帽；c=蕊柱；cw=蕊柱翅；ds=中萼片；l=唇瓣；ls=侧萼片；p=花瓣；po=花粉团；r=蕊喙；v=黏盘。

86. 三棱虾脊兰 *Calanthe tricarinata* Lindl.

图2-86A　三棱虾脊兰*Calanthe tricarinata*
（摄影：杨晨璇）

植株形态特征：地生植物。根状茎不明显；假鳞茎粗壮，圆球状，具3枚鞘和3～4枚叶；鞘大型，先端钝，向上逐渐变长。叶在花期时尚未展开，薄纸质，椭圆形或倒卵状披针形，边缘波状，具4～5条两面隆起的主脉，背面密被短毛。花葶从假茎顶端的叶间发出，直立，粗壮；总状花序，疏生少数至多数花。（图2-86A）

花形态解剖特征：花开展，质地薄，花梗和子房被短毛，子房棒状（图2-86B：1～3）。中萼片长圆状披针形，长，背面基部疏生毛；侧萼片与中萼片等大，稍歪斜；花瓣倒卵状椭圆形，无毛（图2-86B：1～3）；唇瓣红褐色，边缘白色，基部与蕊柱中部以下的翅合生，在基部上方3裂，侧裂片耳状或近半圆形，中裂片肾形，先端稍凹，具短尖，边缘深波状，唇盘具3～5条鸡冠状褶片，无距（图2-86B：1～4）。合蕊柱粗短，淡黄色略带红色，腹面疏生毛，蕊柱翅明显（图2-86B：4、5）。花药帽黄色，近圆形，前端喙状（图2-86B：6、7）。花粉团黄色，狭倒卵状球形（图2-86B：8、9）。

地理分布：产于陕西、甘肃（武都）、台湾、湖北（兴山）、四川、贵州（梵净山、凯里）、云南（蒙自、景东、维西、香格里拉、丽江、德钦一带）和西藏（波密、林芝、米林）等地。生于海拔1600～3500m的山坡草地上或混交林下。克什米尔地区、尼泊尔、不丹、印度东北部、日本等地也有分布。模式标本采自尼泊尔。

花期：5—6月。

濒危等级：LC。

图2-86B　三棱虾脊兰*Calanthe tricarinata*的花形态解剖特征

1～3. 花的侧面（1、2）和背面（3）；4. 带唇瓣的合蕊柱侧面，示唇瓣上的褶片；5. 合蕊柱的近底面；6～7.花药帽的正面（6）和背面（7）；8～9. 花粉团。缩写：a=花药；b=苞片；c=蕊柱；cw=蕊柱翅；ds=中萼片；l=唇瓣；ls=侧萼片；o=子房；p=花瓣；st=柱头腔。

二十九、鹤顶兰属 *Phaius* Lour.

地生草本。根圆柱形，粗壮，长而弯曲，密被淡灰色绒毛。假鳞茎丛生，具少数至多数节，常被鞘。叶大，互生于假鳞茎上部，基部收狭为柄并下延为长鞘，具折扇状脉，干后变靛蓝色；叶鞘紧抱于茎或互相套叠而形成假茎。花葶1～2个，侧生于假鳞茎节上或从叶腋中发出；花序柄疏被少数鞘；总状花序；花苞片大；花大，美丽；萼片和花瓣近等大；唇瓣基部贴生于蕊柱基部，与蕊柱分离或与蕊柱基部上方的蕊柱翅多少合生，具短距或无距，近3裂或不裂，两侧围抱蕊柱。合蕊柱长而粗壮，上端扩大，两侧具翅；蕊喙大或有时不明显，不裂；柱头侧生。花药2室；花粉团8枚，蜡质，每4枚为一群，附着于1个黏质物上。

全属约40种，广布于非洲热带地区、亚洲热带和亚热带地区至大洋洲。我国有8种，产于南方各省（区、市），云南南部是主要的分布区。本书收录2种。

该属全部种类都是极佳的园艺花卉，可供观赏。

本属模式种：*Phaius tankervilleae* (Banks ex L'Herit.) Bl. (*Limodorum tankervilleae* Banks ex L'Herit.)

鹤顶兰*Phaius tankervilleae*

87. 仙笔鹤顶兰 *Phaius columnaris* C. Z. Tang & S. J. Cheng

图2-87A 仙笔鹤顶兰*Phaius columnaris*

植株形态特征：大型附生植物。假鳞茎深绿色，挺直，粗壮，圆柱形，具数节至十余节。叶互生于假鳞茎的上部，纸质，椭圆形，先端渐尖，基部收狭并扩大成鞘；叶鞘互相包卷而形成假茎。花葶出自假鳞茎基部的第一个节上，圆柱形；花序柄被3枚鞘；总状花序，具多数花；花苞片卵状三角形。（图2-87A）

花形态解剖特征：花不甚张开，除唇瓣带有一些橙红色的晕外，其余部分皆为纯白色（图2-87B：1）。中萼片乳白色带绿色先端，近长圆形，先端锐尖，具5条脉，无毛；侧萼片镰刀状长圆形，先端锐尖，具5条脉，无毛；花瓣乳白色，镰刀状长圆形，先端锐尖；唇瓣贴生于蕊柱基部，近圆形，前部稍3裂；侧裂片背面乳白色，内面乳白色带橙红色的晕，围抱蕊柱；中裂片橙红色，很小，前端边缘皱波状；唇盘具2～3条黄色的龙骨状脊，无毛（图2-87B：1、2）；距黄绿色带白绿色条纹，狭圆锥形或角状。乳白色的蕊柱向前弯，其腹面密布橙红色条纹且具白色的毛；厚厚的蕊喙位于蕊柱上端（图2-87B：3、4）。8枚浅黄色的花粉团对称排列，两两之间通过花粉团柄连在黏盘上（图2-87B：5）。花药帽呈半头盔型，浅白色，内部具有明显分离的淡黄色薄膜，为花药成熟后花药壁的残留组织（图2-87B：6、7）。

地理分布：产于我国广东、贵州和云南，生长在山地海拔230～1700m的岩石之间。

花期：6月。

濒危等级：EN。

图2-87B　仙笔鹤顶兰*Phaius columnaris*的花形态解剖特征

1. 总状花序；2. 花的侧面；3～4. 合蕊柱的正面（3）和侧面（4），示花药、蕊喙和柱头腔；5. 花粉块；6. 花药帽的正面；7. 花粉团脱落后的花药帽腹面图，示内壁有花药壁残留形成的内膜。缩写：a=花药；aw=花药壁；c=蕊柱；ca=花粉团柄；ct=蕊柱齿；ds=中萼片；l=唇瓣；ls=侧萼片；p=花瓣；po=花粉团；r=蕊喙；st=柱头腔；v=黏盘。

88. 鹤顶兰 *Phaius tankervilleae* (Banks ex L' Herit.) Bl.

植株形态特征：地生植物。假鳞茎圆锥形，具2~6枚叶。叶片矩圆状披针形，顶端渐尖，基部收窄为长柄。花葶侧生于假鳞茎之上或生于叶腋，直立，圆柱形；总状花序具多数花；花苞片舟形，早落。（图2-88A）

图2-88A 鹤顶兰*Phaius tankervilleae*

花形态解剖特征：花大，外面白色，内面暗赭色，花瓣呈长圆形，具脉（图2-88B：1）。萼片和花瓣背面带白色，腹面红棕色或棕色。萼片相似，长圆形披针形，无毛，先端渐尖到锐尖。花瓣披针形长圆形，先端渐尖到锐尖（图2-88B：1、2）；唇瓣贴生于蕊柱基部，唇瓣宽倒卵形，比萼片略短，平伸，向上卷，前部边缘波状，侧裂片短而圆，中裂片顶端凹或尖，中部以上浅三裂，背面前部紫色，腹面内侧紫色带白色条纹；花盘通常具2脊或3脊，密被微柔毛；具钩的距，带白色、黄色，狭圆筒状，先端不相等2浅裂或无裂片（图2-88B：3、4）。合蕊柱长约2cm，蕊柱翅发达（图2-88B：5、6）。花药帽前端收狭而呈喙状，白色，成伞帽形，外表面具细乳突状毛，（图2-88B：7、8）。花粉团浅黄色8枚，4大4小，卵形，金黄色（图2-88B：9、10）。

地理分布：分布于台湾、广东、云南。日本，亚洲热带其他地区也有。生于海拔700~1800m的林缘、沟谷或溪边阴湿处。

花期：3—6月。

濒危等级：LC。

图2-88B　鹤顶兰*Phaius tankervilleae*的花形态解剖特征（摄影：罗艳）

1～2. 花的正面（1）和背面（2）；3～4. 唇瓣的正面（3）和侧面（4）；5. 合蕊柱和子房侧面；6. 合蕊柱正面；7. 花药帽正面；8. 带花粉团的花药帽背面；9. 花粉团4对8枚；10. 花粉团2对4枚。缩写：a=花药；ac=花药帽；c=蕊柱；cw=蕊柱翅；ds=中萼片；l=唇瓣；ls=侧萼片；o=子房；p=花瓣；po=花粉团；r=蕊喙；sp=花距；st=柱头腔。

89. 文山鹤顶兰 *Phaius wenshanensis* F. Y. Liu

图2-89A 文山鹤顶兰*Phaius wenshanensis*
（摄影：罗艳）

植株形态特征：假鳞茎细圆柱形，基部稍膨大，具7~8节，下部被3~4枚鞘。叶6~7枚，互生于假鳞茎的上部，椭圆形，先端急尖，基部收狭为柄，边缘稍波状，两面无毛，叶柄之下扩大为抱茎的鞘。花葶侧生于假鳞茎的下部或近基部，直立，被3~5枚鞘，无毛；总状花序，疏生5~6朵花；花苞片凹陷，稍比花梗和子房长，早落。（图2-89A）

花形态解剖特征：花张开，花被片在背面黄色，内面紫红色（图2-89B：1）。中萼片和侧萼片近相似，椭圆形，先端稍钝，具5~6条脉，无毛；花瓣倒披针形先端钝，具1条脉，无毛（图2-89B：1、2）；唇瓣贴生于蕊柱基部，轮廓为倒卵状三角形，3裂；侧裂片近倒卵形，围抱蕊柱，先端钝，边缘多少波状，密布紫红色斑点；中裂片近倒卵形，先端有凹缺，边缘皱波状；唇盘具3条黄色的脊突，无毛；距黄色，纤细（图2-89B：1~3）。合蕊柱淡黄色，细长，上端扩大而呈棒状，无毛（图2-89B：4、5）。花药帽白色，在前端稍伸长，但不呈喙状，疏被短毛（图2-89B：6、7）。花粉团8枚，淡黄色（图2-89B：8、9）。

地理分布：产于云南东南部（文山）（模式标本产地）。生于海拔1300m的林下。

花期：9—10月。

濒危等级：CR。

备注：《中国植物志》记载合蕊柱为黄色带紫红色斑点，本书作者观察到合蕊柱为淡黄色带白色，没有紫红色斑点。

图2-89B　文山鹤顶兰 *Phaius wenshanensis*的花形态解剖特征（摄影：罗艳）

1～2. 花的正面（1）和侧面（2）；3. 唇瓣，示唇瓣内面和距；4～5. 合蕊柱的正面（4）和侧面（5）；6～7. 花药帽的背面（6）和正面（7）；8～9. 花粉块。缩写：a=花药；c=蕊柱；ca=花粉团柄；ds=中萼片；l=唇瓣；ls=侧萼片；o=子房；p=花瓣；p=花粉团；r=蕊喙；sp=花距；st=柱头腔。

三十、苞舌兰属 *Spathoglottis* Bl.

地生草本。无根状茎，具卵球形或球状的假鳞茎，顶生1～5枚叶。叶狭长，先端渐尖，基部收狭为柄，无关节，具折扇状脉；叶柄之下具鞘。花葶生于假鳞茎基部，直立，不分枝，基部被数枚鞘，被毛或近无毛；总状花序疏生少数花；花苞片比花梗和子房短；花中等大，逐渐开放；萼片相似，背面被毛；花瓣与萼片相似而常较宽；唇瓣无距，贴生于蕊柱基部，3裂；侧裂片近直立，两裂片之间常凹陷呈囊状，内面常有毛；中裂片具爪，爪与侧裂片连接处具附属物或龙骨状突起。合蕊柱半圆柱形，细长，向前弯，上端扩大而呈棒状，两侧具翅，无蕊柱足；蕊喙不裂。花粉团8枚，蜡质，狭倒卵形，近等大，每4枚为一群，共同附着于1个三角形的黏盘上。

全属约46种，分布于热带亚洲至澳大利亚和太平洋岛屿。我国有3种，分布于南方各省（区、市）。本书收录1种。

本属模式种：*Spathoglottis plicata* Bl.

紫花苞舌兰*Spathoglottis plicata*

90. 紫花苞舌兰 *Spathoglottis plicata* Bl.

植株形态特征：地生植物。植株高达1m。假鳞茎卵状圆锥形，为叶鞘所包，具3~5枚叶。叶质地薄，淡绿色，狭长，先端渐尖或急尖，基部收狭为长柄，具折扇状的脉。花葶下部具数枚筒状鞘；总状花序短，具约10朵花；花苞片紫色，卵形，向下反卷；花梗和子房紫色。（图2-90A）

图2-90A 紫花苞舌兰*Spathoglottis plicata*

花形态解剖特征：花紫色，开展（图2-90B：1）。中萼片卵形，凹陷，先端锐尖；侧萼片斜卵形，与中萼片等大；花瓣近椭圆形，比萼片大，先端锐尖；唇瓣贴生于蕊柱基部，3裂；侧裂片直立，狭长，先端扩大并呈截形；中裂片具长爪，向先端扩大而呈扇形，先端近截形并凹入或浅2裂，基部与侧裂片相连接处具1对黄色肉突，其基部彼此连生并向背面伸出2个三角形的齿突（图2-90B：1~4）；合蕊柱半圆柱形，细长，向前弯，上端扩大而呈棒状，两侧具翅，无蕊柱足（图2-90B：5~7）。

地理分布：产于台湾。常见于山坡草丛中。广泛分布从日本、菲律宾、越南、泰国、马来西亚、斯里兰卡、印度南部、印度尼西亚、新几内亚岛到澳大利亚和太平洋的一些群岛。

花期：7—8月。

濒危等级：NT。

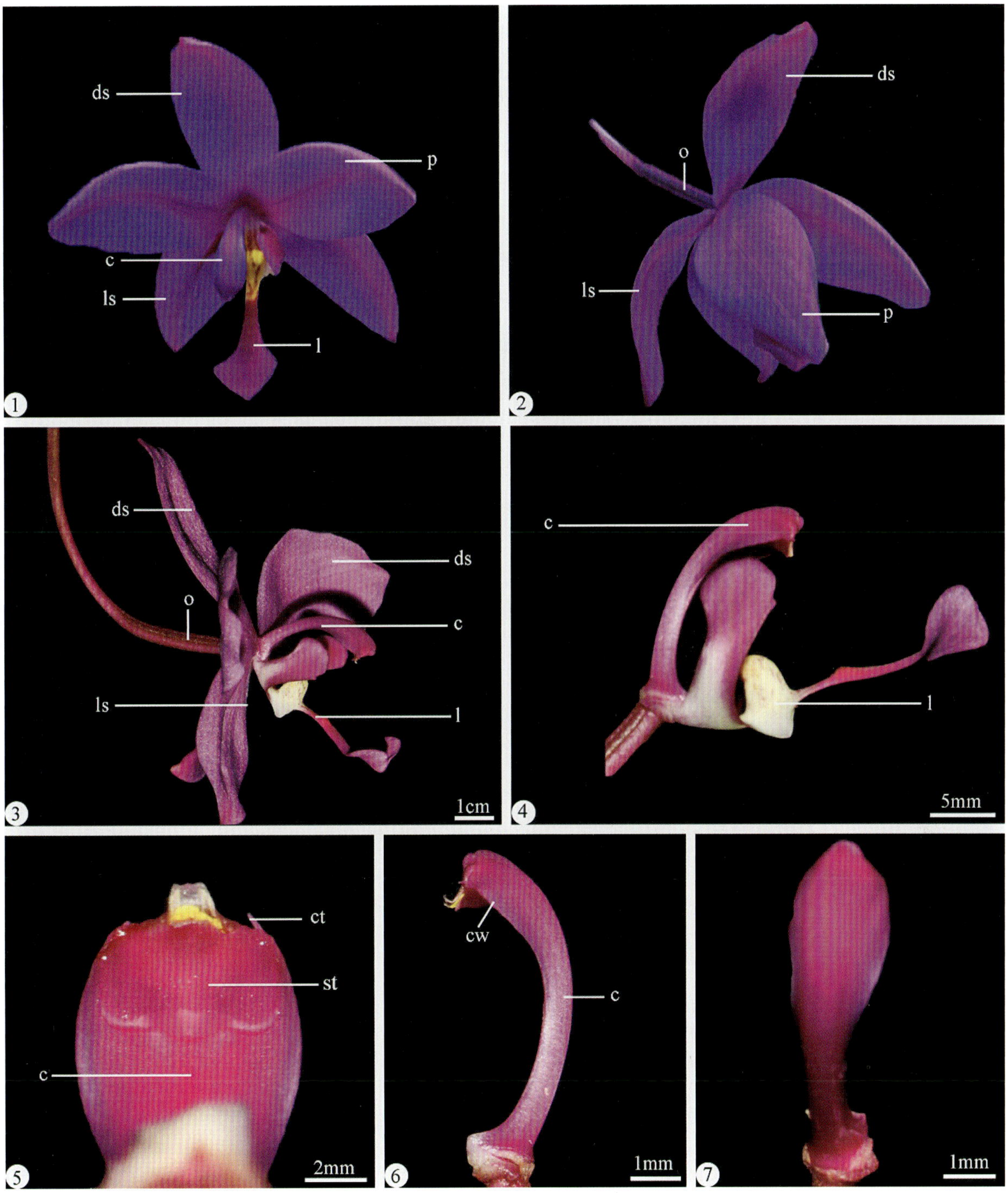

图2-90B　紫花苞舌兰*Spathoglottis plicata*的花形态解剖特征

1～3. 花的正面（1）和侧面（2、3）；4. 蕊柱和唇瓣的侧面；5～7. 蕊柱的正面（5）、侧面（6）和背面（7）。缩写：c=蕊柱；ct=蕊柱齿；cw=蕊柱翅；ds=中萼片；ls=侧萼片；l=唇瓣；o=子房；p=花瓣；st=柱头腔。

三十一、带唇兰属 *Tainia* Bl.

地生草本。根状茎横生，被覆瓦状排列的鳞片状鞘，具密布灰白色长绒毛的肉质根。假鳞茎肉质，卵球形、狭卵状圆柱形、长纺锤形或长圆柱形，具单节间，罕有多节间的，顶生1枚叶。叶大，纸质，折扇状，具长柄；叶柄具纵条棱，无关节或在远离叶基处具1个关节，基部被筒状鞘。花葶侧生于假鳞茎基部，直立，不分枝，被少数筒状鞘；总状花序具少数至多数花；花苞片膜质，披针形，比花梗和子房短；花梗和子房直立，伸展，无毛；花中等大，开展；萼片和花瓣相似，侧萼片贴生于蕊柱基部或蕊柱足上；唇瓣贴生于蕊柱足末端，直立，基部具短距或浅囊，不裂或前部3裂；侧裂片多少围抱蕊柱；中裂片上面具脊突或褶片。蕊柱向前弯曲，两侧具翅，基部具蕊柱足；药帽半球形，顶端两侧具或不具隆起的附属物。花粉团8枚，蜡质，倒卵形至压扁的哑铃形，每4枚为一群，等大或其中2枚较小，无明显的花粉团柄和黏盘。

全属约15种，分布从热带喜马拉雅东至日本南部，南至东南亚和其邻近岛屿。我国有11种，产于长江以南各省（区、市）。本书收录1种。

本属模式种：*Tainia speciosa* Bl.

心叶球柄兰*Tainia cordifolia*

91. 心叶球柄兰 *Tainia cordifolia* Hook. f.

图2-91A　心叶球柄兰*Tainia cordifolia*

植株形态特征：假鳞茎似叶柄状，从基部向上逐渐变细，常为2枚筒状鞘所包，顶生1枚叶。花葶直立；总状花序，具3～5朵花；花序柄被2～3枚筒状鞘；花苞片小，狭披针形，先端渐尖；花大，萼片和花瓣带紫褐斑纹。（图2-91A）

花形态解剖特征：花大，橙黄色，萼片和花瓣褐色带紫褐色脉纹。萼片相似，均为披针形，先端渐尖，具3条脉；侧萼片基部贴生于蕊柱足而形成宽钝的萼囊；花瓣较大，披针形（图2-91B：1、2）；唇瓣近卵形，稍3裂，侧裂片白色带紫红色斑点，近半卵形；中裂片黄色，近三角形，反折，先端急尖，边缘具紫色斑点；唇盘具3条黄色褶片，从基部延伸至近中裂片先端处，侧生的褶片在唇盘上2枚侧裂片之间增宽呈弧形（图2-91B：1、2）。合蕊柱具紫红色斑点，基部具蕊柱足，蕊柱翅宽阔，向下延伸到蕊柱足基部（图2-91B：3～5）。花药帽淡黄色，心形（图2-91B：6、7）。花粉团黄色，8枚，每4枚为一群，黏盘和花粉团柄不明显（图2-91B：7、8）。

地理分布：产于福建（龙岩、南靖、永泰、三明、闽侯）、台湾（台北）、广东（大埔、饶平、英德）、香港、广西（大瑶山）和云南（西畴、河口）。

花期：5—7月。

濒危等级：EN。

图2–91B　心叶球柄兰*Tainia cordifolia*的花形态解剖特征

1～2. 花的正面（1）和侧面（2）；3. 合蕊柱正面，示蕊柱具紫红色斑点；4. 合蕊柱侧面，基部具长的蕊柱足；5. 合蕊柱背面；6. 花药帽正面；7. 带花粉团的花药帽内面；8. 花粉团。缩写：a=花药帽；ac=花药帽；c=合蕊柱；cf=蕊柱足；ct=蕊柱齿；ls=侧萼片；ds=中萼片；l=唇瓣；o=子房；p=花瓣；po=花粉团；st=柱头腔。

（七）柄唇兰族 Tribe Podochileae

附生、岩生或较少地生的草本。根通常簇生，具毛，根状茎匍匐；叶肉质；总状花序腋生；花倒置，中萼片离生，很少与中萼片融合；花不明显，或具短柔毛；侧萼片基部与蕊柱融合；唇瓣全缘，2裂或3裂，有或无胼胝体；距短或无。蕊柱有或无蕊柱足；花粉团8枚或4枚，棒状；黏盘有或无。

广泛分布于印度和斯里兰卡，以及中国、菲律宾、东南亚、马来群岛、西南太平洋岛屿、澳大利亚和新西兰等地。约有27属，中国有18属。本书收录1属1种。

本族模式属：*Podocbilus* Bl.

三十二、美柱兰属 *Callostylis* Bl.

附生草本。根状茎延长，较细或中等粗，具较长的节，节上具圆筒状鞘；假鳞茎生于根状茎上，相距数厘米或更远，梭状至圆筒状，上部具数节或仅顶端具节，基部有数枚鞘。叶2～5枚，生于假鳞茎顶端或近顶端处。总状花序顶生或在茎上部侧生，通常2～4个，具数朵至十余朵花；花中等大；萼片与花瓣离生，两面均多少被毛；侧萼片基部不着生于蕊柱足上，亦不形成萼囊；花瓣略小于萼片；唇瓣基部以活动关节连接于蕊柱足，不裂，唇盘上有1个垫状突起。蕊柱长，向前弯曲成钩状或至少近直角，具明显的蕊柱足，蕊柱足上有1个肉质的胼胝体。花粉团8枚，每4枚成一群，蜡质，无明显的花粉团柄与黏盘。

全属仅2种，分布于东南亚至喜马拉雅地区。我国有1种。

本属模式种：*Callostylis rigida* Bl.

92. 美柱兰 *Callostylis rigida* Bl.

植株形态特征：附生植物。根状茎横走，节上具圆筒状鞘；假鳞茎近梭状或长梭状，表面有光泽，近顶端处具4～5枚叶。叶近长圆形或狭椭圆形，先端为不等的2圆裂，基部收狭为短柄，干后革质，有光泽。总状花序通常2～4个，具10余朵花；花序柄有2～3枚不育苞片，连同苞片均具褐色短绒毛；花苞片近圆形或宽卵圆形，反折，两面均被短绒毛，花序轴亦被毛。（图2-92A）

图2-92A　美柱兰*Callostylis rigida*

花形态解剖特征：花除唇瓣红褐色外，均绿黄色（图2-92B：1～4）。萼片内面与花瓣两面均疏生白色短柔毛，中萼片椭圆形，先端钝，侧萼片亦椭圆形，稍短而宽（图2-92B：4）；花瓣狭椭圆状倒卵形（图2-92B：4）；唇瓣近宽心形或宽卵形，先端具短尖，唇盘上有1个垫状突起（图2-92B：1、2、4）。蕊柱向前呈直角弯曲，蕊柱足短而厚，上面有暗紫色胼胝体（图2-92B：5～7）。粉粒状花粉团8枚，4枚为一室（图2-92B：8～10）。

地理分布：产于云南南部（澜沧、勐海、勐腊）。生于海拔1100～1700m的混交林中树上。印度、缅甸、越南、老挝、泰国、马来西亚、印度尼西亚也有分布。模式标本采自印度尼西亚爪哇。

花期：5—6月。

濒危等级：LC。

图2-92B　美柱兰*Callostylis rigida*的花形态解剖特征

1～3. 花的正面（1）、近侧面（2）和侧面（3）；4. 花被片；5～6. 合蕊柱正面（5）和顶部放大（6）；7. 合蕊柱侧面；8～10. 花粉团。缩写：ac=花药帽；c=蕊柱；cf=蕊柱足；ct=蕊柱齿；ds=中萼片；l=唇瓣；ls=侧萼片；o=子房；p=花瓣；r=蕊喙；st=柱头腔。

（八）万代兰族 Tribe Vandeae

附生、石生或很少陆生、单生或合生草本植物。具一片叶到多片叶；在合生分类群中：茎通常膨大成假鳞茎。叶通常2列，2折，具鞘基部，无毛。花序侧生或顶生，总状花序或圆锥状花序，有时一朵花。花有单瓣和复瓣，花期有短有长。萼片全缘，离生或很少合生。花瓣全缘，很少贴生于萼片。唇瓣与柱或柱脚连接或铰接，全缘或浅裂，有或无龙骨和胼胝质，有或没有距。合蕊柱通常没有顶端中柱；柱脚存在或不存在；花药盔状，二室或四室，花粉有2枚（有时有孔或裂缝）、4枚（有时大小不等）和8枚，硬蜡状，有或没有黏盘柄，有时形状复杂；柱头腹面凹陷；喙短或喙状拉长，全缘或双齿或三齿。子房和花梗圆柱状或六棱，无毛或很少短柔毛，很少具翅。蒴果近球形到长圆形到狭圆柱形，单室，平滑或6棱，很少具翅。

分布于热带美洲、非洲南部、马达加斯加和邻近岛屿、亚热带的亚洲、澳大利亚东部和塔斯马尼亚，以及南至新西兰、东至塔希提岛的热带太平洋大部分地区。约有139属，中国有41属。本书收录15属34种。

三十三、脆兰属 *Acampe* Lindl.

附生草本。茎伸长，具多节，质地坚硬，下部节上疏生较粗壮的气根。叶近肉质或厚革质，2列，狭长，斜立，近水平伸展或稍向外弯，基部具关节和抱茎的鞘。花序生于叶腋或与叶对生，直立或斜立，比叶短得多，少有长于叶的，不分枝或有时具短分枝，具多数花；花质地厚而脆，小或中等大，不扭转（唇瓣在上方），近直立；中裂片和侧裂片相似或不相似，花瓣比萼片小；唇瓣贴生于蕊柱足末端，不裂或近3裂，基部具囊状短距；距的入口处具横隔，内侧背壁上方有时具1条纵向脊突，内壁和口缘通常有短毛。合蕊柱粗短，具短的蕊柱足。花粉团蜡质，近球形，2枚，每个劈裂为不等大的2枚，或4枚，而每个不等大的2枚组成1对；黏盘小，椭圆形或长圆形；黏盘柄倒卵状披针形，长约为花粉团直径的2倍，基部比黏盘窄。

全属约5种，产于中国、印度、尼泊尔、缅甸、越南、泰国、马来西亚和热带非洲。中国有3种，分布于南方热带和亚热带地区。

本属模式种：*Acampe multiflora* (Lindl.) Lindl. (*Vanda multiflora* Lindl.)

93. 多花脆兰 *Acampe rigida* (Buch. - Ham. ex J. E. Smith) P. F. Hunt

图2-93A　多花脆兰*Acampe rigida*

植株形态特征：大型附生植物。茎粗壮，近直立。叶近肉质，带状，斜立，先端钝并且不等侧2圆裂，基部具宿存而抱茎的鞘。花序腋生或与叶对生，近直立，具多数花；花序柄长5～11cm，粗5～8mm；花苞片肉质，宽三角形。（图2-93A）

花形态解剖特征：花黄色带紫褐色横纹和斑纹，半开展（图2-93B：1）。萼片和花瓣近直立；萼片相似，等大，长圆形，先端钝；花瓣狭倒卵形，先端钝（图2-93B：1、2、6）；唇瓣白色，厚肉质，3裂；侧裂片与中裂片垂直，近方形，内面具紫褐色纵条纹；中裂片近直立，内面和背面基部具少数紫褐色横纹，卵状舌形，中部稍向外弯，先端钝（图2-93B：1～3）；距圆锥形，末端淡黄色，钝的。合蕊柱两侧紫红色，粗短，（图2-93B：3、4）。花粉团2枚；黏盘柄倒披针形，黏盘近卵形，较黏盘柄的基部宽（图2-93B：5）。

地理分布：产于广东南部（罗浮山）、香港、海南（陵水、三亚市、澄迈、乐东、临高、琼中等地）、广西西南部（龙州）、贵州南部（罗甸）、云南南部（勐腊、景洪、勐海）。附生于海拔560～1600m的林中树干上或林下岩石上。模式标本采自尼泊尔。

花期：8—9月。

濒危等级：LC。

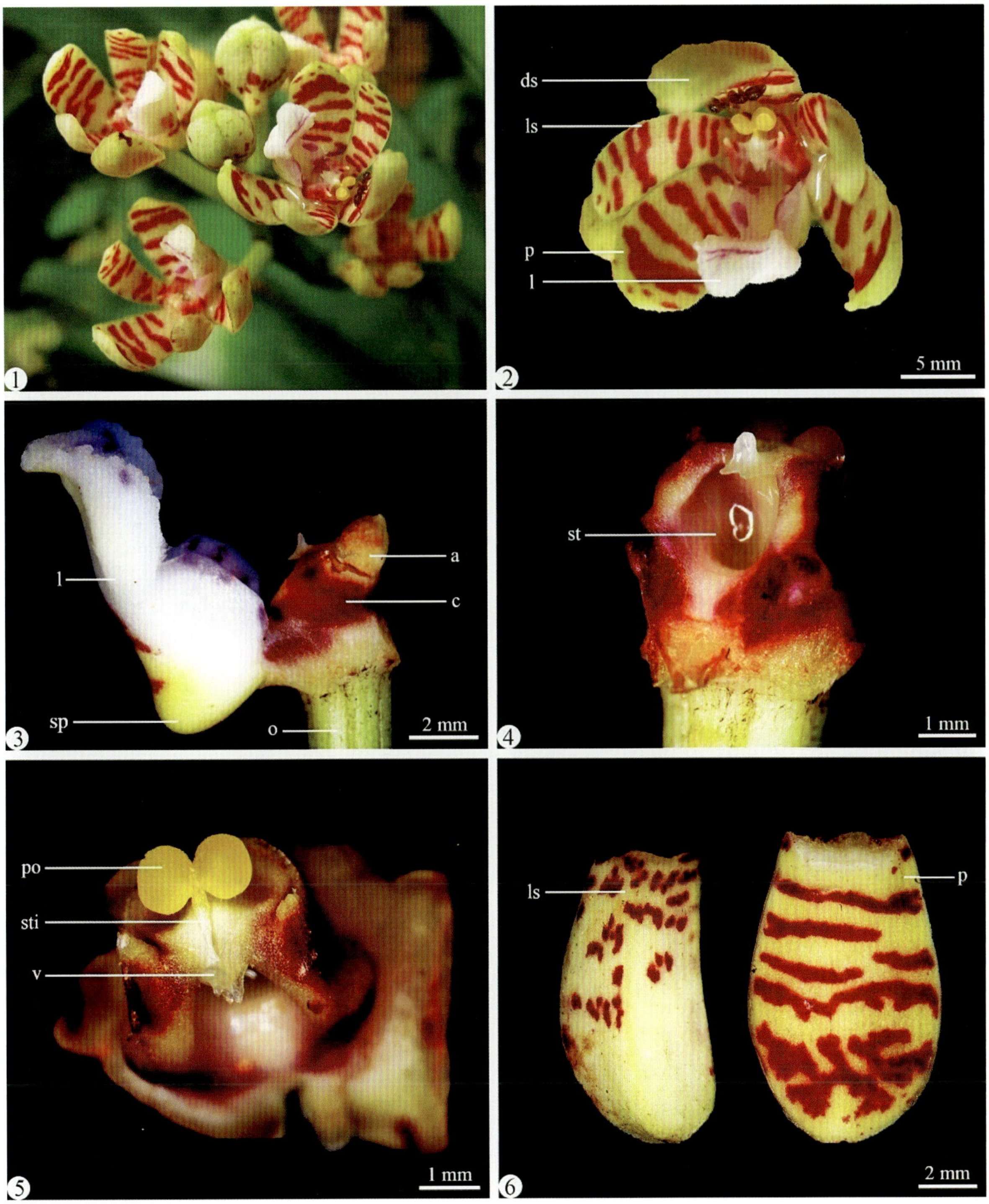

图2-93B　多花脆兰*Acampe rigida*的花形态解剖特征

1. 花序；2. 花的正面；3. 蕊柱和唇瓣的侧面；4. 蕊柱的正面；5. 带黏盘和黏盘柄的花粉团；6. 侧萼片和花瓣。缩写：a=花药；c=蕊柱；ds=中萼片；l=唇瓣；ls=侧萼片；o=子房；p=花瓣；po=花粉团；sp=花距；st=柱头腔；sti=黏盘柄；v=黏盘。

三十四、指甲兰属 *Aerides* Lour.

附生草本。茎长或短，直立或斜立，常粗壮，具多数节和宿存的叶鞘。叶数枚，2列，扁平，狭长，或少有圆柱形的，稍肉质，基部具关节和鞘。总状花序或圆锥花序侧生于茎，具少数至多数花；花中等大，萼片和花瓣多少相似，侧萼片基部贴生或几乎不贴生于蕊柱足；花瓣较小；唇瓣基部具距；侧裂片直立，向前伸展；距狭圆锥形或角状，向前弯曲。蕊柱粗短，具长或短的蕊柱足；蕊喙狭长，向下伸展。花粉团蜡质，近球形，每个具半裂的裂隙；黏盘柄狭长，黏盘较宽。

约21种，分布于我国南方至东南亚。中国有4种，产于南部诸省（区、市）。

本属植物的花很美丽，在园艺上是重要的观赏植物。

本属模式种：*Aerides odorata* Lour.

香花指甲兰*Aerides odorata*

94. 香花指甲兰 *Aerides odorata* Lour.

图2-94A　香花指甲兰*Aerides odorata*

植株形态特征：附生植物。茎粗壮。叶厚革质，宽带状，先端钝并且不等侧2裂，基部具关节和鞘。总状花序下垂，近等长或长于叶，密生许多花；花序柄粗壮，疏生少数鳞片状的鞘；花苞片宽卵形，比具柄的子房短，先端钝。（图2-94A）

花形态解剖特征：花大，开展，白色带粉红色（图2-94B：1、2）。中萼片椭圆形，先端圆钝；侧萼片基部贴生在蕊柱足上，宽卵形；花瓣近椭圆形，比中萼片稍小，先端钝，基部收狭（图2-94B：1、2）；唇瓣着生于蕊柱足末端，3裂；侧裂片直立，较大，倒卵状楔形，先端圆钝，上缘具不整齐的齿；中裂片狭长圆形，粉红色，先端2裂；距狭角状，向前弯曲（图2-94B：3、4）。合蕊柱粗短，蕊柱足较长，约为合蕊柱2倍，蕊喙白色（图2-94B：5~8）。药帽淡黄色，前端白色收窄呈喙状（图2-94B：9、10）。2枚花粉团黄色，近球形，黏盘白色近透明（图2-94B：11、12）。

地理分布：产于广东、云南西部（盈江）。生于山地林中树干上。广泛分布于热带喜马拉雅至东南亚地区。

花期：5月。

濒危等级：EN。

图2–94B　香花指甲兰 *Aerides odorata*的花形态解剖特征

1. 花序；2. 花近侧面；3～4. 唇瓣正面（3）和侧面（4）；5. 具花药的合蕊柱背面；6. 无花药的合蕊柱正面；7. 合蕊柱侧面，具长蕊柱足；8. 带花粉团的合蕊柱顶面；9～10. 花药帽正面（9）和背面（10）；11～12. 花粉团的正面（11）和侧面（12）。缩写：a=花药；c=蕊柱；ca=花粉团柄；cf=蕊柱足；ds=中萼片；l=唇瓣；ll=唇瓣侧裂片；ls=侧萼片；ml=唇瓣中裂片；o=子房；p=花瓣；po=花粉团；r=蕊喙；sp=花距；st=柱头腔；sti=黏盘柄；v=黏盘。

95. 多花指甲兰 *Aerides rosea* Lodd. ex Lindl.

植株形态特征：附生植物。茎粗壮。叶肉质，狭长圆形或带状，先端钝并且不等侧2裂。花序叶腋生，常1～3个，不分枝，比叶长；花序柄粗壮；花序轴较长，为花序全长的1/2～3/5，密生许多花；花苞片绿色，质地厚，卵状披针形，先端渐尖；花梗和子房白色带淡紫色晕。（图2-95A）

图2-95A　多花指甲兰*Aerides rosea*

花形态解剖特征：花白色带紫色斑点，开展（图2-95B：1）。中萼片近倒卵形，先端钝，基部收窄，具4～5条脉；侧萼片稍斜卵圆形，先端钝，花瓣与中萼片相似而等大；唇瓣3裂；侧裂片小，直立，耳状，下部边缘密生细乳突，前边深紫色；中裂片近菱形，向先端急剧收窄而下弯，先端近锐尖，上面密布紫红色斑点，边缘稍具不整齐的锯齿，基部向距内延伸为先端带钩的线状附属物，附属物表面被细乳突（图2-95B：1、2）。合蕊柱白色稍带紫红色，长约5mm（图2-95B：3、4）。药帽白色，在顶端背侧黄色，前端收窄呈喙状（图2-95B：5、6）。2枚花粉团黄色，近球形（图2-95B：7）。

地理分布：产于广西西南部（靖西）、贵州西南部（安龙）、云南东南部至南部（屏边、麻栗坡、勐海、勐腊、景洪）。生于海拔321～1530m的山地林缘或山坡疏生的常绿阔叶林中树干上。分布于不丹、印度东北部、缅甸、老挝、越南。模式标本采自印度东北部。

花期：7月。

濒危等级：EN。

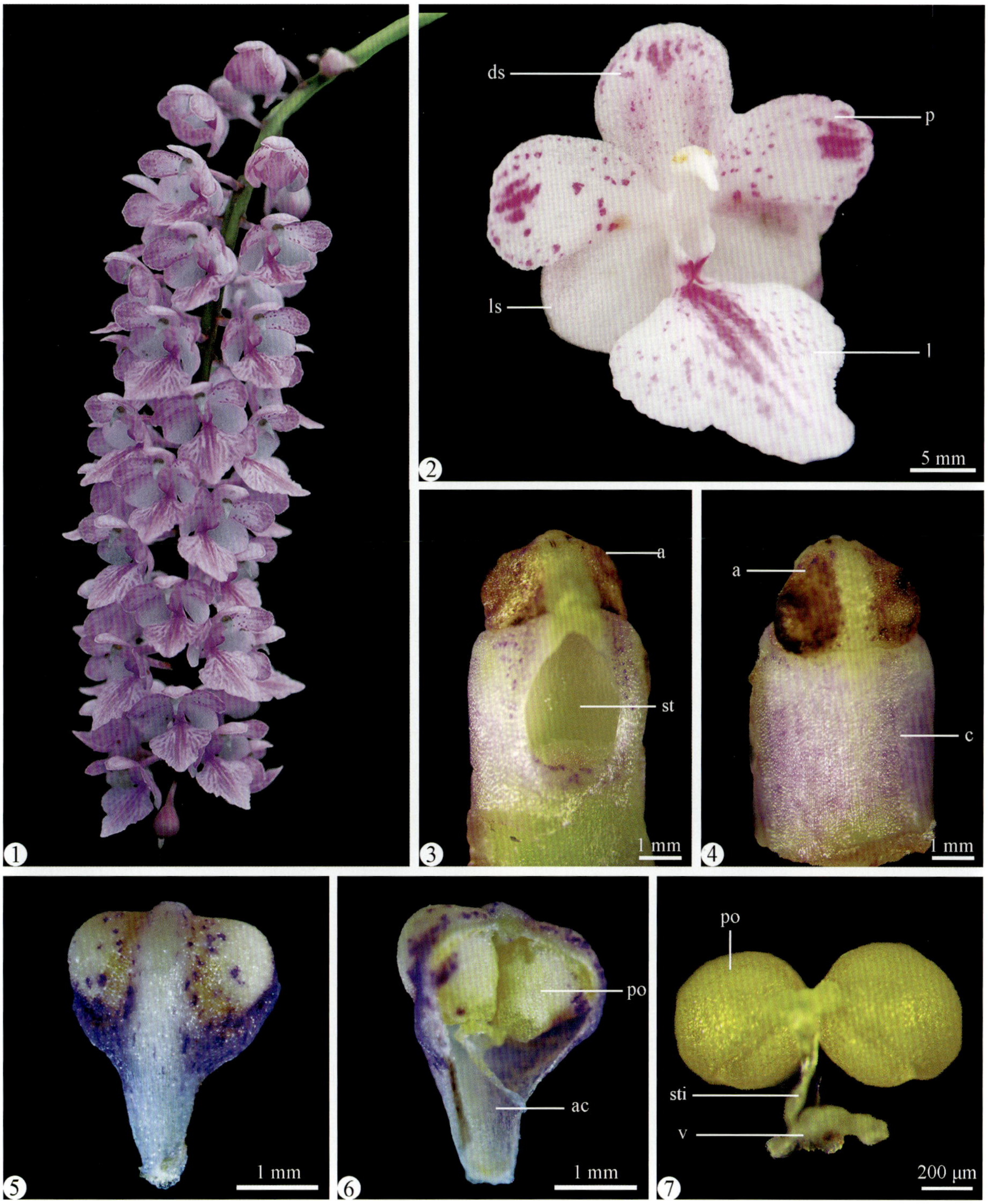

图2-95B　多花指甲兰*Aerides rosea*的花形态解剖特征

1. 总状花序；2. 花的正面；3～4. 蕊柱的正面（3）和背面（4）；5～6.花药帽的正面（5）和背面（6）；7. 花粉块。缩写：a=花药；ac=花药帽；c=蕊柱；ds=中萼片；l=唇瓣；ls=侧萼片；p=花瓣；po=花粉团；st=柱头腔；sti=黏盘柄；v=黏盘。

三十五、异型兰属 *Chiloschista* Lindl.

附生草本。无明显的茎，具多数长而扁的根。通常无叶或至少在花期无叶，罕有花期具叶的。花序细长，常下垂，被毛或无毛，分枝或不分枝，具多数花；花小，开展，萼片和花瓣相似，侧萼片和花瓣均贴生在蕊柱足上；唇瓣3裂，基部以1个活动的关节着生在蕊柱足末端，具明显的萼囊；侧裂片直立，较大，中裂片很短小或稍长而平伸，其上面具密布茸毛的龙骨脊或胼胝体。蕊柱很短，具长约2倍于蕊柱本身的蕊柱足；蕊喙很小。药帽两侧各具1条丝状或齿状的附属物，少有无附属物的；药床很浅。花粉团蜡质，2枚，近球形，每个劈裂为不等大的2枚，或4枚而每不等大的2枚为1对；黏盘柄狭长而扁，上下等宽；黏盘近圆形，比黏盘柄宽。

全属约15种，分布于热带亚洲和大洋洲。我国有3种，产于南方热带地区。

本属模式种：*Chiloschista usneoides* (D. Don) Lindl.

白花异型兰*Chiloschista exuperei*

96. 异型兰 *Chiloschista yunnanensis* Schltr.

植株形态特征：附生植物。茎不明显，通常无叶，至少在花期时无叶。花序1～2个，下垂，不分枝，密布茸毛，绿色带紫色斑点；花序疏生多数花；花序柄被数枚膜质鳞片状鞘；花苞片膜质，卵状披针形。（图2-96A）

图2-96A　异型兰*Chiloschista yunnanensis*

花形态解剖特征：花开展，质地稍厚（图2-96B：1、2）。中萼片向前倾，卵状椭圆形，先端圆形；侧萼片卵圆形，与中萼片等大，先端圆形；花瓣近长圆形，等长于萼片而稍较窄，先端近截形（图2-96B：1、2）；唇瓣黄色贴生于蕊柱足末端，3裂；侧裂片直立，狭长圆形，较大，中部扭曲，先端圆形，边缘具淡褐色斑点，内面具红色条纹；中裂片很短，先端钝并且凹入，上面在两侧裂片之间凹陷呈浅囊状，并且被覆着海绵状的附属物；附属物淡褐色，"V"字形（图2-96B：2～4）。合蕊柱浅白色，很短；蕊柱足具2条褐色纵条纹（图2-96B：3、5）。药帽浅白色或黄色，前端收窄呈三角形，两侧各具1条丝状附属物（图2-96B：6、7）。花粉团蜡质，2枚，近球形，每枚劈裂为不等大的2枚；黏盘柄狭长而扁，上下等宽；黏盘近圆形，比黏盘柄宽（图2-96B：8～10）。

地理分布：产于云南东南部至南部、四川中部。生于海拔700～2000m的山地林缘或疏林中树干上。

花期：3—5月。

濒危等级：LC。

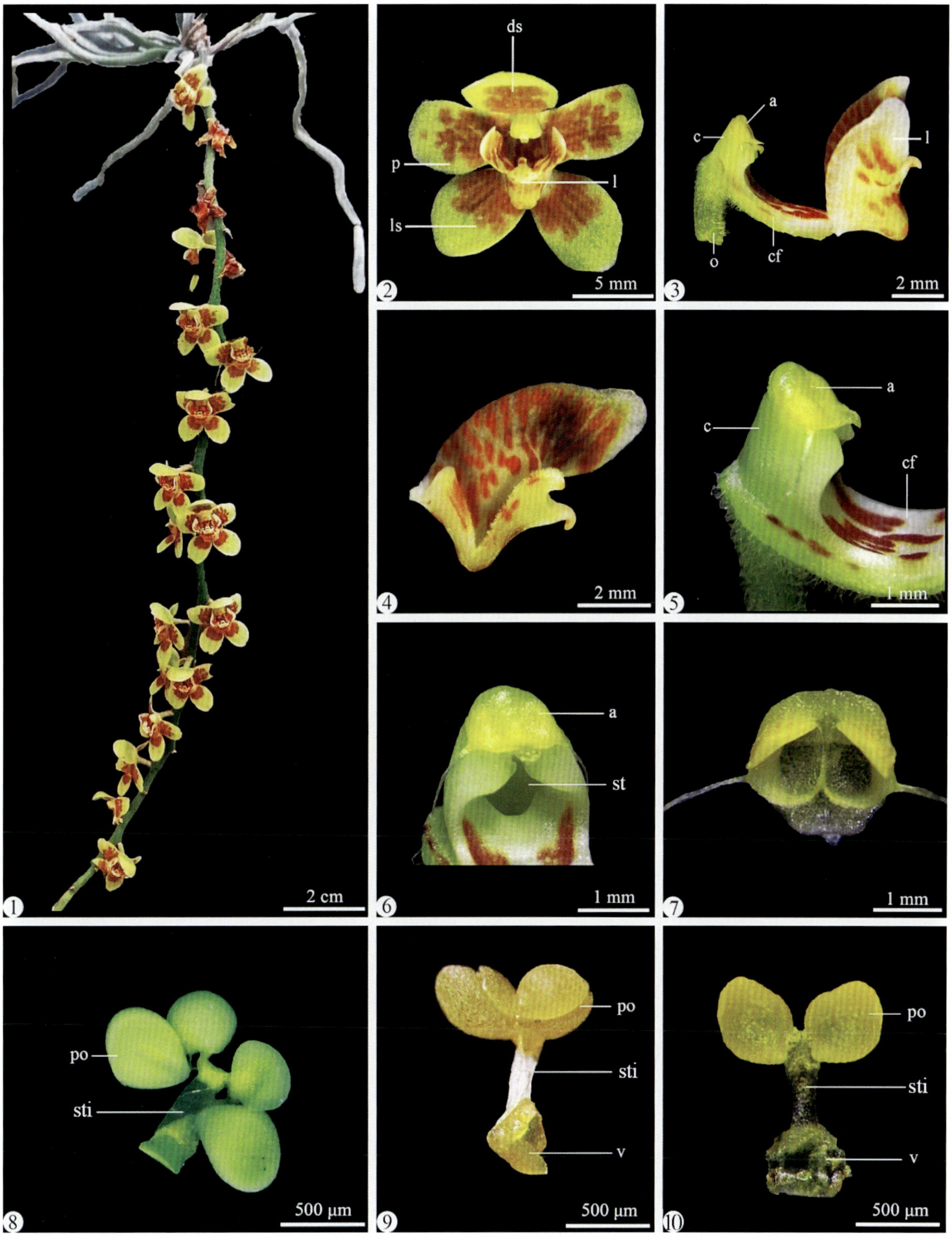

图2-96B　异型兰*Chiloschista yunnanensis*的花形态解剖特征

1. 总状花序；2. 花的正面；3. 蕊柱以及唇瓣的侧面；4. 唇瓣对剖内面；5～6. 蕊柱侧面（5）和正面（6）；7. 花药帽的背面；8. 花粉块，示每枚花粉团劈裂为不等大的2枚；9～10. 花粉块的正面（8、9）和背面（10）。缩写：a=花药；c=蕊柱；cf=蕊柱足；ds=中萼片；ls=侧萼片；l=唇瓣；o=子房；p=花瓣；po=花粉团；st=柱头腔；sti=黏盘柄；v=黏盘。

三十六、蛇舌兰属 *Diploprora* Hook. f.

附生草本。茎短或细长，圆柱形或稍扁的圆柱形，有时分枝，具多数节和多数2列的叶。叶扁平，狭卵形至镰刀状披针形，先端急尖或稍钝并且具2～3尖裂，基部具关节和抱茎的鞘。总状花序侧生于茎，下垂，具少数花；花稍肉质，不扭转，中等大，开展；萼片相似，伸展，背面中肋呈龙骨状隆起；花瓣比萼片狭；唇瓣位于上方，肉质，约与花瓣等长，基部牢固地贴生在蕊柱的两侧，舟形，中部以上强烈收狭，先端近截形或收狭，并且为尾状2裂，上面纵贯1条龙骨状的脊，基部无距。合蕊柱短，无蕊柱足；蕊喙卵形，先端钝。花粉团蜡质，4枚，近球形，每不等大的2枚为1对；黏盘柄约等长于花粉团的直径，从基部向顶端变狭，有时在顶端背侧突然扩大或三角形的凸缘承接着花粉团；黏盘小，卵状三角形。

全属约2种，分布于南亚的热带地区。我国仅1种，产于南方。

本属模式种：*Diploprora championii* (Lindl.) Hook. f. (*Cottonia championii* Lind)

蛇舌兰*Diploprora championii*

97. 蛇舌兰 *Diploprora championii* (Lindl.) Hook. f.

植株形态特征：附生植物。茎质地硬，圆柱形或稍扁的圆柱形，常下垂。叶纸质，镰刀状披针形或斜长圆形，先端锐尖或稍钝并且具不等大的2～3个尖齿，基部具宿存的鞘，边缘有时呈波状。总状花序与叶对生，比叶长或短，下垂，具2～5朵花；花序轴多少回折状弯曲，扁圆柱形，花序柄被2～3枚膜质鞘；花苞片卵状三角形，先端急尖；花具香气。（图2–97A）

图2–97A　蛇舌兰*Diploprora championii*

花形态解剖特征：花淡黄色，开展（图2–97B：1）。萼片相似，长圆形或椭圆形，先端钝，背面中肋呈龙骨状突起；花瓣稍肉质，比萼片较小；唇瓣白色带玫瑰色，中部以下凹陷呈舟形，无距，长约10mm，宽约4mm，稍3裂；侧裂片直立，近方形；中裂片较长，向先端骤然收狭并且叉状2裂，其裂片呈尾状，上面中央具1条肥厚的脊突（图2–97B：2～4）。合蕊柱柱状，长约3mm，无蕊柱足（图2–97B：5、6）。花粉团4枚，黏盘柄的上部扩大呈三角形的凸缘；黏盘卵状三角形，比黏盘柄的基部宽（图2–97B：7、8）。

地理分布：产于台湾（台北、桃园、南投、乌来、恒春等地）、福建南部（南靖）、香港、海南（三亚市、定安）、广西（桂平、凌云、钦县）、云南南部至东南部（屏边、蒙自、金平、勐海）。生于海拔250～1450m的山地林中树干上或沟谷岩石上。分布于斯里兰卡、印度（德干高原、锡金邦）、缅甸、泰国、越南。

花期：2—8月。

濒危等级：LC。

图2-97B　蛇舌兰*Diploprora championii*的花形态解剖特征

1. 总状花序；2～3. 花的正面；4. 花的背面；5～6. 合蕊柱的正面（5）和背面（6）；7～8. 花粉块的正面（7）和背面（8）。缩写：a=花药；c=蕊柱；ds=中萼片；l=唇瓣；ls=侧萼片；o=子房；p=花瓣；po=花粉团；r=蕊喙；st=柱头腔；sti=黏盘柄；v=黏盘。

三十七、花蜘蛛兰属 *Esmeralda* Rchb.f.

附生草木。茎伸长，粗壮，具多节和多数2列的叶。叶厚革质，狭长，先端钝并且不等侧2裂，基部具1个关节和抱茎的鞘。花序生于叶腋或几对生于叶；花序柄和花序轴粗壮，常比叶长，不分枝，总状花序疏生少数花；花大，质地厚，开展；萼片和花瓣具红棕色斑纹，近相似，宽阔，但花瓣稍较小；唇瓣近提琴形，3裂，以1个可活动的关节着生于蕊柱基部，基部常具2枚胼胝体，上面中央具脊突；距囊状。合蕊柱粗厚，两侧具翅，无蕊柱足；花粉团蜡质，4枚，每2枚为1对；黏盘柄近三角形，宽大于长；黏盘大，马鞍形。

全属约3种，分布于我国南部、泰国、缅甸、印度东北部、不丹、尼泊尔。我国有2种，产于西南。

本属模式种：*Esmeralda cathcartii* (Lindl.) Rchb. f. (*Vanda cathcartii* Lindl.)

口盖花蜘蛛兰*Esmeralda bella*

98. 口盖花蜘蛛兰 *Esmeralda bella* Rchb. f.

图2-98A　口盖花蜘蛛兰*Esmeralda bella*

植株形态特征：附生植物。茎粗壮，质地硬。叶革质，长圆形，先端钝并且具不等侧2裂，基部具抱茎而宿存的鞘。花序斜立，总状花序疏生2～3朵花；花序柄具3～6枚筒状鞘；花苞片大，贴向花梗，宽卵形，先端钝。（图2-98A）

花形态解剖特征：花大，伸展成蜘蛛状，黄色带红棕色横纹（图2-98B：1、2）。中萼片多少倒卵状长圆形，先端钝；侧萼片多少倒卵状长圆形，先端钝；花瓣狭长圆形，先端钝；唇瓣提琴形，3裂，基部具长2mm的爪和1个可活动的关节；侧裂片直立，近方形，先端斜截形，两侧裂片之间具1个上面凹槽状的肥厚肉突；中裂片近倒卵状菱形基部收狭（图2-98B：1、2）。合蕊柱粗短；两侧具翅，无蕊柱足（图2-98B：3～6）。花药帽圆卵形，上有尖端（图2-98B：7、8）。花粉团蜡质，4枚，每2枚为1对；黏盘柄近三角形，宽大于长；黏盘大，马鞍形（图2-98B：9、10）。

地理分布：产于海南。生于海拔500～1000m的山谷崖石上或疏林中树干上。分布于尼泊尔、不丹、印度东北部和锡金邦、缅甸、泰国。

花期：11月。

濒危等级：VU。

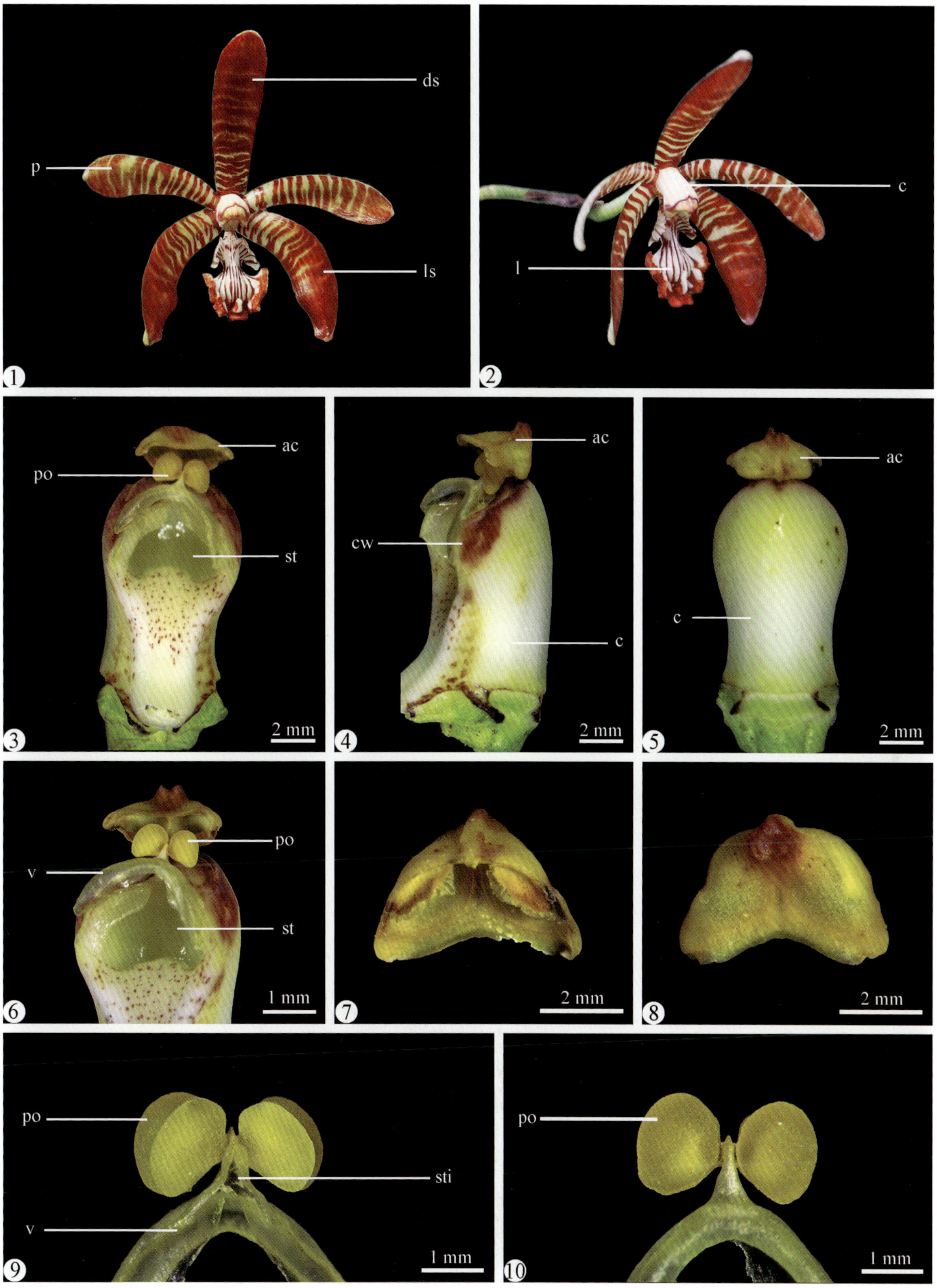

图2-98B　口盖花蜘蛛兰*Esmeralda bella*的花形态解剖特征

1～2. 花的正面（1）和侧面（2）；3～5. 蕊柱的正面（3）、侧面（4）和背面（5）；6. 蕊柱顶部正面，示柱头腔；7～8. 花药帽的背面（7）和正面（8）；9～10. 花粉块的正面（9）和背面（10）。缩写：ac=花药帽；c=蕊柱；cw=蕊柱翅；ds=中萼片；l=唇瓣；ls=侧萼片；p=花瓣；po=花粉团；st=柱头腔；sti=黏盘柄；v=黏盘。

三十八、盆距兰属 *Gastrochilus* D. Don

附生草本，具粗短或细长的茎。茎具少数至多数节，节上长出长而弯曲的根。叶多数，稍肉质或革质，通常2列互生，扁平，先端不裂或2～3裂，基部具关节和抱茎的鞘。花序侧生，比叶短，不分枝或少有分枝的，花序柄和花序轴粗壮或纤细；总状花序或常常由于花序轴缩短而呈伞形花序，具少数至多数花；花小至中等大，多少肉质；萼片和花瓣近相似，多少伸展成扇状；唇瓣分为前唇和后唇（囊距），前唇垂直于后唇而向前伸展；后唇牢固地贴生于蕊柱两侧，与蕊柱近于平行，盔状、半球形或近圆锥形，少有长筒形的。合蕊柱粗短，无蕊柱足；蕊喙短，2裂。花药俯倾，药帽半球形，其前端收狭。花粉团蜡质，2枚，近球形，具1个孔隙；黏盘厚，一端2叉裂，黏盘柄扁而狭长。

全属约47种，分布于亚洲热带和亚热带地区。我国有28种，产于长江以南诸省（区、市），尤其台湾和西南为多。本书收录4种。

本属模式种：*Gastrochilus calceolaris* D. Don (*Aerides calceolaris* Buch. –Ham. ex J. E. Smith)

盆距兰*Gastrochilus calceolaris*

99. 大花盆距兰 *Gastrochilus bellinus* (Rchb. f.) Kuntze

图2-99A　大花盆距兰*Gastrochilus bellinus*

植株形态特征：附生植物。茎粗壮，长2～5cm。叶大，带状或长圆形，先端不等侧2裂，裂片先端稍尖。伞形花序侧生，基部具2枚短的杯状鞘，通常2～3个花序，具4～6朵花；花序柄粗壮；花梗和子房淡黄色带紫晕。（图2-99A）

花形态解剖特征：花大，开展（图2-99B：1）。萼片和花瓣淡黄色带棕紫色斑点，椭圆形，近相似，先端圆钝；花瓣比萼片稍小；唇瓣上唇白色带少数紫色斑点，近肾状三角形，通常稍下弯，边缘啮蚀状或流苏状，上面除中央的黄色垫状物外密布白色乳突状毛，尤其在垫状物的基部两侧，垫状物基部具穴窝（图2-99B：1、2）；下唇白色带少数紫色斑点，近圆锥形或半球形，长约等于宽，末端圆形，黄色，上端的口缘截形、紫色，与前唇的垫状物几乎在同一水平面上，口缘前端具1个缺口，缺口的两侧边缘斜立。合蕊柱紫色，很短（图2-99B：3～5）。花药帽黄棕色（图2-99B：6、7）。花粉团黄色，球状，2枚（图2-99B：8）。

地理分布：产于云南南部（勐腊、勐海、景洪、思茅）。生于海拔1600～1900m的山地密林中树干上。泰国、缅甸也有分布。模式标本采自缅甸。

花期：4月。

濒危等级：VU。

图2-99B 大花盆距兰*Gastrochilus bellinus*的花形态解剖特征

1. 总状花序；2. 花的正面；3～5. 合蕊柱的正面（3）、侧面（4）和背面（5）；6～7. 花药帽的背面（6）和正面（7）；8. 花粉团。缩写：a=花药；c=蕊柱；ds=中萼片；l=唇瓣；ls=侧萼片；o=子房；p=花瓣；st=柱头腔。

100. 盆距兰 *Gastrochilus calceolaris* D. Don

图2-100A　盆距兰*Gastrochilus calceolaris*

植株形态特征：附生植物。茎长，常弧形弯曲。具多数叶。伞形花序数个至十余个，侧生于茎的上部，具多数花；伞状花序，花序柄具2～3枚杯状鞘；花梗和子房稍扁。（图2-100A）

花形态解剖特征：花开展，萼片和花瓣黄色带紫褐色斑点（图2-100B：1、2）。中萼片和侧萼片相似、等大，倒卵状长圆形，先端圆钝，基部收狭；花瓣近似于萼片，较小，先端圆钝；唇瓣上唇半圆状三角形或新月状三角形，向前伸展，边缘具不整齐的流苏或啮蚀状，上面中央增厚的垫状物黄色带紫色斑点、无毛，其余密生或疏生乳突状白色长毛，垫状物基部具一个穴窝（图2-100B：1～3）；下唇盔状，黄色带紫红色的上部边缘，上端口缘平截，较前唇高，前端具凹口，两侧边缘直立。合蕊柱黄色，具紫色斑点；有蕊喙（图2-100B：4～7）。花药帽黄色，近心形，在前端收狭呈喙状（图2-100B：8、9）。2枚花粉团黄色，近球形；黏盘黄色，长圆形（图2-100B：5、6、10）。

地理分布：产于海南（三亚、临高）、云南南部至西北部（勐海、景洪、临沧、耿马、凤庆、龙陵、腾冲、泸水和高黎贡山一带）、西藏南部（聂拉木）。生于海拔1000～2100m的山地林中树干上。尼泊尔、印度东北部、缅甸、泰国、越南、马来西亚也有分布。模式标本采自尼泊尔。

花期：3—4月。

濒危等级：LC。

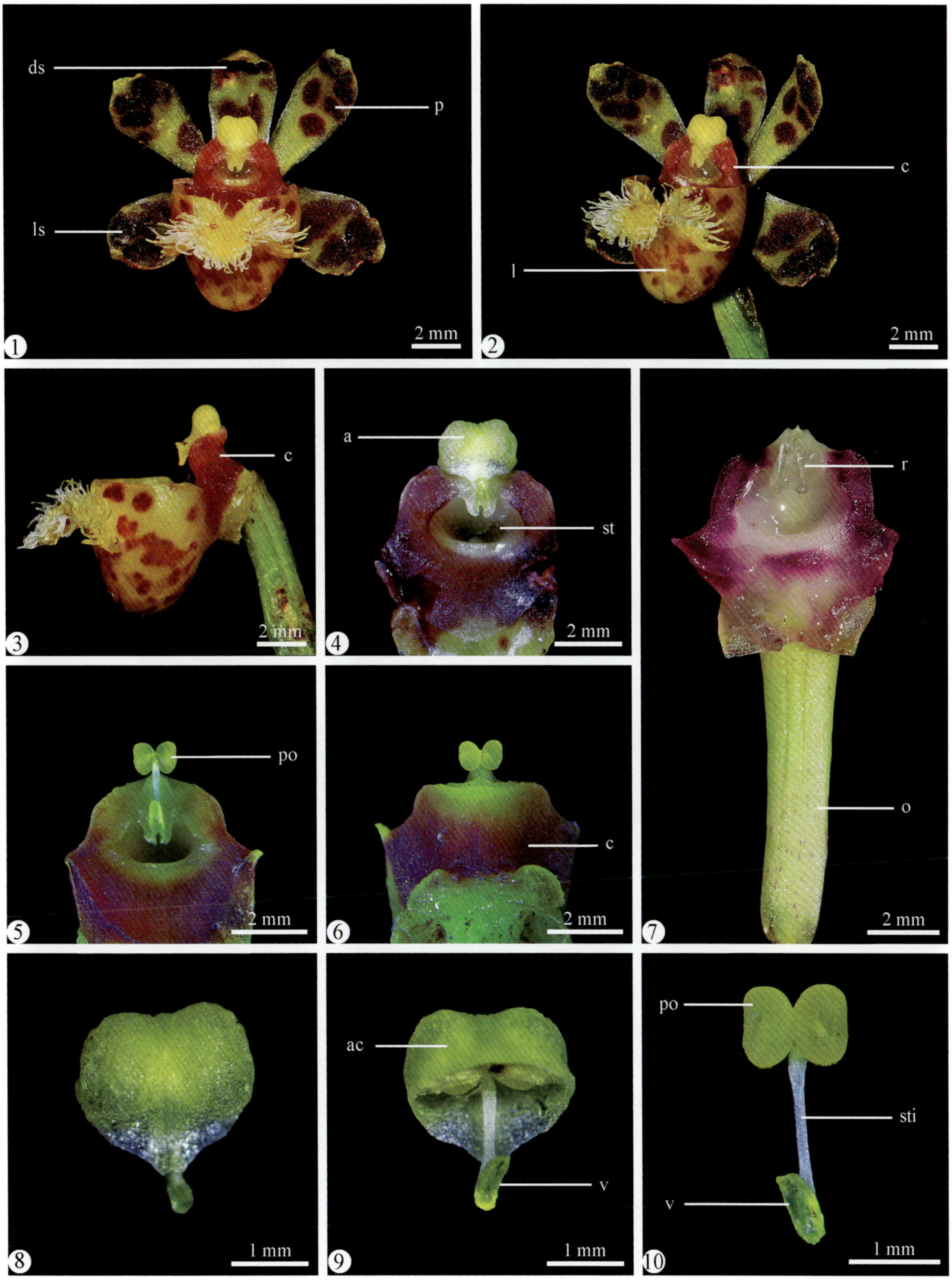

图2-100B　盆距兰*Gastrochilus calceolaris*的花形态解剖特征

1～2. 花的正面（1）和侧面（2）；3. 带唇瓣的合蕊柱侧面；4. 合蕊柱顶部；5～6. 去掉花药帽的合蕊柱顶部的背面（5）和正面（6）；7. 合蕊柱正面，示蕊喙和子房；8～9. 花药帽的正面（8）和背面（9）；10. 花粉团及其附属结构。缩写：a=花药；ac=花药帽；c=蕊柱；ds=中萼片；l=唇瓣；ls=侧萼片；o=子房；p=花瓣；po=花粉团；r=蕊喙；st=柱头腔；sti=黏盘柄；v=黏盘。

101. 列叶盆距兰 *Gastrochilus distichus* (Lindl.) O. Kuntze

植株形态特征：附生植物。茎悬垂，纤细，常分枝。叶多数，2列互生，与茎交成锐角而伸展，披针形或镰刀状披针形，先端急尖并且2～3小裂，裂片刚毛状。伞形花序具2～4朵花；花序柄纤细，与叶对生，上端扩大，下部被2枚杯状鞘；花苞片卵状披针形，先端急尖。（图2-101A）

图2-101A　列叶盆距兰*Gastrochilus distichus*

花形态解剖特征：花开展，萼片和花瓣淡绿色带红褐色斑点（图2-101B：1）。萼片相似而等大，通常凹的，长圆状椭圆形，先端钝，具1条脉；花瓣近倒卵形，比萼片稍小，先端钝，具1条脉；前唇近半圆形，基部宽约5mm，先端钝，边缘全缘，上面光滑无毛而中央增厚成垫状，近基部具2枚圆锥形的胼胝体；后唇近杯状，末端圆形，具2～3mm的口径（图2-101B：1、2）。蕊柱短，蕊喙白绿色透明状，前端2裂（图2-101B：3～5、9）。药帽在前端收狭呈喙状并且翘起（图2-101B：6、7）。花粉团黄色，2枚，近球形（图2-101B：8～10）。

地理分布：产于云南西部至西南部（龙陵、镇康，大理）、西藏东南部（波密、通麦、察隅）。生于海拔1100～2700m的山地林中树干上。分布于尼泊尔、不丹、印度东北部。模式标本采自印度锡金邦。

花期：1—5月。

濒危等级：LC。

图2-101B　列叶盆距兰*Gastrochilus distichus*的花形态解剖特征

1～2. 花的正面；3～5. 合蕊柱的背面（3）和正面（4）及去除花药帽的合蕊柱（5）；6～7. 花药帽的背面（6）和正面（7）；8. 花粉块的正面，示黏盘柄和黏盘；9.合蕊柱顶端，示蕊喙；10. 花粉团。缩写：a=花药；ds=中萼片；ep=前唇瓣；h=后唇瓣；l=唇瓣；ls=侧萼片；o=子房；p=花瓣；po=花粉团；r=蕊喙；sti=黏盘柄；v=黏盘。

102. 无茎盆距兰 *Gastrochilus obliquus* (Lindl.) Kuntze

植株形态特征：附生植物。茎粗短具3～5枚叶。叶2列，稍肉质或革质，长圆形至长圆状披针形。花序近伞形，1～4个，出自茎的基部侧旁，常具5～8朵花；花序柄粗壮；花苞片宽卵形，先端钝；花芳香。（图2-102A）

图2-102A　无茎盆距兰*Gastrochilus obliquus*

花形态解剖特征：花开展，萼片和花瓣黄色带紫红色斑点（图2-102B：1）。萼片几乎等大，近椭圆形，先端钝，基部收狭；花瓣匙形，比萼片小，先端钝（图2-102B：1、2）；前唇白色，近三角形，先端钝而其背面具1个乳头状突起，边缘撕裂状或啮蚀状，上面光滑无毛，而中央具1个增厚的垫状物；后唇兜状，两侧压扁，末端外侧黄色带紫红色斑点（图2-102B：1～3）。合蕊柱粗短，无蕊柱足；蕊喙短，2裂（图2-102B：4～6）。花药俯倾，药帽半球形，其前端收狭（图2-102B：7、8）。花粉团蜡质，2枚，近球形，具1个孔隙；黏盘厚，一端2叉裂，黏盘柄扁而狭长（图2-102B：6、7、9～11）。

地理分布：产于四川西南部、云南南部。生于海拔800～1400m的山地林缘树干上。分布于尼泊尔、不丹、印度东北部、缅甸、老挝、越南、泰国。

花期：10月。

濒危等级：VU。

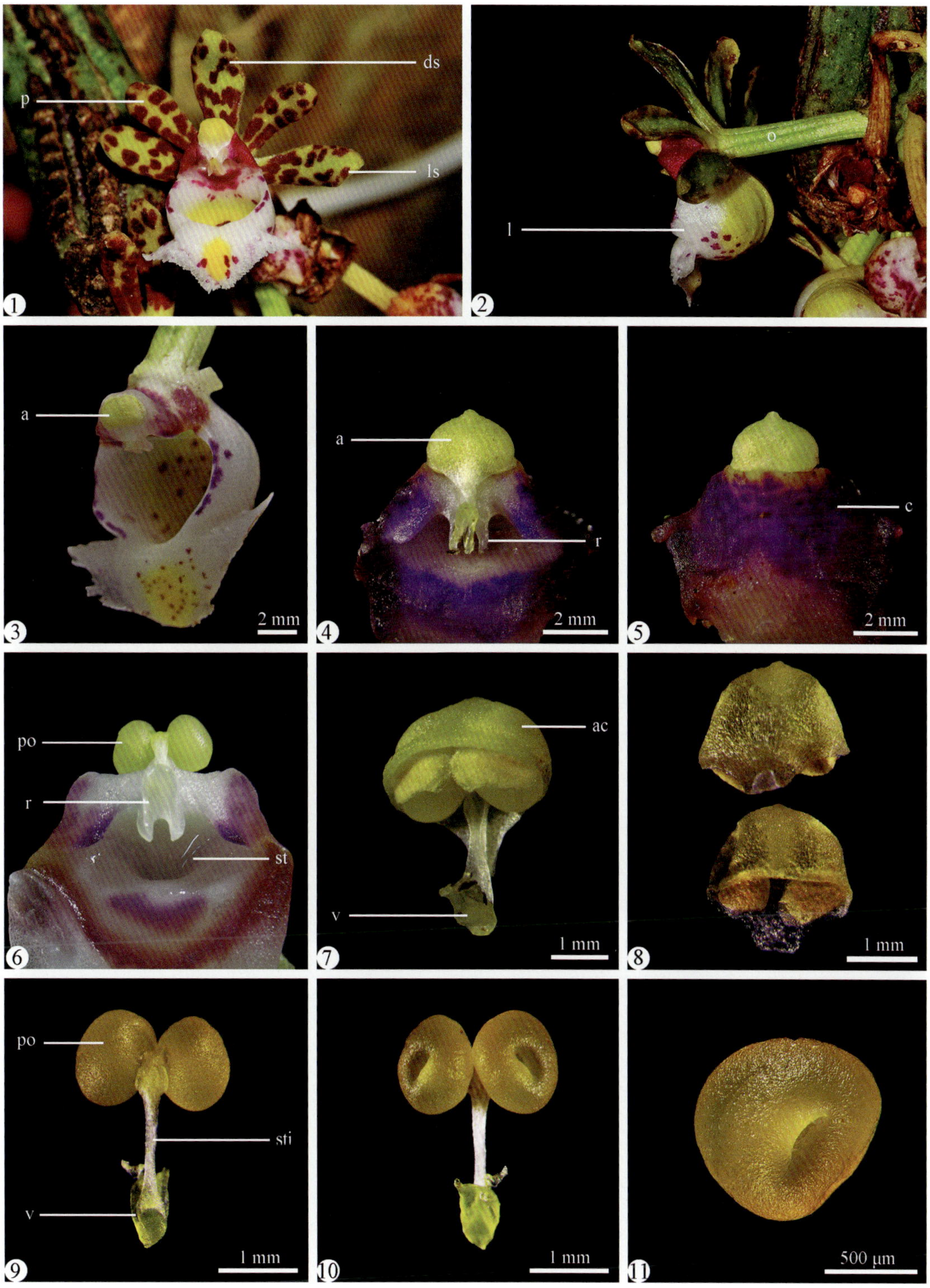

图2-102B　无茎盆距兰*Gastrochilus obliquus*的花形态解剖特征

1～2. 花的正面（1）和侧面（2）；3. 合蕊柱的侧面；4～5. 合蕊柱顶部的正面（4）和背面（5）；6. 去掉花药帽的合蕊柱顶部，示花粉团和柱头腔；7. 花药；8. 花药帽的正面和背面；9～10. 花粉团及附属结构的正面（9）和背面（10）；11. 花粉团。缩写：a=花药；ac=花药帽；c=蕊柱；ds=中萼片；l=唇瓣；ls=侧萼片；o=子房；p=花瓣；po=花粉团；r=蕊喙；st=柱头腔；sti=黏盘柄；v=黏盘。

103. 云南盆距兰 *Gastrochilus yunnanensis* Schltr.

图2-103A 云南盆距兰*Gastrochilus yunnanensis*

植株形态特征：附生植物。茎伸长，长达21cm。叶2列互生、舌形或长圆形，先端长渐尖并且具2～3条芒。伞形花序具4～15朵花；花序柄劲直；花苞片卵状三角形，长1～2cm。（图2-103A）

花形态解剖特征：花开展，萼片和花瓣淡黄色带淡褐色先端（图2-103B：1、2）。萼片近等大，舌状长圆形，先端钝；花瓣相似于萼片而较小（图2-103B：1、2）；前唇宽三角形，边缘撕裂状，上面中央垫状增厚；垫状物黄色带少数紫红色斑点，其外围被乳突状毛；后唇近兜状或半球形，具白色带紫红色斑点的上端口缘，口缘比前唇高（图2-103B：1～5）。合蕊柱黄色，粗短（图2-103B：3～5）。花药帽黄色，前端收狭呈喙状（图2-103B：6、7）。2枚花粉团黄色，黏盘柄白色，黏盘黄色，长圆形，中部较厚（图2-103B：8、9）。

地理分布：仅见于云南南部（思茅）。生于海拔约1500m的密林中树干上。孟加拉国、泰国、越南也有分布。

花期：10月。

濒危等级：VU。

图2-103B　云南盆距兰*Gastrochilus yunnanensis*的花形态解剖特征

1~2. 花的侧面（1）和背面（2）；3~5. 带唇瓣的合蕊柱的正面（3）、侧面（4）和极面（5）；6~7. 花药帽的正面（6）和背面（7）；8~9. 花粉块的侧面（8）和背面（9）。缩写：c=蕊柱；ds=中萼片；l=唇瓣；ls=侧萼片；o=子房；p=花瓣；po=花粉团；r=蕊喙；sti=黏盘柄；v=黏盘。

三十九、槽舌兰属 *Holcoglossum* Schltr.

附生草本。茎短，被宿存的叶鞘所包，具许多长而较粗的根。叶肉质，圆柱形或半圆柱形，近轴面具纵沟，或横切面为“V”字形的狭带形，先端锐尖，基部具关节并且扩大为彼此套叠的鞘。花序侧生，不分枝，总状花序具少数至多数花；花苞片比花梗和子房短；花较大，萼片在背面中肋增粗或呈龙骨状突起；侧萼片较大，常歪斜；花瓣稍较小，或与中萼片相似；唇瓣3裂；侧裂片直立，中裂片较大，基部常有附属物；距通常细长而弯曲，向末端渐狭。合蕊柱粗短，具翅，无蕊柱足或具很短的足；蕊喙短而尖，2裂；花粉团蜡质，2枚，球形，具裂隙；黏盘柄狭窄，向基部变狭；黏盘比黏盘柄宽。

全属约8种，分布于东南亚至越南、老挝、泰国、缅甸、印度东北部。我国有8种。

本属模式种： *Holcoglossum quasipinifolium* (Hayata) Schltr. (*Saccolabium quasipinifolium* Hayata).

管叶槽舌兰*Holcoglossum kimballianum*

104. 大根槽舌兰 *Holcoglossum amesianum* (Rchb. f.) Christenson

植株形态特征：附生植物。茎直立或斜立，被叶鞘所包，基部具多数弯曲而肥壮的根。叶4～7枚，近基生，斜立并向外弯，肉质，狭长，两侧常对折，先端锐尖，基部具关节和扩大成抱茎的鞘。花序直立或斜立，不分枝；总状花序具数朵花；花苞片卵形，先端钝；花梗和子房浅白色。（图2-104A）

图2-104A　大根槽舌兰 *Holcoglossum amesianum*

花形态解剖特征：花质地薄，开展，淡粉红色（图2-104B：1、2）。中萼片椭圆形，先端钝，基部收狭；侧萼片斜卵状椭圆形，先端钝；花瓣倒卵形，先端钝，基部收狭；唇瓣淡紫红色，3裂；侧裂片贴生于蕊柱基部前方，斜立，卵状三角形，先端钝；中裂片近肾状圆形，先端稍凹缺，边缘具细齿，上面具3条深紫红色的脊突（图2-104B：1、2）。蕊柱粗短，整体紫色，有一个较大的柱头腔（图2-104B：3～5）。药帽前端收狭，先端截形（图2-104B：6、7）。2枚黄色花粉团有裂隙，由黏盘和黏盘柄连接（图2-104B：8）。

地理分布：产于云南南部至西部（石屏、思茅、勐海、镇康、凤庆、沧源）。生于海拔1250～2000m的山地常绿阔叶林中树干上。分布于缅甸、泰国、老挝、越南。模式标本采自缅甸。

花期：3月。

濒危等级：VU。

图2-104B　大根槽舌兰*Holcoglossum amesianum*的花形态解剖特征

1～2. 花的正面（1）和侧面（2）；3～5. 蕊柱的正面（3）、侧面（4）和背面（5）；6～7. 花药帽的正面（6）和背面（7）；8. 2枚黄色花粉团有裂隙，并由黏盘和黏盘柄连接。缩写：ac=花药帽；aw=花药壁；c=蕊柱；ds=中萼片；l=唇瓣；ls=侧萼片；o=子房；p=花瓣；po=花粉团；r=蕊喙；sp=花距；st=柱头腔；sti=黏盘柄；v=黏盘。

105. 短距槽舌兰 *Holcoglossum flavescens* (Schltr.) Z. H. Tsi

植株形态特征： 附生植物。茎很短，长1～2cm，具数枚密生的叶。叶肉质或厚革质，2列，斜立而外弯，半圆柱形或多少“V”字形对折，先端锐尖，基部扩大成鞘，近轴面具宽浅的凹槽。花序短于叶，近直立；总状花序常具1～3朵花。（图2-105A）

图2-105A 短距槽舌兰*Holcoglossum flavescens*

花形态解剖特征： 花开放，萼片和花瓣白色（图2-105B：1）。中裂片椭圆形，先端钝，基部稍收狭，具4～5条脉；侧萼片斜长圆形，与中萼片等大，先端钝，背面中肋多少龙骨状突起；花瓣椭圆形，先端钝，具3条脉和少数支脉；唇瓣白色，3裂；侧裂片直立，半卵形或卵状三角形，内面具红色条纹，先端钝；中裂片宽卵状菱形，先端圆钝或有时微凹，边缘稍波状，基部具1个宽卵状三角形的黄色胼胝体；胼胝体强烈增厚，在中央凹槽状而两侧呈脊突状隆起；距角状，向前弯，向末端变狭，末端钝（图2-105B：1、2）。合蕊柱长约5mm，两侧具紫红色纵条纹，蕊喙大，不裂（图2-105B：3～5）。2枚花粉团黄色，由黏盘柄和黏盘连接，具裂隙；黏盘宽于黏盘柄，黏盘柄向下逐渐收狭（图2-105B：6）。药帽白色，前端收狭成三角形，先端钝（图2-105B：7、8）。

地理分布： 产于福建北部（武夷山、建阳）、湖北西南部（利川）、四川西南部（攀枝花）、云南北部（宾川、永胜）。生于海拔1210～2100m的常绿阔叶林中树干上。模式标本采自云南（永胜）。

花期： 5—6月。

濒危等级： VU。

图2-105B　短距槽舌兰*Holcoglossum flavescens*的花形态解剖特征

1. 总状花序；2. 去除花瓣和萼片的花的侧面；3～5. 蕊柱的正面（3）、侧面（4）和背面（5）；6. 由黏盘和黏盘柄连接的花粉团；7～8. 花药帽的背面（7）和正面（8）。缩写：a=花药；ac=花药帽；aw=花药壁；c=蕊柱；ds=中萼片；l=唇瓣；ls=侧萼片；o=子房；p=花瓣；po=花粉团；r=蕊喙；sp=花距；st=柱头腔；sti=黏盘柄；v=黏盘。

106. 小花槽舌兰 *Holcoglossum himalaicum* (Deb, Sengupta & Malick) Aver.

植株形态特征：附生植物。植株悬垂；叶肉质，半圆柱形，先端尖，近轴面具纵沟。花序侧生茎基部，长4～9cm，具数朵至十余朵花。（图2-106A）

图2-106A　小花槽舌兰*Holcoglossum himalaicum*

花形态解剖特征：花不甚张开，萼片和花瓣淡红色（图2-106B：1）。中萼片和侧萼片椭圆形，与中萼片等长稍窄；花瓣与中萼片相似而等大；唇瓣白色，3裂，侧裂片近方形，中裂片前伸，近倒卵状楔形，先端近平截（图2-106B：1）；距细圆筒形，上弯呈镰状（图2-106B：2）。合蕊柱短，整体紫红色，蕊喙二分裂，下端有一个较大的柱头腔（图2-106B：3、4）。花药帽紫红色，前端收狭成三角形，先端钝，背面可见内部有2裂残留的花药壁，和花药帽共同起到保护花粉团的作用（图2-106B：5、6）。2枚花粉团紫红色，由黏盘柄和黏盘连接，黏盘宽于黏盘柄（图2-106B：7）。

地理分布：产于云南（双江、镇康、盈江、龙陵、贡山、腾冲）。不丹、印度东北部、缅甸也有分布。

花期：11月。

濒危等级：EN。

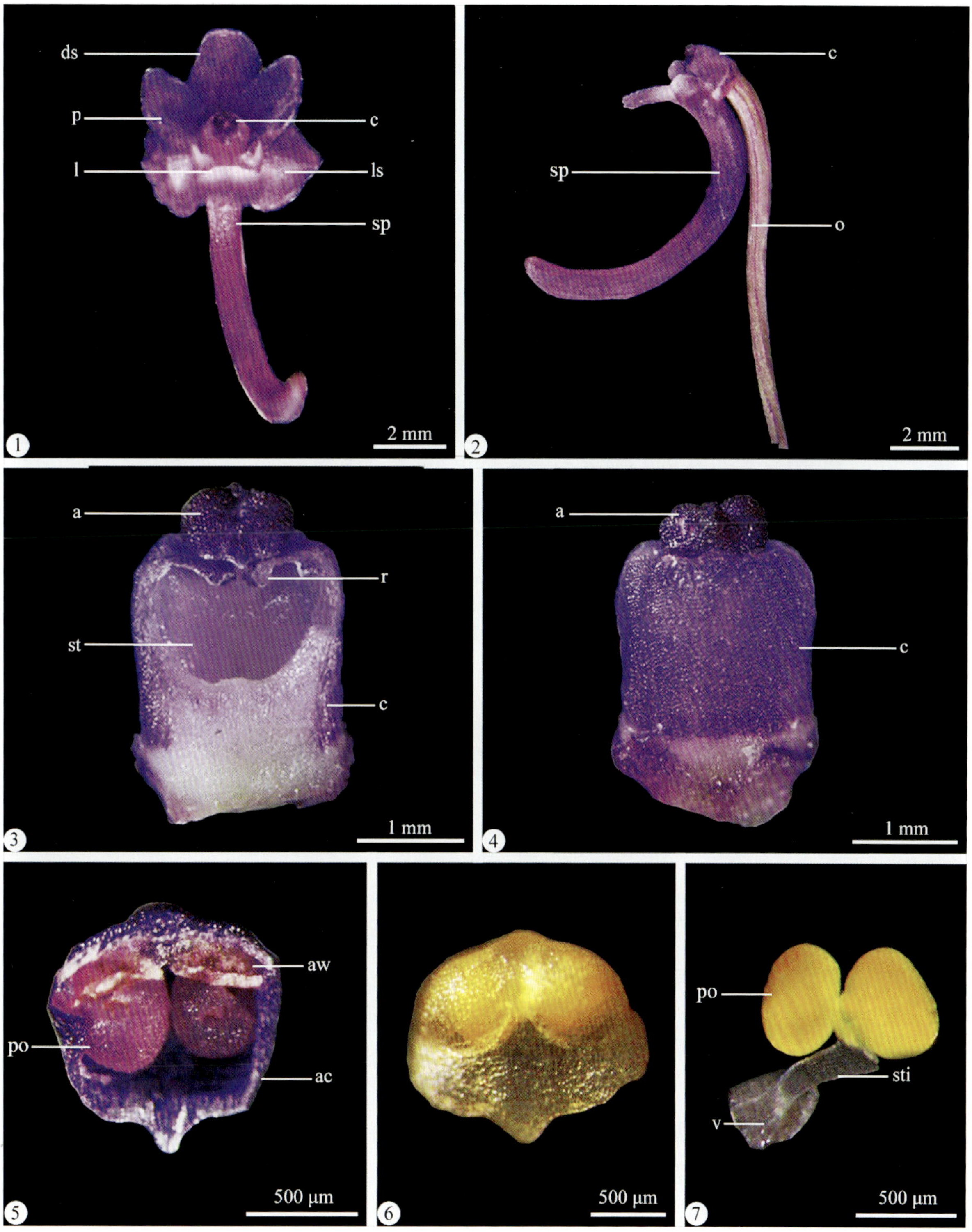

图2-106B　小花槽舌兰*Holcoglossum himalaicum*的花形态解剖特征

1. 花的正面；2. 带花距的合蕊柱侧面；3～4. 合蕊柱的正面（3）和背面（4）；5～6. 花药帽背面（5）和正面（6）；7. 花粉团及其附属结构。［注：（6）和（7）为乙醇泡过的材料］。缩写：a=花药；ac=花药帽；aw=花药壁；c=蕊柱；ds=中萼片；l=唇瓣；ls=侧萼片；o=子房；p=花瓣；po=花粉团；r=蕊喙；sp=花距；st=柱头腔；sti=黏盘柄；v=黏盘。

107. 管叶槽舌兰 *Holcoglossum kimballianum* (Rchb. f.) Garay

植株形态特征：附生植物。植株通常下垂。茎短或稍伸长，常具4～5枚叶。叶肉质，圆柱形，先端渐尖，基部扩大为鞘，近轴面具1条凹槽。花序弯垂，不分枝，花序柄疏生3～5枚鞘，总状花序疏生多数花。（图2-107A）

图2-107A　管叶槽舌兰*Holcoglossum kimballianum*

花形态解剖特征：花大，质地薄，萼片和花瓣白色带淡色紫晕（图2-107B：1）。中萼片椭圆形，先端钝，基部收狭为短爪；侧萼片较大，斜卵状镰刀形，先端钝；花瓣与中萼片相似，近等大；唇瓣紫色，3裂；侧裂片直立，背面浅白色，内面黄色带棕红色斑点，向先端变狭而弯曲；中裂片紫色，近圆形，先端凹，上面在基部具2～3条褶片，边缘多少不整齐（图2-107B：2）。合蕊柱白色；蕊喙黄色，2裂；下端为一个较大的柱头腔，周围一圈为黄色（图2-107B：3～5）。2枚黄色花粉团有裂隙，由黏盘和黏盘柄连接（图2-107B：6～8），花粉团在去除黏盘和黏盘柄后的地方有一个小孔（图2-107B：9）。药帽白色带紫色晕，前端收狭成三角形（图2-107B：10、11）。

地理分布：产于云南东南部至西北部（麻栗坡、普洱、镇沅、思茅、景洪、勐海、剑川）。生于海拔1000～1630m的山地林中树干上，分布于缅甸、泰国。模式标本采自缅甸。

花期：11月。

濒危等级：EN。

图2-107B　管叶槽舌兰*Holcoglossum kimballianum*的花形态解剖特征

1. 总状花序；2. 花的正面；3～5. 蕊柱的正面（3、4）和侧面（5）；6～8. 2枚黄色花粉团有裂隙（箭头所示，6、8），由黏盘和黏盘柄连接；9. 花粉团在去除黏盘和黏盘柄后的地方有一个小孔（箭头所示）；10～11. 花药帽的正面（10）和背面（11）。缩写：a=花药；ac=花药帽；aw=花药壁；c=蕊柱；ds=中萼片；l=唇瓣；ls=侧萼片；p=花瓣；po=花粉团；r=蕊喙；st=柱头腔；sti=黏盘柄；v=黏盘。

四十、凤蝶兰属 *Papilionanthe* Schltr.

附生草本。茎圆柱形，伸长，向上攀缘或下垂，分枝或不分枝，具多数节，疏生多数叶。叶肉质，细圆柱状，先端钝或急尖，基部具关节和鞘，近轴面具纵槽；叶鞘厚革质，紧抱茎，宿存。花序在茎上侧生，不分枝，花通常大；萼片和花瓣宽阔，先端圆钝；唇瓣基部与蕊柱足连接，3裂；侧裂片近直立且与蕊柱平行或围抱蕊柱，中裂片先端扩大而常2～3裂；距漏斗状圆锥形或长角状。合蕊柱粗短，近圆柱形，基部具明显的蕊柱足；蕊喙细长。花粉团蜡质，2枚，具沟；黏盘柄宽三角形或近方形；黏盘大，比黏盘柄宽。

全属约11种，分布于中国南部至东南亚。我国有2种，产于云南南部和西藏东南部，本书全部收录，其分别为白花凤蝶兰和凤蝶兰。前者叶先端锐尖，离先端1～2cm处骤然缢缩而变狭，花乳白色，有时染有淡粉红色；后者叶先端钝，近先端处不缢缩，花为紫红色。

本属的模式种：*Papilionanthe teres* (Roxb.) Schltr. (*Dendrobium teres* Roxb.).

凤蝶兰 *Papilionanthe teres*

108. 白花凤蝶兰 *Papilionanthe biswasiana* (Ghose et Mukerjee) Garay

植株形态特征：附生植物。茎质地坚硬，直立或下垂，粗壮，圆柱形，常不分枝。叶互生，疏离，肉质，斜立，圆柱形。总状花序通常比叶短，具1～3朵花；花苞片稍肉质，宽卵状三角形，先端钝。（图2-108A）

图2-108A　白花凤蝶兰*Papilionanthe biswasiana*

花形态解剖特征：花大，开展，质地薄，乳白色或有时染有淡粉红色（图2-108B：1、2）。中萼片和侧萼片相似，倒卵形，先端圆钝，侧萼片基部贴生在蕊柱足上；花瓣倒卵形，先端圆形，基部收狭，边缘多少不整齐；唇瓣基部着生于蕊柱足末端，3裂；侧裂片直立，2裂；中裂片伸展，近扇形（图2-108B：1、2）。柱头顶生，凹陷呈浅宽杯状，有蕊喙（图2-108B：3～6）。药帽长圆状卵球形，白色，生于蕊柱顶端背侧（图2-108B：3、7、8）。花药2室，各有1对花粉团，黄色，基部有黏盘，呈圆卵形（图2-108B：9、10）。

地理分布：产于云南南部（勐腊、勐海、景洪）。生于海拔1700～1900m的山地林中树干上。分布于缅甸、泰国。模式标本采自云南。

花期：4月。

濒危等级：EN。

图2-108B　白花凤蝶兰*Papilionanthe biswasiana* 的花形态解剖特征

1～2. 花的正面（1）和侧面（2）；3～4. 合蕊柱的正面；5～6. 合蕊柱侧面（5）和背面（6）；7～8. 花药帽正面（7）和背面（8）；9～10. 花粉团正面（9）和背面（10）。缩写：a=花药；c=蕊柱；cf=蕊柱足；ds=中萼片；l=唇瓣；ls=侧萼片；o=子房；p=花瓣；po=花粉团；r=蕊喙；sp=花距；st=柱头腔；v=黏盘。

109. 凤蝶兰 *Papilionanthe teres* (Roxb.) Schltr.

图2-109A 凤蝶兰*Papilionanthe teres*

植株形态特征：附生植物。茎坚硬，粗壮，圆柱形，伸长而向上攀缘。叶斜立，疏生，肉质，深绿色，圆柱形，先端钝。总状花序比叶长，疏生2～5朵花；花序柄粗壮，疏被3～4枚膜质鞘；花苞片稍肉质、宽卵形，先端钝。（图2-109A）

花形态解剖特征：花大，质地薄，开展（图2-109B：1、2）。花瓣较大，近圆形，先端钝，亦具网状脉；唇瓣侧裂片背面深紫红色，内面黄褐色，近倒卵形，中裂片前伸，倒卵状三角形，先端深紫红色2裂，上面黄褐色，被短毛，距漏斗状倒圆锥形（图2-109B：1、2）。合蕊柱短，上端白色渐变为粉色，蕊柱足白色（图2-109B：3）；花柱头顶生，凹陷呈浅宽杯状，有蕊喙（图2-109B：4～6）。花药帽卵球形，黄色，生于蕊柱顶端背侧（图2-109B：5～7）。花药2室，各有1对花粉团，黏盘为透明白色，黏盘柄倒披针形（图2-109B：7～9）。

地理分布：产于云南南部。生于林缘或疏林中树干上，海拔约600m。分布于尼泊尔、不丹、印度、缅甸、泰国、老挝、越南。

花期：5—6月。

濒危等级：VU。

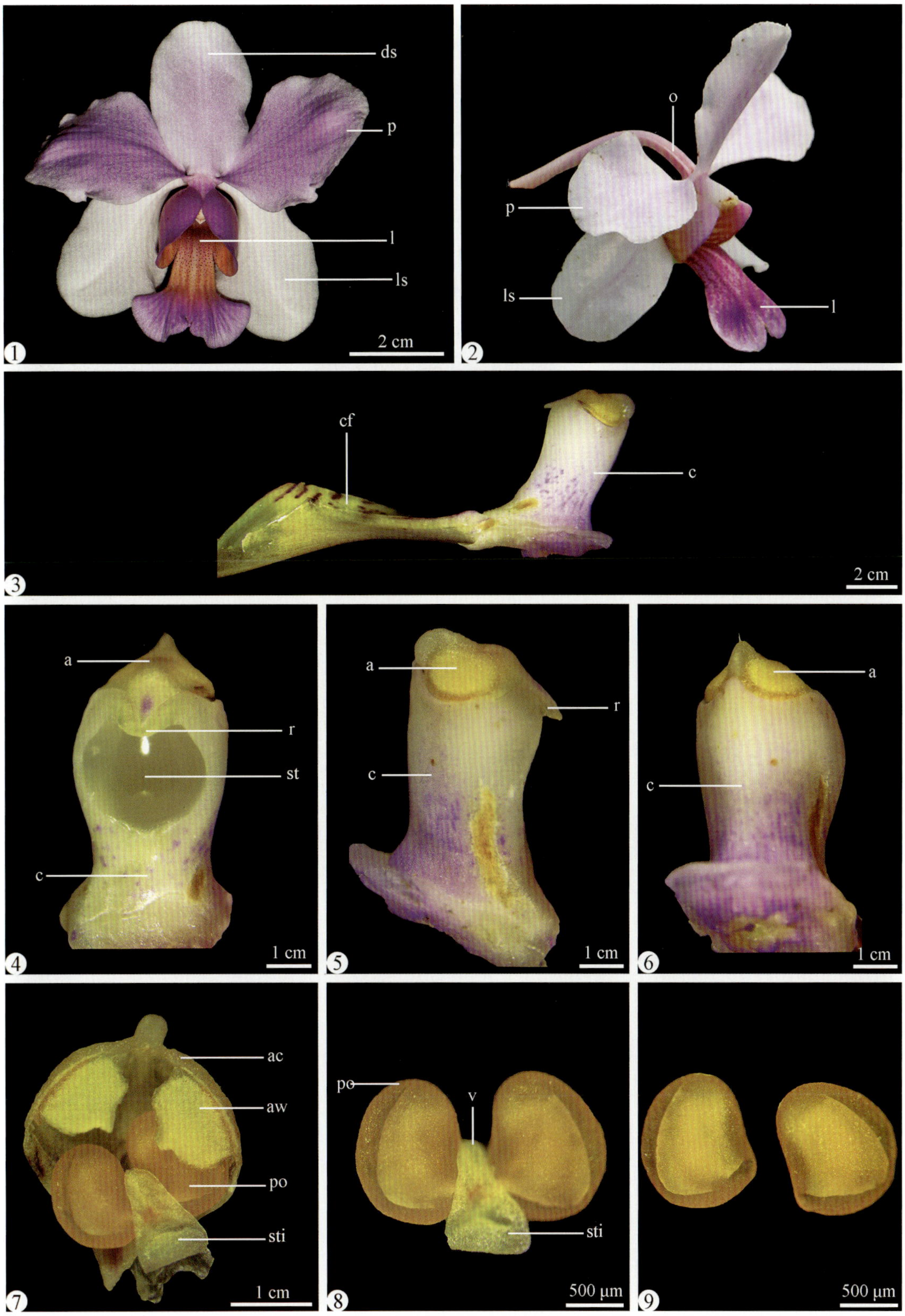

图2-109B　凤蝶兰*Papilionanthe teres*的花形态解剖特征

1～2. 花的正面（1）和侧面（2）；3. 蕊柱以及蕊柱足的侧面；4～6. 蕊柱的正面（4）、侧面（5）和背面（6）；7. 花药；8～9. 花粉块。缩写：a=花药；ac=花药帽；aw=花药壁；c=蕊柱；cf=蕊柱足；ds=中萼片；l=唇瓣；ls=侧萼片；o=子房；p=花瓣；po=花粉团；r=蕊喙；st=柱头腔；sti=黏盘柄。

四十一、巾唇兰属 *Pennilabium* J. J. Smith

小型的附生草本。茎短，具少数密生的叶。叶扁平稍肉质，椭圆形或长圆形，先端不等侧2裂，基部多少扭转并且具关节和鞘。花序侧生于茎，伸长，不分枝；花序轴短而扁，具少数花；花苞片2列互生；花中等大，在花序轴上由下至上逐渐开放，花期很短；萼片离生，相似等大；花瓣相似于萼片而稍小，边缘常有齿；唇瓣贴生于蕊柱基部，无关节，3裂；侧裂片大或小，前端边缘具齿或流苏；中裂片肉质，很小或为较明显的肉质实心体。距细长，常向末端膨大，内侧无附属物和隔膜，距壁较薄。蕊柱短，稍背腹压扁，无蕊柱足；柱头大；蕊喙狭长，2裂。花粉团蜡质，2枚，近球形，全缘（不裂）；黏盘柄长匙形，上部约为2枚花粉团直径的宽，下部纤细；黏盘小，近圆形，稍比黏盘柄的基部宽。

全属约10种，分布于从印度东北部、我国南部、泰国、马来西亚至印度尼西亚和菲律宾。我国仅1种，产于云南。

本属模式种：*Pennilabium angraecum* (Ridl.) J. J. Smith (*Saccolabium angraecum* Ridl.)

云南巾唇兰*Pennilabium yunnanense*

110. 云南巾唇兰 *Pennilabium yunnanense* S. C. Chen & Y. B. Luo

植株形态特征：附生植物。茎直立，叶长圆形，先端近急尖并且不等侧2裂，基部稍扭转，具宿存的鞘。总状花序侧生于茎的基部，近下垂，具2～3朵花；花序轴短而扁；花苞片2列互生，卵状三角形，先端急尖。（图2-110A）

图2-110A　云南巾唇兰*Pennilabium yunnanense*

花形态解剖特征：花黄色，质地薄（图2-110B：1）。中萼片狭长圆形，先端渐尖；侧萼片镰刀状长圆形，与中萼片等大，先端渐尖；花瓣狭长圆形，先端渐尖，全缘，具暗紫红色斑点，尤其在中部以下（2-110B：1、2）；唇瓣3裂；侧裂片大，近匙形，先端圆形，前端边缘具不规则的齿；中裂片近舌形，先端锐尖，边缘全缘（图2-110B：1～3）；距圆筒形，末端圆形；距口上缘抬起（图2-110B：2）。蕊柱短，为紫色（图2-110B：4、5）。花粉团蜡质，2枚，近球形，全缘（不裂）；黏盘柄从基部向上扩大；黏盘质地较厚，椭圆形（图2-110B：6、7）。

地理分布：产于云南南部。海拔约1300m，生于茶树树干上。泰国、印度东北部也有分布。模式标本采自印度东北部。

花期：9月。

濒危等级：VU。

图2-110B　云南巾唇兰*Pennilabium yunnanense*的花形态解剖特征

1～2. 花的正面（1）和侧面（2）；3～5. 蕊柱和唇瓣的极面（3）和侧面（4、5）；6～7. 花粉块的正面（6）和侧面（7）。缩写：ac=花药帽；c=蕊柱；ds=中萼片；l=唇瓣；ls=侧萼片；ml=唇瓣中裂片；p=花瓣；po=花粉团；sp=花距；sti=黏盘柄；v=黏盘。

四十二、蝴蝶兰属 *Phalaenopsis* Bl.

附生草本。根肉质，发达，从茎的基部或下部的节上发出，长而扁。茎短，具少数近基生的叶。叶质地厚，扁平，椭圆形、长圆状披针形至倒卵状披针形，通常较宽，基部多少收狭，具关节和抱茎的鞘，花时宿存或花期在旱季时凋落。花序侧生于茎的基部，直立或斜出；花苞片小，比花梗和子房短；花期长，开放；萼片近等大，离生；花瓣通常近似萼片而较宽阔，基部收狭或具爪；唇瓣基部具爪，贴生于蕊柱足末端，无关节，3裂；侧裂片直立，与蕊柱平行，基部不下延，与中裂片基部不形成距；中裂片较厚，伸展；唇盘在两侧裂片之间或在中裂片基部常有肉突或附属物。合蕊柱较长，中部常收窄，通常具翅，基部具蕊柱足；蕊喙狭长，2裂；药床浅。药帽半球形。花粉团蜡质，2枚，近球形，每个半裂或劈裂为不等大的2片；黏盘柄近匙形，上部扩大，向基部变狭；黏盘片状，比黏盘柄的基部宽。

全属约80种，分布于热带亚洲至澳大利亚。我国有12种，产于南方诸省（区、市）。

本属模式种：*Phalaenopsis amabilis* (L.) Bl. (*Epidendrum amabile* L.)

版纳蝴蝶兰*Phalaenopsis manii*

111. 大尖囊兰 *Phalaenopsis deliciosa* Rchb. f.

图2-111A　大尖囊兰*Phalaenopsis deliciosa*

植株形态特征：附生植物。茎短。叶片基生，2列，纸质，倒卵状披针形或有时椭圆形，先端钝并且稍钩曲，基部楔形收狭，然后扩大为彼此套迭的鞘，边缘波状。花序斜出或上举，上部常分枝；花序柄暗绿色；密生数朵小花；花梗和子房纤细；花苞片很小，卵状三角形，先端急尖。（图2-111A）

花形态解剖特征：花整体为白紫色，萼片和花瓣浅白色带淡紫色斑纹（图2-111B：1、2）。中萼片近椭圆形先端钝；侧萼片斜卵形，先端稍钝；花瓣近倒卵形，先端钝（图2-111B：1、2）；唇瓣3裂，基部无爪；侧裂片白色带淡紫色条纹，直立，倒卵形，先端圆形，基部下延并且与中裂片基部形成宽圆锥形的距，其前端稍凹缺；中裂片平伸，中部以下淡紫色，倒卵状楔形，先端白色，深凹，除下弯的两侧边缘和先端白色外，其余紫色，上面中央稍凸起呈纵向的脊突（图2-111B：1～3）；花距短，黄棕色（图2-111B：2）。合蕊柱浅紫色，蕊柱足上具紫色斑点；蕊喙深2裂，裂片狭长（图2-111B：4～6）。花粉团整体呈现白色，黏盘柄匙形，黏盘近椭圆形（图2-111B，7、8）。花药帽白色，近半球形，前端稍伸长，先端近截形而凹缺（图2-111B：9）。

地理分布：产于海南。生于海拔450～1100m的山地林中树干上或山谷岩石上。广泛分布于斯里兰卡、印度、热带喜马拉雅、缅甸、老挝、越南、柬埔寨、泰国、马来西亚、印度尼西亚、菲律宾。

花期：7月。

濒危等级：VU。

备注：《中国植物志》描述蕊柱为白色，基部稍粉红色；本文作者观察到蕊柱为淡紫色。

图2-111B　大尖囊兰*Phalaenopsis deliciosa*的花形态解剖特征

1～2. 花的正面（1）和底面（2）；3. 唇瓣的正面；4～6. 合蕊柱正面（4）、侧面（5）、背面（6）及子房；7. 带药帽、黏盘柄和黏盘的花粉团；8. 取下药帽后带黏盘柄和黏盘的花粉团；9. 花药帽背面。缩写：a=花药；ac=花药帽；c=蕊柱；cf=蕊柱足；ds=中萼片；l=唇瓣；ll=唇瓣的侧裂片；ls=侧裂片；ml=唇瓣的中裂片；o=子房；p=花瓣；po=花粉团；r=蕊喙；sp=花距；st=柱头腔；sti=黏盘柄；v=黏盘。

112. 罗氏蝴蝶兰 *Phalaenopsis lobbii* (Rchb. f.) H. R. Sweet

植株形态特征：附生植物。茎丛生，缩短，基部分枝。叶2～4枚，基生，2列，宽椭圆形，先端不等侧2裂。花序直立，总状花序，具2～4朵花；花苞片小，椭圆形，钝；花白色，柱状膨大的基部有一些不规则分布的棕色斑点。（图2-112A）

图2-112A　罗氏蝴蝶兰*Phalaenopsis lobbii*

花形态解剖特征：花白色，开展（图2-112B：1）。中萼片长圆状椭圆形，侧萼片有点反折，斜卵形到近圆形，钝圆形，贴生于柱足；花瓣倒卵形近匙形，钝圆形（图2-112B：1）；唇瓣3浅裂；侧裂片直立，镰刀形，平行于中部，然后分叉并形成"U"形结构，锐尖；中裂片肾形，凹，侧缘浅弯曲，钝圆形；4个丝状附属物的基部胼胝体重叠在半圆形的肾形胼胝体上，具有微小的不规则的近小齿边缘（图2-112B：1、2）。花药帽白色透明状，前端收狭（图2-112B：3）。花粉团淡黄色，2枚，每枚劈裂为不等大的2片；黏盘柄近匙形，上部扩大，向基部变狭（图2-112B：4、5）。

地理分布：产于云南东南部（麻栗坡）。不丹、印度、缅甸、越南也有分布。附生于海拔600m以下的开阔森林的树干上。

花期：3—5月。

濒危等级：EN。

图2-112B　罗氏蝴蝶兰*Phalaenopsis lobbii* 的花形态解剖特征

1. 花的正面；2. 唇瓣，示胼胝体；3. 花药帽；4～5. 花粉团。缩写：a=花药；ds=中萼片；l=唇瓣；ls=侧萼片；p=花瓣；po=花粉团；sti=黏盘柄；v=黏盘。

113. 麻栗坡蝴蝶兰 *Phalaenopsis malipoensis* Z. J. Liu & S. C. Chen

植株形态特征：附生植物。茎较短。叶片3～5枚，近基生，长圆形到椭圆形。总状花序3～4个，生于茎基部，疏生3朵或4朵花；花序梗绿色，具2～4枚膜质鞘；花苞片黄绿色，三角状披针形。（图2-113A）

图2-113A 麻栗坡蝴蝶兰*Phalaenopsis malipoensis*

花形态解剖特征：花白色，开展，唇瓣白色带橘色或橘黄色（图2-113B：1）。中萼片长圆状椭圆形；花瓣匙形；唇瓣3浅裂；侧裂片直立，近平行，中间分叉形成“U”形复合结构，近披针形；中裂片宽三角形；花盘中间有2个橙褐色的愈伤组织（图2-113B：1～3）；基部胼胝体深分叉，具新月形的冠状附属物横向位于中间附近，胼胝体的每个臂分成2个丝状线形触角到3mm（图2-113B：3）。合蕊柱较短，白色，上端扩大（图2-113B：4）。花药帽白色半透明状（图2-113B：5、6），花粉团2枚，黄色；黏盘柄白色透明状（图2-113B：7、8）。

地理分布：产于云南东南部（红河）。生于海拔600～1300m的石灰山林中树上或林下岩石上。

花期：4—5月。

濒危等级：EN。

图2-113B　麻栗坡蝴蝶兰*Phalaenopsis malipoensis*的花形态解剖特征

1～2. 花的正面（1）和侧面（2）；3. 唇瓣；4. 合蕊柱的正面；5～6. 花药帽的正面（5）和背面（6）；7～8. 花粉团的正面（7）和背面（8）。缩写：a=花药；ds=中萼片；l=唇瓣；ls=侧萼片；o=子房；p=花瓣；po=花粉团；st=柱头腔；sti=黏盘柄。

114. 版纳蝴蝶兰 *Phalaenopsis mannii* Rchb. f.

植株形态特征：附生植物。茎粗厚，具数个节，上部通常具4～5枚叶。叶两面绿色，长圆状倒披针形或近长圆形，先端锐尖，基部楔形收狭并且具1个关节和鞘，花期具叶。花序1～2个，侧生于茎，常斜出或下垂，疏生少数至多数花；花序柄粗壮，被1～2枚苞片状的鞘；花苞片披针形。（图2-114A）

图2-114A　版纳蝴蝶兰*Phalaenopsis mannii*

花形态解剖特征：花开展，质地厚，萼片和花瓣橘红色带紫褐色横纹斑块（图2-114B：1、2）。中萼片倒卵状披针形，先端锐尖；侧萼片斜卵状椭圆形，先端急尖并且多少镰刀状弯曲，花瓣近长圆形，先端锐尖（图2-114B：1、2）；唇瓣白色，基部长爪，3裂；侧裂片直立，近长方形，斜截形；中裂片厚肉质，横向，锚状，先端圆钝，边缘细锯齿状，中部隆起具直立的须状附属物（图2-114B：2～4）。合蕊柱除基部紫褐色外，其余黄色，长约8mm，基部两侧各具1个近三角形的臂状物；蕊柱足长约4mm，腹面紫色（图2-114B：4～6）。花粉团黄色，2枚，近椭圆形，每个为不等侧的半裂；黏盘柄白色透明状，上端逐渐扩大（图2-114B：6～8）。花药帽黄色，半球形，前端半圆形，先端凹缺（图2-114B：5）。

地理分布：产于云南南部（勐腊）。生于海拔1350m的常绿阔叶林中树干上。分布于尼泊尔、印度东北部、缅甸、越南。模式标本采自印度东北部。

花期：3—4月。

濒危等级：EN。

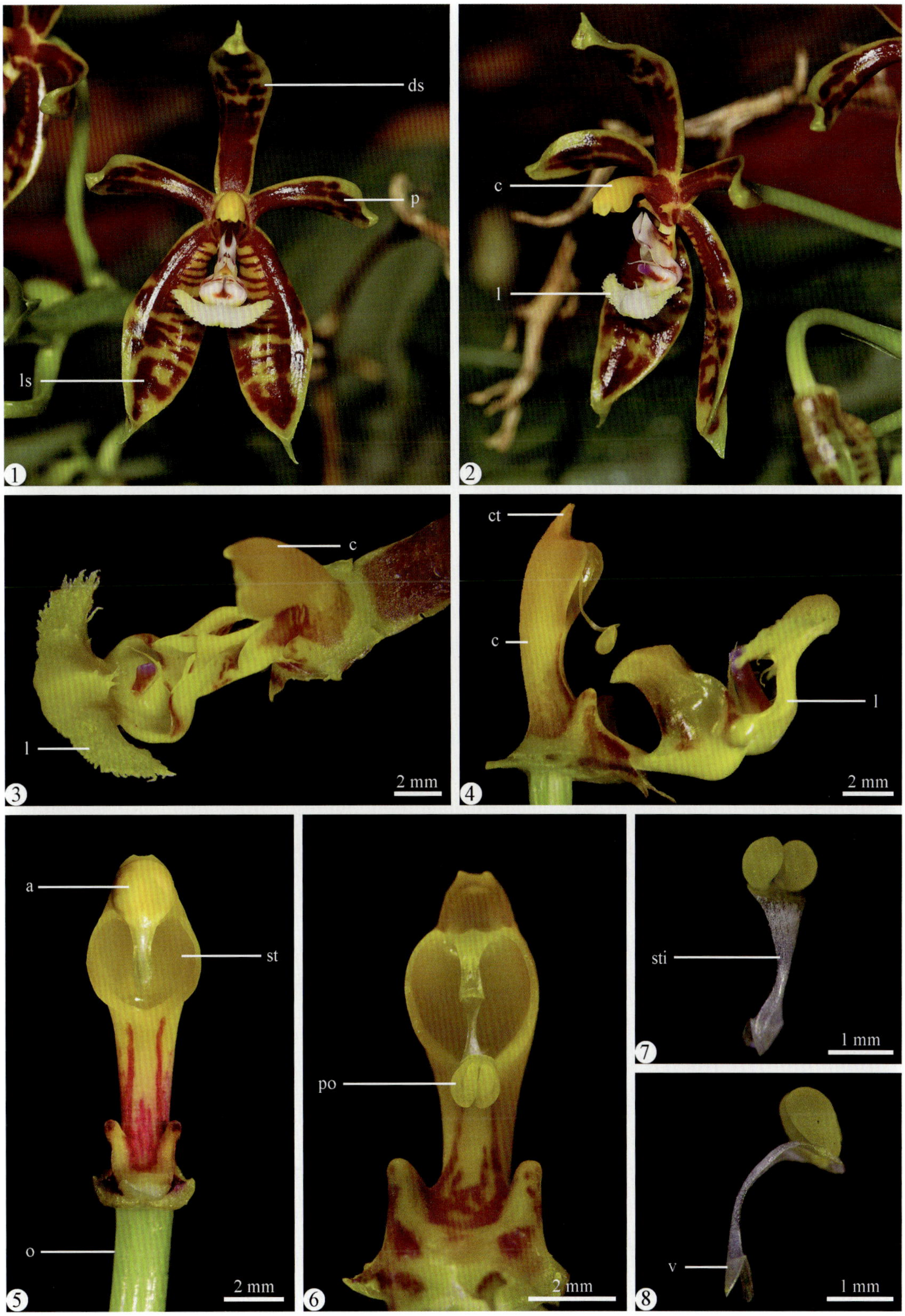

图2-114B　版纳蝴蝶兰*Phalaenopsis mannii*的花形态解剖特征

1～2. 花的正面（1）和侧面（2）；3. 合蕊柱的极面，示唇瓣正面；4～5. 合蕊柱的侧面（4）和正面（5）；6. 花药帽脱落后的合蕊柱；7～8. 花粉块的正面（7）和侧面（8）。缩写：a=花药；c=蕊柱；ct=蕊柱齿；ds=中萼片；l=唇瓣；ls=侧萼片；o=子房；p=花瓣；po=花粉团；st=柱头腔；sti=黏盘柄；v=黏盘。

115. 湿唇兰 *Phalaenopsis marriottiana* (Rchb. f.) Kocyan & Schuit.

植株形态特征：附生植物。总状花序，茎粗壮。叶肉质，长圆形，基部通常楔形收狭，平行脉在背面中肋稍隆起。花序柄粗壮；花序轴长；花苞片大，宽卵形；花大，花瓣肉质，花色以黄色为主，花瓣正面遍布紫褐色斑点。（图2-115A）

图2-115A　湿唇兰*Phalaenopsis marriottiana*

花形态解剖特征：花黄色，开展（图2-115B：1、2）。萼片和花瓣黄色密布暗紫色斑点；萼片近相似，近宽倒卵形，先端钝，在背面中肋隆起呈龙骨状；花瓣宽卵形，先端钝（图2-115B：1、2）；唇瓣贴生于蕊柱基部，长约为萼片的一半，3裂；侧裂片小，白色，近圆形；中裂片较大，楔状扇形，先端钝，基部（位于距口处）具1个直立的附属物，上面紫丁香色，具1条纵向脊突（图2-115B：3）。蕊柱黄白色，向前微弯，顶端两侧具三角形蕊柱齿；蕊喙狭长，下弯（图2-115B：4～5）。药帽白色，前端收狭（图2-115B：6）。黄色花粉团2枚，劈裂为不等大的2片；黏盘近圆形，黏盘柄半透明状（图2-115B：7）。

地理分布：产于云南南部。生长在海拔800～1100m的山地疏林中树干上。还分布于印度、缅甸、泰国、老挝和越南。

花期：6—7月。

濒危等级：NT。

图2-115B　湿唇兰*Phalaenopsis marriottiana*的花形态解剖特征.

1～2. 花的正面（1）和侧面（2）；3. 唇瓣极面及侧面；4～5. 蕊柱的侧面（4）和正面（5）；6. 花药帽正面及背面；7. 花粉块的正面和背面。缩写：a=花药；aw=花药壁；c=蕊柱；ds=中萼片；l=唇瓣；ls=侧萼片；p=花瓣；po=花粉团；r=蕊喙；st=柱头腔；sti=黏盘柄；v=黏盘。

116. 滇西蝴蝶兰 *Phalaenopsis stobartiana* Rchb. f.

植株形态特征：附生草本。茎很短。花序侧生于茎的基部，1～2个，常斜立，不分枝，疏生2～4朵花；花序柄疏生2～3枚鞘；花苞片卵状三角形，先端锐尖。（图2-116A）

图2-116A 滇西蝴蝶兰*Phalaenopsis stobartiana*

花形态解剖特征：花伸展，萼片和花瓣褐绿色（图2-116B：1、2）。中萼片长圆状椭圆形，先端钝，基部稍收狭；侧萼片稍斜卵状椭圆形，先端近锐尖，基部稍收狭并且贴生在蕊柱足上；花瓣椭圆状倒卵形，先端钝，基部楔形收狭；唇瓣深紫色，3裂，基部楔形收狭，（图2-116B：1、2）。蕊柱紫白色，柱头腔宽且凹陷，向外扩张（图2-116B：3～5）。药帽淡黄色近球形，顶部短而尖（图2-116B：6、7）。花粉团2枚，每枚劈裂为不等大的2片，由透明的黏盘柄连接至箭形黏盘（图2-116B：8、9）。

地理分布：分布于云南西部。生于海拔1250m的山地林中树干上。还分布于缅甸（模式标本产地）。

花期：5-6月。

濒危等级：CR。

图2-116B　滇西蝴蝶兰*Phalaenopsis stobartiana*的花形态解剖特征

1. 花序；2. 花的正面；3～5. 蕊柱正面（3）、侧面（4）及背面（5）；6～7. 保留花药帽的花药结构的正面（6）和背面（7）；8～9. 花粉块的正面（8）和背面（9）。缩写：a=花药；ac=花药帽；c=蕊柱；ct=蕊柱齿；ds=中萼片；l=唇瓣；ls=侧萼片；p=花瓣；po=花粉团；r=蕊喙；st=柱头腔；sti=黏盘柄；v=黏盘。

117. 华西蝴蝶兰 *Phalaenopsis wilsonii* Rolfe

植株形态特征：附生植物。气生根发达，簇生，长而弯曲，表面密生疣状突起。叶稍肉质，两面绿色或幼时背面紫红色，长圆形或近椭圆形，先端钝并且一侧稍钩状，基部稍收狭并且扩大为抱茎的鞘，在旱季常落叶，花时无叶或具1～2枚存留的小叶。花序从茎的基部发出，斜立；花序柄暗紫色；花苞片膜质，卵状三角形。（图2-117A）

图2-117A　华西蝴蝶兰*Phalaenopsis wilsonii*

花形态解剖特征：花开展，萼片和花瓣白色带淡粉红色的中肋或全体淡粉红色（图2-117B：1、2）。中萼片长圆状椭圆形，先端钝；侧萼片与中萼片相似而等大，但近唇瓣一侧的中部以下边缘下弯，花瓣匙形或椭圆状倒卵形（图2-117B：1、2）；唇瓣3裂，基部具爪；侧裂片上半部紫色，下半部黄色，直立，狭长，中部缢缩，上部扩大而先端斜截，在基部（两侧裂片之间）具1个中央对开的肉脊，其中间具穴并且向外（背面）隆起呈乳头状，内面中央的凸缘（脊突）黄色，其先端斜截并且具2个至数个小缺刻；中裂片肉质，深紫色，摊平后呈宽倒卵形或倒卵状椭圆形，先端钝并且稍2裂，边缘白色、下弯而形成倒舟状，上面中央具1条纵向脊突，脊突在近唇瓣先端处强烈增厚而隆起（图2-117B：3、5）。合蕊柱紫色，具蕊喙（图2-117B：3、4）。花药帽白色，顶部尖状且透明，前端稍伸长呈卵状三角形（图2-117B：4、6）。花粉团2枚，近球形，每枚劈裂为不等大的2片（图2-117B：6、7）。

地理分布：产于广西西部、贵州西南部、四川西南部至中部、云南东南部至中部、西藏东南部。生于海拔800～2150m的山地疏生林中树干上或林下阴湿的岩石上。

花期：4—7月。

濒危等级：VU。

图2-117B　华西蝴蝶兰*Phalaenopsis wilsonii*的花形态解剖特征

1～2. 花的正面（1）和侧面（2）；3. 带唇瓣的合蕊柱；4. 合蕊柱侧面；5. 唇瓣正面及侧面；6. 被花药帽包裹的花粉团；7. 花粉团。缩写：a=花药；ac=花药帽；c=蕊柱；ds=中萼片；l=唇瓣；ls=侧萼片；o=子房；p=花瓣；po=花粉团；r=蕊喙；st=柱头腔。

四十三、火焰兰属 *Renanthera* Lour.

附生或半附生草本。茎长，攀缘。叶厚革质，扁平，先端不等侧2圆裂，基部抱茎并且具1个关节和鞘。花序侧生，分枝，总状或圆锥花序；花大，火红色或橘红色带红色斑点，开展；中萼片和花瓣较狭；侧萼片比中萼片大，边缘波状；唇瓣贴生于合蕊柱基部，远比花瓣和萼片小，3裂；侧裂片近直立；中裂片反卷，较小；距圆锥形。合蕊柱粗短；蕊喙大，近半圆形，先端凹缺。花药帽先端近截形而凹缺。花粉团蜡质，4枚，近等大，2枚为1对，其基部具1个弹丝；黏盘柄稍长而宽；黏盘厚，近圆形，宽约为2枚花粉团的直径。

本属共21种，分布于东南亚至热带喜马拉雅。我国分布3种，产于南方热带地区。

本属模式种：*Renanthera coccinea* Lour.

云南火焰兰*Renanthera imischootiana*

118. 中华火焰兰 *Renanthera citrina* Aver.

植株形态特征：附生草本。近直立或多或少攀缘，多叶。叶皮质，质极厚，狭长圆形，深绿色，先端不均匀圆形双叶状，基部具鞘；鞘绿色，具束状。花序单生，通常从上叶腋生起，水平展开，花5～10朵；苞片非常小，膜质；花梗和子房淡黄色。（图2-118A）

图2-118A　中华火焰兰*Renanthera citrina*

花形态解剖特征：花淡黄色，开展，稀疏斑点带紫色（图2-118B：1、2）。中萼片狭长圆形、匙形，基部具爪；花瓣远短于萼片，披针形，先端钝，向基部稍窄（图2-118B：1、2）；唇瓣小，3裂，基部具胚囊，侧裂片直立，卵状披针形，中裂片长约2mm，上半部球状，基部有3个脊（图2-118B：3～5）；花距短圆锥形，无纹饰。合蕊柱黄绿色，短圆柱形，正面具紫色条纹，无蕊柱足（图2-118B：6～8）。花药帽大部分呈现紫色，盔状，顶部呈黄色（图2-118B：9、10）。花粉团4枚，不等大深裂，远轴面较大，近轴面较小，由浅黄色的细圆柱形黏盘柄和黄色的黏盘相连接（图2-118B：11）。

地理分布：产于云南东南部。分布在海拔500～800m的沿山谷的树干或岩石上。

花期：4—5月。

濒危等级：DD

图2-118B　中华火焰兰*Renanthera citrina*的花形态解剖特征

1～2. 花的正面（1）和侧面（2）；3～5. 带唇瓣的合蕊柱极面（3）和侧面（4、5）；6～8. 合蕊柱正面（6、7）和侧面（8）；9～10. 花药帽背面（9）和正面（10）；11. 花粉块，一对不等大深裂花粉团由黏盘和黏盘柄连接而成。缩写：ac=花药帽；ds=中萼片；l=唇瓣；ls=侧萼片；p=花瓣；po=花粉团；st=柱头腔；sti=黏盘柄；v=黏盘。

119. 火焰兰 *Renanthera coccinea* Lour.

植株形态特征：茎攀缘，粗壮，质地坚硬，圆柱形，长1m以上，通常不分枝。叶2列，斜立或近水平伸展，舌形或长圆形，先端稍不等侧2圆裂，基部抱茎并且下延为抱茎的鞘。花序与叶对生，常3～4个，粗壮而坚硬，基部具3～4枚短鞘，常具数个分枝，圆锥花序或总状花序疏生多数花；花苞片小，宽卵状三角形，先端锐尖；花梗和子房淡红色。（图2-119A）

图2-119A　火焰兰 *Renanthera coccinea*

花形态解剖特征：花火红色，开展（图2-119B：1）。中萼片狭匙形，先端钝，边缘稍波状并且其内面具橘黄色斑点；侧萼片长圆形，先端钝，基部收狭为爪，边缘明显波状；花瓣相似于中萼片而较小，先端近圆形，边缘内侧具橘黄色斑点（图2-119B：1、2）；唇瓣3裂；侧裂片直立，不高出合蕊柱，近半圆形或方形，先端近圆形，基部具1对肉质、全缘的半圆形胼胝体（图2-119B：1～3）；中裂片卵形，先端锐尖，从中部下弯；距圆锥形。合蕊柱红色，近圆柱形（图2-119B：4、5）。药帽半球形，前端稍伸长而收狭，先端截形（图2-119B：5）。

地理分布：产于海南（三亚、陵水、保亭、乐东、儋州市、琼中）、广西（资源）。海拔达1400m，攀缘于沟边林缘、疏林中树干上和岩石上。分布于缅甸、泰国、老挝、越南。模式标本采自越南。

花期：4—6月。

濒危等级：EN。

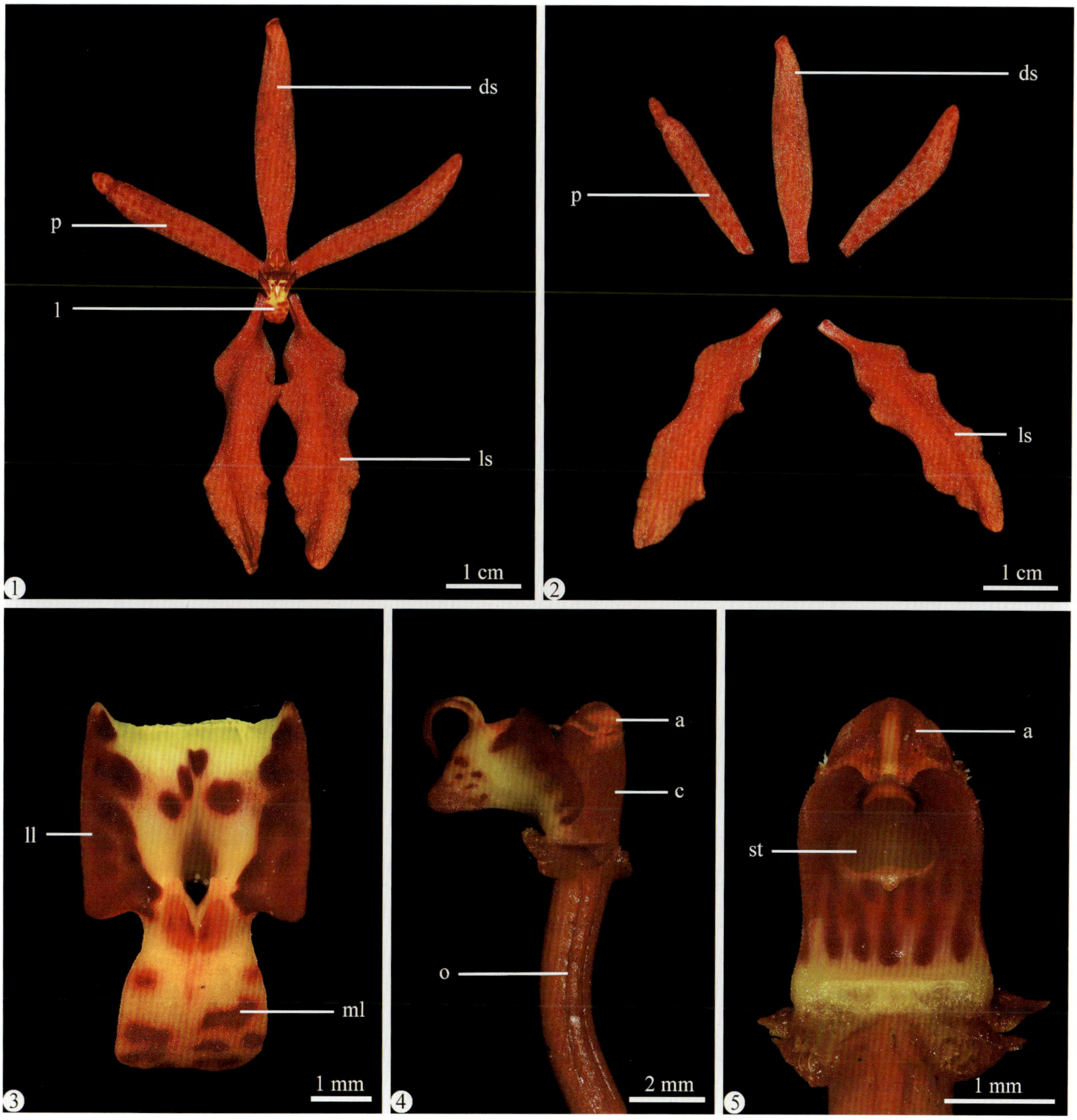

图2-119B　火焰兰*Renanthera coccinea*的花形态解剖特征

1. 花的正面；2. 萼片与花瓣解剖特征；3. 唇瓣三裂；4. 带有唇瓣及子房的合蕊柱侧面；5. 合蕊柱的正面。缩写：a=花药；c=蕊柱；ds=中萼片；l=唇瓣；ll=唇瓣侧裂片；ls=侧萼片；ml=唇瓣中裂片；o=子房；p=花瓣；st=柱头腔。

120. 云南火焰兰 *Renanthera imschootiana* Rolfe

图2-120A　云南火焰兰*Renanthera imschootiana*
（摄影：吴建勇）

植株形态特征：大型附生植物。茎长。叶革质、2列，长圆形，先端稍斜2圆裂，基部具抱茎的鞘。花序腋生，总状花序或圆锥花序；花序轴和花序柄纤细，分枝。（图2-120A）

花形态解剖特征：花开展（图2- 120B：1）。中萼片和花瓣倒披针形，均为浅黄色；2枚侧萼片狭匙形，橘红色（图2-120B：1）。肉质唇瓣小而三裂，侧裂片深紫色，三角形、先端锐尖，直立、高于合蕊柱，基部具2枚边缘不规则的黄色褶片；中裂片卵形，反卷，先端深红色，基部具白色突起瘤状物（图2-120B：2～5）；花距不明显，囊状突起（图2-120B：3）。合蕊柱短，圆柱形、白底带紫红色斑块，柱头腔深陷，下半部呈半圆形，上部开口处有深凹裂缝，构成向内合拢的合蕊柱翅（图2-120B：6）。花药帽盔状、半圆形，外部浅紫色，内壁明显分割为两室，有花药开裂花粉团释放后花药壁残留组织（图2-120B：7、8）。每个药室有1枚花粉团，不等大深裂，远轴面较大，近轴面较小，由白色的细圆柱形黏盘柄和黄色的黏盘相连接（图2-120B：9、10）。

地理分布：产于我国云南南部。生长在海拔500m以下的河谷树上。越南也有分布。

花期：5月。

濒危等级：CR。

图2-120B　云南火焰兰*Renanthera imschootiana*的花形态解剖特征

1. 花的正面；2.唇瓣与合蕊柱；3. 带有唇瓣和花距的合蕊柱侧面；4～5. 三裂的唇瓣，箭头指向为基部褶片（4）和基部瘤状物（5）；6. 合蕊柱的正面；7～8. 花药帽的正面（7）和背面（8）；9～10. 花粉块的背面（9）和正面（10）。缩写：a=花药；ac=花药帽；aw=花药壁；c=蕊柱；ds=中萼片；ll=唇瓣侧裂片；ls=侧萼片；ml=唇瓣中裂片；o=子房；p=花瓣；po=花粉团；sp=花距；st=柱头腔；sti=黏盘柄；v=黏盘。

四十四、钻喙兰属 *Rhynchostylis* Bl.

附生草本。茎粗壮，具肥厚的根。叶2列，多数，肉质状肥厚，常带状，外弯，先端钝、不等侧2圆裂或具牙齿状缺刻，中部以下常呈“V”字形对折，基部具关节和鞘。总状花序在茎上侧生，下垂或斜立，密生许多花；花序柄和花序轴粗壮，具多数肋棱；花美丽，中等大，开展；萼片和花瓣相似，但通常侧萼片较宽而多少歪斜，花瓣较狭；唇瓣贴生于蕊柱足末端，不裂和稍3裂，基部具距；距两侧压扁，末端指向后方。合蕊柱短，具短的蕊柱足。药帽前端收窄；蕊喙小。花粉团蜡质，2枚，球形，每个具半裂的裂隙；黏盘柄狭长，顶端扩大，比花粉团的直径窄得多；黏盘小或大，比黏盘柄宽。

全属约6种，分布于热带亚洲。我国有2种，产于南方热带地区。本书收录1种。

本属模式种：*Rhynchostylis retusa* (L.) Bl. (*Epidendrum retusum* L.).

海南钻喙兰*Rhynchostylis gigantea*

121. 海南钻喙兰 *Rhynchostylis gigantea* (Lindl.) Ridl.

植株形态特征： 附生植物。茎直立，粗壮，较长，具数节，不分枝。叶肉质，彼此紧靠，宽带状，外弯，先端钝并且不等侧2圆裂，基部具抱茎的鞘。花序腋生，下垂，2～4个，通常比叶短；花序柄粗壮；密生许多花。（图2-121A）

图2-121A 海南钻喙兰*Rhynchostylis gigantea*
（摄影：罗艳）

花形态解剖特征： 花开展，白色带紫红色斑点，质地较厚（图2-121B：1）。萼片近相似，椭圆状长圆形，先端钝，具5条主脉；花瓣长圆形，比萼片小，先端钝，基部收狭，具5条主脉；唇瓣肉质，深紫红色，贴生在蕊柱足上，向外伸展，近倒卵形，基部具1对脊突，上部3裂；侧裂片圆形，直立，中裂片比侧裂片小得多，先端稍凹缺，唇盘稍有疣状突起（图2-121B：1、2）。蕊柱紫红色，粗短，蕊柱足不甚明显；蕊喙近圆形，先端凹缺（图2-121B：3～5）。药帽白色，半球形，前端收狭而呈三角形（图2-121B：6、7）。花粉团黄色，2枚；黏盘柄线形，扁，顶端多少扩大呈半圆形；黏盘披针形，比黏盘柄短而宽（图2-121B：8、9）。

地理分布： 产于海南（陵水、三亚市、昌江、白沙、澄迈）。生于海拔约1000m的山地疏林中树干上。分布于越南、老挝、柬埔寨、缅甸、泰国、马来西亚、新加坡、印度尼西亚。模式标本采自缅甸。

花期： 1—4月。

濒危等级： EN。

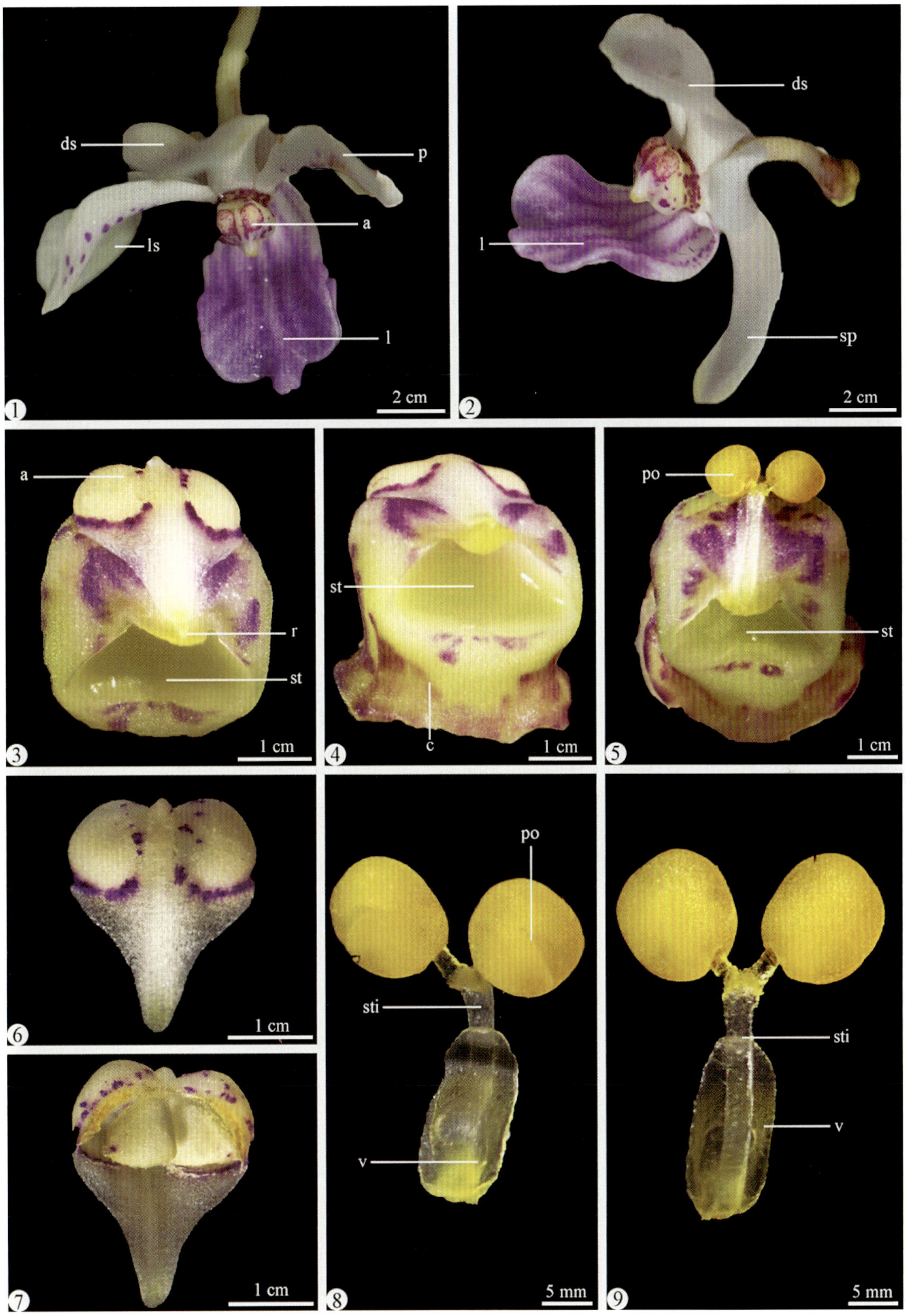

图2-121B　海南钻喙兰*Rhynchostylis gigantea*的花形态解剖特征

1~2. 花的正面（1）和侧面（2）；3~5. 有花药帽的蕊柱（3、4）及去除花药帽的蕊柱（5）；6~7. 花药帽的正面（6）和背面（7）；8~9. 花粉块的正面（8）和背面（9）。缩写：a=花药；ds=中萼片；l=唇瓣；ls=侧萼片；p=花瓣；po=花粉团；r=蕊喙；sp=花距；st=柱头腔；sti=黏盘柄；v=黏盘。

四十五、匙唇兰属 *Schoenorchis* Bl.

附生草本。茎短或伸长，细圆柱形，下垂或斜立，有时分枝，具数节至多个节。叶肉质，扁平而狭长或对折呈半圆柱形或中下部“V”字形，先端钝或锐尖，2浅裂或不裂，基部具关节和抱茎的叶鞘。总状花序或圆锥花序下弯，具许多小花；花肉质，不甚开展，萼片近相似，花瓣比萼片小；唇瓣厚肉质，牢固地贴生于蕊柱基部，比花瓣长，基部具圆筒形或椭圆状长圆筒形的距，3裂；侧裂片直立，上缘平截；中裂片较大，常呈匙形；距大，通常与子房平行；蕊柱粗短，两侧具伸展的翅，无蕊柱足。柱头位于蕊柱基部；蕊喙2裂。药帽半球形，前端伸长并且向上翘。花粉团蜡质，近球形，4枚，每不等大的2枚组成1对；黏盘柄狭长，着生于黏盘中部，黏盘比黏盘柄宽而大。

约为24种，分布于热带亚洲至澳大利亚和太平洋岛屿。我国有3种，产于南方热带地区。本书收录1种。

本属后选模式种：*Schoenorchis juncifolia* Bl.

匙唇兰*Schoenorchis gemmata*

122. 匙唇兰 *Schoenorchis gemmata* (Lindl.) J. J. Sm.

植株形态特征：茎质地稍硬，下垂，通常弧曲状下弯，稍扁圆柱形，不分枝。叶扁平，伸展，对折呈狭镰刀状或半圆柱状向外下弯，基部具紧抱于茎的鞘；圆锥花序从叶腋发出，比叶长或多少等长，密生许多小花；花序柄和具肋棱的花序轴紫褐色，纤细；花苞片小，卵状三角形，先端急尖；花梗和子房紫红色。（图2–122A）

图2–122A　匙唇兰*Schoenorchis gemmata*

花形态解剖特征：花小，不甚开展（图2–122B：1）。中萼片紫红色，卵形，先端钝；侧萼片紫红色，近唇瓣的一侧边缘白色，稍斜卵形，先端钝，在背面中肋稍隆起呈龙骨状；花瓣紫红色，倒卵状楔形，先端截形而其中央凹缺；唇瓣匙形，3裂；侧裂片紫红色，直立，半卵形；中裂片白色，厚肉质，匙形，向前伸展，先端钝，基部具短爪（图2–122B：1～3）；距紫红色，与子房平行，圆锥形，末端钝（图2–122B：3、4）。花粉团蜡质，近球形，4枚，每不等大的2枚组成1对；黏盘柄狭长，着生于黏盘中部，黏盘比黏盘柄宽而大（图2–122B：5、6）。

地理分布：产于福建南部、香港、海南、广西、云南和西藏东南部。生于海拔250～2000m的山地林中树干上。尼泊尔、印度、缅甸、泰国、老挝、越南也有分布。

花期：3—6月。

濒危等级：LC。

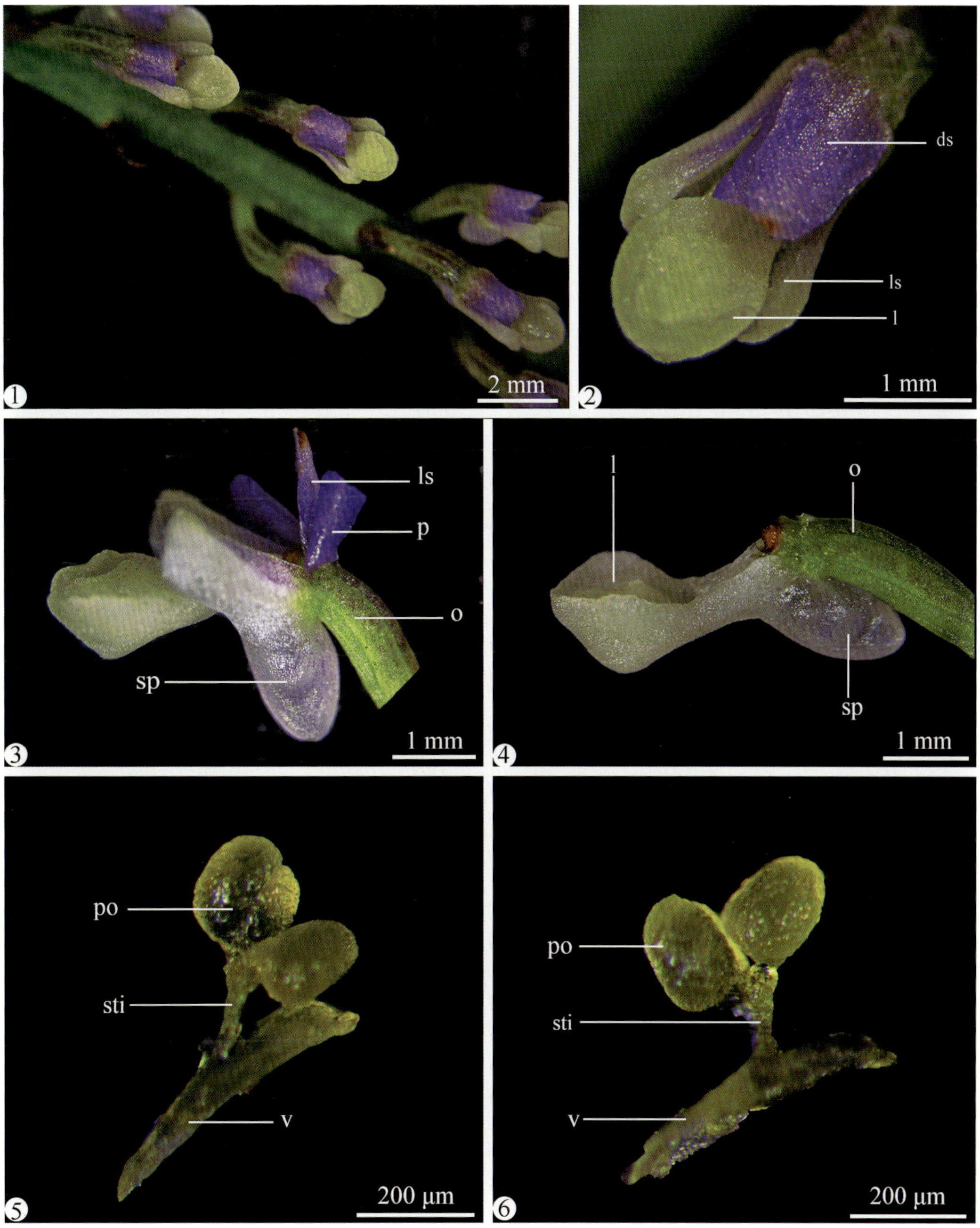

图2-122B　匙唇兰*Schoenorchis gemmata*的花形态解剖特征

1. 总状花序；2～3. 花的正面（2）和侧面（3）；4. 蕊柱和唇瓣的侧面；5～6. 花粉块的侧面（5）和正面（6）。缩写：ds=中萼片；l=唇瓣；ls=侧萼片；o=子房；p=花瓣；po=花粉团；sp=花距；sti=黏盘柄；v=黏盘。

四十六、万代兰属 *Vanda* Jones ex R. Br.

附生草本。茎直立或斜立，少有弧曲上举的，短或伸长，粗壮，质地坚硬，具短的节间或多数叶，下部节上有发达的气根。叶扁平，常狭带状，2列，彼此紧靠，先端具不整齐的缺刻或啮蚀状，中部以下常多少对折呈“V”字形，基部具关节和抱茎的鞘。总状花序从叶腋发出，斜立或近直立，疏生少数至多数花，花大或中等大，艳丽，通常质地较厚；萼片和花瓣近似，或萼片较大，基部常收狭而扭曲，边缘多少内弯或皱波状，有时伸展，多数具方格斑纹；唇瓣贴生在不明显的蕊柱足末端，3裂；侧裂片小，直立，基部下延并且与中裂片基部共同形成短距或罕有呈囊状的；中裂片大，向前伸展；距内或囊内无附属物和隔膜。合蕊柱粗短，常在下部两侧变宽，基部具不明显的蕊柱足；蕊喙短钝，2裂；花药帽半球形。花粉团蜡质，近球形，2枚，每个半裂或具裂隙；黏盘柄短而宽，上部较狭；黏盘宽大，常比黏盘柄或花粉团宽。

约40种，分布于我国和亚洲其他热带地区。我国有9种，产于南方热带地区。

本属模式种：*Vanda tesselata* (Roxb.) G. Don (*V. roxburghii* R. Br.).

大花万代兰*Vanda coerulea*

123. 白柱万代兰 *Vanda brunnea* Rchb. f.

植株形态特征：附生植物。茎具多数短的节间和多数2列而披散的叶。叶带状，先端具2～3个不整齐的尖齿状缺刻。花序出自叶腋，1～3个，不分枝，疏生3～5朵花；花序柄被2～3枚宽短的鞘；花苞片宽卵形，先端钝；花梗连同子房为白色，多少扭转，具棱。（图2-123A）

图2-123A　白柱万代兰*Vanda brunnea*

花形态解剖特征：花质地厚，萼片和花瓣多少反折（图2-123B：1～3）。萼片和花瓣正面具黄褐色带紫褐色网格纹，边缘多少波状；萼片近等大，倒卵形，先端近圆形，基部收狭呈爪状；花瓣相似于萼片而较小；唇瓣3裂；侧裂片白色，直立，圆耳状或半圆形，长等于宽；中裂片提琴形，基部与先端几乎等宽，先端2圆裂（图2-123B：1～3）。合蕊柱白色稍带淡紫色晕，粗壮（图2-123B：4、5）。药帽半球形淡黄白色（图2-123B：6、7）。花粉团蜡质，近球形，2枚，每个半裂或具裂隙；黏盘扁圆形（图2-123B：8）。

地理分布：产于云南东南部至西南部。生于海拔800～1800m的疏林中或林缘树干上。分布于缅甸、泰国。

花期：3月。

濒危等级：VU。

图2-123B　白柱万代兰*Vanda brunnea*的花形态解剖特征

1～3. 花的正面（1）、侧面（2）和背面（3）；4～5. 花粉团落入柱头（4）及凹陷的柱头（5）；6～7. 花药帽的正面（6）和背面（7）；8. 花粉块。缩写：ac=花药帽；c=蕊柱；ds=中萼片；l=唇瓣；ls=侧萼片；o=子房；p=花瓣；po=花粉团；r=蕊喙；st=柱头腔；v=黏盘。

124. 大花万代兰 *Vanda coerulea* Griff. ex Lindl.

植株形态特征：附生植物。茎粗壮，具多数2列的叶。叶厚革质，带状，下部常“V”字形对折。花序1～3个，近直立，不分枝；花序疏生数朵花；花序柄被3～4枚膜质筒状鞘；花苞片宽卵形。（图2–124A）

图2–124A　大花万代兰*Vanda coerulea*

花形态解剖特征：花大，质地薄，天蓝色（图2–124B：1、2）。萼片相似于花瓣，宽倒卵形，先端圆形，基部楔形或收窄为短爪；花瓣先端圆形，基部收窄为短爪；唇瓣3裂；侧裂片白色，内面具黄色斑点，狭镰刀状，直立，先端近渐尖；中裂片深蓝色，舌形，向前伸，先端近截形并且其中央凹缺（图2–124B：1、2）。合蕊柱粗短，下部两侧变宽（图2–124B：3～5）。花药帽淡紫色，半球形，顶端具一条脊状凸起（图2–124B：3～5）。花粉团蜡质，近球形，2枚，每个半裂或具裂隙；黏盘柄短而宽，上部较狭；黏盘宽大，常比黏盘柄宽（图2–124B：6～8）。

地理分布：产于云南南部（勐海、景洪）。生于海拔1000～1600m的河岸或山地疏林中树干上。分布于印度东北部、缅甸、泰国。模式标本采自印度东北部。

花期：10—11月。

濒危等级：EN。

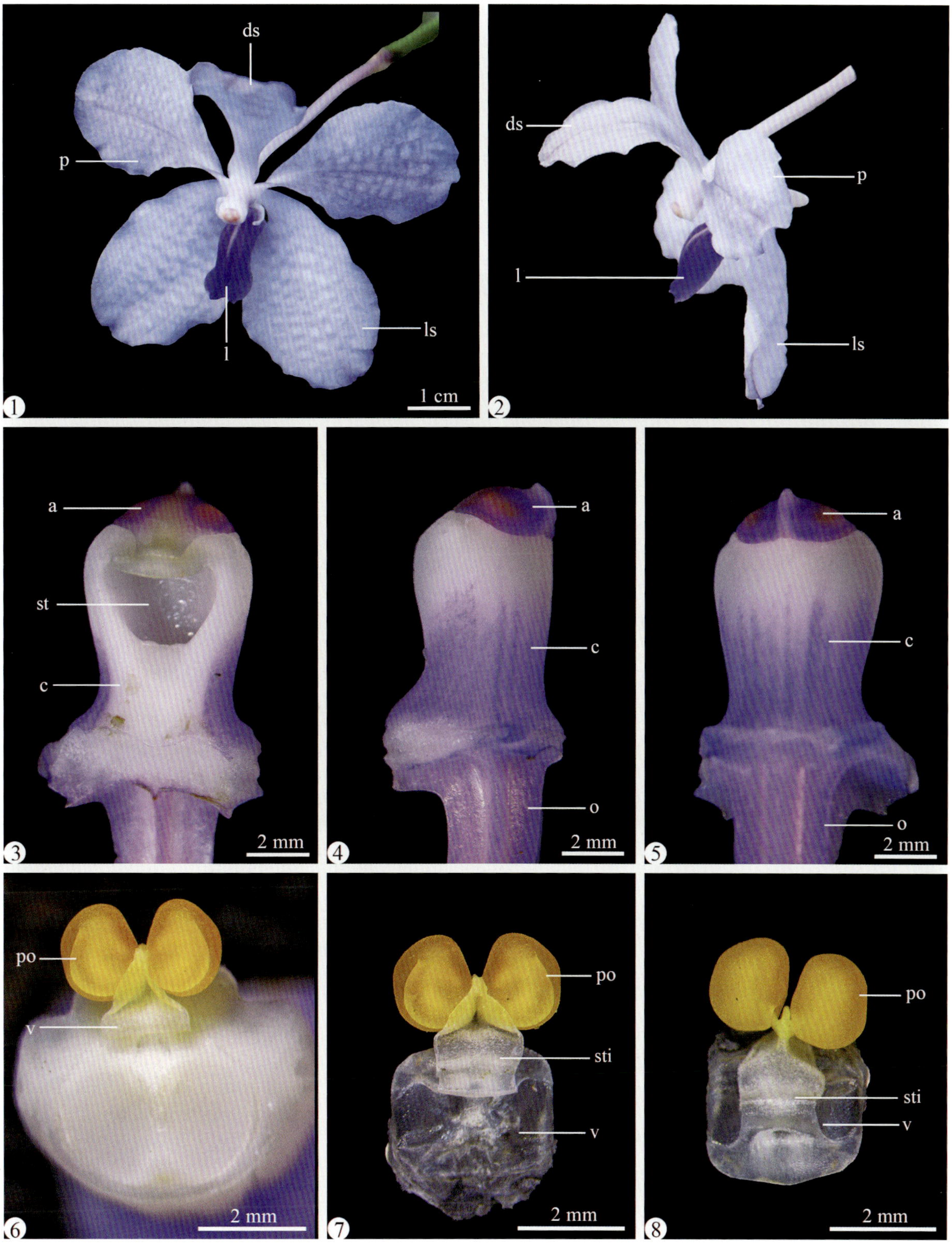

图2-124B　大花万代兰*Vanda coerulea*的花形态解剖特征

1～2. 花的正面（1）和侧面（2）；3～5. 蕊柱的正面（3）、侧面（4）和背面（5）；6. 蕊柱顶端；7～8. 花粉块的正面（7）和背面（8）。缩写：a=花药；c=蕊柱；ds=中萼片；l=唇瓣；ls=侧萼片；o=子房；p=花瓣；po=花粉团；st=柱头腔；sti=黏盘柄；v=黏盘。

125. 叉唇万代兰 *Vanda cristata* Lindl.

植株形态特征：附生植物。茎直立，具数枚紧靠的叶。叶厚革质，2列，斜立而向外弯，带状，中部以下多少“V”字形对折，先端斜截并且具3个细尖的齿。花序腋生，直立，2～3个，具1～2朵花；花苞片黄绿色。（图2-125A）

图2-125A　叉唇万代兰*Vanda cristata*

花形态解剖特征：花开展，质地厚，萼片和花瓣黄绿色，向前伸展（图2-125B：1～3）。中萼片长圆状匙形，先端钝；侧萼片披针形，与中萼片等大，先端钝，多少围抱唇瓣的两侧而并列前伸，在背面中肋龙骨状突起；花瓣镰状长圆形，先端稍尖（图2-125B：1～3）；唇瓣比萼片长，3裂；侧裂片卵状三角形，背面黄绿色，内面具污紫色斑纹，先端钝；中裂片近琴形，上面白色带污紫色纵条纹，背面两侧为污紫色，其余黄绿色，先端叉状2深裂，裂片先端常又稍2裂（图2-125B：3、4、6）。合蕊柱很短，白色（图2-125B：5、6）。花药帽黄白色，顶端具一条脊状凸起（图2-125B：7、8）。花粉团2枚，黄色，近球形（图2-125B：9、10）。

地理分布：产于云南西南部（镇康）、西藏东南部（墨脱）。生于海拔700～1650m的常绿阔叶林中树干上。分布于尼泊尔至西喜马拉雅的热带地区。模式标本采自尼泊尔。

花期：5月。

濒危等级：EN。

图2-125B 叉唇万代兰*Vanda cristata*的花形态解剖特征

1～2. 花近侧面；3.花被片；4.唇瓣正面与合蕊柱顶面；5. 合蕊柱的正面；6. 合蕊柱及唇瓣侧面；7～8. 花药帽正面（7）和背面（8）；9～10. 带黏盘和黏盘柄的花粉团。缩写：a=花药；c=蕊柱；ds=中萼片；l=唇瓣；ls=侧萼片；p=花瓣；po=花粉团；st=柱头腔；sti=黏盘柄；v=黏盘。

四十七、拟万代兰属 *Vandopsis* Pfitz.

附生或半附生草本。茎粗壮，伸长，斜立或下垂，有时分枝，具多数叶。叶肉质或革质，2列，密生或疏生，狭窄或带状，先端具缺刻，基部具关节和宿存而抱茎的鞘。花序侧生于茎，长或短，近直立或下垂，通常不分枝，罕有具短分枝，具多数花；花大，萼片和花瓣相似；唇瓣比花瓣小，牢固地着生于蕊柱基部，基部凹陷呈半球形或兜状，3裂；侧裂片通常较小；中裂片较大，长而狭，两侧压扁，上面中央具纵向脊突。合蕊柱粗短，无蕊柱足；蕊喙不明显，先端近截形稍凹缺。花粉团蜡质，近球形，2枚，每个劈裂为不等大的2片，或4片，每不等大的2枚组成1对；黏盘柄舌形或披针形，上部变狭；黏盘马鞍形或近肾形，比花粉团的直径宽。

全属约5种，分布于我国至东南亚和新几内亚岛。我国有2种，产于广西和云南。

本属模式种：*Vandopsis lissochiloides* (Gaud.) Pfitz. (*Fieldia lissochiloides* Gaud.).

126. 拟万代兰 *Vandopsis gigantea* (Lindl.) Pfitz.

图2-126A 拟万代兰*Vandopsis gigantea*

植株形态特征：植株大型。茎质地坚硬，粗壮，具2列的叶。叶肉质，外弯，宽带形先端钝。花序出自叶腋；花序柄和花序轴粗厚，稍肉质；总状花序下垂，密生多数花；花苞片多少肉质，宽卵形；花梗和子房黄绿色，粗壮。（图2-126A）

花形态解剖特征：花金黄色带红褐色斑点，肉质，开展（图1-126B：1、2）。中萼片近倒卵状长圆形；侧萼片近椭圆形，与中萼片等大，背面中肋向先端增厚而隆起；花瓣倒卵形，比中萼片小，先端钝（图1-126B：2）；唇瓣较花瓣小，3裂；侧裂片具淡紫色斑点，斜立，近倒卵形，先端钝；中裂片向前伸，狭长，稍两侧压扁（图1-126B：2、3）。合蕊柱白色，粗短，上端两侧各具1个淡紫色斑点（图1-126B：3、4）。药帽淡黄色（图1-126B：5、6）。花粉团蜡质，近球形，2枚，每个半裂或具裂隙；黏盘扁圆形（图1-126B：7、8）。

地理分布：产于广西西南部、云南南部。生于海拔800～1700m的山地林缘或疏林中，附生于大乔木树干上。老挝、越南、泰国、缅甸、马来西亚也有分布。

花期：3—4月。

濒危等级：LC。

图2-126B　拟万代兰*Vandopsis gigantea*的花形态解剖特征

1. 总状花序；2. 花的正面；3. 蕊柱以及唇瓣的侧面；4. 蕊柱正面；5~6. 花药帽的背面（5）和正面（6）；7~8. 花粉块的正面（7）和背面（8）。缩写：c=蕊柱；ds=中萼片；l=唇瓣；ls=侧萼片；p=花瓣；po=花粉团；r=蕊喙；st=柱头腔；sti=黏盘柄；v=黏盘。

第三章

兰科花粉
超微形态

Chapter 3

兰科花粉超微形态

棒距玉凤花 *Habenaria mairei*

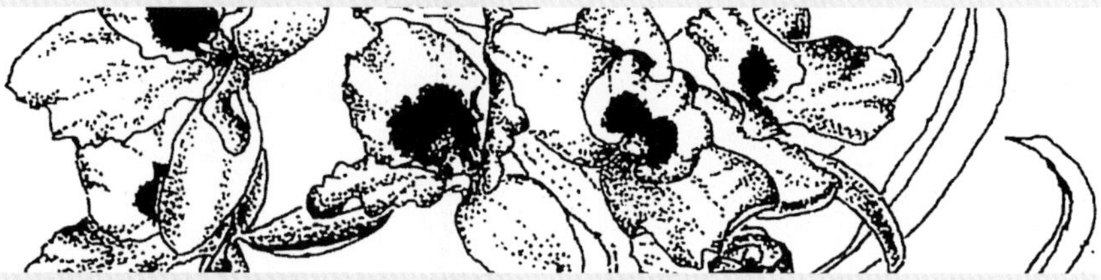

花粉粒、黏性花粉、花粉小块和花粉团的超微特征在亚科、族、亚族和属间变化多样，具有重要的分类学和系统学意义（Schill & Pfeiffer，1977；Burnse-Balogh，1983；Burns-Balogh & Bernhardt，1985；Burns-Balogh & Hesse，1988；Pacini *et al.*，1997；Pacini & Hasse，2002；Blackmore *et al.*，2007）。研究表明，兰科植物中亲缘关系较近的属的花粉形态特征相似性程度高，如手参属（*Gymnadenia*）和兜被兰属（*Neottianthe*）（席以珍等，2000），玉凤花属（*Habenaria*）（Mulgaonkar，2007；Passarelli & Rolleri，2010）。当取样范围具有一定的代表性时，就很容易获得某个类群的花粉形态特征的演化趋势。石斛属（18种）有3条明显的演化路线（Bhupendra *et al.*，2012），种间差异明显，外壁纹饰可分为光滑、穴状或颗粒状等纹饰，有助于近缘种的鉴别（王艳萍等，2021）。分布于热带美洲的Pleurothallidinae亚族的21个属的花粉团的形态及花粉外壁纹饰在属间变化多样，具2条明显的演化路线（Stenzel，2000）。玉凤花属（4种）的花粉外壁纹饰比较相似，均为网状纹饰（Mulgaonkar，2007；Passarelli & Rolleri，2010）。

花粉超微形态特征不仅在系统分类方面提供形态证据，而且对于理解兰科高度适应性进化的传粉生物学很有帮助。鸟巢兰族（Neottieae）是一类花粉散粉时以单粒或四合花粉为主的兰花，在树兰亚科中很少见（Pacini & Hasse，2002）。一项关于鸟巢兰族5属10种兰花的花粉扫描电镜观察揭示了该族的花粉外壁的覆盖层特征在系统树上呈现为由少到多增厚的演化趋势，同时单粒花粉仅出现在有蜜腺回报的类群中，而四合花粉见于没有回报的欺骗性传粉的兰花（Barone *et al.*，2014）。此外，花粉超微形态结果表明，兰科植物中存在着假花粉粒的现象，如石斛属（Davies & Turner，2014）和*Maxillaria*属（Kamin *et al.*，2013），两者在超微形态结构方面区别明显。假花粉粒的出现也许是兰科植物传粉生态适应性进化的一个机制（Davies & Turner，2014）。

中国兰科植物花粉形态研究资料较少，仅见于内蒙古几种兰科植物的花粉形态（弓耀明，1986）、几种手参属植物的花粉研究（席以珍等，2000）、几种常见的栽培兰花品种的花粉特征（孙崇波等，2010）、5种杓兰属植物的花粉（陈丽飞等，2013）、扇脉杓兰的花粉超微结构（闫晓娜等，2014）和14种石斛属植物的花粉团超微特征（王艳萍等，2021）。这些研究结果为理解中国兰科植物的花粉形态多样性提供了基础，但关于其系统演化意义的探究还需补充新资料。

考虑到花粉形态特征在兰科分类系统和传粉生物学方面的重要作用，本文选择了中国产的3亚科13属15种兰花为研究对象，利用扫描电镜分别观察了它们的花粉粒、黏花粉粒、花粉小块和花粉团的外壁纹饰，以及花粉团的数量、形态、排列及黏盘和黏盘柄等附属结构的特征，为进一步理解兰科花粉形态多样性提供新资料。

本章利用扫描电镜观察花粉超微特征的材料制备和分析方法如下。取新鲜开放花固定于50%乙醇，24小时后转70%乙醇，常温保存。在解剖镜下分离出花粉团及附属结构，采用乙醇梯度脱水，经临界点干燥，放置在粘有导电胶的样品台，利用E-1045离子溅射装置喷金镀膜后，在扫描电子显微镜（Zeiss Evo LS10）下分别放大1000倍和2000倍观察花粉团外壁纹饰特征，拍照并记录。由于花粉团的上半部（背面）的表面纹饰特征较稳定，因此选择该部位为主要拍照区域。挑选出来的照片，用图像编辑软件Photoshop CS 6.0进行排版。兰花结构术语参考《中国兰科植物鉴别手册》（陈心启等，2009），花粉团超微形态特征描述参考《种子植物花粉电镜图志》（韦仲新，2003）。

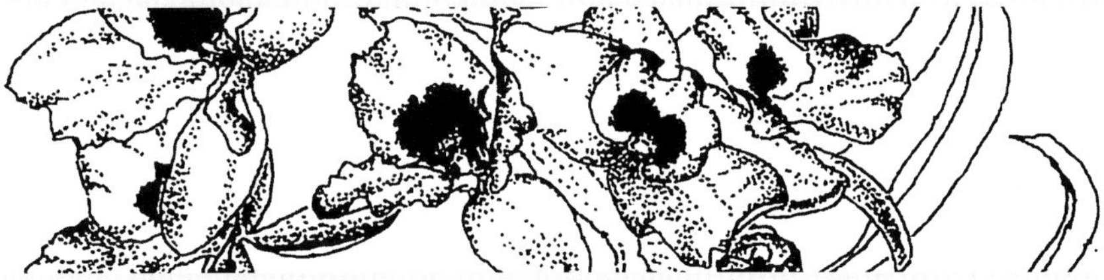

I 黏性花粉粒超微形态——杓兰亚科

花粉粒是指花粉成熟时呈颗粒状，为花粉单体。兰科的花粉粒主要出现在五个亚科系统树上的基部类群，包括拟兰亚科、杓兰亚科和香荚兰亚科。根据花粉黏性程度，又分为干花粉粒（dry pollens）和黏花粉粒（sitcky pollens）。干花粉粒（dry pollens）是指成熟花药的散粉单元为松散的花粉单体（loosen monad），呈颗粒状，出现在具有3枚可育雄蕊的拟兰亚科（Kocyan & Endress，2001）。该亚科包括三蕊兰属（*Neuwiedia* Bl.）和拟兰属（*Apostasia* Bl.）。它们雄蕊的花药多低于柱头，但花药开裂方式不同，前者为纵裂，后者为顶孔开裂，适应蜜蜂传粉（Dressler，1993；Endress，1994）。关于拟兰亚科的花粉粒形态前人已有过研究，由于缺乏材料，本文没有收录该亚科的花粉形态。

黏性花粉粒（sitcky pollens）指的是成熟花药的散粉单元（PDU）为具有黏性的花粉粒，呈糨糊状（pasty）或粉状，可为粉状或黏液状的单花粉粒（pollens）或两两黏合为花粉单体（monad）或四合花粉（tetrad），出现在香荚兰亚科和杓兰亚科。众所周知，杓兰亚科具有2枚可育雄蕊和1枚退化雄蕊，这是兰科中唯一具有2枚侧萼片愈合为合萼片、唇瓣特化为囊状、中央有1枚退化雄蕊等特征的独特类群，具有较高的分类识别度。值得一提的是，杓兰亚科的2枚可育雄蕊几乎没有花丝，分别着生在唇瓣两侧，位于传粉者的必经之路。传粉生物学研究揭示了杓兰亚科有报酬和无报酬的异花传粉机制与其精巧的花结构陷阱（elaborated trap-flowers）之间密切相关，如退化雄蕊形态、花瓣上的斑点、囊状唇瓣内部的蜜腺和刺毛等在不同的传粉机制有不同的变异（Dressler，1981、1993；Endress，1994；vander Cingel，1995、2010）。通常，传粉者被醒目的花形态结构或气味所诱惑，很容易失足跌落进囊状的唇瓣，为了逃离陷阱，昆虫必须通过唇瓣两侧靠近花药的通道往外爬。在逃离的过程中，传粉昆虫的背部就会蹭到黏性花粉粒。研究发现，黏在传粉者体表的花粉粒为花粉单体涂片（smears of monads）或四合花粉的状态（Bänziger，1996；Bänziger *et al.*，2005；Merhoff，1983；Pansarin，2003；van der Pijl & Dodson，1966）。对于无报酬的欺骗性传粉的花来说，其座果率明显较低（Neiland & Wilcock 1998）。

黏性花粉粒出现在杓兰亚科和香荚兰亚科，均为兰科的次基部类群，关于香荚兰亚科花粉形态研究资料较少，因材料缺乏，本文没有收录。杓兰亚科分布于欧亚大陆和美洲，包括5属180种（Pridgeon *et al.*，2001），属和物种的数目在兰科中的占比都很小，不到百分之一。中国有杓兰属和兜兰属，各有50多种和80余种，本文观察了1种杓兰属和3种兜兰属植物的花粉超微特征。

1. 云南杓兰 *Cypripedium yunnanense* Franch.

云南杓兰的花粉为典型的黏性花粉粒，花粉之间由明显的黏性物质相连接，构成形状不规则的黏性花粉，呈片状或团状（图3-1：1、2）。花粉外壁纹饰为瘤状，花粉表面具明显的瘤状突起，大小不等（图3-1：3、4）。

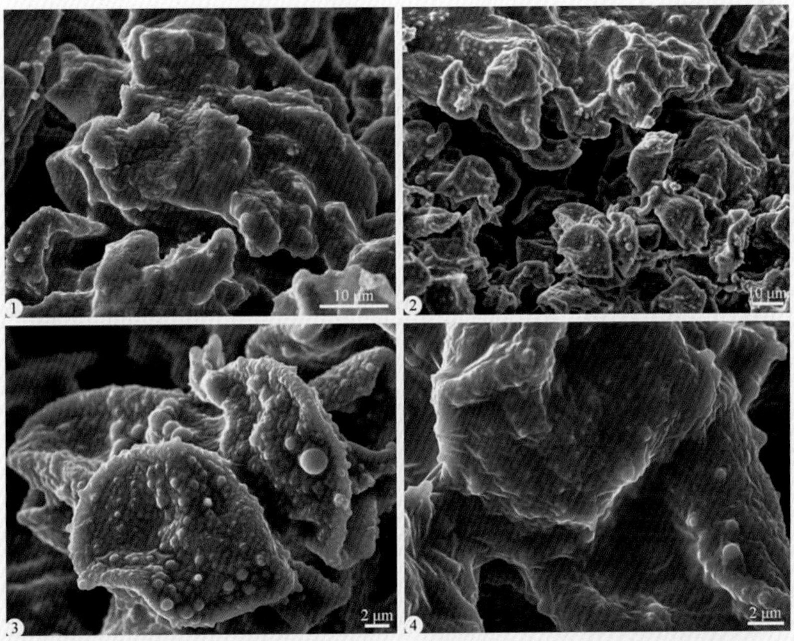

图3-1　云南杓兰（*Cypripedium yunnanense*）的黏性花粉超微形态

1～2. 花粉之间有明显的黏性物质连接，构成由单花粉或四合花粉组合的散粉单元；3～4. 花粉表面不光滑，密布大小不等的瘤状突起。

2. 杏黄兜兰 *Paphiopedilum armeniacum* S. C. Chen et F. Y. Liu

杏黄兜兰的花粉形态为黏性单花粉粒，表面具有皱波状纹饰（图3-2：1～3）。

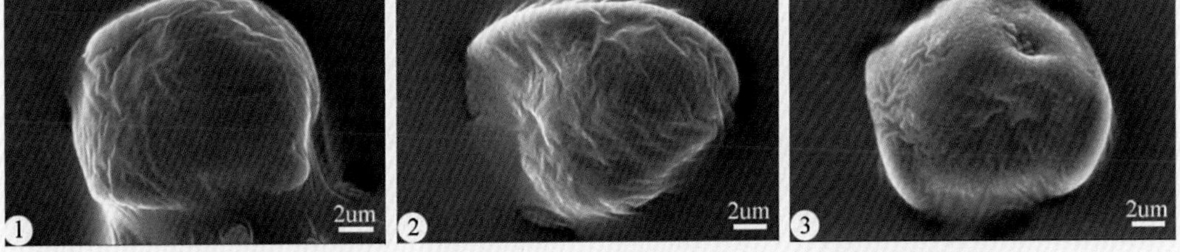

图3-2　杏黄兜兰（*Paphiopedilum armeniacum*）的黏性花粉超微形态

1～3. 花粉表面具有皱波状纹饰。

3. 硬叶兜兰 *Paphiopedilum micranthum* T. Tang et F. T. Wang

硬叶兜兰的花粉形态表现出较为典型的黏性花粉粒特征（图3-3：1、2），花粉之间由浓厚的黏性物质将其以单花粉粒或四合花粉的形式高度黏合在一起（图3-3：1～7），构成传粉效率较高的散粉单元。四合花粉排列方式有线形和“T”形等（图3-3：3、4）。花粉表面具皱波状纹饰（图3-3：5～8）。

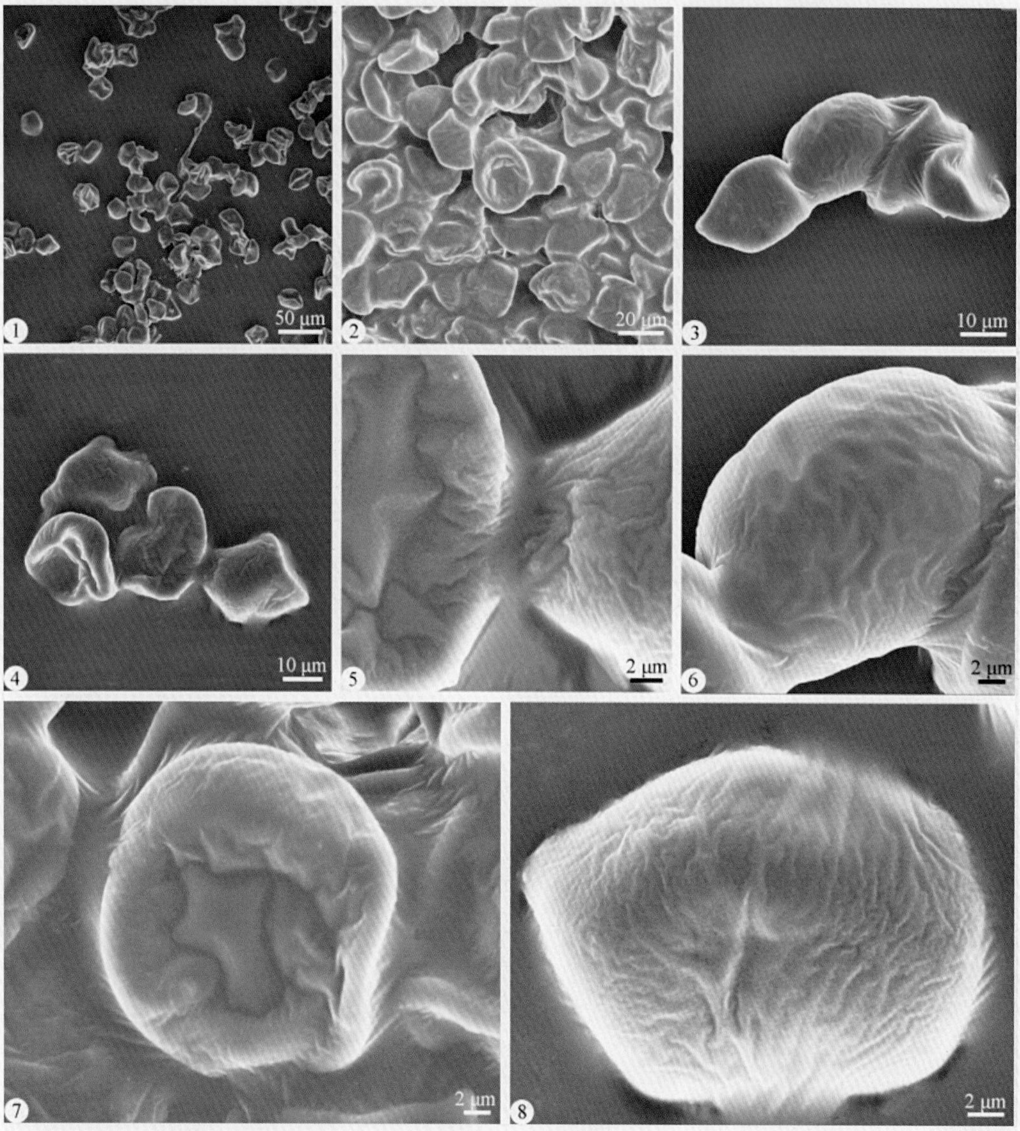

图3-3　硬叶兜兰（*Paphiopedilum micranthum*）的黏性花粉的超微形态

1～2. 低倍镜下黏性花粉粒形态；3～4. 四合花粉，排列方式为线形（3）和“T”形（4）；5～7. 花粉粒之间存在明显的黏性物质；8. 花粉粒表面具皱波状纹饰。

4. 紫纹兜兰 *Paphiopedilum purpuratum* (Lindl.) Stein

紫纹兜兰的成熟花药内的花粉粒黏合在一起形成松软的黏性花粉团块（图3-4：1）。单个花粉粒周围被一层黏性物质包裹，不同单分体花粉间相互粘连在一起（图3-4：2）。单分体花粉呈扁平形（图3-4：3、4），表面平滑（图3-4：2）或有褶皱（图3-4：3、4）。

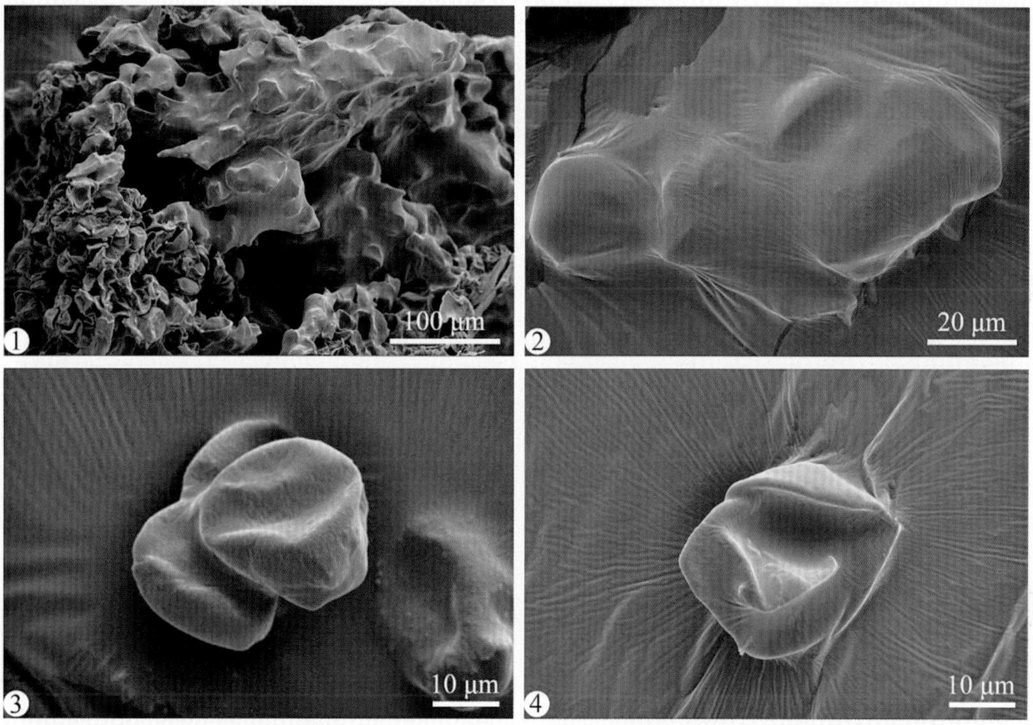

图3-4　紫纹兜兰（*Paphiopedilum purpuratum*）黏性花粉的超微形态

1. 成熟花药，示内部花粉粒通过黏性物质粘连在一起；2～4. 单分体花粉被黏性物质包裹，形态不规则，表面光滑或有褶皱。

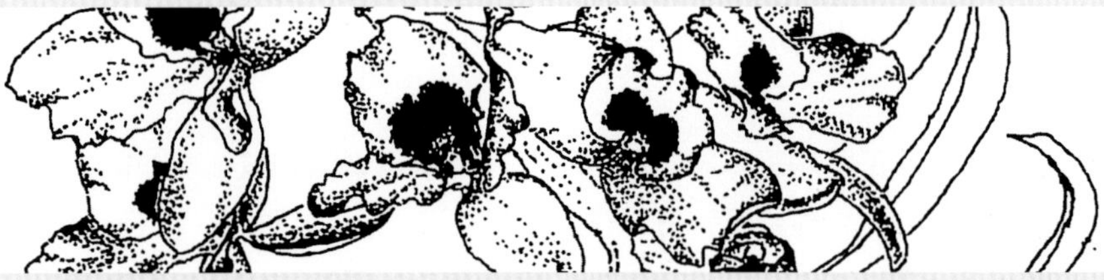

Ⅱ 可分割花粉团超微形态——兰亚科

如前文所述，在兰科系统演化中，从种类极少的拟兰亚科、杓兰亚科和香荚兰亚科的干性花粉粒、黏性花粉粒，到兰亚科中的花粉凝聚成松软结构的可分割的花粉团时，真正意义上的花粉团出现了（Bänziger，1996；Bänziger *et al.*，2005；Singer *et al.*，2008）。花粉团是一个孢子囊中所有花粉黏合成一个散粉单元的集合（Johnson & Edwards，2000；Verhoeven & Venter，2001）。这在一定程度上提高了异花传粉的效率（Singer & Sazima，1999、2000、2001；Singer *et al.*，2008），是兰科演化路线上物种多样性急剧增加的第一个重要变革性特征（Dressler，1993；Givnish*et al.*，2015）。

花粉小块出现在兰亚科。兰亚科是兰科演化系统中的核心类群之一，大多为多年生地生植物，少数为腐生植物，包括了7个族，约180属3630种，约占兰科组成的15%（Pridgeon *et al.*，2001）。本文观察了绶草属、玉凤花属和鸟足兰属各1种，仍需更多资料来揭示其系统分类和适应性演化意义。

5. 绶草 *Spiranthes sinensis* (Pers.) Ames

绶草的成熟花药具有2个软花粉团，小孢子母细胞减数分裂形成四合花粉粒，四合花粉粒通过花粉团柄结合成松软的花粉团。由于本次采集的花粉团处于末花期，经过乙醇系列脱水后，花粉团已经散开成四合花粉（图3-5：1）。四合花粉多为正四面体形（图3-5：2）和十字交叉形（图3-5：3、4）。四合花粉粒具细网状的外壁纹饰（图3-5：5、6）。

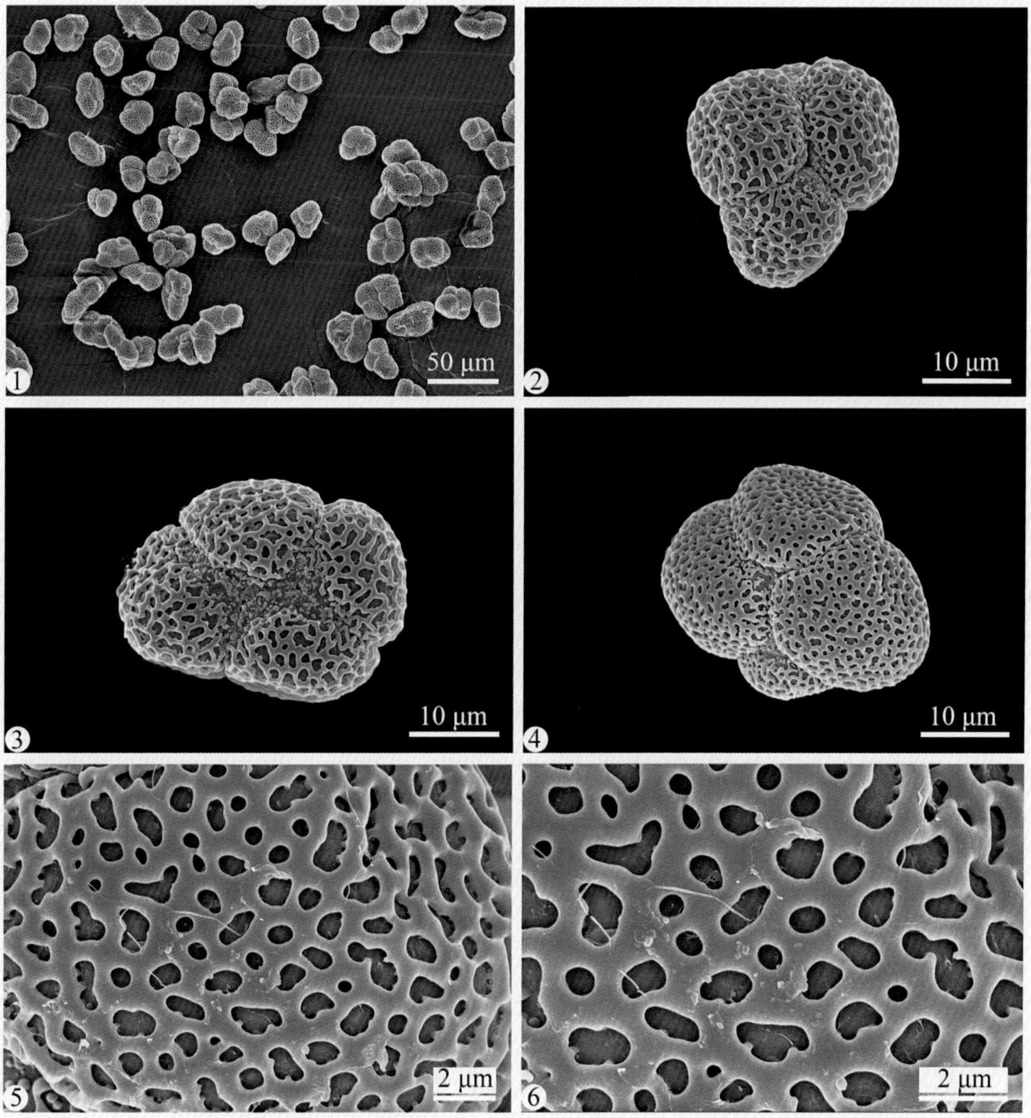

图3-5　绶草（*Spiranthes sinensis*）的四合花粉的超微形态观察

1. 成熟的花药开裂后散落出来的四合花粉粒；2～4. 不同排列的四合花粉，正四面体形（2）和十字交叉形（3～4）；5～6. 细网状的花粉外壁纹饰。

6. 棒距玉凤花 *Habenaria mairei* Schltr.

棒距玉凤花成熟的花药室内，其花粉小块均单层排列在隔膜组织一侧（图3-6：1）。花粉小块近四棱形或楔形，表面的四合花粉排列方式明显，多为正四面体形、菱形和线形（图3-6：2、3）。花粉外壁具有棒状纹饰，四合花粉间有丝状物（图3-6：4、5）。

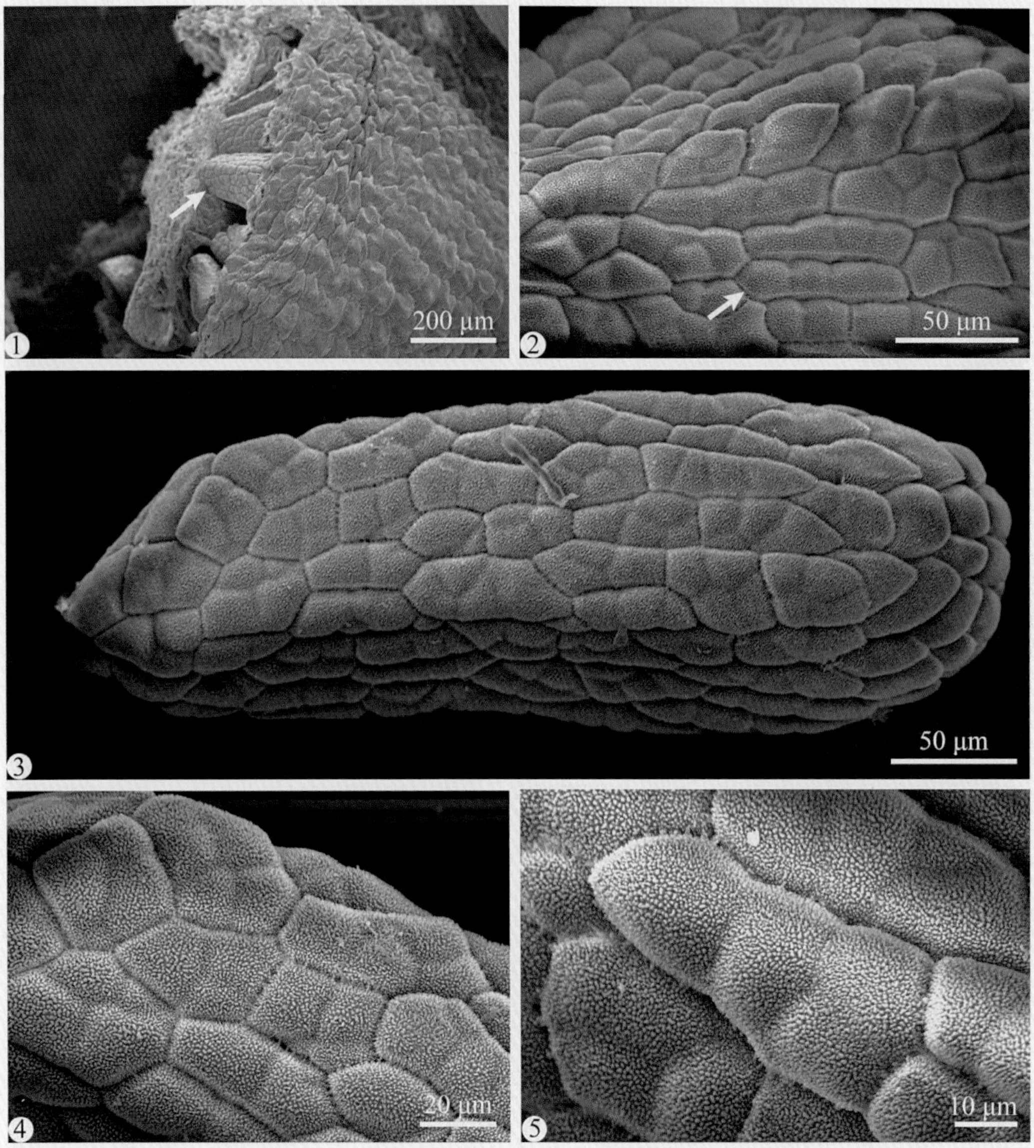

图3-6　棒距玉凤花（*Habenaria mairei*）的花粉小块超微形态

1. 成熟花药断裂面，示花粉小块在花粉囊内的排列形式；2. 花粉小块表面具突起，四合花粉排列形式多样，如：线形四合花粉（箭头）；3. 花粉小块近四棱形；4～5. 花粉小块外壁具棒状纹饰，示四合花粉间的黏性丝状物。

7. 缘毛鸟足兰 *Satyrirum nepalense* D. Don

缘毛鸟足兰的成熟花药开裂后，露出附着在不育隔膜组织上的花粉小块，（图3-7：1）。单枚花粉小块呈锥形（图3-7：2）或扁平的楔形（图3-7：3、4）。四合花粉之间具明显的黏性丝状物（图3-7：5），花粉外壁纹饰呈细网状（图3-7：6）。

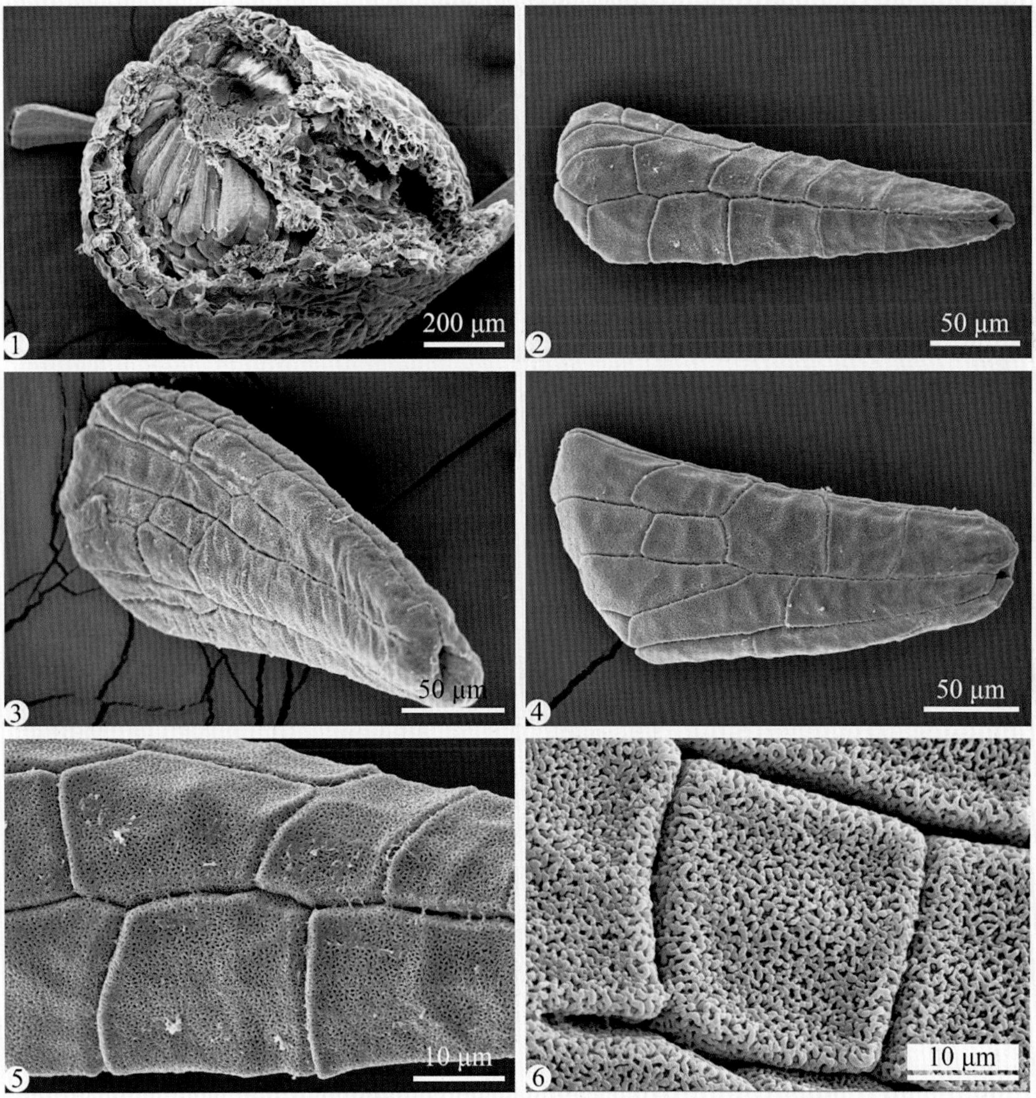

图3-7　缘毛鸟足兰（*Satyritum nepalense*）的粉粒质花粉团超微形态

1. 花药的剖面图，内部的花粉小块单层紧密排列在隔膜组织两侧；2～4. 锥形和楔形的花粉小块；5～6. 图4的放大图，示四合花粉间的丝状连接及细网状花粉外壁纹饰。

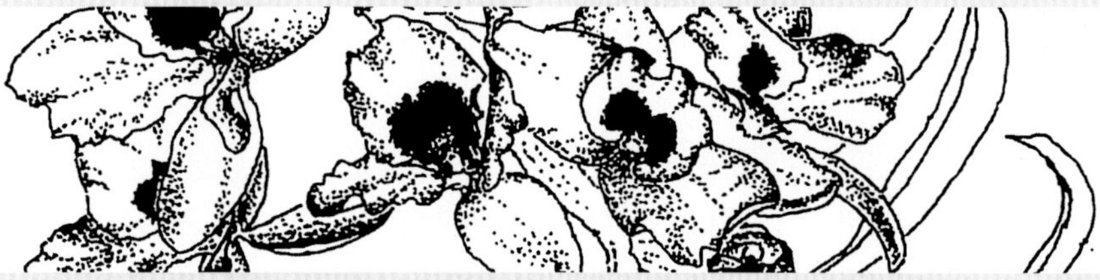

Ⅲ 花粉团超微形态——树兰亚科

花粉团（pollinium）是指成熟花药的散粉单元（PDU）凝聚成一体的坚固致密的花粉团（hard pollinium），出现在具有单枚可育雄蕊的树兰亚科。花粉团是完整不可分割的花粉集合体，其质地坚硬、表面光滑、呈蜡质，即经典兰科分类系统中所谓的蜡质、坚硬花粉团（so-called “waxy” or “hard” pollinia）（Dressler，1981、1993；Endress，1994）。从结构组成上来看，一个孢子囊里所发育形成的花粉团可以是带黏盘和黏盘柄或花粉团柄等附属结构的花粉块或花粉器（pollinarium）（Dressler，1981、1993），也可以为无附属结构（accessory structures）的裸花粉团（naked pollinium）。显然，单独的裸花粉团是不会被传粉者从花药里带走的，但位于花药和柱头腔之间的蕊喙组织在受到外界干扰时会分泌黏性物质，帮助花粉团黏在传粉者身上，从而完成传粉。这种花结构普遍见于新热带分布的石豆兰属、亚洲分布的石斛属及其近缘类群（Dressler，1981、1993）。另一方面，带有附属结构的花粉块（或花粉器）特征对于树兰亚科的适应性传粉机制和系统演化就显得更为重要，在族、亚族和属间都有不同的形态变异，形成不同的传粉机制（Givnish，*et al.*，2015；Endress *et al.*，2016；Mosquera *et al.*，2019）。单雄蕊-花粉团出现在兰科的核心类群——树兰亚科，为多年生地生兰或附生兰，分布在热带和亚热带地区，包括17族650属（Pridgeon *et al.*，2005）和21160种，物种数占兰科组成的74%（Freudestein & Chase，2015）。

树兰亚科的花粉团数目变化很大，每个成熟花药中有8个、4个或2个花粉团，是划分不同的族、亚族、属或组，以及种的关键性分类特征（Dressler，1986、1993；Singer *et al.*，2008；Cameron *et al.*，2009；Chase *et al.*，2003、2005、2015），但相关研究资料较少。本文观察了指甲兰亚族的坚唇兰属、异型兰属、万代兰属、湿唇兰属、凤蝶兰属、盆距兰属、槽舌兰属、巾唇兰属等8种兰花的花粉团超微结构特征。

8. 坚唇兰 *Stereochilus dalatensis* (Cuill.) Garay

坚唇兰的成熟花药具4个等大的花粉团（图3-8：1）。每个呈椭圆形扁平状，内侧有一条隔膜组织降解后留下的凹槽（图3-8：2）。花粉团表面平整，四合花粉间有明显的黏丝（图3-8：3、4，白色箭头）。花粉团内部的四合花粉排列紧密，常见排列类型为正四面体形（图3-8：5）。每个小孢子有各自的细胞壁（图3-8：6，白色箭头所示）。

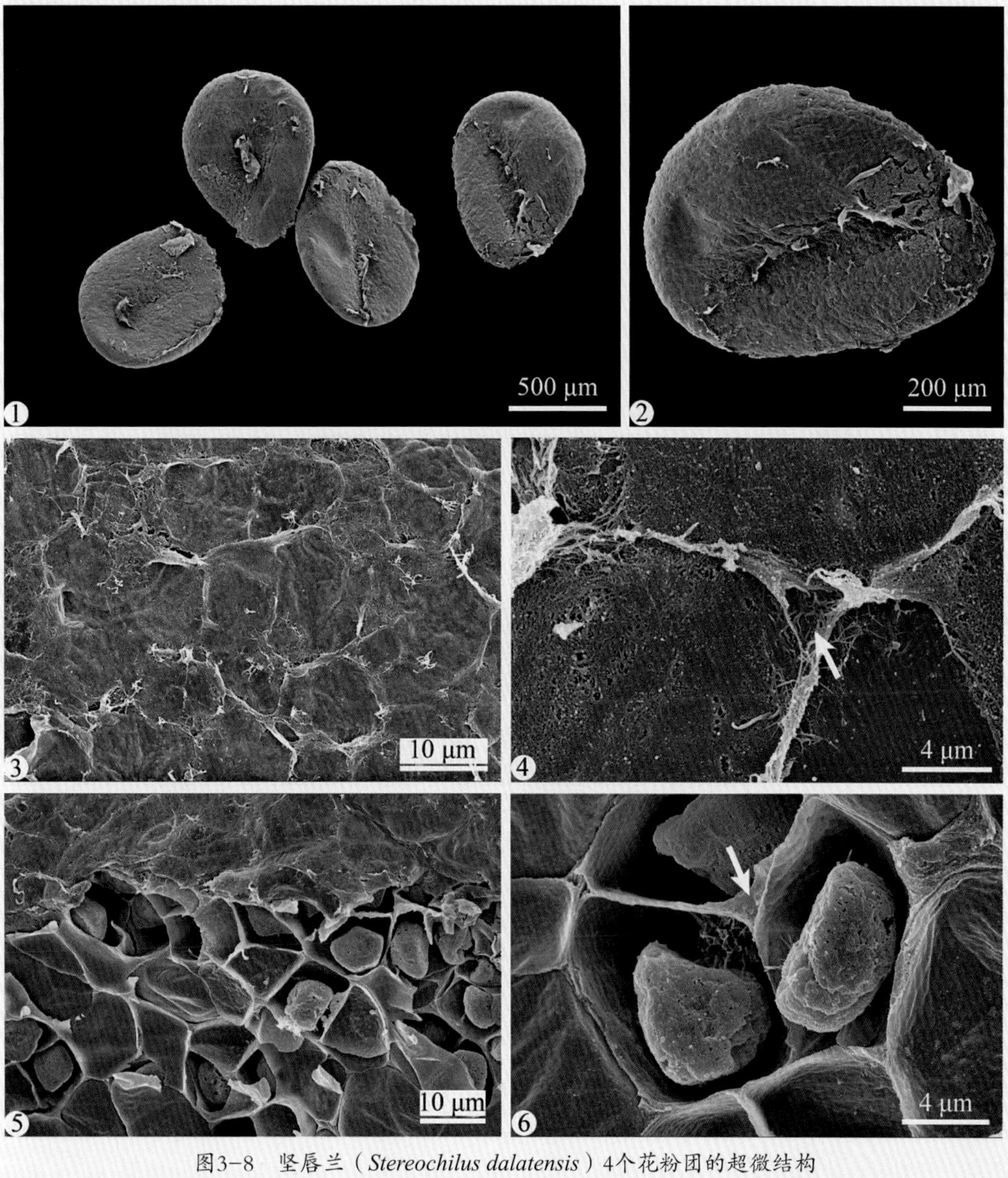

图3-8 坚唇兰（*Stereochilus dalatensis*）4个花粉团的超微结构

1. 示4个等大的花粉团；2. 花粉团内侧有隔膜组织降解后形成的凹槽；3. 花粉外壁纹饰；4. 示花粉团表面的四合花粉间的黏丝；5～6. 花粉团的断面（5）和放大图（6），示正四面体形的四合花粉。

9. 异型兰 *Chiloschista yunnanensis* Schltr.

异型兰的成熟花粉块由4个（2大2小）的花粉团、黏盘柄和黏盘组成（图3-9：1）。其中1大1小的两个花粉团通过具弹性和黏性的花粉团柄紧密结合在一起（图3-9：4），形成一个近椭圆形球体（图3-9：2）。在每个花粉团的内侧有一个隔膜组织降解后形成的凹槽（图3-9：2、3）。花粉团表面的四合花粉相互之间通过黏性丝状物结合在一起（图3-9：5）。花粉外壁光滑，具稀疏而不规则的小孔（图3-9：6）。从花粉团的断面来看，花粉壁较厚，花粉团内部包含大量致密的四合花粉，多为正四面体形（图3-9：7、8）。

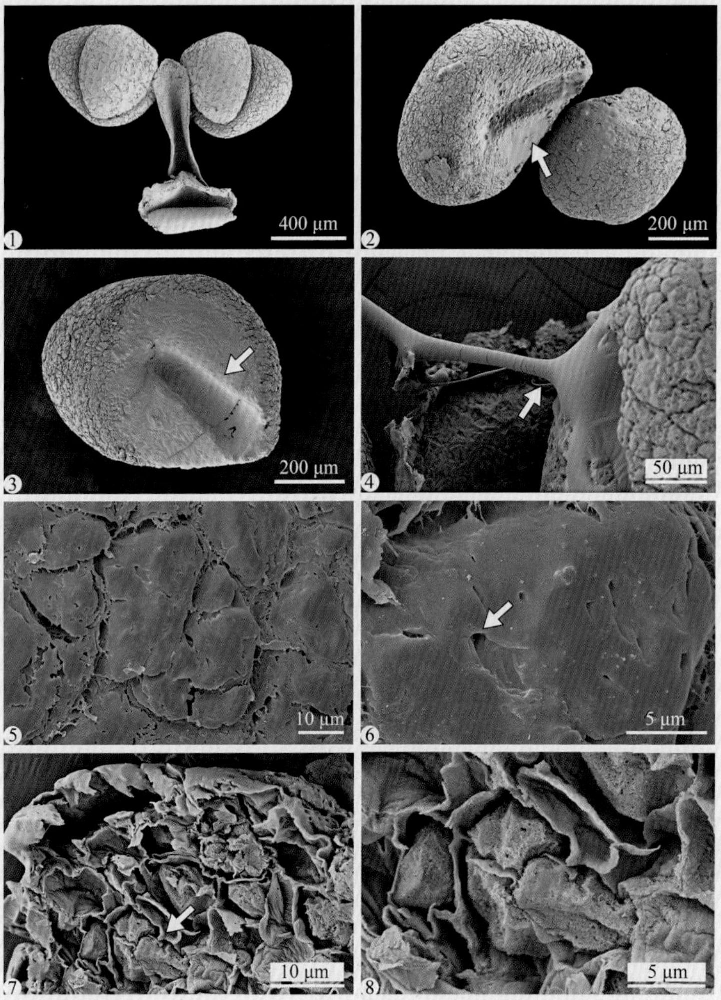

图3-9　异型兰（*Chiloschista yunnanensis*）4个不等大花粉团的超微结构

1. 花粉块（花粉器）形态结构；2～3. 两个不等大的花粉团（2），示隔膜组织降解后在花粉团内侧形成的凹槽表面的黏性物质（图3箭头所示）；4. 示两个花粉团间具弹性和黏性的花粉团柄；5. 示花粉团表面四合花粉间的黏丝；6. 四合花粉外壁表面光滑，但具不规则小孔；7～8. 花粉团的断面和放大图，示正四面体形的四合花粉和较厚的花粉壁（图7箭头）。

10. 大花万代兰 *Vanda coerulea* Griff. ex Lindl.

大花万代兰的成熟花药具2个开口朝向两侧的深裂花粉团（图3-10：1）。从开口处掰开花粉团，可见内部是空心的（图3-10：2），花粉团内绒毡层细胞分化形成的花粉团柄将2个花粉团连接到黏盘柄上（图3-10：2）。在花粉团内侧（花粉团柄两侧）的内绒毡层细胞分泌出黏性物质，最终形成花粉团柄（图3-10：4）。花粉团的正面为2个椭圆形，黏盘柄宽带形（图3-10：3）。花粉团的表面可见由大量四合花粉紧密排列后形成的裂隙（图3-10：5、6），花粉外壁光滑（图3-10：6）。从花粉团断面来看，四合花粉紧密结合在一起，凝聚形成花粉团（图3-10：7、8）。

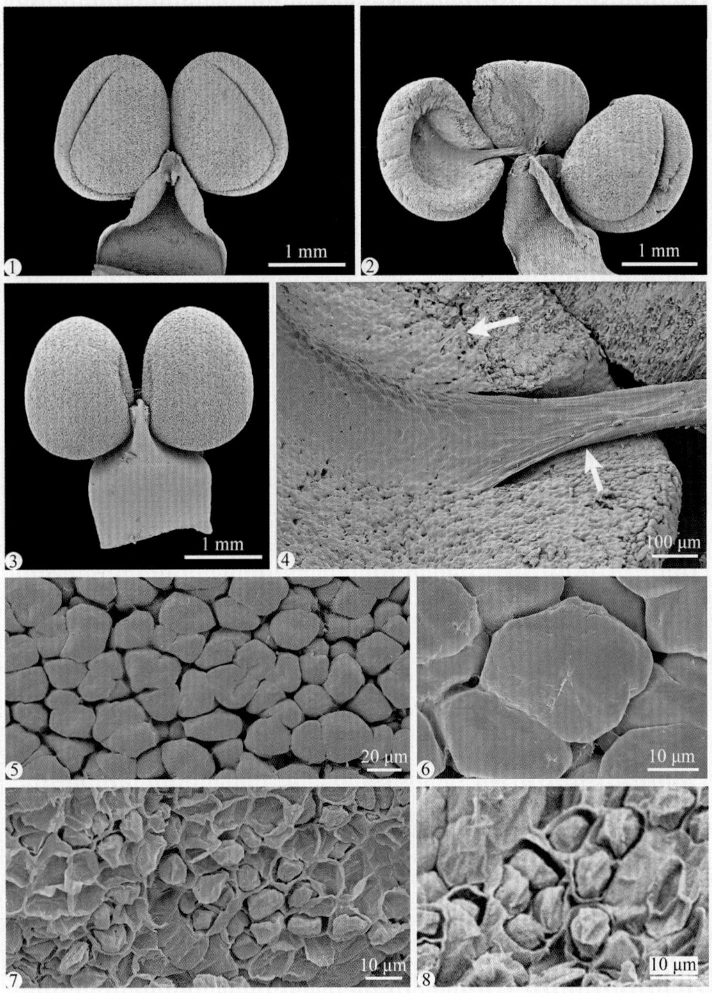

图3-10　大花万代兰（*Vanda coerulea*）1对深裂花粉团的超微形态

1～3. 花粉块的背面（1）、剖面（2）和正面（3），示2个深裂的花粉团；4. 花粉团内部具弹性和黏性的花粉团柄；5～6. 花粉外壁纹饰（5）和放大图（6），示四合花粉表面光滑，四合花粉间缝隙明显；7～8. 花粉团的断面（7）和放大图（8），示菱形的四合花粉。

11. 湿唇兰 *Hygrochilus parishii* (Rchb. f.) Pfitz.

湿唇兰的成熟花药开裂后，露出2个具深裂（图3-11：4）的圆球形花粉团通过弹性花粉团柄（图3-11：2、3）与黏盘柄相连，并最终连接至黏盘（图3-11：1）。在花粉团的内侧，具有大量的黏性物质（图3-11：5）。花粉团的外壁具凸出的多边形细胞，细胞间隙明显（图3-11：6）；在花粉团的断面上，四合花粉相互聚集，形成致密的花粉团（图3-11：7、8）。

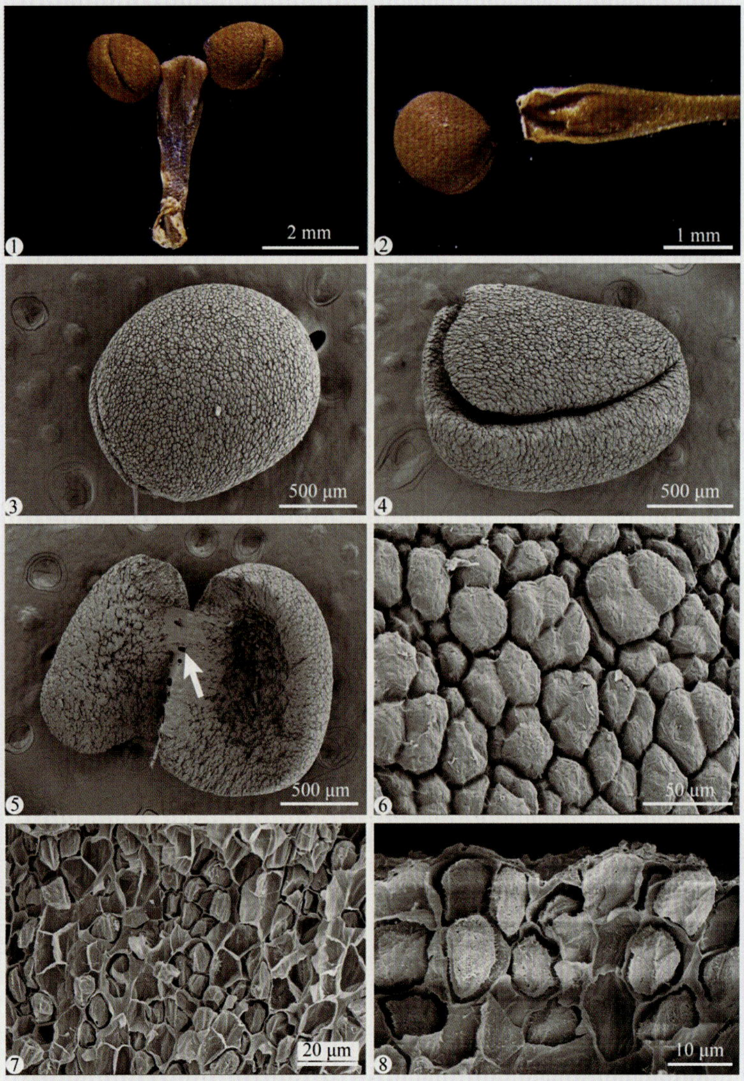

图3-11　湿唇兰（*Hygrochilus parishii*）1对深裂花粉团的超微特征

1. 花粉块由2个深裂的花粉团、黏盘柄和黏盘组成；2. 花粉团通过弹性花粉团柄连接到黏盘柄上；3. 花粉团的正面；4～5. 花粉团的背面（4）和剖面（5），示黏性物质（图5箭头）；6. 花粉团外壁具凸出的多边形细胞，四合花粉间的间隙明显；7～8. 花粉团的断面，四合花粉聚集成致密的花粉团。

12. 白花凤蝶兰 *Papilionanthe biswasiana* (Ghose et Mukerjee) Garay

白花凤蝶兰具两个扁圆形的花粉团，通过透明的花粉团柄连接至黏盘柄（图3-12：1）。花粉团内部中空（图3-12：2），在顶部有一条细长的沟（图3-12：3），沿沟剖开花粉团，可见沟与花粉团柄形成的小孔相通，在内侧有一条明显的凹槽（图3-12：4）。花粉团表面的小孢子细胞凸出，表面光滑，相邻小孢子间有明显的间隙（图3-12：5、6）。从花粉团的断面来看，四合花粉间有大量类网状组织（图3-12：7），在左右对称的四合花粉上可见光滑的花粉外壁（图3-12：8）。

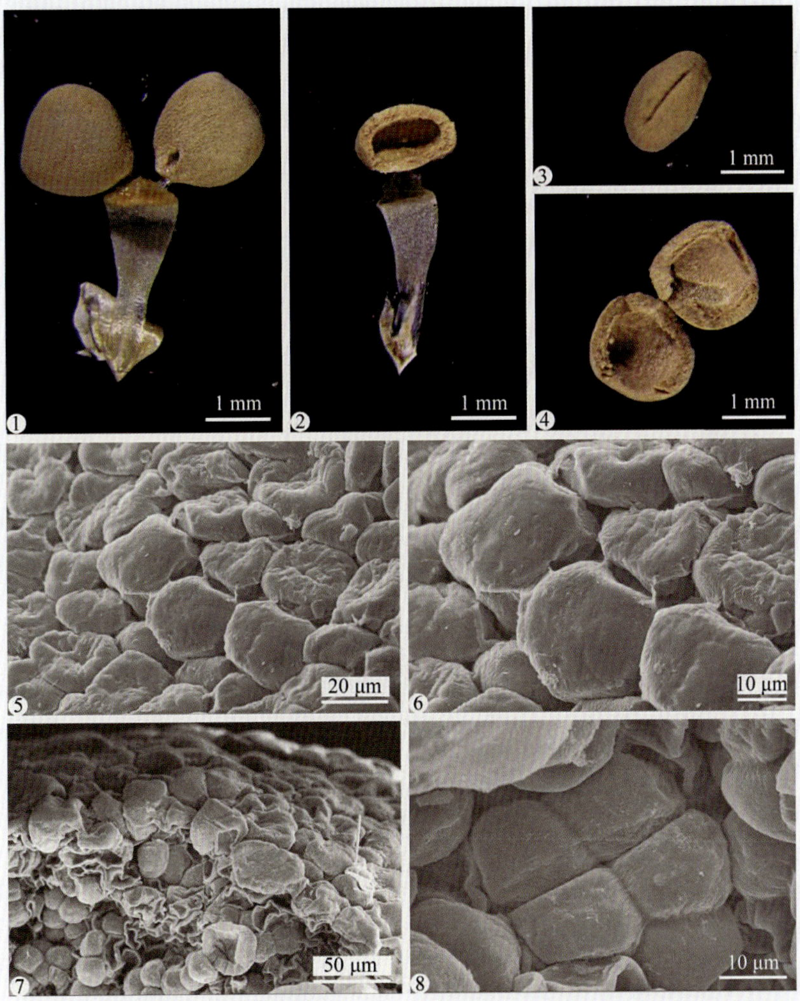

图3-12　白花凤蝶兰（*Papilionanthe biswasiana*）1对浅裂花粉团的超微特征

1~4. 花粉团解剖，花粉团由2个中空的扁圆形花粉团（2、4）、花粉团柄、黏盘柄和黏盘组成；3. 花粉团顶部有一条细长的沟；4. 沿沟剖开花粉团，示隔膜组织降解后留下的凹槽；5~6. 花粉团表面具凸出的多边形细胞，细胞间隙明显；7. 花粉团的断面，四合花粉彼此紧靠在一起，形成致密的花粉团；8. 左右对称的四合花粉。

13. 无茎盆距兰 *Gastrochilus obliquus* (Lindl.) Kuntze

无茎盆距兰的花粉团正面呈完整的球形（图3-13：1），但在背面中央有一个拉长的裂缝，可深裂至底部的药床（图3-13：2）。沿裂缝位置剖开花粉团后，可见裂缝深深贯穿了整个花粉团，并在基部发现黏性的花粉团柄（图3-13：3）。在花粉团表面上可清晰地看见排列紧密的四合花粉，四合花粉间存在明显缝隙，且有胶质黏丝（图3-13：4）。从花粉团的断面上可见到四合花粉表面有层厚厚的黏性物质的花粉外壁（图3-13：5），将四合花粉包裹起来。花粉团内部的四合花粉紧密排列在一起形成致密的花粉团（图3-13：6）。花药帽呈盔状，长条形的表皮细胞排列整齐（图3-13：7），在花药帽的断面可见纤维状加厚的药室内壁（图3-13：8）。

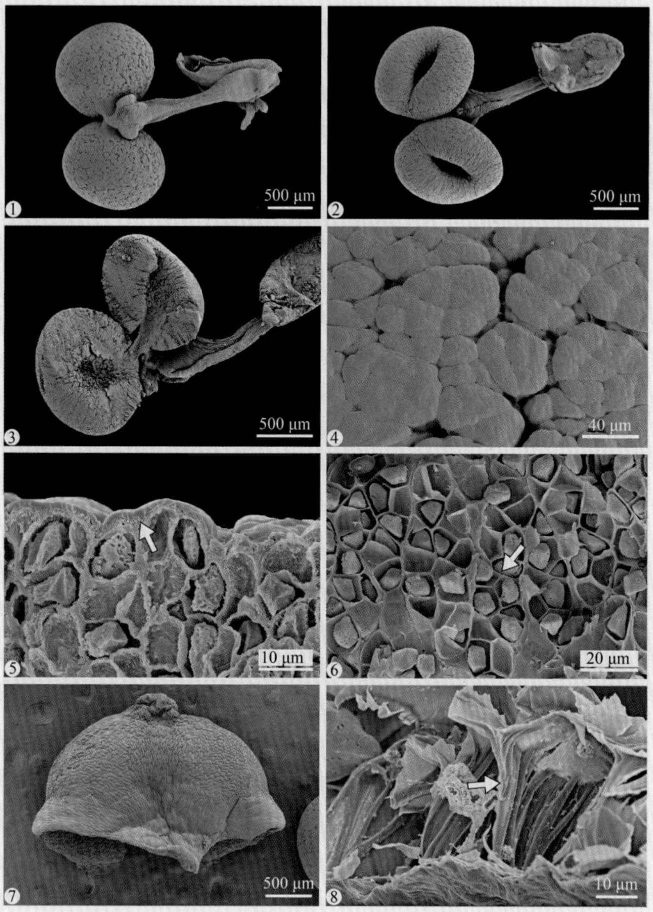

图3-13　无茎盆距兰（*Gastrochilus obliquus*）1对深裂花粉团的超微形态

1~2. 花粉块的正面（1）和背面（2），示孔裂的位置朝向底部的药床；3. 花粉团的剖面图，示裂缝贯穿了花粉团，基部具黏性的花粉团柄；4. 花粉团表面可看得出不同排列形式的四合花粉，两两间具有黏丝；5~6. 花粉团的剖面，示四合花粉外壁有一层厚厚的黏性外壁（5）和花粉团内部紧密排列的四合花粉（6）；7~8. 花药帽的极面（7）和断面（8），示纤维状加厚的药室内壁。

14. 小花槽舌兰 *Holocoglossum himalaicum* (Deb, sengupta & Malick) Aver.

小花槽舌兰有1对近球形的花粉团（图3-14：1），通过花粉团柄（图3-14：2）连接至带状的黏盘柄上，黏盘较宽，椭圆形（图3-14：1）。每个花粉团的外侧各有一个孔裂（图3-14：3）。花粉团被纤维状加厚的花药帽包裹（图3-14：4）。花粉团由很多形状不规则的花粉构成（图3-14：5），四合花粉间有明显的缝隙，花粉表面具皱波状纹饰（图3-14：6）。在花粉团的断面上可见花粉细胞间的细胞壁（图7箭头）和细胞核（图3-14：8）。

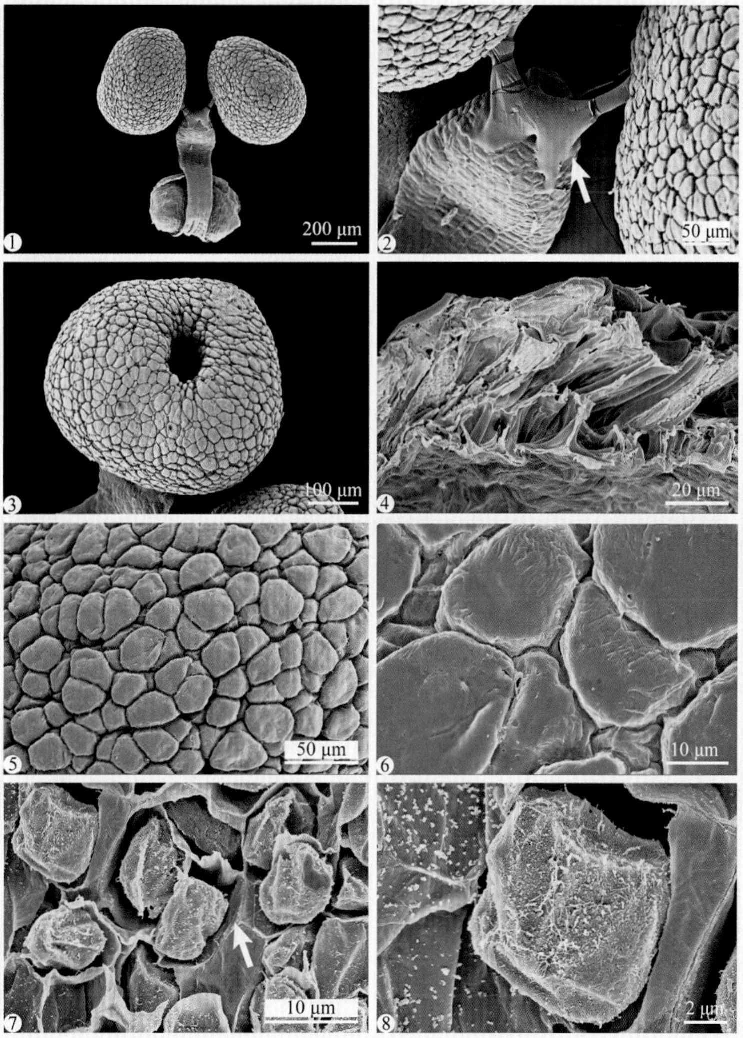

图3-14　小花槽舌兰（*Holocoglossum himalaicum*）1对孔裂花粉团的超微形态

1～2. 花粉块的正面（1）和局部放大图，示花粉团柄（图2箭头）；3. 花粉团的侧面，示开口朝向外侧的孔裂；4. 花药帽的断面，示纤维状加厚的药室内壁；5～6. 花粉外壁纹饰（5）和放大图（6）；7～8. 花粉团的断面，示花粉细胞间的细胞壁（图7箭头）和细胞核（8）。

15. 巾唇兰 *Pennilabium proboscideum* A. S. Rao et Joseph

巾唇兰具1对近全缘的球形花粉团，在花粉团表面，除了在花粉团柄处存在一个扁平的裂口外，四周均全缘（图3-15：1、2）。花粉团外壁稍微褶皱，表面有从四合花粉间溢出的细条形结构（图3-15：3、4）。从花粉团的断面来看，内部的四合花粉相互紧靠且排列紧密（图3-15：5~7）。

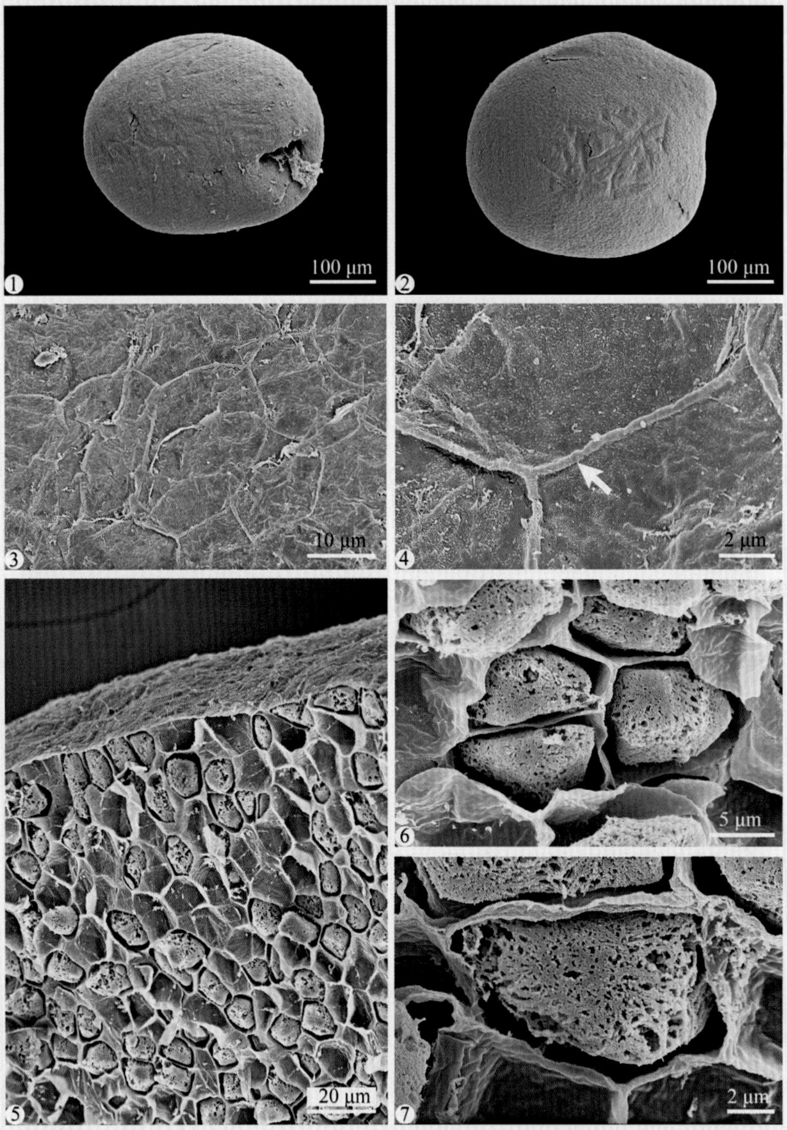

图3-15　巾唇兰（*Pennilabium proboscideum*）全缘花粉团的超微形态

1~2. 全缘花粉团，示花粉团柄着生位置（1）；3~4. 花粉表面纹饰和放大图，示外壁稍微褶皱，表面有从四合花粉间溢出的细条形结构；5~7. 花粉团的断面（5）和放大图（6、7），示正四面体形的四合花粉（6），四合花粉间紧密排列在一起形成花粉团。

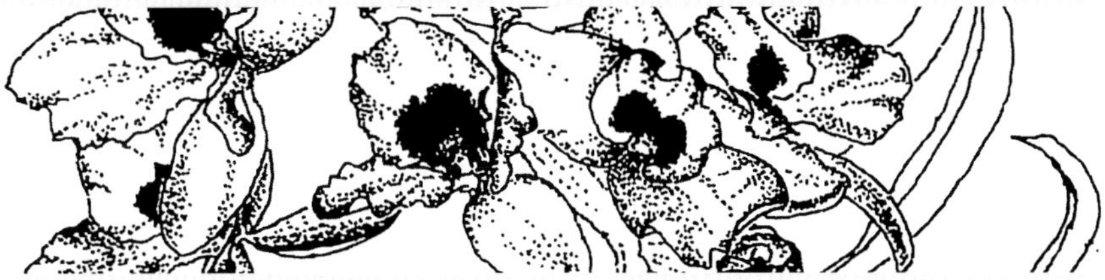

在兰科5个亚科中，相对原始的拟兰亚科大部分物种具有松散无黏性的单分体花粉，在剩下的4个亚科中，花粉都出现了不同程度的黏合和凝聚（Bänziger *et al.*，2005）。杓兰亚科花粉囊产生的单分体花粉或四合花粉外被一层黏性物质包裹，但没有凝聚成黏性花粉团，在香荚兰亚科中出现了由单分体花粉聚集成的花粉团（Harder & Johnson，2008）；在兰亚科里出现了由四合花粉结合在一起形成的软花粉团和由花粉小块进一步凝聚成的粉粒质花粉团，而在占了兰科74%物种数的树兰亚科，大部分物种的花粉则进一步凝聚成坚硬的蜡质花粉团（Dressler，1993；Johnson & Edwards，2000），是什么物质或机制使花粉出现不同水平的凝聚，并最终形成坚硬的蜡质花粉团呢？

在兰科花粉发育后期，绒毡层降解退化后产生的两类黏性物质，形成不同类型的散粉单元，包括单分体花粉（pollen monad）、四合花粉（pollen tetrad）和坚固致密的花粉团（hard pollinium）等。第一类黏性物质是花粉鞘（pollenkitt），主要由黏性的脂类物质组成，还包括一些疏水性脂肪、类黄酮、胡萝卜素和绒毡层蛋白等退化产物，存在于花粉或花粉团外部，该类物质可以将花粉凝聚成团，并有防止水分蒸发、调控花粉与雌蕊识别反应等功能（Pacini *et al.*，2005；Halbritter *et al.*，2018），本文在大花万代兰花粉团表面观察到此类物质。第二类物质是弹性黏素（elastoviscin），是兰科植物中最常见的黏性物质，由花药内的内绒毡层组织降解形成，是花粉团柄（caudicle）的组成成分，负责将四合花粉或花粉小块黏合成花粉团（Halbritter *et al.*，2018），已在*Habenaria tridactylites*、*Spiranthes spiralis*、*Epipactis muelleri*、*Caladenia latifolia*中有报道（Halbritter *et al.*，2018）。在指甲兰亚族的兰花（大花万代兰、白花凤蝶兰、湿唇兰、无茎盆距兰等）中，本文观察到透明胶质的弹性黏素作为花粉团柄将花粉团连接至黏盘柄上。据文献报道，该类物质还见于兰亚科中，可以将花药室内花粉小块粘连成粉粒质花粉团（Hesse & Burns-Balogh，1984；Blackman & Yeung，1983；Halbritter *et al.*，2018），或将四合花粉粘连成软花粉团（Wang *et al.*，2016）。

在棒距玉凤花和缘毛鸟足兰中，由于花粉小块前体在早期发育时形成的胼胝质随着花药的发育逐渐降解，最终使不同数目的四合花粉聚集为花粉小块。此外，最近的功能基因分析表明，除了拟兰亚科外，剩下的四个亚科中均丢失MIKC*类的P-亚类基因，使得花粉粒从分离向粘连转变，并逐渐凝结成花粉块（Kwantes *et al.*，2012）。

本研究通过扫描电镜观察比较了3亚科13属15种不同散粉单元的花粉外壁和内部结构的超微特征，结合现有资料，得出以下结论：①花药发育成熟时，树兰亚科特有的花药帽出现明显的纤维状加厚，这与作者利用石蜡切片观察花药发育过程所观察到的结果一致（张锦等，2019；谭庆琴等，2020；李璐等，2021），进一步肯定了花药帽是成熟花药的花药壁结构，为数量庞大的花粉凝聚成致密坚固的花粉团提供了发育所需空间和基础设施保障。②当花粉块（花粉器）内存在4个花粉团时，相邻的2个花粉团通过内侧的弹性黏素（花粉团柄）连接起来，然后附着在黏盘柄上端。③当花粉块（花粉器）内存在2个花粉团时，除了全缘，无论是孔裂、沟裂或深裂的花粉团，其外侧的开口均与花粉团柄相通，均由花粉团基部延伸出来的弹性黏素连接至黏盘柄。④在指甲兰亚族花粉团内部，所有兰花的花粉均为四合花粉，且两两间紧密挨在一起，形成致密的花粉团。⑤黏盘柄背后破碎的细胞壁表明黏盘柄起源于蕊喙的上表皮，黏盘起源于蕊喙尖端的表皮组织，支持了Dressler（1976、1986）的观点。⑥本文观察到花粉团外壁覆盖物变化明显，可以分为两类。第一，覆盖物较薄，几乎不明显，可见四合花粉以左右对称、线形、“T”形和正四面体排列，出现在大花万代兰、湿唇兰、小花槽舌兰、无茎盆距兰和白花凤蝶兰；第二，花粉团外壁的覆盖物较厚，为一层厚实的黏性物质，均匀包被花粉团，不易分辨四合花粉排列的形式，见于异型兰和云南火焰兰。此外，扫描电镜下，树兰亚科指甲兰亚族的坚唇兰和异型兰的花粉团表面纹饰相似，在四合花粉间具有短的黏丝，这种黏丝可能有助于花粉黏合成团（Mulgaonkar，2011），在钻喙兰［*Rhynchostylis retusa*（L.）Bl.］、*Cottonia penduncularis*（Lindl.）和3种指甲兰属植物中已有报道（Mulgaonkar，2011）。

第四章

兰科花药发育形态多样性

Chapter 4

兰科花药发育形态多样性

钻喙兰*Rhynchostylis retusa*

被子植物的花药发育主要是指在花发育的早期，由孢原细胞分化出的造孢细胞有丝分裂为小孢子母细胞，小孢子母细胞经过减数分裂发育为小孢子，再通过有丝分裂形成雄配子体，即包含着2核或3核的花粉的过程。这为被子植物双受精以及胚胎发育提供了重要的前期基础。兰科花药发育的胚胎学特征在亚科、族、属和种间变化明显，具有显著的多样性和分类学意义。在种类较少的基部类群，包括拟兰亚科、香荚兰亚科和杓兰亚科，成熟花粉为花粉粒、黏花粉粒或四合花粉，其发育过程与其他大部分被子植物较为相似。然而，在占兰科物种数近90%的兰亚科和树兰亚科里，其花粉小块或花粉团的数目变化明显，尤其以树兰亚科的花粉团数目差异最为显著。该亚科植物的两个成熟花药室里，各有2个、4个、6个或8个花粉团，是划分不同的族、亚族、属或组，以及种的关键分类学特征（Dressler，1986、1993；Singer *et al.*，2008；Cameron *et al.*，2009；Chase *et al.*，2003、2005、2015）。其中，6个花粉团很少见，仅见于*Pleurothallidinae*亚族的*Brachionidium*属的部分物种，是该属的自有衍征（autapomorphy）（Pridgeon，1982；Luer，1986；Dressler，1981；Karremans，2016）。

在关于兰科花药发育的研究中，最关键的科学问题往往是围绕着兰亚科的花粉小块和树兰亚科不同数目花粉团的形成机制而展开的。为此，上世纪的分类学家和系统学家纷纷提出了不少猜测和推理。其中，最普遍的一个观点是兰花花药在演化过程中存在着多次显著的次生融合、简化或次生分裂、增生等现象。而演化路线有两个方向，不同数目的花粉团起始于4个花粉团，一个方向是通过融合或缺失形成2个；另一个方向则是经次生分裂形成6个或8个（Holttum，1959；Dressler，1981、1993；Burns-Balogh & Funk，1986）。这个观点被普遍接受的部分原因是被子植物中最常见的药室或孢子囊数目也是4个（Maheshwari，1950）。此外，还有人认为，花粉团数目的演化路线是单向的，既可递增，从2个逐渐增加为4个、6个或8个（Luer，1986），也可递减，从8个渐次融合或缺失为6个、4个或2个（Pridgeon，1982）。有意思的是，单向递增和递减的演化路线的推断都基于Pleurothallidinae亚族，该亚族的花粉团数目比较齐全，2、4、6、8个都有，这为物种丰富的树兰亚科花粉团多样性的演化带来了疑问。不过，Pleurothallidinae亚族的分子系统学研究（Neyland *et al.*，2010）并不支持单向递增或递减的观点，系统树上，8个花粉团出现得最早，可以算作祖征；2个或4个花粉团出现得较早，具有平行演化的特点；没有提及6个花粉团的演化位置。然而，上述推理都是根据成熟花药中花粉团的数目结合系统位置来进行的，鲜有人从个体发育方面来探讨花粉团数目的形成机制。

值得注意的是，针对兰科特有散粉单元的多样性，有人利用石蜡切片技术，从细胞组织切片水平，揭示花粉团不同数目的形成机制以及花粉小块的形成特点，对于人们理解兰科花药发育的多样性及其在系统进化、繁殖生物学和传粉生物学方面的研究具有重大意义。Freudenstein & Rasamussen（1996、1997）先后选择了兰亚科和树兰亚科为部分物种作为研究对象，从细胞组织切片水平，观察花药室和花粉发育过程，提出了不同数目的花粉团（相当于孢子囊）的产生是由于花药原基分化出来的1对侧生药室中央形成了不同方位和数目的隔膜组织而形成的。值得一提的是，到了花药成熟时期，这些分化出来的隔膜组织出现了不同程度的降解或全部消失，又恢复了两个药室的结构。后续的研究也陆续证实上述观点，揭示了树兰亚科的花药原基分化出1对侧生药室，在每个药室的小孢子囊中央分化出不同数目（-1、-2）、不同朝向（平行或交叉），以及不同类型（完全或不完全）的不育隔膜组织，在花药成熟时发生降解，从而将成熟的花粉囊分割为不同大小（等大或不等大）和不同数目（-2、-4、-8）以及不同形态（-全缘、-孔裂、-浅裂、-深裂）的花粉团形态（Freudestein *et al.*，1996；Singer *et al.*，2008；Kant & Hossain，2010；Kant *et al.*，2013；张锦等，2019；李璐等，2020；谭庆琴等，2020）。基于文献查阅和本书作者的研究结果，本文归纳了兰亚科的花粉小块和树兰亚科不同花粉团数目形成的基本观点和看法

一、关于兰亚科花粉小块形成机制的多样性

花粉小块（sectile pollinia massulae）指的是由比四合花粉大的花粉集合单位组成的花粉块，出现在兰亚科大部分成员里（Dressler，1993）。Freudenstein & Rasmussen（1997）选择了兰亚科主要族或亚族的代表类群为研究对象，通过石蜡切片和扫描电镜观察了不同兰花花粉小块的形态结构及其系统亲缘关系。研究结果表明，花粉小块有两种基本类型和其他过渡类型，具有一定的系统分类学意义。

（1）兰型花粉小块（orchidoid type）：排列整齐且形态大小相似的花粉小块，每个花粉小块都着生或粘贴在有弹性的黏柱上（elastoviscin）（Dressler，1981；Schil & wolter，1986），从而构成一层层覆瓦状排列的可分割的花粉团。这种类型见于兰亚科大部分类群中，如斑叶兰族Goodyerinae、红门兰族Orchideae、Prasophyllinae亚族、竹茎兰亚族Tropidiinae，以及肉药兰属*Stereosandra*。肉药兰属没有叶子，现被放置在树兰亚科Epidendroideae的芋兰族Nervilieae，该属有两对花粉团，每一对花粉团都相互紧密贴靠在一起。

（2）树兰型（epidendroid type）：花粉小块的形态大小皆不规则，通常是多层排列，花粉小块之间通过有黏性的丝状体聚合在一起。这些黏性的丝状体在虎舌兰（*Epipogium roseum*）中特别明显。虎舌兰的花粉团由好几层花粉小块组成，层数要多于其他该科物种。Vermelen（1965）认为，虎舌兰的花粉小块以四合花粉为黏合单元聚合在一起。这一特征也在透射电镜TEM下被观察到（Hesse *et al.*，1989）。由于虎舌兰的花粉块具有明显的由黏性

丝状物组成的花粉团柄，其花粉小块也是散生的四合花粉（Rasmussen，1982）。

（3）过渡类型花粉小块：除了上述两种基本类型外，还有一些特征有所变异的过渡类型，尚未命名。如*Arethusa*属的花粉小块上的四合花粉很容易被辨识，该属和血叶兰属（*Ludisia*）和*Platytheles*属均为花粉小块排列稀疏的类型；由于花粉排列紧密，贝母兰属的花粉小块上的四合花粉则很难识别。此外，部分类群孢子囊中央的隔膜组织部分缺失，构成了中空的花粉团，如美鬣兰属（*Arethusa*）和美须兰属（*Calopogon*），这在树兰亚科里很少见，认为这两个属具有一定的亲缘关系。

二、树兰亚科不同数目的花粉团形成机制

花粉团的数目在近20000多种的树兰亚科里差异显著，包括2个、4个、6个或8个。2个花粉团的特征出现在物种数多达1300种的指甲兰亚族，包括万代兰属、指甲兰属和火焰兰属等。4个花粉团普遍见于兰属、石斛属、石豆兰属等。8个花粉团则出现在虾脊兰属、竹叶兰属、鹤顶兰属等。此外，6个花粉团仅出现在南美分布的Pleurothallidinae亚族，尚未有更多研究资料可供参考。为探究不同数目花粉团的发育机制，Freudestein & Rasmussen（1996）利用石蜡切片观察了树兰亚科部分类群的花药发育过程，从形态发育的组织结构水平揭示了花药早期2个、4个或8个花粉团的形成过程，否定了前人的猜测。结果表明，兰花的花药室并非4室，而是2室。不同数目花粉团的形成是由于早期花药原基分化为1对侧生药室，每个药室中的一团孢原细胞组织分化出一条纵向或2条纵横垂直或2条纵向的隔膜组织贯穿整个药室，最终发育为4个或8个花粉团，具体有以下三点。

（1）4个花粉团的形成机制：每个花药室中央分化出一条隔膜。研究结果表明，树兰亚科的4个花粉团（4-孢子囊）的形成机制是由于每个药室中分化出了一条纵向隔膜组织而形成的。该发育模式出现在石斛属、沼兰属（*Malaxis*）（Kant & Hossain，2010）、指甲兰族的*Smitinandia micrantha*（Bhanwra *et al.*，2006），以及兰属植物*Cymbidium pendulum*中（Kant *et al.*，2013）。同时，该发育模式在兰亚科中具有4个小孢子囊的大部分类群（Freudestein & Rasammusen，1996、1997；Kant *et al.*，2013；Kant & Bhanwra，2010；Kant & Goel，2013）和杓兰亚科内具有单粒花粉的白唇杓兰（*Cypripedium cordigerum*）（Kant，2011）的两个小孢子囊的发育中也得到了证实。

（2）8个花粉团的形成机制有两种方式：一种是每个药室中分化出2条纵横垂直的隔膜组织，见于毛兰属（*Eria*）、矮柱兰属（*Thelasis*）和牛齿兰属（*Appendicula*）；另一种是每个药室分化出2条纵向隔膜，从而产生了8个花粉团，见于虾脊兰属（*Calanthe*）。然而，这两种方式尚未得到相关资料的进一步佐证，亟待扩大取样范围来观察并总结形成机制。

（3）2个深裂花粉团形成的机制：部分隔膜组织缺失。Freudestein & Rasammusen（1996）还发现在具有2个花粉团的兰花的花药发育过程中，由于每个药室中央形成的隔膜组织不完整，即没有贯穿药室，孢子囊未被彻底分割，因此产生了1对深裂花

粉团（deeply-lobed or bipartite pollinia），如树兰亚科Acriopsidinae亚族的合萼兰属（*Acriopsis*）；或1对中空花粉团（hollow pollinia），如万代兰族Vandeae的一些成员。在兰族的纹瓣兰（*Cymbidium aloifolium*）中也有类似不完整隔膜组织的花粉团形成方式（Bhanwra *et al.*，2006）。此外，对于8个花粉团的形成，还有一种说法是Plerurothallidinae亚族部分成员里出现的8个花粉团是由于每个药室分化出三条平行的纵向隔膜而形成的（Brieger，1975）。

2个花粉团的形成是由于每个药室中央缺乏隔膜组织而形成的，这间接地支持了Dressler（1993）对微柱兰属（*Stelis*）中2个花粉团的猜测。由于该研究只观察了Pluerothallidinae亚族微柱兰属的一个种*Stelis cliaris*且发育时期不全，故不能完整地观察2个花粉团的形成过程，只看到早期花药原基分化成1对侧生药室和成熟花药中1对完整的花粉团（Freudestein & Rasammusen，1996）。所以，2个花粉团的形成机制还需要新的形态证据的补充与核实。

由此看来，上述关于花粉团发育的研究部分否定了前人（Dressler，1986、1990、1993）提出来的猜想和推测，不支持4个或8个花粉团是兰科花粉团数目的基本特征或原始祖征，而是认为兰科的早期花药分化出1对侧生药室，经由隔膜组织的产生与否或形成的数目和方向而产生了不同数目的花粉团。此外，每个药室的孢原细胞组织中分化出来的隔膜组织，在花药发育成熟时期，都会出现不同程度的退化直至全部消失，兰花的每个药室又恢复成一室。尽管以上研究对兰花花粉团数目的形成有了一定的认识，但相对于拥有近800个属的庞大家族来说，要清楚地揭示出其花药发育方面所蕴含的多样性和规律，还有很多空白需要填补。就拿花粉团数目来说，6个花粉团存在于Pleurothallidinae亚族下*Brachionidium*属的部分物种里（Neyland *et al.*，1995；Stenz，2000）；兜状白拉索兰（*Brassavola cucullata*）曾被描述为具12个花粉团（Sheehan & Sheehan，1979），也被描述成8个花粉团（Dunsterville & Garay，1961），或8个以上，如10个（Stenz，2000），因此，关于具有6个花粉团的兰科类群的花粉形态结构值得继续深入研究。

基于上述研究基础和背景，本章选择了代表花粉粒、花粉小块和花粉团的三个亚科的13属13种兰花为研究对象，采集不同发育时期的花蕾，通过石蜡切片，系统观察不同花粉发育过程，揭示形态发育形成机制。其中，3种材料（绶草、棒距玉凤花和缘毛鸟足兰）采自于云南省澄江市梁王山，其余10种材料均来自西南林业大学教学科研实践基地（云南丰春坊生物科技有限公司兰科种质资源收集中心），多年栽培，正常开花。采集不同发育时期的花蕾和开放花，固定在FAA中保存。固定后的材料经系列乙醇脱水、石蜡包埋、切片（切片厚度7μm）、铁矾—苏木精染色、中性树脂封片，烘干后用Nikon E600显微镜观察并拍照，重点分析花粉小块的数目和排列方向，花粉团的数目、形态及其分化过程。所拍摄的照片用图像编辑软件Adobe Photoshop CS6排版。花药发育特征的专业术语参照《被子植物胚胎学》（胡适宜，1982）、《被子植物生殖生物学》（胡适宜，2005）及《被子植物比较胚胎学》（Comparative Embryology of Angiosperms）（Johri *et al.*，1992）。

Ⅰ 黏性花粉的发育——杓兰亚科

本节以紫纹兜兰为研究对象，通过石蜡切片观察其花药发育过程，作为黏性花粉的代表。紫纹兜兰是一种多年生地生或半附生植物，由于兜兰属的兰花具有2枚可育雄蕊、1枚较大的合萼片、1个较大的囊状唇瓣，以及1枚退化雄蕊而明显区别于其他兰花。紫纹兜兰分布于云南东南部、广西和广东南部和海南。

1. 紫纹兜兰 *Paphiopedilum purpuratum* (Lindl.) Stein

由花药发育早期的切片可见，紫纹兜兰具2枚可育雄蕊，即2枚花药，每枚花药由2个花药室组成，并朝向唇瓣一侧。每个花药室内形成一条由造孢细胞分化而来的完整的不育隔膜组织，染色较浅，将每个花药室分隔成2个小孢子囊（图4-1：1、2），即每枚花药有4个小孢子囊，2枚花药即有8个小孢子囊。花药室间通过高度液泡化的药隔组织相连，柱头处于2枚花药之间（图4-1：1）。此时，花药室内的造孢细胞已经分化为排列紧密的成熟小孢子母细胞和二核的内绒毡层细胞（图4-1：2、3）。随着发育的继续，花药体积逐渐增大，在小孢子母细胞减数分裂前，花药壁发育完全，由1层表皮、1层药室内壁、1层中层和1层双核绒毡层组成，为单子叶型花药壁（图4-1：4）。随着花药的进一步发育，不育隔膜组织、中层和绒毡层逐渐降解，柱头膨大，近三角形（图4-1：6、7）。小孢子母细胞进行减数分裂形成小孢子四分体（图4-1：8、9），花药壁周围还存在一些完整的四分体，而药室中央形成的四分体经短暂停留后，由于包裹四分体的胼胝质壁降解，小孢子从四分体中游离出来，独立存在于小孢子囊内（图4-1：10）。随后，每个小孢子的细胞核经过一次有丝分裂形成1个营养细胞和1个生殖细胞，生殖核逐渐迁移进营养细胞的细胞质内，形成2-细胞型的花粉粒，且并不凝聚成团（图4-1：12）。当花药发育成熟时，不育隔膜组织、中层和绒毡层完全降解，在两个花药室间形成一道裂口，成熟的花粉粒逐渐溢出（图4-1：5、11），但依然黏在花粉囊外，等待附着于昆虫身上进行传粉。

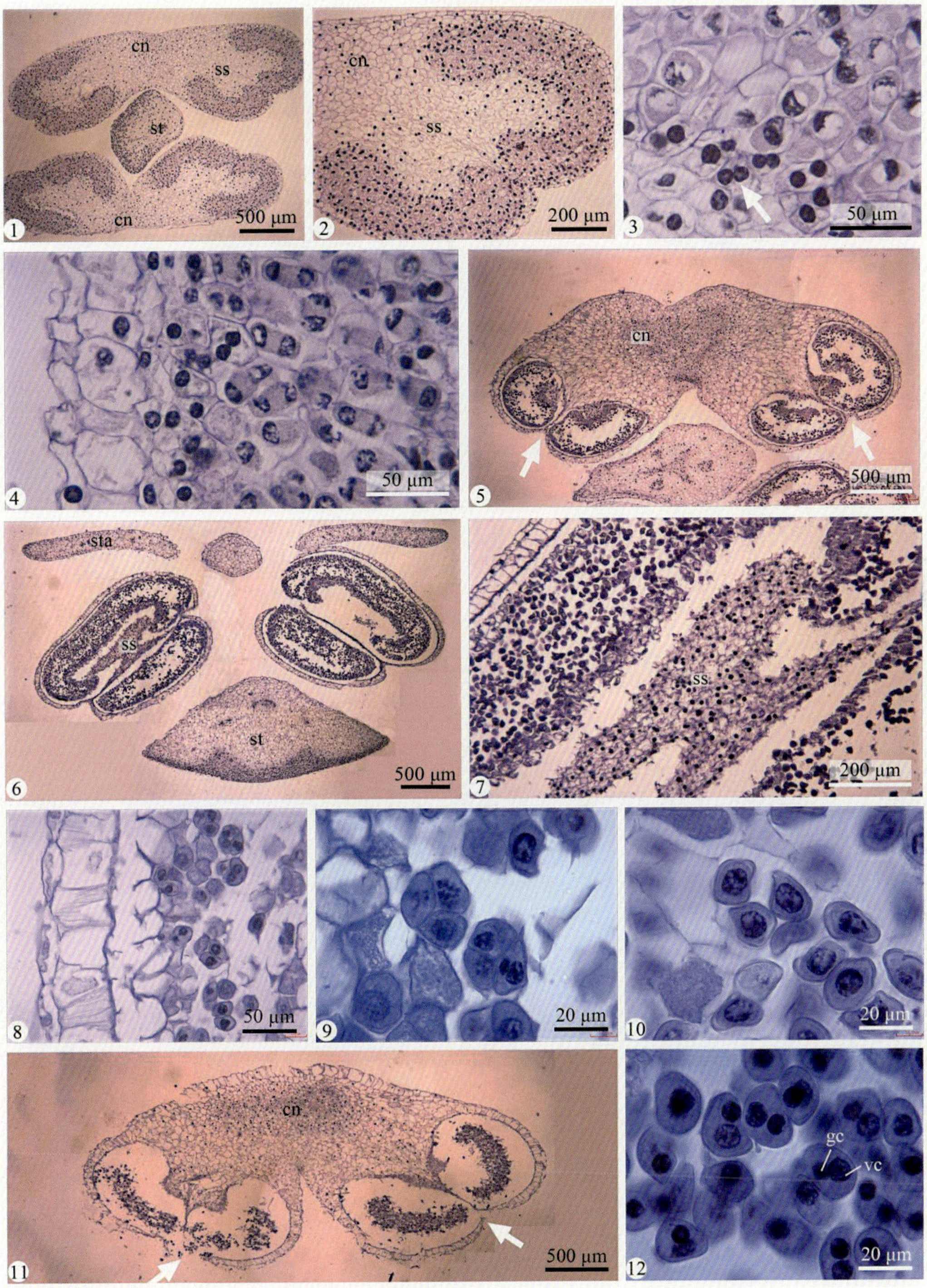

图4-1　紫纹兜兰*Paphiopedilum purpuratum*黏性花粉的发育

1～3. 早期花药的横切面，示2枚可育雄蕊，每个雄蕊由4个小孢子囊组成（1），花药室中央的孢原细胞分化出一条染色较浅的不育隔膜组织（2），示双核的内绒毡层细胞和排列紧密的小孢子母细胞（3）。4. 小孢子母细胞时期发育完全的花药壁，有4层。5～9. 花药发育后期（5. 单个花药的横切图，箭头指示开口位置；6. 合蕊柱两侧2枚花药的纵切图；7. 图6的放大图，示即将完全降解的隔膜组织；8. 示靠近花药壁位置的四分体和纤维状加厚的药室内壁；9. 图8的放大图，示正四边形的四分体）。10. 小孢子从四分体内游离出来。11. 成熟的花药，隔膜组织完全降解，在两个花药室间形成裂口，花粉从裂口中散出。12. 示成熟的2-细胞型花粉，生殖核融入营养核。缩写：cn=药隔组织；ss=不育隔膜组织；st=柱头；sta=退化雄蕊；gc=生殖细胞；vc=营养细胞。

Ⅱ 花粉小块的发育——兰亚科

花粉小块（massulae）是指粉粒质花粉团中，由花粉粒凝聚而成的一个小块/团花粉细胞，主要存在于单雄蕊（monoandrous）的兰亚科和树兰亚科，以松软可分割的花粉小块为散粉单元。本节选择了玉凤花属、鸟足兰属和绶草属的3种植物为研究对象，通过石蜡切片观察了它们的花粉小块发育过程。

2. 棒距玉凤花 *Habenaria mairei* Schltr.

棒距玉凤花早期的花药原基分化出两个侧生并列的花药室，每个花药室由一条完整的隔膜组织分隔为两个小孢子囊，通过中间的药隔组织相连（图4-2：1）。每个花药室内的分生组织经多次有丝分裂形成2团染色较深的造孢细胞组织（图4-2：1、2），每3～5个造孢细胞形成一个花粉小块前体（图4-2：3）。随着花药发育的继续，隔膜组织进一步扩大（图4-2：4）。而在每个花粉小块前体内，造孢细胞经有丝分裂形成小孢子母细胞，导致每个团块内产生大量的小孢子母细胞（图4-2：5）。每个花粉小块前体大约包含30个小孢子母细胞，不同花粉小块前体间逐渐积累胼胝质（图4-2：6）。隔膜组织的两侧出现明显长圆形的花粉小块前体，不同花粉小块前体排列紧密（图4-2：7、8）。随后，花粉小块前体内的小孢子母细胞经减数分裂形成小孢子四分体，此时花粉小块前体发育成熟，可称为花粉小块（图4-2：10）。同时，中层和绒毡层完全降解（图4-2：9）。在2-细胞型花粉时期，小孢子不从四分体内游离出来，且所有的小孢子四分体仍聚合在一起，形成花粉小块（图4-2：11、12）。在成熟时，花粉小块通过绒毡层细胞分泌的黏性物质连在一起，从而形成粉粒质花粉团（图4-2：9）。

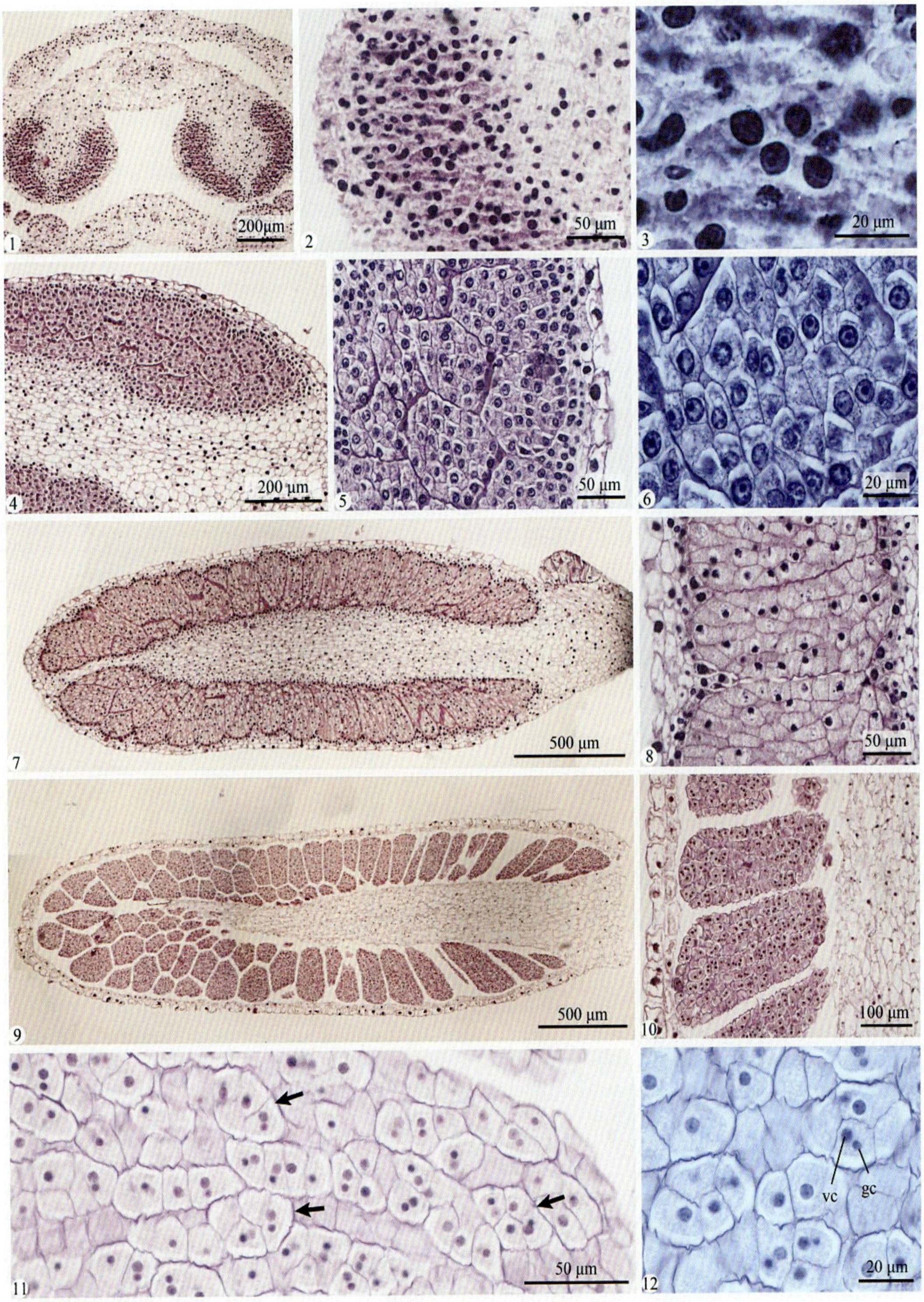

图4-2　棒距玉凤花*Habenaria mairei*的花粉小块的发育

1～3. 花药发育早期（1. 早期花药的横切图，隔膜组织将单个花药室分隔为2个小孢子囊；2. 图1的放大图；3. 造孢细胞）。4～6. 小孢子母细胞时期的花药纵切及其放大图，示花粉小块前体（6）。7～8. 四分体时期的花药纵切，示排列紧密的花粉小块（7）和放大图（8）。9～12. 成熟的花药（9. 成熟花药的纵切图，示不同形态的花粉小块；10. 图9的放大图，示近矩形的花粉小块；11. 图10的放大图，示单个花粉小块内不同排列的小孢子四分体，箭头示菱形的复合花粉粒；12. 2-细胞型的成熟花粉粒）。缩写：gc=生殖细胞；vc=营养细胞。

3. 缘毛鸟足兰 *Satyrium nepalense* D. Don

在缘毛鸟足兰花药发育早期，花药原基分化出两个侧生药室，通过染色较浅的药隔组织相连（图4-3：1）。每个药室中央分化出一条完整的不育隔膜组织将药室分为2个孢子囊（图4-3：2）。由于小孢子母细胞以隔膜组织为轴发散排列，因此其在不同层面的切片有不同的形态：当切片切过花粉团柄轴时，花药室的小孢子母细胞呈线形紧密排列（图4-3：3），但当切片切到花粉团柄轴部两侧时，每个花药室内出现大量多边形的细胞团，每团由4～7个小孢子母细胞组成，这些小团块即花粉小块前体（图4-3：4～6）。随着发育的继续，花药体积显著增大，隔膜组织高度液泡化，发育完全（图4-3：7、8）。小孢子母细胞进行减数分裂（图4-3：9、10）形成四分体（图4-3：11）。由于花粉小块前体被胼胝质包裹，形成的四合花粉依然保持在胼胝质内，最终发育为成熟的花粉小块，紧密排列在隔膜组织上，形成粉粒质花粉团（图4-3：11、12）。在小孢子母细胞进行减数分裂过程中，中层和绒毡层细胞开始降解。到成熟花粉时期，花药壁仅剩表皮和药室内壁（图4-3：13）。在不同锥形的花粉小块之间存在明显的间隙，花粉小块的切面呈约10个花粉组成的不规则多边形（图4-3：14），成熟花粉为2-细胞型（图4-3：15）。

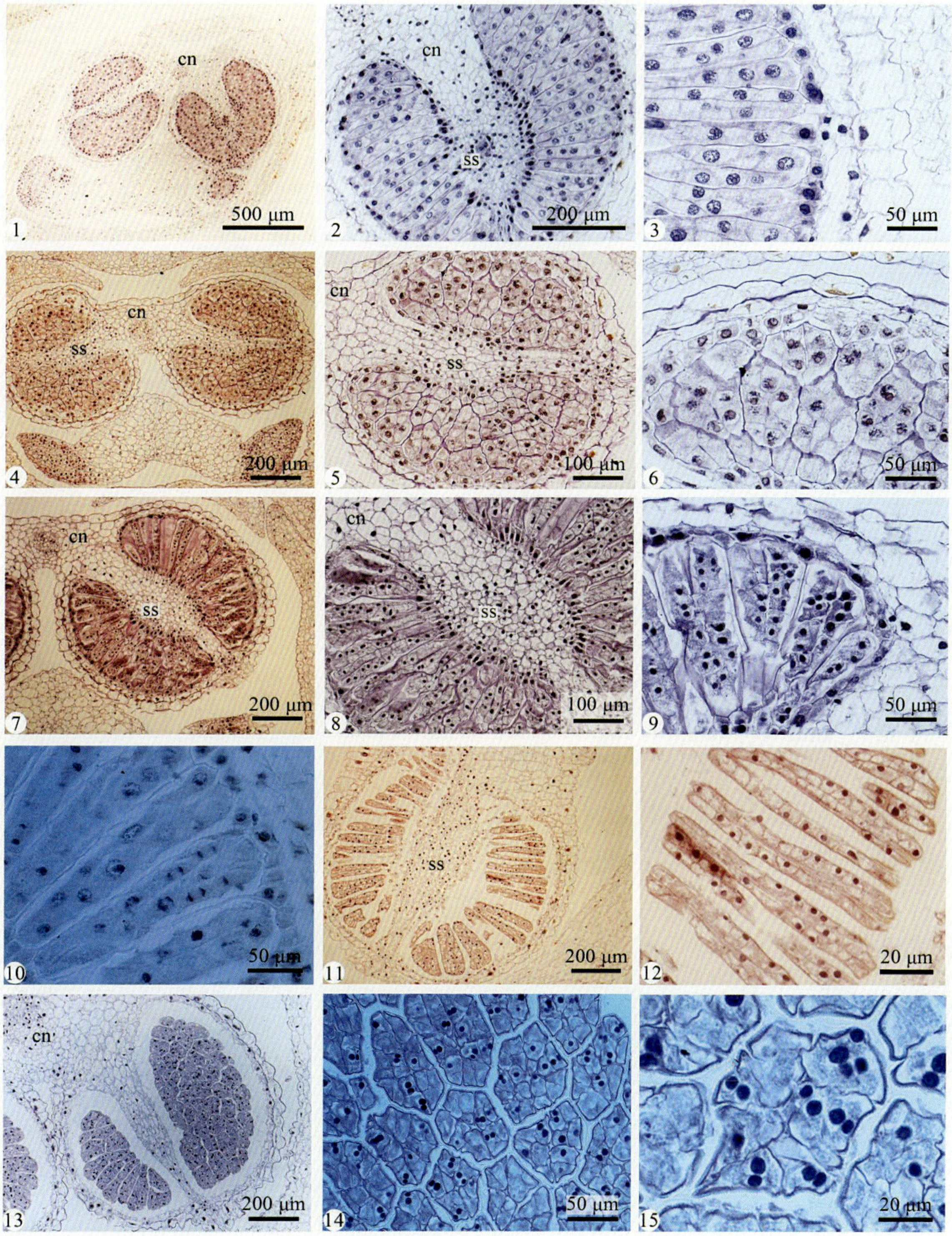

图4-3　缘毛鸟足兰*Satyrium nepalense*花粉小块的发育

1. 花药发育早期，每个花药室内分化出一条隔膜组织，将每个花药室分隔为两个小孢子囊；2～3. 图1的放大图，示不育隔膜组织和小孢子母细胞；4～6. 小孢子母细胞时期，花药切面和放大图，示不规则多边形的花粉小块前体（6）；7～9. 四分体时期的花药横切和放大图，示不同数目的四分体聚合成花粉小块；10. 示小孢子母细胞减数分裂Ⅰ后期；11～15. 成熟的花药沿花粉团柄中轴切片（11、12）和切面切片（13～15），示锥形的花粉小块和2-细胞型的成熟花粉。缩写：cn=药隔组织；ss=不育隔膜组织。

4. 绶草 *Spiranthes sinensis* (Pers.) Ames

绶草花药有2个花药室，每个花药室由一条隔膜组织分隔（已降解）（图4-4：1）。小孢子四分体时期，中层和绒毡层已经降解，小孢子母细胞经过减数分裂形成小孢子四分体，四分体呈正四面体形、十字交叉形、左右对称形，且排列松散（图4-4：2、3）。随着花药的进一步发育，四分体间的间距加大（图4-4：4、5）。由于四分体被共同的胼胝质壁所包裹（图4-4：6、8、9），小孢子不从四分体分离，而是保留在四分体内继续发育。随后，四分体内的小孢子进行有丝分裂，形成一个靠外侧的生殖细胞和一个靠内侧的营养细胞，生殖核逐渐迁移进营养细胞的细胞质内，形成2-细胞型的成熟花粉粒，此时，4个花粉粒仍保持在四分体内，发育为成熟的四合花粉粒（图4-4：9）。当花药成熟时，四合花粉粒在花粉团柄的黏合下，形成2个粒粉质花粉团（图4-4：7）。当花粉小块成熟后，若未被及时传粉，则会慢慢降解（图4-4：10～12）。

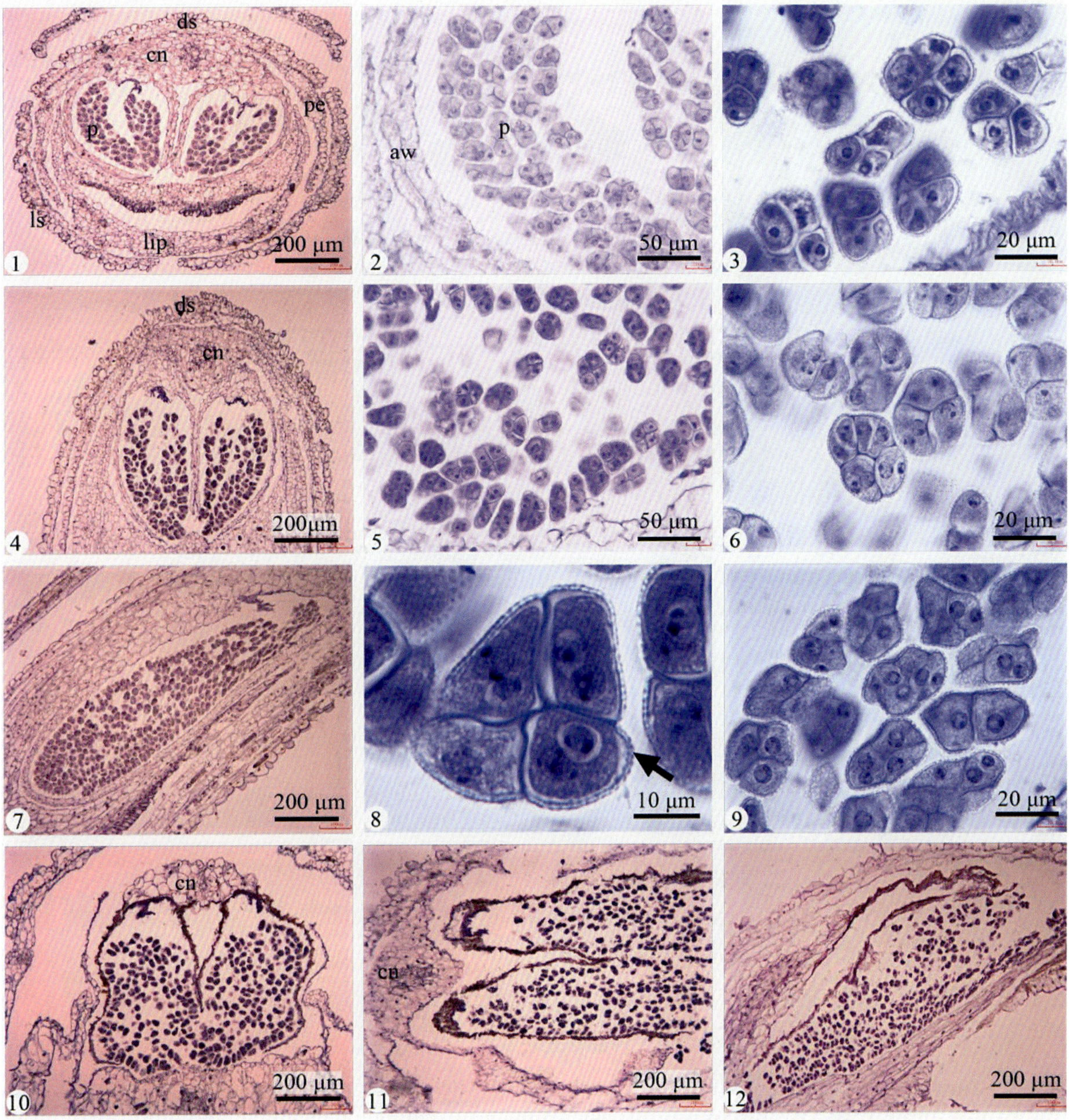

图4-4 绶草*Spiranthes sinensis*花粉小块的发育

1. 四分体时期的花药横切；2～3. 图1的放大图，示排列松散的四分体；4. 2-细胞型花粉时期的花药横切；5～6. 图4的放大图，示四分体内的小孢子有丝分裂形成的营养细胞和生殖细胞；7. 成熟的花药，示松散的复合花粉粒在花粉团柄的黏合下，形成粉粒质的花粉团；8. 示四合花粉保持在四分体内；9. 示成熟的四合花粉；10～12. 逐渐降解的花粉小块。缩写：aw=花药壁；cn=药隔组织；ds=背萼片；p=花粉；pe=花瓣；lip=唇瓣；ls=侧萼片。

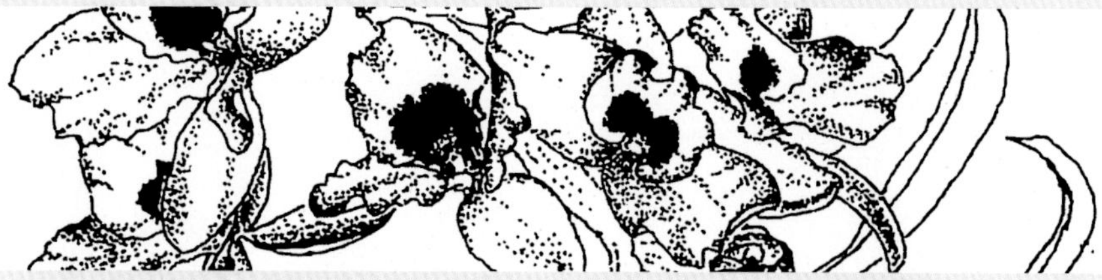

Ⅲ 花粉团的发育——树兰亚科

蜡质花粉团（hard pollnia）是兰科中最常见的一类散粉单元，主要存在于树兰亚科。并且存在多种数目和形态，包括裸花粉团和各种形态的花粉块，这种蜡质花粉团的多样性主要体现在万代兰族指甲兰亚族中。在现存的5个亚科中，树兰亚科拥有650属21160种，占兰科总种数的74%左右（Christenhusz & Byng，2016）。树兰亚科的花形态和花粉块形态较另4个亚科复杂多样，因此该亚科是兰科内分类问题较多的一个亚科，而指甲兰亚族的属间分类问题则是其中的代表（Topik *et al.*，2005、2012；Alexander *et al.*，2008；Zou *et al.*，2015）。

树兰亚科万代兰族下种类最多、分类最复杂的类群之一——指甲兰亚族（Aeridinae），全世界约90属1350种，我国约有45属160余种（Chase *et al.*，2003；Chen *et al.*，2009）。由于属内性状变异大、种间形态多样、近缘属间性状交叉严重，以及可用于分类的性状较少，导致指甲兰亚族内属间的界限非常模糊，存在许多分类和系统发育问题（Topik *et al.*，2005、2006、2012；Kocyan *et al.*，2008）。这一特性也体现在指甲兰亚族的花粉团数目和形态上。Senghas根据花粉团的数目和孔隙将指甲兰亚族的花粉团分为5种类型：①花粉团2个，全缘（entire），无孔裂或裂隙；②花粉团2个，每个具孔裂（porate）；③花粉团2个，每个具深裂（deeply cleft）；④花粉团4个，不等大的2对（4in 2pairs，unequal in size）；⑤花粉团4个，为等大的2对（4in 2pairs，equal in size）（Senghas，1988）。此外，该亚族还存在2个具沟裂（grooved）的花粉团（Chen *et al.*，2009）。因此，指甲兰亚族存在6种形态的花粉团。但这种划分方式并不是连续的，如大部分盆距兰属兰花具两个孔裂的花粉团，但无茎盆距兰具有两个介于孔裂和深裂的花粉团。此外，同一个属的花粉团也被描述为有孔裂和浅裂，例如指甲兰属和鸟舌兰属（Dressler，1993；Chen *et al.*，2009；Pridgeon *et al.*，2015）。此前，有研究认为每个花药中花粉团的数目在属间，甚至亚族或族内是一致的（Freudenstein & Rasmussen，1996）。但在部分属内，花粉团的数目也不同，如异型兰属，有的种具2个深裂的花粉团，但有些则完全分开，形成4个花粉团（Chen *et al.*，2009；Leonid *et al.*，2018）。因此，探究花粉团的形成模式，并准确而详细地描述花粉团对于解决指甲兰亚族的属间系统发育关系具有重要意义。

本节选择了指甲兰亚族9属9种植物为研究对象，利用石蜡切片技术观察了它们的花药发育过程，为理解该亚族的花粉团形态建成和分类系统提供新资料。这9种兰花均为附生兰花，主要附生于森林边缘或开阔林地以及河谷两侧的树干上。其中，坚唇兰、火炬兰和巾唇兰是多年生小型兰花；大花万代兰为大型附生兰，天蓝色的大型花和1月份开花的花期在万代兰属内都比较独特，也是万代兰属内运用最广的园艺育种亲本。这9种兰花在我国均有分布，并且大花万代兰、巾唇兰、白花凤蝶兰和圆柱叶鸟舌兰在我国仅分布于云南。

5. 坚唇兰 *Stereochilus dalatensis* (Guill.) Garay

坚唇兰的花药发育早期，花药原基分化出两个侧生并列的花药室，每个花药室内各有一团染色较深的孢原细胞，通过中间的药隔组织相连（图4-5：1、2）。孢原细胞排列紧密，核仁明显（图4-5：3）。随着花药进一步发育，位于每个药室内的部分孢原细胞开始分化为一条染色较浅的不育隔膜组织，由药隔组织基部延伸至药室顶端，与花药长轴成45°（图4-5：4、5）。此时，蕊喙的上表皮出现2层染色较深的细胞，细胞核明显，这2层细胞将在后期发育为黏盘柄（图4-5：5、6）。随后，由于药隔组织细胞的快速分裂，花药室逐渐向两侧伸展，导致隔膜组织与花药长轴平行（图4-5：7、8）。此时，隔膜组织已经发育完全，在两侧分化出2～3层内绒毡层，为小孢子发育提供营养（图4-5：9）。隔膜组织完全贯穿花药室，并将每个花药室均等地分成两个小孢子囊，因此坚唇兰有4个等大的小孢子囊（图4-5：10）。由于药隔组织近轴面细胞的增殖，花药室顶端逐渐向下弯曲（图4-5：11），当花药发育完全时，隔膜组织与合蕊柱平行，花粉团直立在药床上（图4-5：12）。此时，黏盘柄发育为具有弹性的花粉块附属物，呈具齿带状（图4-5：13）。造孢细胞经有丝分裂和减数分裂形成小孢子四分体，小孢子不从四分体内游离出来，继续保留在四分体内，最终发育为2-细胞型的花粉团（图4-5：14）。

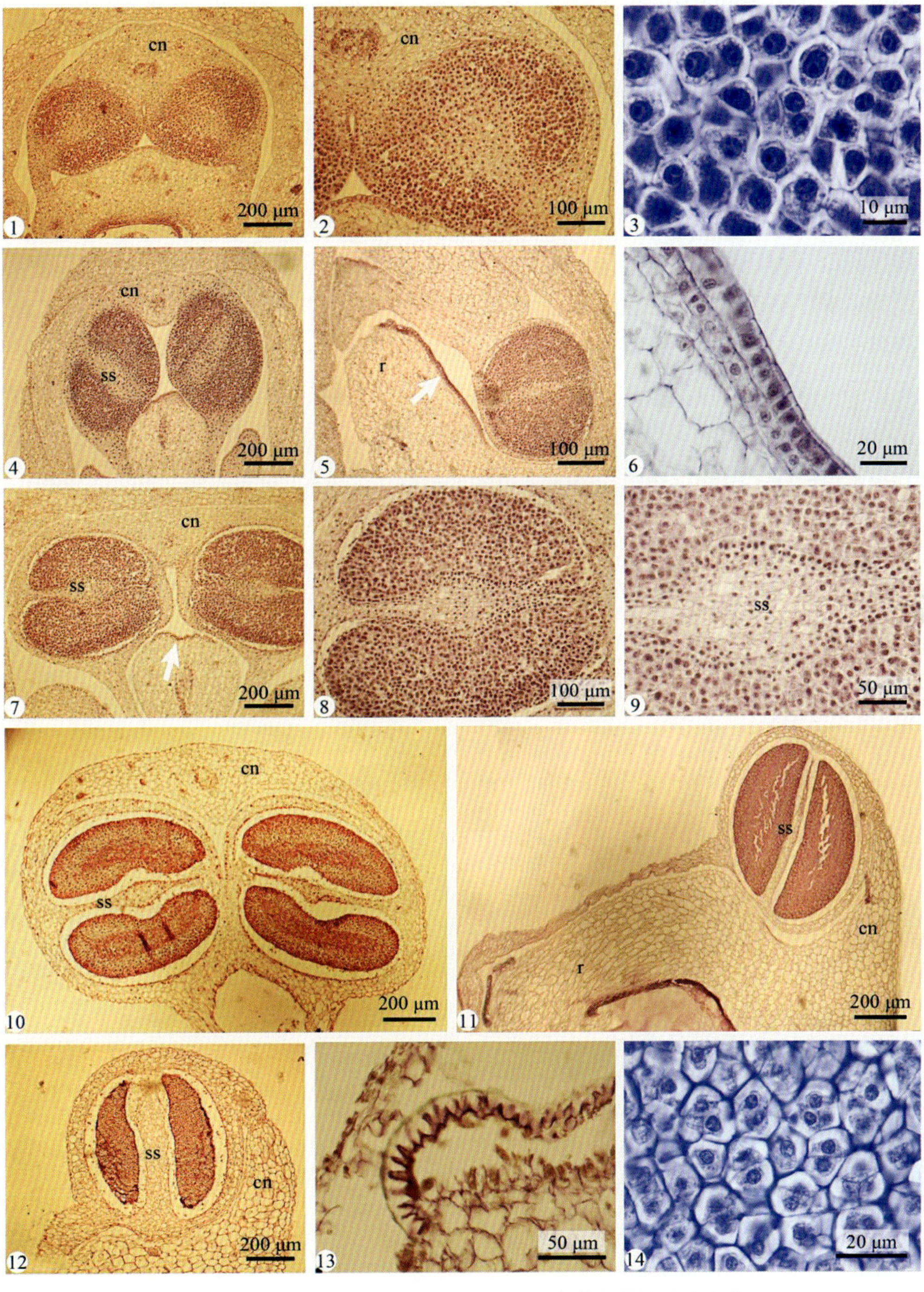

图4-5　坚唇兰*Stereochilus dalatensis*四个等大花粉团的发育

1～3. 早期花药的横切图（1）和放大图（2、3），示花药原基形成的1对侧生并列的圆形药室，此时药室中央部分孢原细胞开始分化为隔膜组织（2）和排列紧密的造孢细胞（3）。4～5. 小孢子母细胞时期的花药横切图（4）和纵切图（5），随着药隔组织背侧细胞的快速分裂，可见花药室内的隔膜组织逐渐变得水平，箭头示位于蕊喙上表面染色较深的黏盘柄。6. 图5的放大图，示2层至3层排列整齐的带状黏盘柄细胞。7～9. 小孢子母细胞发育成熟时，绒毡层和中层出现降解（7），此时内绒毡层发育完全（8、9）。10～14. 四分体时期的花药［10. 花药的横切图，示4个等大的花粉团；11～12. 随着花药的发育，花粉团顶端逐渐向唇瓣方向弯曲（11），最终花粉团直立起来（12）；13. 示发育成熟的黏盘柄；14. 小孢子母细胞减数分裂形成的小孢子四分体紧密结合在一起，形成坚硬的花粉团］。缩写：cn=药隔组织；r=蕊喙；ss=不育隔膜组织。

6. 异型兰 *Chiloschista yunnanensis* Schltr.

在异型兰花药发育早期，花药原基分化为两个并列的花药室，两个花药室通过中间的药隔组织连接起来，每个花药室由1团着色较深的孢原细胞和表皮构成（图4-6：1）。随着花药的发育，每个药室中央的孢原细胞开始分化为一条染色较浅的不育隔膜组织，由药隔组织基部延伸至向药室顶端（图4-6：2、3）。随后，隔膜组织细胞由于高度液泡化而越来越明显，并逐渐发育为一个完整的背腹向的平面组织（图4-6：4～6），将每个花药室不均等地分隔为两个小孢子囊。在小孢子四分体时期，花药壁的中层和绒毡层完全降解，在花药壁和花粉团之间形成空隙（图4-6：7～9）。此时，不育隔膜组织也开始降解，当花药发育成熟时，隔膜组织完全降解，形成4个不等大的花粉团（图4-6：10～12）。

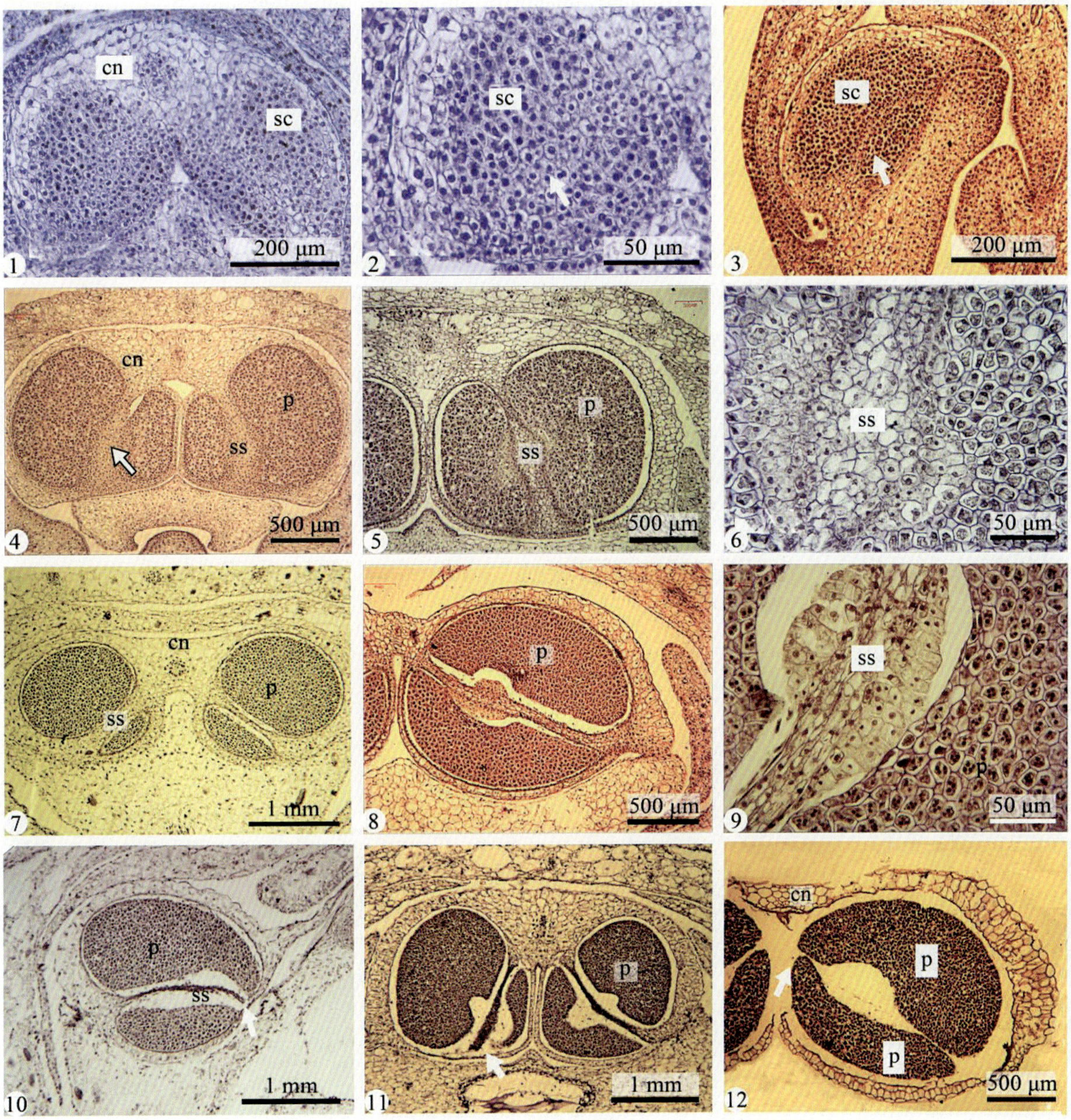

图4-6　异型兰*Chiloschista yunnanensis*两对不等大花粉团的发育

1～2. 早期花药的横切图（1）和放大图（2），花药原基已分化为1对侧生并列的圆形药室；3. 小孢子母细胞时期的花药纵切图，示染色较浅、体积较大的隔膜组织细胞和染色较深的小孢子母细胞；4. 早期花药横切图，白色箭头示隔膜组织由花药基部向顶部延伸；5～6. 小孢子母细胞减数分裂时期的花药横切图（5）和放大图（6），示外绒毡层较内绒毡层降解得快；7～9. 四分体时期的花药横切图（7、8）和放大图（9），示内绒毡层已经降解的隔膜组织；10～11. 花药壁和隔膜组织在两花药室间断裂，并形成裂口；12. 成熟花药的横切图，隔膜组织完全降解，示两个花药室的4个花粉团。缩写：cn=药隔组织；p=花粉团；sc=造孢细胞；ss=不育隔膜组织。

7. 云南火焰兰 *Renanthera imschootiana* Rolfe

在花药发育早期，花药原基分化为两个并列的花药室，每个花药室包含1团着色较深的孢原细胞和一条染色较浅的不育隔膜组织（图4-7：1、3），该不育隔膜组织从药隔组织延伸至花药室顶端（图4-7：2）。随着花药的进一步发育，其体积明显增大（图4-7：4、6），每个药室中央的不育隔膜组织变得越来越明显（图4-7：4），在两侧分化出2～3层内绒毡层，此时造孢细胞已分化为小孢子母细胞（图4-7：5）。随后，隔膜组织细胞进一步发育，变得高度液泡化，贯穿了花药室（图4-7：6、7、11），将每个花药室不均等地分隔为两个小孢子囊（图4-7：7）。小孢子母细胞减数分裂形成小孢子四分体（图4-7：9），此时花药壁的中层和绒毡层降解，剩下1层表皮和3层药室内壁（图4-7：8）。小孢子四分体保留在共同的细胞壁内进行1次有丝分裂（图4-7：10），形成2-细胞型的成熟花粉（图4-7：13）。

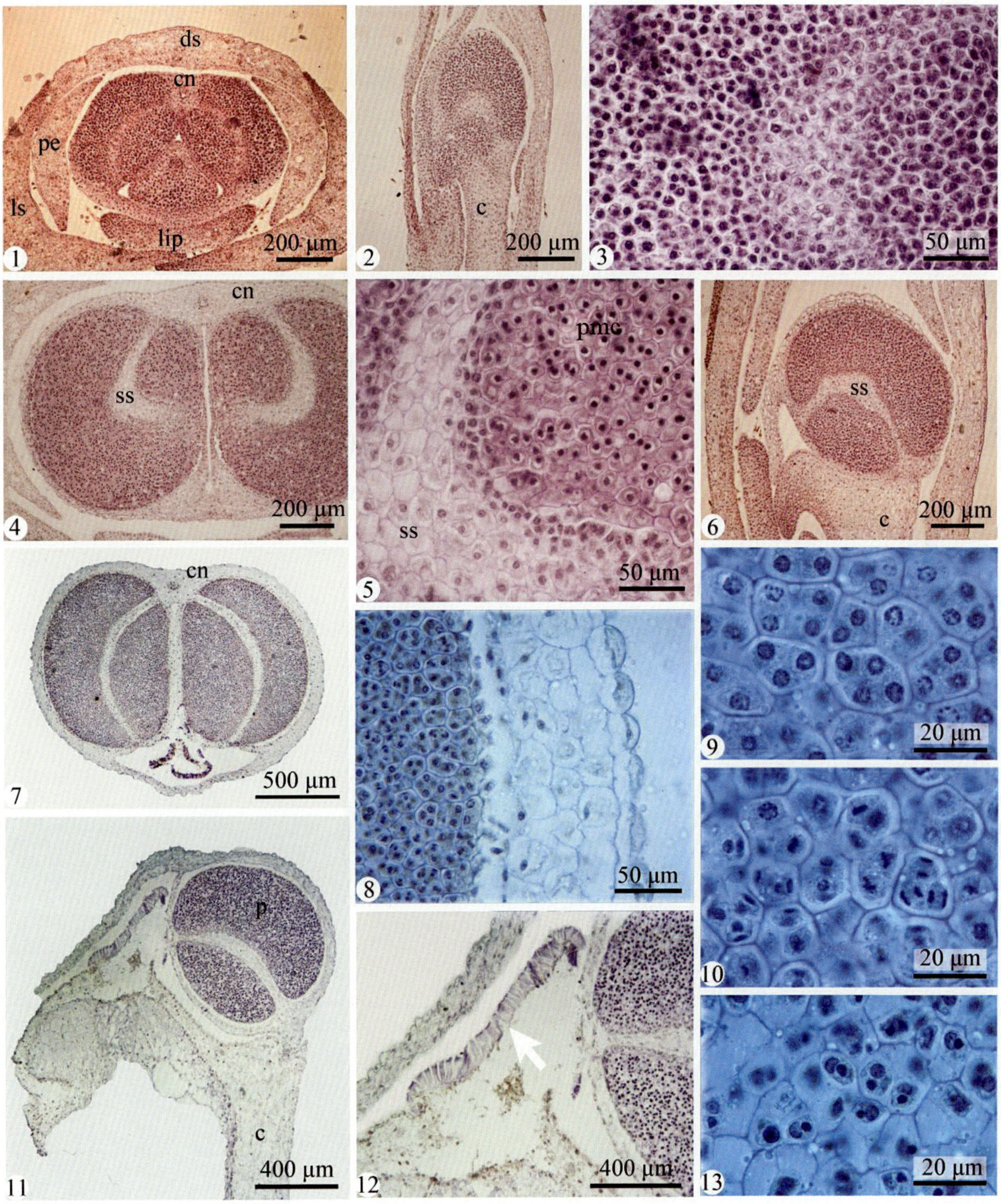

图4-7　云南火焰兰（*Renanthera imschootiana*）4个不等大花粉团的发育

1～3. 早期花药的横切图（1）和纵切图（2），花药原基已分化为1对侧生并列的圆形药室（1），隔膜组织由药隔组织向花药室顶部延伸（2），花药室内部的孢原细胞染色较深、排列紧密（3）；4～6.小孢子母细胞时期的花药横切（4、5）和纵切（6），示染色较浅、体积较大的隔膜组织细胞和染色较深的小孢子母细胞，药隔组织液泡化明显（6）；7～9.小孢子四分体时期的花药横切图（7）和放大图（8、9），示绒毡层和中层开始降解（8），小孢子四分体排列紧密（9）；10、13. 小孢子四分体经有丝分裂（10）形成2-细胞花粉（13）；11～12. 成熟花药的纵切图，箭头示带状的黏盘柄，位于花药帽尖端正下方。缩写：c=蕊柱；cn=药隔组织；ds=背萼片；pe=花瓣；pmc=花粉母细胞；p=花粉团；lip=唇瓣；ls=侧萼片；ss=不育隔膜组织。

8. 大花万代兰 *Vanda coerulea* Griff. ex Lindl.

在大花万代兰花药团发育早期，每个花药室内部的孢原细胞逐渐分化出一段染色较浅且较宽的隔膜组织和一团染色较深的小孢子母细胞，隔膜组织由药隔组织延伸至花药室顶端，部分贯穿了花药室（图4–8：1、3），在隔膜组织两侧有2层内绒毡层（图4–8：2）。蕊喙表面有1层染色较深的细胞，将发育为黏盘柄（图4–8：3）。在小孢子母细胞时期，花药壁分化完全，约9～10层（图4～8：5）。随着花药的继续发育，到四分体时期，中层、外绒毡层和内绒毡层降解（图4–8：4、8），且在花粉团表面形成一层脂类物质（图4–8：9）。由于花药室内侧的隔膜组织较窄，因此，花药大部分的横切图都有两个朝外的开口（图4–8：6）。花粉团发育成熟时，隔膜组织完全降解，小孢子四分体进行有丝分裂形成2–细胞型花粉（图4–8：10、11），且相互凝聚在一起形成1对不均等深裂的花粉团（4–8：7）。

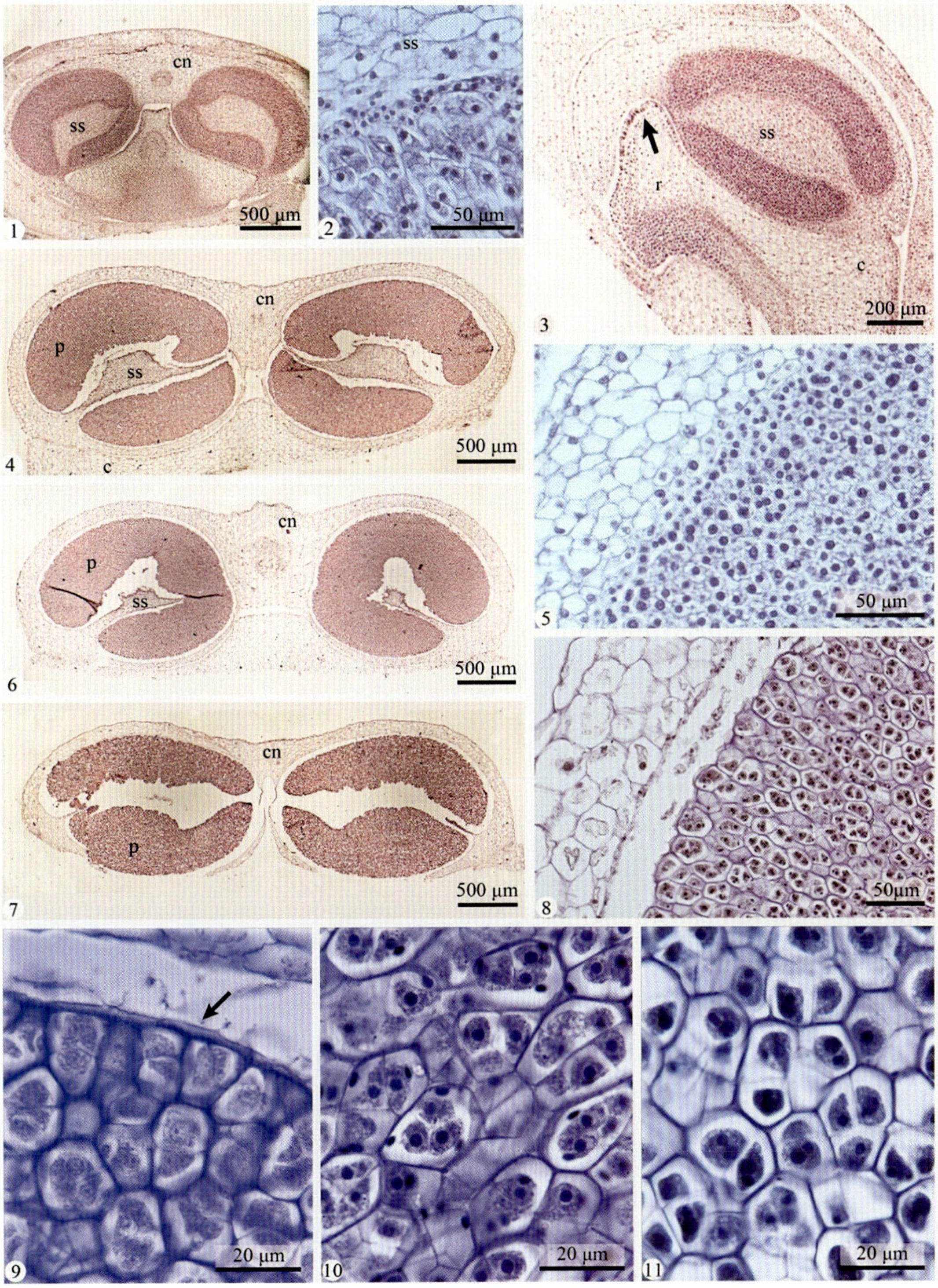

图4-8　大花万代兰（*Vanda coerulea*）两对不等大花粉团的发育

1～3. 早期花药的横切图（1、2）和纵切图（3），花药原基已分化为1对侧生并列的椭圆形药室（1），隔膜组织由花药基部向顶部延伸（3），其两侧有2层内绒毡层（2）；4. 小孢子四分体时期；5. 小孢子母细胞时期，花药壁发育完全，9～10层；6. 2-细胞型花粉时期的花粉团横切，切片大部分的花粉团都是马鞍形的；7. 成熟花药的横切，隔膜组织降解；8. 小孢子四分体时期，中层、外绒毡层和内绒毡层逐渐降解；9～11. 排列紧密的小孢子四分体（9），经有丝分裂（10）形成2-细胞型的四合花粉（11）。缩写：cn=药隔组织；c=蕊柱；ss=不育隔膜组织；p=花粉团；r=蕊喙。

9. 湿唇兰 *Hygrochilus parishii* (Rchb. f.) Pfitz.

湿唇兰的2个深裂花粉团的发育模式与大花万代兰相似，早期由孢原细胞分化为一条开口较窄，但中部较宽厚的隔膜组织（图4-9：1、2）。该隔膜组织从药隔组织延伸至花药室顶端，但并未完全将单个花药室分隔为2个小孢子囊（图4-9：3、4）。发育成熟的花药壁有7层（图4-9：6），较大花万代兰的层数少。随着花药的继续发育，隔膜组织逐渐降解，直至消失（图4-9：5、7）。小孢子母细胞经过减数分裂形成的四分体紧密靠在一起，内部的小孢子分别进行一次有丝分裂，发育为成熟的2-细胞型四合花粉，并紧密结合在一起，形成致密的花粉团（图4-9：8）。

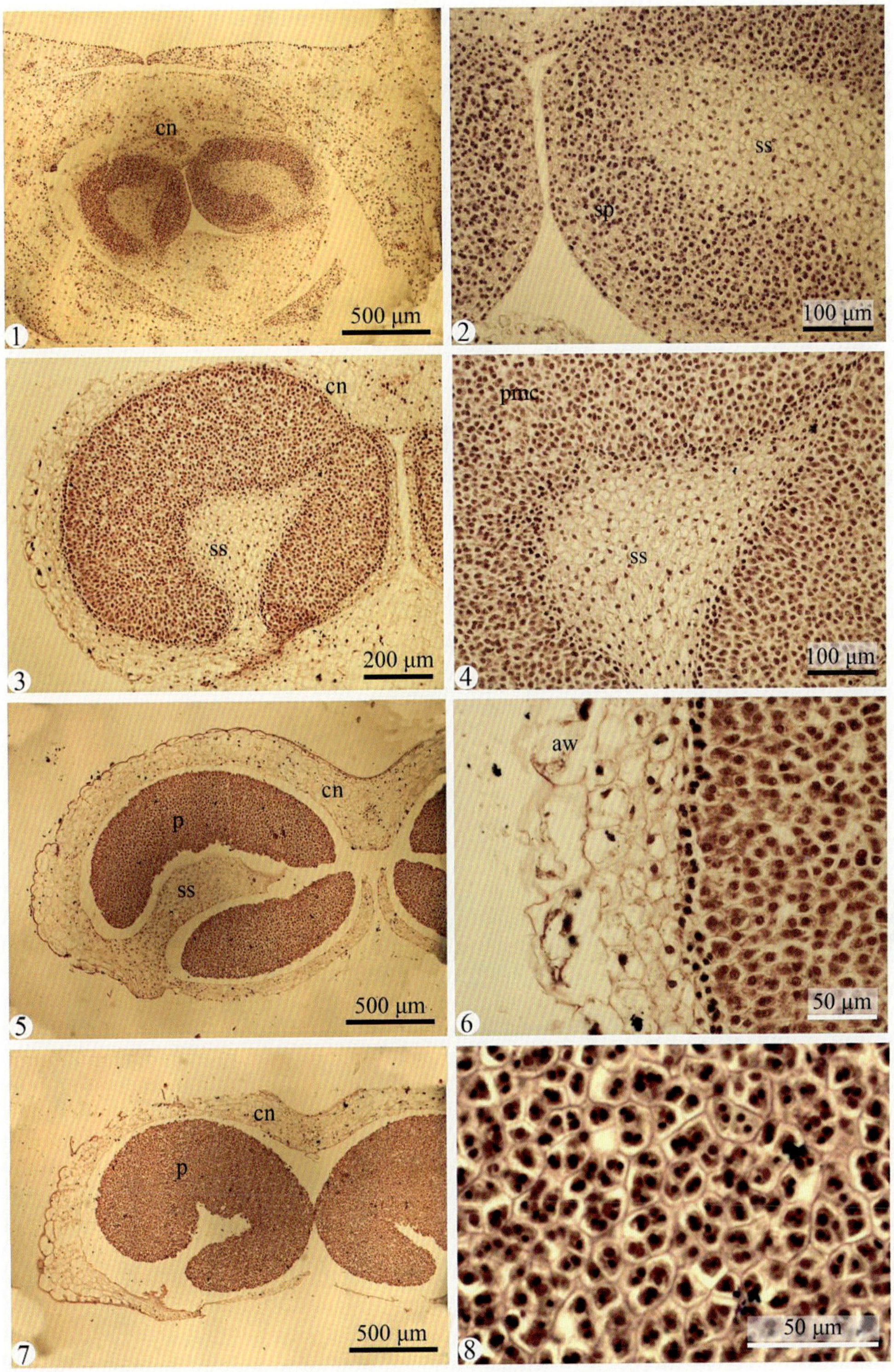

图4-9　湿唇兰*Hygrochilus parishii*的1对深裂花粉团的发育

1～2. 早期花药的横切图（1）和放大图（2），示早期分化出来的隔膜组织和孢原细胞组织；3. 小孢子母细胞时期花药的横切图，示部分贯穿花药室的隔膜组织；4. 不育隔膜组织两侧排列着2～3层形态较小的内绒毡层细胞；5、7. 花药成熟时，不育隔膜组织伴随花药壁降解，形成了具空隙的花粉团；6. 完整的花药壁有6～7层，为多层型花药壁；8. 由2-细胞型花粉构成的致密花粉团。字母缩写：aw=花药壁；cn=药隔组织；p=花粉团；pmc=药粉母细胞；sp=造孢细胞；ss=不育隔膜组织。

10. 白花凤蝶兰 *Papilionanthe biswasiana* (Ghose et Mukerjee) Garay

在白花凤蝶兰早期花的切片中，花蕾被包在花苞片内部，此时花瓣、萼片和花药已经分化成形（图4–10：1）。花药具两个侧生药室，通过药隔组织相连，药室中央的孢原细胞分化为不育隔膜组织（图4–10：2），即将发育为小孢子母细胞的造孢细胞位于花药壁和隔膜组织中间（图4–10：3）。随着花药的继续发育，隔膜组织高度液泡化，染色较浅，在基部与药隔组织相连，并延伸至花药室顶端（图4–10：4、6），但在同一切面上也可见环形的小孢子母细胞组织（图4–10：5）。在小孢子母细胞时期，隔膜组织高度液泡化，且仅在花药室内侧形成由2～3层细胞组成的内绒毡层，该层细胞的细胞核明显，细胞质浓厚致密，小孢子母细胞排列紧密（图4–10：7、8）。随着花药的进一步发育，中层、外绒毡层和内绒毡层降解，在花药纵切图上可见2个开口，其中位于花药室顶端的开口即花粉团的沟部（图4–10：9），而靠近药隔组织的开口则是花粉团柄着生的部位（图4–10：10）。黏盘柄位于蕊喙和花药帽尖端的中间（图4–10：11），由一条带状褶皱的细胞组成（图4–10：12）。小孢子母细胞经减数分裂和有丝分裂形成2–细胞型的四合花粉粒，并黏合在一起形成2个具深裂的花粉团（图4–10：13）。

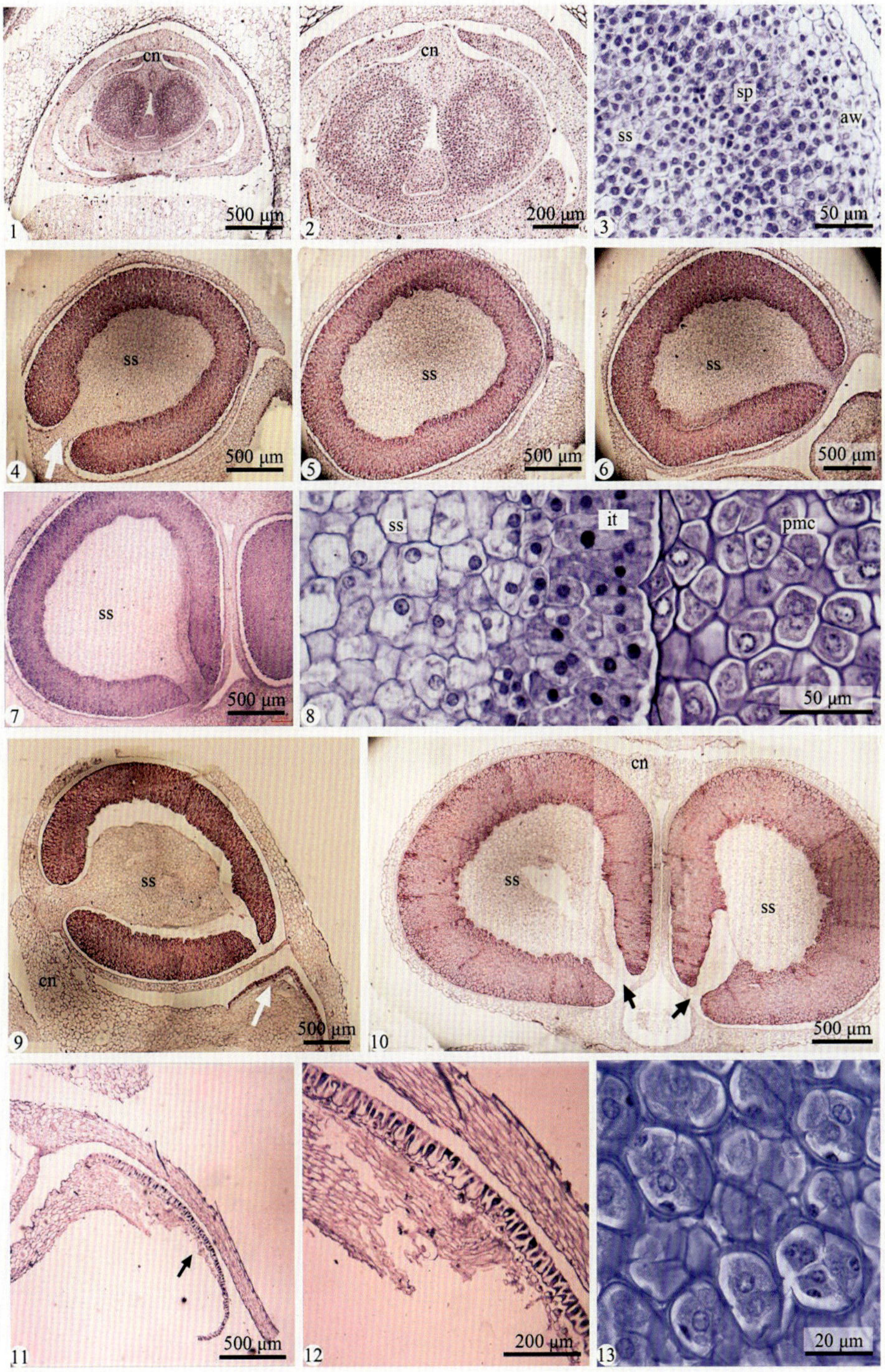

图4-10　白花凤蝶兰*Papilionanthe biswasiana*1对深裂花粉团的发育

1～3. 早期花药的横切图（1）和放大图（2、3），花药原基已分化为1对侧生并列的椭圆形药室，花药室内已经分化出明显的花药壁、小孢子母细胞和不育隔膜组织（3）；4～6. 小孢子母细胞时期，示同一花粉团不同位置的纵切图，隔膜组织与药隔相连（4），在花粉团内部形成一团染色较浅的细胞（5），最后延伸至花粉团外（6）；7～8. 花药横切图，示内绒毡层仅分布于花药室内侧（7），具2～3层，细胞质浓厚且体积较大（8）；9. 一条完整且部分贯穿花药室的隔膜组织；10. 示花粉团柄的着生位置；11～12. 成熟的黏盘柄（11）和放大图（12）；13. 四分体经有丝分裂形成营养核和生殖核。缩写：aw=花药壁；cn=药隔组织；it=内绒毡层；pmc=花粉母细胞；sp=造孢细胞；ss=不育隔膜组织。

11. 无茎盆距兰 *Gastrochilus obliquus* (Lindl.) Kuntze

无茎盆距兰在花药发育早期，每个花药室已经分化出一条不育隔膜组织，被染色较深的孢原细胞包围，隔膜组织在靠近花粉团柄基部时呈圆形（图4-11：1）。往花粉团外侧裂口方向的隔膜组织逐渐变长（图4-11：2、3），并在某些部位部分贯穿（图4-11：4、5）或完全贯穿花药室（图4-11：6）。在小孢子母细胞减数分裂时期，每个花药室内染色较浅的不育隔膜组织被内绒毡层细胞环绕，靠近花粉团基部的内绒毡层细胞不断增殖且细胞质浓厚（图4-11：7~9）。随着花药的进一步发育，不育隔膜组织开始降解，此时的花粉团纵切图示花药室被部分贯穿，形成一条基部近圆形而裂口处扁长形的隔膜组织，因此并未完全分隔为两个小孢子囊（图4-11：10、11）。黏盘柄位于蕊喙表面（即上表皮），呈宽带形（图4-11：12）。随着花药逐渐成熟，隔膜组织、中层和绒毡层降解，小孢子母细胞发育为成熟的2-细胞型四合花粉，且彼此紧靠在一起，形成1对孔裂的花粉团（图4-11：13、14）。

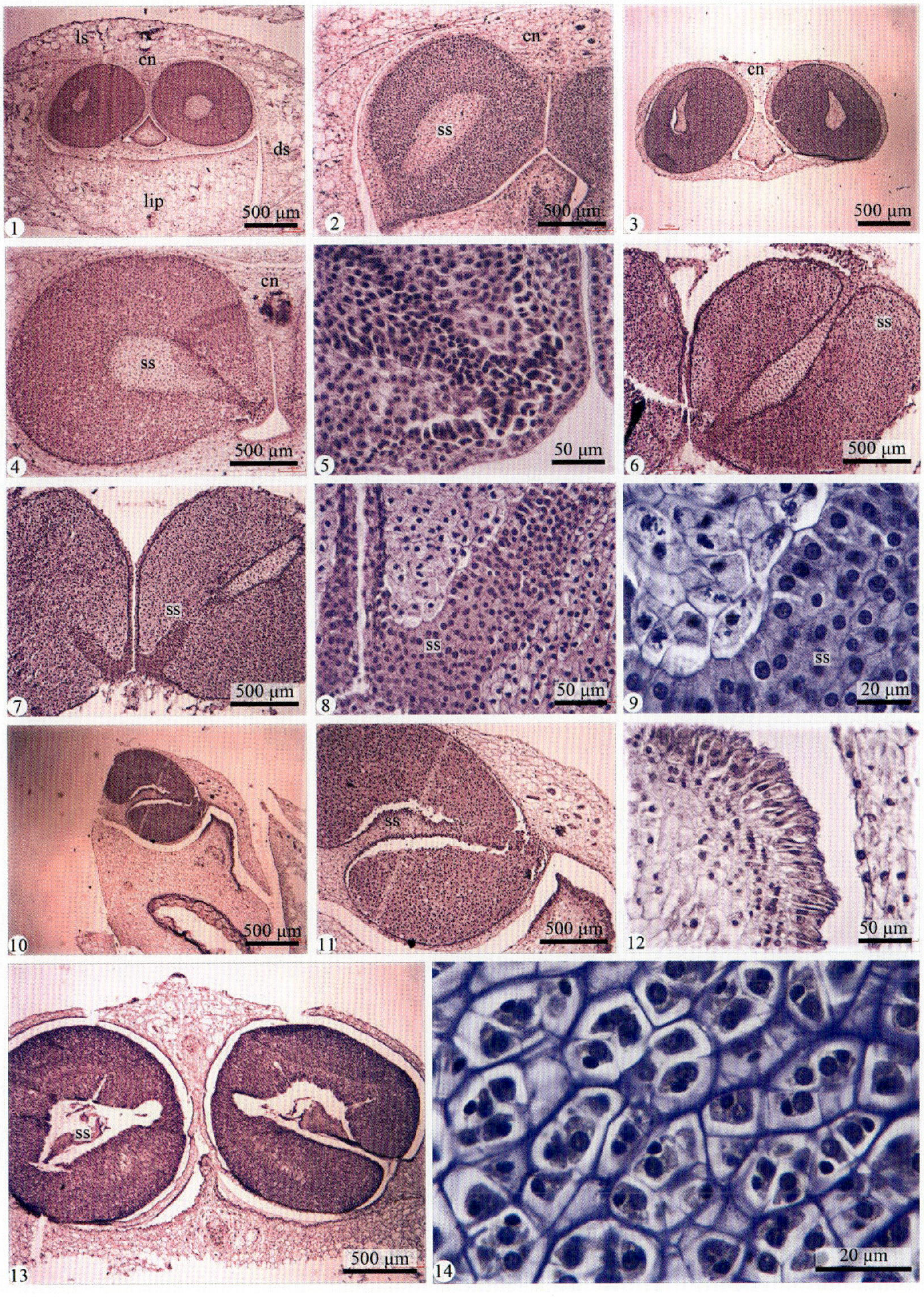

图4-11　无茎盆距兰*Gastrochilus obliquus*1对孔裂花粉团的发育模式

1～3. 早期花药的横切图，花药原基已经分化为2个近圆形的花药室，在花药室中央分化出一条隔膜组织，并逐渐向两端延长（3）；4～5. 示隔膜组织两侧的内绒毡层，向花粉团基部逐渐加厚；6. 花药横切图，示隔膜组织部分贯穿了花药室；7～9. 小孢子母细胞时期花药的横切图，示细胞质浓厚的内绒毡层，以及花粉团柄的着生位置；10～12. 四分体时期的花药纵切图及放大图（11、12），示隔膜组织室部分贯穿了花药室（11）和较厚的黏盘柄（12）；13～14. 花药发育成熟，隔膜组织、中层和绒毡层降解（13），四合花粉间紧密靠在一起（14），形成2个孔裂的花粉团。缩写：cn=药隔组织；ds=背萼片；lip=唇瓣；ls=侧萼片；ss=不育隔膜组织。

12. 小花槽舌兰 *Holcoglossum himalaicum* (Deb, Sengupta & Malick) Aver.

在小花槽舌兰的花药发育早期，花药原基分化出两个圆形的小孢子囊（图4-12：1），每个小孢子内包含大量染色较深的孢原细胞组织（图4-12：2）。随着花药发育的继续，花药室内的孢原细胞组织分化出染色较浅的隔膜组织和染色较深的小孢子细胞（图4-12：3）。四分体时期，同一花药不同水平的切片显示：每一个花药室内部分造孢细胞分化出一条完整的长圆锥形的隔膜组织（图4-12：7~9），由药隔组织发出（图4-12：4~6）并贯穿花药室，随着隔膜组织的降解，最终形成开口朝外的2个孔裂花粉团（图4-12：7）。当花药发育成熟时，中层和绒毡层降解（图4-12：10），小孢子母细胞进行同时型胞质分裂（图4-12：11）形成的排列紧密的正四面体型小孢子四分体（图4-12：12），小孢子并不从四分体内游离出来，继续进行有丝分裂形成2-细胞型的四合花粉（图4-12：13），并紧密结合成花粉团。

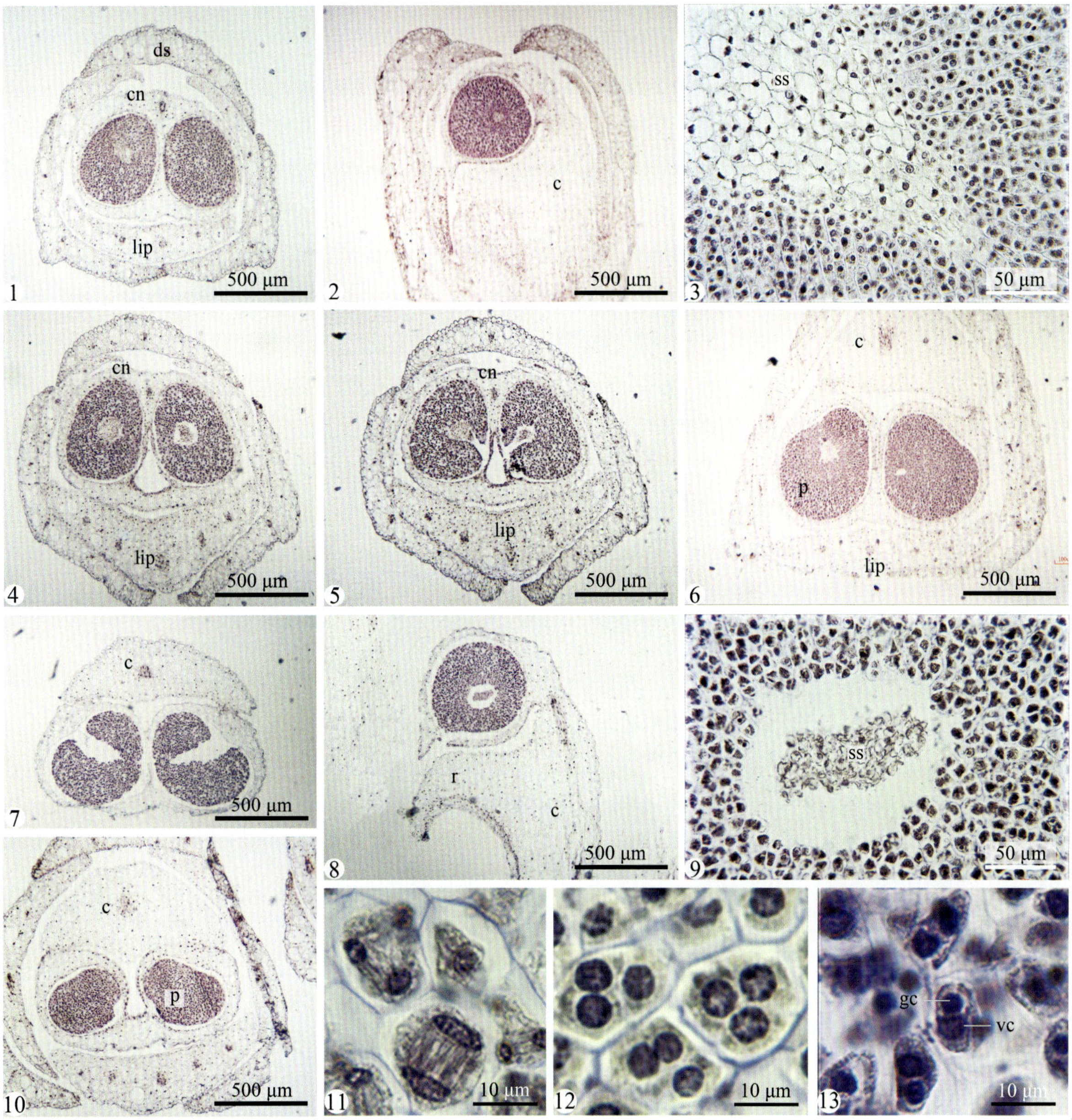

图4-12　小花槽舌兰*Holcoglossum himalaicum*1对孔裂花粉团的发育

1. 小孢子母细胞时期的花药横切面，花药由两个小孢子囊组成；2. 小孢子母细胞时期的花的纵切面；3. 示液泡化的不育隔膜组织，还有染色较深的小孢子母细胞；4～7. 小孢子发生和雄配子体阶段的花药横切面，示隔膜组织由药隔组织发出并贯穿花药室；8～9. 示不育隔膜组织呈长圆锥形；10. 成熟花药的横切，中层和绒毡层降解；11～13. 小孢子母细胞进行同时型胞质分裂（11）形成的排列紧密的正四面体形小孢子四分体（12），随后小孢子进行有丝分裂形成2-细胞型的四合花粉（13）。缩写：cn=药隔组织；c=蕊柱；ds=背萼片；gc=生殖细胞；pe=花瓣；p=花粉团；lip=唇瓣；r=蕊喙；ss=不育隔膜组织；vc=营养细胞。

13. 巾唇兰 *Pennilabium proboscideum* A. S. Rao & Joshp

从巾唇兰早期花药的横切图可看出，其具有1对侧生并列的椭圆形药室，且已形成维管束和药隔组织，每个药室内仅有一个小孢子囊（图4-13：1）。此时，孢原细胞已经进行有丝分裂并形成大量着色较深的造孢细胞（图4-13：2）。在每个花药室内，位于内侧的次生造孢细胞的体积和细胞核较外侧大，说明内侧的造孢细胞分裂较外侧更活跃（图4-13：3）。早期花药的药隔组织高度液泡化，花药室纵切为椭圆形（图4-13：2）。随着花药的不断发育，造孢细胞不断进行有丝分裂产生大量的小孢子母细胞，在每个花药室内分化出一团染色较浅的隔膜组织（图4-13：4），此时花药室纵切呈近圆形（图4-13：5）。在减数分裂Ⅰ前期，小孢子母细胞液泡化明显，位于药室中央的不育隔膜组织也更加成熟，体积比小孢子母细胞大，具有6～8层细胞（图4-13：6），从花药正面的纵切图可以看出隔膜组织与药隔组织的分隔层相连（图4-13：7、8），从不育隔膜组织向花药室两侧延伸，但没有贯穿花药室（图4-13：7）。减数分裂Ⅰ后期，不育隔膜组织细胞皱缩并开始降解（图4-13：9）。减数分裂Ⅱ后期，花药壁的中层、绒毡层已经降解，仅剩下表皮、药室内壁（图4-13：10）；隔膜组织降解后，在花药的侧面纵切图中央留下一个孔（图4-13：11）。随后，小孢子母细胞经不同步的减数分裂形成小孢子四分体，小孢子四分体由外向内开始有丝分裂，形成营养细胞和生殖细胞（图4-13：12）。花药成熟时，花药仅剩1层药室内壁，不育隔膜组织完全降解，形成两个具孔且开口朝内的成熟花粉团（图4-13：10）。

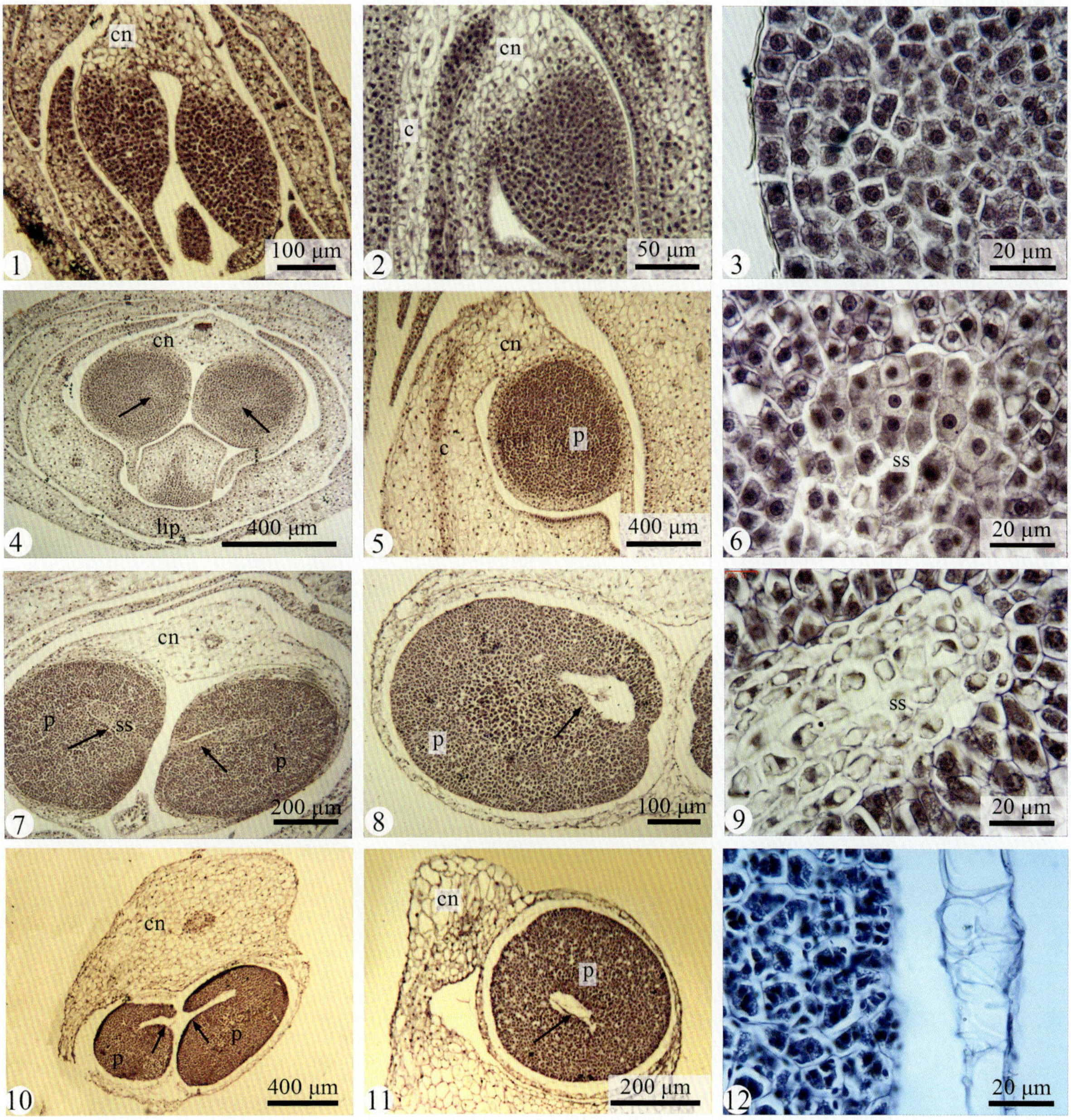

图4-13 巾唇兰*Pennilabium proboscideum*1对全缘花粉团发育模式

1. 幼嫩花药横切图，花药原基已分化为1对侧生并列的椭圆形药室；2. 幼嫩花药纵切图；3. 图1的放大图，示内侧造孢细胞发育较外侧快；4.小孢子母细胞时期，两个圆形花药室并排在一起，箭头示出现染色较浅的隔膜组织；5. 花药纵切图，示近圆形花药室；6. 示发育成熟的不育隔膜组织细胞体积明显大于小孢子母细胞；7. 花药正面纵切图，示不育隔膜组织与分隔层相连；8. 图7的放大图，示隔膜组织；9. 减数分裂Ⅰ后期，示即将降解的不育隔膜组织；10. 小孢子母细胞时期的花药横切图，示不育隔膜组织没有贯穿小孢子囊；11. 四分体时期的花药室，不育隔膜组织完全降解；12. 图11的放大图，示小孢子细胞由外向内进行不同步减数分裂。缩写：c=蕊柱；cn=药隔组织；p=花粉团；lip=唇瓣；ss=不育隔膜组织。

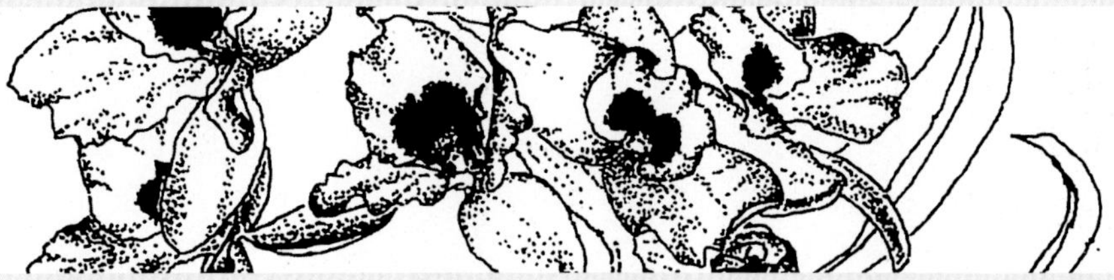

被子植物大部分物种在发育早期具有四角形的花药，每个角内存在一个可进行平周分裂形成初生壁细胞和初生造孢细胞的单个孢原细胞，但兰科早期的花药中，表皮原下包含一团染色较深的分生组织细胞，且都能进行平周分裂，无法找出单个孢原细胞，因此将这团组织称为孢原细胞组织（Freudenstein & Rasmussen，1996）。现有文献表明，兰科的每个花药中存在两个最初的孢原细胞区域，当不育隔膜组织分化后产生4个造孢细胞区域（Freudenstein & Rasmussen，1996）。在这个前提下，很容易形成2个花粉团，即所有的孢原组织都发育成花粉，每个花药室产生一个花粉团。通过不育隔膜对这些区域进行分隔，很容易产生较高数量的花粉团。本文观察结果认为，通过不育隔膜组织的数量和位置分布等，不同亚科所具有的不同类型散粉单元，才能在形态结构和数目上出现分化，以适应不同的传粉机制。

本文观察到的紫纹兜兰早期的花药分化为1对侧生药室，每个药室中央的孢原细胞分化出一条不育隔膜组织，形成一道靠边的具浅凹的弧形小孢子囊。这一点在杓兰亚科研究过的几种植物的花药发育里均未被注意到（任玲等，1987；Sood & Rao，1988；Kant，2011；Ghimire et al.，2020）。事实上，紫纹兜兰花药原基分化出的不育隔膜组织的位置与兰亚科和树兰亚科的花药发育过程截然不同。

兰亚科的花粉小块是由一个孢原细胞进行多次有丝分裂形成的花粉小块前体进一步减数分裂形成的（Jacksonn.，1900），本文在棒距玉凤花和缘毛鸟足兰中观察到，在花药发育的早期，花药室内由一个孢原细胞发育而来的3～6个造孢细胞聚在一起组成花粉小块前体，且每个花粉小块前体周围都积累胼胝质。随着花药的发育，造孢细胞经有丝分裂产生大量的小孢子母细胞，每个花粉小块前体周围的胼胝质明显加厚。在之后的发育中，花粉小块前体仍被共同的胼胝质所包裹，发育为花粉小块，每个花药室内的花粉小块通过弹性黏素进一步粘连为粉粒质花粉团。而导致花粉团形成的原因则是：在花药的早期发育过程中，如果每个小孢子囊内的造孢细胞间没有形成胼胝质，而是聚成一团。那么，在花药发育成熟后，所有的花粉都紧密结合在一起，并且这个花粉团与其他花粉团在空间上被不育隔膜组织隔开，只能通过具花粉性质的花粉团柄（caudicle）与其他花粉团相连，这样的花粉细胞团块才被称为花粉团（Freudestein & Rasmussen.，1996）。而树兰亚科特有的坚硬蜡质花粉团形成原因可能是花药发育成熟后，花药壁内部纤维状加厚，束缚花粉团的发育和体积的增大，在花药室内部形成压力，导致四合花粉挤压成花粉团。此外，外绒毡层降解形成的脂类物质和内绒毡层降解形成的弹性黏素包裹着花粉，使成熟花粉粒紧密黏合成蜡质花粉团。

本节观察的树兰亚科指甲兰亚族的9种兰花均以坚硬质的蜡质花粉团进行传粉，该类群的花粉团发育模式目前鲜有报道，由部分孢原细胞发育而来的不育隔膜组织的分布在指甲兰亚族内变异较大，该组织通过退化形成了多种形态的花粉团：当隔膜组织均匀分隔花药室时，每个花药室就会形成2个等大的小孢子囊，进而发育为4个等大的花粉团，如本文报道的坚唇兰；如果隔膜组织没有均匀分隔花药室时，每个花药室就会形成2个不等大的小孢子囊，如本文报道的异型兰、云南火焰兰，以及其他作者报道的盖喉兰属（*Smitinandia*）（Bhanwra et al.，2006）；而当隔膜组织退化或发育不完全，没有贯穿花药室时，那么就会形成2个花粉团（Freudenstein & Rasmussen，1996）。

综上所述，本节利用石蜡切片技术观察3亚科13属13种兰花的花粉粒、花粉小块和花粉团不同数目的发育模式，结果表明：①紫纹兜兰的小孢子母细胞经减数分裂形成的四分体由于共同的细胞壁降解而游离出来，并继续发育为2-细胞型的单分体花粉。②绶草的小孢子母细胞减数分裂形成的小孢子在授粉之前一直维持在四分体内，并进一步发育为四合花粉，所有的四合花粉松软地结合在一起，形成2个软花粉团。③在缘毛鸟足兰和棒距玉凤花花药发育的早期，由一个孢原细胞发育出来的3～6个造孢细胞聚在一起，形成花粉小块前体并在周围逐渐积累胼胝质，随着花药的发育，造孢细胞分化为小孢子母细胞，后经减数分裂形成的四合花粉仍维持在胼胝质内，发育为花粉小块，通过黏性的花粉团柄黏合成粉粒质花粉团。④在指甲兰亚族中：花药室内不育隔膜组织的分布和排列对于不同形态花粉团的形成具有决定作用，同一孢子囊内的小孢子母细胞发育而来的四合花粉紧密结合在一起，形成坚硬的蜡质花粉团。⑤此外，还发现巾唇兰是具孔裂的花粉团，并非全缘。

本文结果将为兰科不同亚科散粉单元的演化提供形态学和胚胎学证据，为进一步探讨不同亚科内不同散粉单元对环境的适应性意义和分类学意义，也为进一步完善植物志对花粉团形态的描述以及厘清指甲兰亚族属间关系提供新资料。

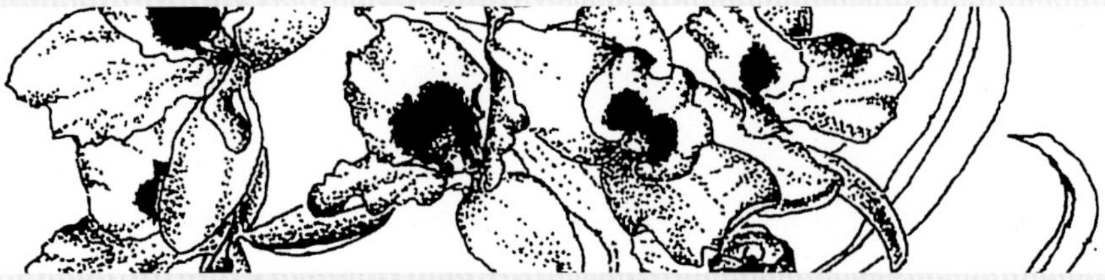

参考文献

[1] 陈心启. 1979. 关于缘毛鸟足兰两性型与单性型问题[J]. 植物分类学报, 17(4): 54–60.

[2] 陈心启, 吉占和. 1987. 墨脱毛兰, 一个可能的“异常整齐花”型, 兼论兰科中“异常整齐花”现象[J]. 植物分类学报, 25(5): 329–339.

[3] 陈心启, 吉占和. 1998. 中国兰花全书[M]. 北京: 中国林业出版社.

[4] 陈心启, 吉占和, 罗毅波. 1999. 中国野生兰科植物彩色图鉴[M]. 北京: 科学出版社.

[5] 陈心启, 吉占和. 2004. 兰花文化和历史[J]. 森林与人类, 24(5): 58–63.

[6] 陈心启, 刘仲健, 罗毅波, 等. 2009. 中国兰科植物鉴别手册[M]. 北京: 中国林业出版社.

[7] 高江云, 刘强, 余东莉. 2014. 西双版纳的兰科植物多样性和保护[M]. 北京: 中国林业出版社.

[8] 国家林业和草原局, 农业农村部. 2021. 国家重点保护野生植物名录: 2021年第15号[A/OL]. https://www.forestry.gov.cn/c/www/gkml/11057.jhtml.

[9] 国家药典委员会. 2010. 中华人民共和国药典: 3部[M]. 北京: 中国医药科技出版社.

[10] 黄双全, 郭友好. 2000. 传粉生物学的研究进展[J]. 科学通报, 45(3): 225–237.

[11] 胡适宜. 2005. 被子植物生殖生物学[M]. 北京: 高等教育出版社, 25–92.

[12] 吉占和, 陈心启. 1995. 云南西双版纳兰科植物[J]. 植物分类学报, 33(3): 281–296.

[13] 金伟涛, 向小果, 金效华. 2015. 中国兰科植物属的界定: 现状与展望[J]. 生物多样性, 23(2): 237–242.

[14] 金效华, 李剑武, 叶德平. 2019. 中国野生兰科植物原色图鉴[M]. 郑州: 河南科学技术出版社.

[15] 金效华, 赵晓东, 施晓春. 2009. 高黎贡山原生兰科植物[M]. 北京: 科学出版社.

[16] 郎楷永. 1994. 兰科植物区系中的一些有意义属的地理分布格局的研究[J]. 植物分类学报, 32(4): 328–339.

[17] 李璐, 张锦, 李楚然, 等. 2020. 兰科新种巾唇兰的花粉团发育及分类学意义[J]. 植物研究, 40(2): 161–171.

[18] 李璐. 2023. 兰科雄蕊发育多样性研究进展[J]. 广西植物, 43(8): 1537–1552.

[19] 李璐. 2023.中国石斛属花形态图志[M].昆明：云南科技出版社.

[20] 罗毅波, 李敏. 2023. 中国重点保护野生兰科植物识别手册[M]. 北京: 中国林业出版社.

[21] 任宗昕, 王红, 罗毅波. 2012. 兰科植物的欺骗性传粉[J]. 生物多样性, 20(3): 270–279.

[22] 孙崇波, 向林, 施季森, 等. 2010. 兰科5属常见栽培品种花粉块形态的扫描电镜观察[J]. 园艺学报, (12): 1969–1974.

[23] 谭庆琴, 李璐, 张锦, 等. 2021. 传统傣药竹叶兰的花粉团发育及分类学意义[J]. 广西植物, 40(1): 83–94.

[24] 陶凯锋, 朱永, 王乐骋, 等. 2024. 两种玉凤花属植物的花结构和合蕊柱超微特征及其分类学意义[J]. 广西植物, 44(2): 89–101.

[25] 王艳萍, 李璐, 杨晨璇, 等. 2021. 14种石斛属 (兰科) 植物的花粉团形态及分类学意义[J]. 植物研究,

41(1): 12–25.
[26] 王乐聘, 陶凯锋, 朱永, 等. 2024. 云南火焰兰花形态及花药发育胚胎学特征[J]. 广西植物, 44(2): 77–88.
[27] 席以珍, 郎楷永, 胡玉熹. 2000. 手参属花粉形态及其分类学意义[J]. 植物分类学报, 38(2): 137–140.
[28] 徐正尧, 杨貌仙. 1986. 黑节草小孢子发生及雄配子体形成的细胞形态学研究[J]. 云南大学学报 (自然科学版), 8(3): 310–318.
[29] 徐志辉, 蒋宏, 叶德平, 等. 2010. 云南野生兰花[M]. 昆明: 云南科技出版社.
[30] 闫晓娜, 田敏, 王彩霞. 2014. 扇脉杓兰花粉超微结构及花粉管生长的观察[J]. 西北植物学报, 34(12): 2439–2445.
[31] 张锦, 张辉, 李璐, 等. 2019. 珍稀濒危植物大花万代兰的花粉团发育及其分类学意义[J]. 西北植物学报, 39(7): 1143–1153.
[32] 周铉, 杨兴华, 梁汉兴, 等. 1987. 天麻形态学[M]. 北京: 科学出版社.
[33] 朱永, 黄家林,陶凯锋. 2024. 紫纹兜兰的花形态和双雄蕊花药发育及分类学意义[J]. 广西植物, 44(2): 102–112.
[34] 郎楷永. 1999. 兰科(一) 中国植物志(第17卷)[M]. 北京: 科学出版社.
[35] 陈心永. 1999. 兰科(二) 中国植物志(第18卷)[M]. 北京: 科学出版社.
[36] 吉占和. 1999. 兰科(三) 中国植物志(第19卷)[M]. 北京: 科学出版社.
[37] Arditti J, Flick B H. 1974. Postpollination phenomena in orchid flowers. V. Participation by the rostellum and gynostemium tip[J]. American Journal of Botany, 61(6): 643–651.
[38] Arditti J. 1992. Fundamentals of orchid biology[M]. New York: John Wiley & Sons.
[39] Artuso S, Gamisch A, Staedler Y M, et al. 2021. Evidence for selectively constrained 3D flower shape evolution in a Late Miocene clade of Malagasy Bulbophyllum orchids[J]. New Phytologist, 232(2): 853–867.
[40] Bänziger H. 1996. The mesmerizing wart: the pollination strategy of epiphytic lady slipper orchid Paphiopedilum villosum (Lindl.) Stein (Orchidaceae)[J]. Botanical Journal of the Linnean Society, 121(1): 59–90.
[41] Bänziger H, Sun H, Luo Y B. 2005. Pollination of a slippery lady slipper orchid in south–west China: Cypripedium guttatum (Orchidaceae)[J]. Botanical Journal of the Linnean Society, 148(3): 251–264.
[42] Barone Lumaga M R, Cozzolino S, Kocyan A, et al. 2014. Exine micromorphology and ultrastructure in Neottieae (Epidendroideae, Orchidaceae)[J]. Plant systematics and evolution, 300: 505–515.
[43] Bateman R M, Rudall P J, Hawkins J A, et al. 2013. Himantoglossum hircinum (Lizard Orchid) reviewed in the light of new morphological and molecular observations[J]. New Journal of Botany, 3(2): 122–140.
[44] Bernhardt P, Edens–Meier R. 2010. What we think we know vs. what we need to know about orchid pollination and conservation: Cypripedium L. as a model lineage[J]. The Botanical Review, 76: 204–219.
[45] Bhanwra R K, Vij S P, Chandel V, et al. 2006. Development of pollinium in two epidendroid orchids[J]. Current Science, 90(10): 1384–1388.
[46] Bhupendra C, Pritam C, Neetu V, et al. 2012. Understanding the phylomorphological implications of pollinia from Dendrobium (Orchidaceae)[J]. American Journal of Plant Sciences, 3(6): 816–828.
[47] Blackman S J, Yeung E C. 1983. Comparative anatomy of pollinia and caudicles of an orchid (Epidendrum)[J]. Botanical Gazette, 144(3): 331–337.
[48] Borba E L, Shepherd G J, Semir J. 1999. Reproductive systems and crossing potential in three species of Bulbophyllum (Orchidaceae) occurring in Brazilian ‘campo rupestre’ vegetation[J]. Plant Systematics

and Evolution, 217: 205–214.
[49] Box M S, Bateman R M, Glover B J, et al. 2008. Floral ontogenetic evidence of repeated speciation via paedomorphosis in subtribe Orchidinae (Orchidaceae)[J]. Botanical Journal of the Linnean Society, 157(3): 429–454.
[50] Burns - Balogh P. 1983. A theory on the evolution of the exine in Orchidaceae[J]. American Journal of Botany, 70(9): 1304–1312.
[51] Burns–Balogh P, Bernhardt P. 1985. Evolutionary trends in the androecium of the Orchidaceae[J]. Plant Systematics and Evolution, 149(1/2): 119–134.
[52] Burns–Balogh P, Hesse M. 1988. Pollen morphology of the cypripedioid orchids[J]. Plant Systematics and Evolution, 158: 165–182.
[53] Cameron K M, Chase M W, Whitten W M, et al. 1999. A phylogenetic analysis of the Orchidaceae: evidence from rbcL nucleotide sequences[J]. American Journal of Botany, 86(2): 208–224.
[54] Cardoso–Gustavson P, Davis A R, Bona C, et al. 2017. The rostellum, stigma, style and ovarian transmitting tissue in Pleurothallidinae (Orchidaceae: Epidendroideae)[J]. Botanical Journal of the Linnean Society, 185(3): 393–412.
[55] Catling P M. 1990. Auto–pollination in the Orchidaceae[M]. In: Arditti J, ed. Orchid biology: review and perspectives, V[M]. Portland, Oregon: Timber Press, 121–158.
[56] Chang Y Y, Kao N H, Li J Y, et al. 2010. Characterization of the possible roles for B class MADS box genes in regulation of perianth formation in orchid[J]. Plant physiology, 152(2): 837–853.
[57] Chase M W, Cameron K M, Barrett R L, et al. 2003. DNA data and Orchidaceae systematics: A new phylogenetic classification[M]. In: Dixon K W, Kell S P, Barrett R L, et al. eds. Orchid conservation[M]. Kota Kinabalu: Natural History Publications, 69–89.
[58] Chase M W. 2005. Classification of Orchidaceae in the age of DNA data[J]. Curtis's Botanical Magazine, 22(1): 2–7.
[59] Chase M W, Cameron K M, Freudenstein J V, et al. 2015. An updated classification of Orchidaceae[J]. Botanical journal of the Linnean Society, 177(2): 151–174.
[60] Chen S C, Liu Z J, Zhu G H, et al. 2009. Orchidaceae[M]. In: Wu Z Y, Raven P H, Hong D Y, eds. Flora of China, Vol. 25[M]. Beijing: Science Press; St. Louis: Missouri Botanical Garden Press, 25: 1–506.
[61] Christenhusz M J M. Byng J W. 2016. The number of known plants species in the world and its annual increase[J]. Phytotaxa, 261(3): 201–217.
[62] Claessens J, Kleynen J. 1998. Column structure and pollination of Corallorrhiza trifida Châtelain (Orchidaceae)[J]. Journal European Orchidaceae, 30(3): 629–637.
[63] Clifford S C, Owens S J. 1990. The stigma, style and ovarian transmitting tract in the Oncidiinae (Orchidaceae): morphology, developmental anatomy, and histochemistry[J]. Botanical Gazette, 151(4): 440–451.
[64] Davies K L, Turner M P. 2004. Morphology of floral papillae in Maxillaria Ruiz & Pav. (Orchidaceae)[J]. Annals of Botany, 93(1): 75–86.
[65] de Vogel E F. 1969. Monograph of the tribe Apostasieae (Orchidaceae)[J]. Blumea: Biodiversity, Evolution and Biogeography of Plants, 17(2): 313–350.
[66] Dirks–Mulder A, Butôt R, van Schaik P, et al. 2017. Exploring the evolutionary origin of floral organs of Erycina pusilla, an emerging orchid model system[J]. BMC Evolutionary Biology, 17: 1–18.
[67] Dodson, Frymire G P. 1961. Natural pollination of orchids[J]. Missouri Botanical Garden Bulletin, 49:

133–139.

[68] Dressler R L. 1961. The structure of the orchid flower[J]. Missouri Botanical Garden Bulletin, 49: 60–69

[69] Dressler R L. 1981. The orchids: natural history and classification[M]. Cambridge: Harvard University Press.

[70] Dressler R L. 1986. Features of pollinaria and orchid classification[J]. Lindleyana, 1(2): 125–130.

[71] Dressler R L. 1993. Phylogeny and classification of the orchid family[M]. Cambridge: Cambridge University Press.

[72] Edens–Meier R M, Vance N, Luo Y B, et al. 2010. Pollen–pistil interactions in north American and Chinese Cypripedium L. (Orchidaceae)[J]. International Journal of Plant Sciences, 171(4): 370–381.

[73] Efimov P G. 2011. An intriguing morphological variability of Platanthera s.l.[J]. European Journal of Environmental Sciences, 1(2): 125–136.

[74] Endress P K. 1994. Diversity and evolutionary biology of tropical flowers[M]. Cambridge: Cambridge University Press.

[75] Endress P K. 2011. Angiosperm ovules: diversity, development, evolution[J]. Annals of Botany, 107(9): 1465–1489.

[76] Endress P K. 2016. Development and evolution of extreme synorganization in angiosperm flowers and diversity: a comparison of Apocynaceae and Orchidaceae[J]. Annals of Botany, 117(5): 749–767.

[77] Figueroa C, Terrazas T, Dávila P, et al. 2022. Gynostemium structure and development in subtribe Spiranthinae (Cranichideae, Orchidaceae)[J]. Botanical Journal of the Linnean Society, 198(1): 26–40.

[78] Fitzgerald M A, Barnes S H, Blackmore S, et al. 1994. Pollen development and cohesion in a mealy and a hard type of orchid pollinium[J]. International Journal of Plant Sciences, 155(5): 481–491.

[79] Freudenstein J V. 1994. Gynostemium structure and relationships of the Corallorhizinae (Orchidaceae: Epidendroideae)[J]. Plant Systematics and Evolution, 193: 1–19.

[80] Freudenstein J V, Rasmussen F N. 1996. Pollinium development and number in the Orchidaceae[J]. American Journal of Botany, 83(7): 813–824.

[81] Freudenstein J V, Rasmussen F N. 1997. Sectile pollinia and relationships in the Orchidaceae[J]. Plant Systematics and Evolution, 205: 125–146.

[82] Freudenstein J V, Rasmussen F N. 1999. What does morphology tell us about orchid relationships?—A cladistic analysis[J]. American Journal of Botany, 86(2): 225–248.

[83] Freudenstein J V, Chase M W. 2015. Phylogenetic relationships in Epidendroideae (Orchidaceae), one of the great flowering plant radiations: progressive specialization and diversification[J]. Annals of Botany, 115(4): 665–681.

[84] Gamisch A. Staedler Y M, Schönenberger J, et al. 2013. Histological and micro–CT evidence of stigmatic rostellum receptivity promoting auto–pollination in the Madagascan orchid Bulbophyllum bicoloratum[J]. PLoS One, 8(8): e72688.

[85] Garay L A. 1960. On the origin of the Orchidaceae[J]. Botanical Museum Leaflets, Harvard University, 19(3): 57–96.

[86] Ghimire B, Son S, Kim J H, et al. 2020. Gametophyte and embryonic ontogeny: understanding the reproductive calendar of Cypripedium japonicum Thunb. (Cypripedoideae, Orchidaceae), a lady's slipper orchid endemic to East Asia[J]. BMC Plant Biology, 20: 1–14.

[87] Givnish T J, Spalink D, Ames M, et al. 2015. Orchid phylogenomics and multiple drivers of their extraordinary diversification[J]. Proceedings of the Royal Society B: Biological Sciences, 282(1814):

20151553.
[88] Hagerup O. 1952. The morphology and biology of some primitive orchid flowers[J]. Phytomorphology, 2(2–3): 134–138.
[89] Halbritter H, Ulrich S, Grímsson F, et al. 2018. Illustrated pollen terminology[M]. Berlin: Springer.
[90] Harder L D, Johnson S D, 2008. Function and evolution of aggregated pollen in angiosperms[J]. International Journal of Plant Sciences, 169(1): 59–78.
[91] Heslop–Harrison Y, Shivanna K R. 1977. The receptive surface of the angiosperm stigma[J]. Annals of Botany, 41(6): 1233–1258.
[92] Heslop–Harrison Y. 1981. Stigma characteristics and angiosperm taxonomy[J]. Nordic Journal of Botany, 1(3): 401–420.
[93] Hesse M, Burns–Balogh P. 1984. Pollen and pollinarium morphology of Habenaria (Orchidaceae)[J]. Pollen Spores, 26(3–4): 385–400.
[94] Hidayat T. 2006. Evolutionary analysis of pollinaria morphology of subtribe Aeridinae (Orchidaceae)[J]. Reinwardtia, 12(3): 223–235.
[95] Hidayat T, Weston P H, Yukawa T, et al. 2013. Phylogeny of subtribe Aeridinae (Orchidaceae) inferred from DNA sequences data: Advanced analyses including Australasian genera[J]. Jurnal Teknologi, 59(1): 87–95.
[96] Johnson S D, Edwards T J. 2000. The structure and function of orchid pollinaria[J]. Plant Systematics and Evolution, 222(1–4): 243–269.
[97] Johri B M, Ambegaokar K B, Srivastava P S. 1992. Comparative embryology of angiosperms: Vol 2[M]. Heidelberg: Springer Verlag.
[98] Kant R, Bhanwra R K. 2010. Development of anther in relation to sectile pollinium in Zeuxine strateumatica (Lindl.) Schltr[J]. Journal of Biology and Life Science, 1(1): 5–12.
[99] Kant R, Hossain M M, Attri L K. 2013. Pollinium development in Spiranthes sinensis (Pers.) Ames. and Cymbidium pendulum SW: a comparative study[J]. Bangladesh Journal of Botany, 42 (2): 307–314.
[100] Kocyan A, Endress P K. 2001a. Floral structure and development of Apostasia and Neuwiedia (Apostasioideae) and their relationships to other Orchidaceae[J]. International Journal of Plant Sciences, 162(4): 847–867.
[101] Kocyan A, Endress P K. 2001b. Floral structure and development and systematic aspects of some ‘lower’ Asparagales[J]. Plant Systematics and Evolution, 229(3): 187–216.
[102] Kocyan A, Qiu Y L, Endress P K, et al. 2004. A phylogenetic analysis of Apostasioideae (Orchidaceae) based on ITS, trnL–F and matK sequences[J]. Plant Systematics and Evolution, 247(3–4): 203–213.
[103] Kocyan A. 2007. The discovery of polyandry in Curculigo (Hypoxidaceae): implications for androecium evolution of Asparagoid Monocotyledons[J]. Annals of Botany, 100(2): 241–248.
[104] Kowalkowska A K, Kostelecka J, Bohdanowicz J, et al. 2015. Studies on floral nectary, tepals’ structure, and gynostemium morphology of Epipactis palustris (L.) Crantz (Orchidaceae)[J]. Protoplasma, 252: 321–333.
[105] Kurzweil H. 1987a. Developmental studies in orchid flowers Ⅰ: epidendroid and vandoid species[J]. Nordic Journal of Botany, 7(4): 427–442.
[106] Kurzweil H. 1987b. Developmental studies in orchid flowers Ⅱ: Orchidoid species[J]. Nordic Journal of Botany, 7(4): 443–451.
[107] Kurzweil H. 1988. Developmental studies in orchid flowers Ⅲ: neottioid species[J]. Nordic Journal of

Botany, 8(3): 271–282.

[108] Kurzweil H. 1989. An investigation of the floral morphogenesis of Bonatea speciosa (Orchidaceae)[J]. South African Journal of Botany, 55(4): 433–437.

[109] Kurzweil H. 1990. Floral morphology and ontogeny in Orchidaceae subtribe Disinae[J]. Botanical Journal of the Linnean Society, 102(1): 61–83.

[110] Kurzweil H, Weber A. 1991. Floral morphology of southern African Orchideae. Ⅰ. Orchidinae[J]. Nordic Journal of Botany, 11(2): 155–178.

[111] Kurzweil H, Weber A. 1992. Floral morphology of southern African Orchideae. Ⅱ. Habenariinae[J]. Nordic Journal of Botany, 12(1): 39–61.

[112] Kurzweil H. 1993. Developmental studies in orchid flowers Ⅳ: Cypripedioid species[J]. Nordic Journal of Botany, 13(4): 423–430.

[113] Kurzweil H. 1998. Floral ontogeny of orchids: a review[J]. Beitrage zur Biologie der Pflanzen, 71(1): 45–100.

[114] Kurzweil H. 2005. Taxonomic studies in the genus Disperis (Orchidaceae) in southeast Asia[J]. Blumea–Biodiversity, Evolution and Biogeography of Plants, 50(1): 143–152.

[115] Kurzweil H, Weston P H, Perkins A J. 2005. Morphological and ontogenetic studies on the gynostemium of some Australian members of Diurideae and Cranichideae (Orchidaceae)[J]. Telopea, 11(4): 11–33.

[116] Lavarack P S. 1972. The taxonomic affinities of the Neottioideae[D]. PhD Thesis, School of Biological Sciences, The University of Queensland, Saint Lucia.

[117] Lee Y I, Yeung E C, Lee N, et al. 2008. Embryology of Phalaenopsis amabilis var. formosa: embryo development[J]. Botanical Studies, 49(2): 139–146.

[118] Leitão C A E, Cortelazzo A L. 2010. Structure and histochemistry of the stigmatic and transmitting tissues of Rodriguezia venusta (Orchidaceae) during flower development[J]. Australian Journal of Botany, 58(3): 233–240.

[119] Li M H, Zhang G Q, Lan S R, et al. 2016. A molecular phylogeny of Chinese orchids[J]. Journal of Systematics and Evolution, 54(4): 349–362.

[120] Li P, Luo Y B, Bernhardt P, et al. 2006. Deceptive pollination of the Lady's Slipper Cypripedium tibeticum (Orchidaceae)[J]. Plant Systematics and Evolution, 262: 53–63.

[121] Li Y Y, Chen X M, Guo S X, et al. 2016. Embryology of two mycoheterotrophic orchid species, Gastrodia elata and Gastrodia nantoensis: ovule and embryo development[J]. Botanical Studies, 57: 1–10.

[122] Luo Y B, Zhu G H, Kurzweil H. 2005. The gynostemium of Hemipiliopsis purpureopunctata and Senghasiella glaucifolia, two taxonomically disputed species of Habenariinae (Orchidaceae) [J]. Botanical Journal of the Linnean Society, 147(2): 191–196.

[123] Maheshwari P. 1950. An introduction to the embryology of Angiosperms[M]. New York: McGraw–Hill.

[124] Margońska H B, Kozieradzka–Kiszkurno M, Brzezicka E, et al. 2021. Crepidium sect. Crepidium (Orchidaceae, Malaxidinae)–Chemical and Morphological Study of Flower Structures in the Context of Pollination Processes[J]. Plants, 10(11): 2372.

[125] Mehrhoff Ⅲ L A. 1983. Pollination in the genus Isotria (Orchidaceae)[J]. American Journal of Botany, 70(10): 1444–1453.

[126] Mohana R P R, Sood S K. 1986. Embryology of Cephalanthera ensifolia (Orchidaceae)[J]. Acta Botanica Indica, 14(1): 38–44.

[127] Mosquera–Mosquera H R, Valencia–Barrera R M, Acedo C. 2019. Variation and evolutionary transformation of some characters of the pollinarium and pistil in Epidendroideae (Orchidaceae)[J]. Plant Systematics and Evolution, 305(5): 353–374.

[128] Mulgaonkar M S. 2011. Study of pollinium of three beautiful Indian Orchids under electron microscopy[J]. Phytotaxonomy, 5: 89–92.

[129] Neiland M R M, Wilcock C C. 1998. Fruit set, nectar reward, and rarity in the Orchidaceae[J]. American Journal of Botany, 85(12): 1657–1671.

[130] Nunes E L P, Smidt E C, Stützel T, et al. 2014. What do floral anatomy and micromorphology tell us about Neotropical Bulbophyllum section Didactyle (Orchidaceae: Bulbophyllinae)?[J]. Botanical Journal of the Linnean Society, 175(3): 438–452.

[131] Pabón–Mora N, González F. 2008. Floral ontogeny of Telipogon spp.(Orchidaceae) and insights on the perianth symmetry in the family[J]. International Journal of Plant Sciences, 169(9): 1159–1173.

[132] Pacini E, Hesse M. 2002. Types of pollen dispersal units in orchids, and their consequences for germination and fertilization[J]. Annals of Botany, 89(6): 653–664.

[133] Pacini E, Hesse M. 2005. Pollenkitt – its composition, forms and functions[J]. Flora, 200(5):399–415.

[134] Pandolfi T, Pacini E. 1995. The pollinium of Loroglossum hircinum (Orchidaceae) between pollination and pollen tube emission[J]. Plant Systematics and Evolution, 196(3/4): 141–151.

[135] Pansarin E R. 2003. Reproductive biology and pollination in Epidendrum paniculatum Ruiz & Pavón (Orchidaceae)[J]. Brazilian Journal of Botany, 26(2): 203–211.

[136] Pansarin E R, Maciel A A. 2017. Evolution of pollination systems involving edible trichomes in orchids[J]. AoB Plants, 9(4): plx033.

[137] Passarelli L M, Rolleri C H. 2010. Pollen Grains and Massulae in Pollinia of Four South American Palustrine Species of Habenaria (Orchidaceae)[J]. Grana, 49(1): 47–55.

[138] POWO. 2023. "Plants of the World Online[A/OL]. Facilitated by the Royal Botanic Gardens, Kew. Published on the Internet: http://www.plantsoftheworldonline.org/Retrieved 14March 2023."

[139] Pridgeon A M, Cribb P J, Chase M W, et al. 1999. Genera Orchidacearum. Vol. 1. General introduction, Apostasioideae, Cypripedioideae[M]. Oxford: Oxford University Press.

[140] Pridgeon A M, Cribb P J, Chase M W, et al. 2001. Genera Orchidacearum. Vol. 2. Orchidoideae (Part one)[M]. Oxford: Oxford University Press.

[141] Pridgeon A M, Cribb P J, Chase M W, et al. 2003. Genera Orchidacearum. Vol. 3: Orchidoideae (Part two), Vanilloideae[M]. Oxford: Oxford University Press.

[142] Pridgeon A M, Cribb P J, Chase M W, et al. 2005. Genera Orchidacearum. Vol. 4. Epidendroideae (Part one)[M]. Oxford: Oxford University Press.

[143] Pridgeon A M, Cribb P J, Chase M W, et al. 2009. Genera Orchidacearum. Vol. 5. Epidendroideae (Part two)[M]. Oxford: Oxford University Press.

[144] Prutsch J, Schill R. 2000. The stigma of Cephalanthera (Orchidaceae) provides a link between primitive and derived Epidendroideae[J]. Nordic Journal of Botany, 20(5): 599–604.

[145] Rasmussen F N. 1982. The gynostemium of the neottioid orchids[J]. Opera Botanica, 65: 1–96.

[146] Rasmussen F N. 1985. The gynostemium of Bulbophyllum ecornutum (JJ Smith) JJ Smith (Orchidaceae) [J]. Botanical journal of the Linnean Society, 91(4): 447–456.

[147] Rasmussen F N. 1986a. On the various contrivances by which pollinia are attached to viscidia[J]. Lindleyana, 1(1): 21–32.

[148] Rasmussen F N. 1986b. Ontogeny and phylogeny in Orchidaceae[J]. Lindleyana, 1: 114–124.

[149] Royer C A, Toscano de Brito A L V, Stützel T, et al. 2021. Floral development of the Ornithocephalus clade (Oncidiinae, Orchidaceae): the origin of the tabula infrastigmatica, gynostemium appendices and labellar callus[J]. Botanical Journal of the Linnean Society, 195(4): 636–649.

[150] Rudall P J, Bateman R M. 2002. Roles of synorganisation, zygomorphy and heterotopy in floral evolution: the gynostemium and labellum of orchids and other lilioid monocots[J]. Biological Reviews, 77(3): 403–441.

[151] Rudall P J, Perl C D, Bateman R M. 2013. Organ homologies in orchid flowers re–interpreted using the Musk Orchid as a model[J]. PeerJ, 1: e26.

[152] Schill R, Wolter M. 1986. On the presence of elastoviscin in all subfamilies of the Orchidaceae and the homology to pollenkitt[J]. Nordic Journal of Botany, 6(3): 321–324.

[153] Senghas K. 1988. Eine neue gliederung der subtribe Aeridinae (=Sarcanthinae)[J]. Die Orchidee, 39(6): 219–223.

[154] Singer R B. 2003. Orchid pollination: recent developments from Brazil[J]. Lankesteriana, 7(11): 111–114.

[155] Singer R B, Gravendeel B, Cross H, et al. 2008. The use of orchid pollinia or pollinaria for taxonomic identification[J]. Selbyana, 29(1): 6–19.

[156] Singer R B, Koehler S. 2004. Pollinarium morphology and floral rewards in Brazilian Maxillariinae (Orchidaceae)[J]. Annals of Botany, 93(1): 39–51.

[157] Singer R B, Marsaioli A J, Flach A, et al. 2006. The ecology and chemistry of pollination in Brazilian orchids: recent advances[M]. In: Singer R B, Sazima M, Floriculture. Ornamental and Plant Biotechnology[M]. Kagawa Ken: Global Science Books.

[158] Singer R B, Sazima M. 1999. The pollination mechanism in the 'Pelexia alliance' (Orchidaceae: Spiranthinae)[J]. Botanical Journal of the Linnean Society, 131(3): 249–262.

[159] Singer R B, Sazima M. 2000. The pollination of Stenorrhynchos lanceolatus (Aublet) LC Rich. (Orchidaceae: Spiranthinae) by hummingbirds in southeastern Brazil[J]. Plant Systematics and Evolution, 223: 221–227.

[160] Singer R B, Sazima M. 2001. The pollination mechanism of three sympatric Prescottia (Orchidaceae: Prescottinae) species in southeastern Brazil[J]. Annals of Botany, 88(6): 999–1005.

[161] Slater A T. 1991. Interaction of the stigma with the pollinium in Dendrobium speciosum[J]. Australian journal of botany, 39(3): 273–282.

[162] Sood S K. 1986. Gametogenesis, integuments initiation and embryogeny in three species of Habenaria (Orchidaceae, Orchideae)[J]. Proceedings: Plant Sciences, 96: 487–494.

[163] Sood S K, Rao P R M. 1986. Gametophytes, embryogeny and pericarp of Microstylis wallichii Lindl. (Orchidaceae)[J]. The botanical magazine=Shokubutsu–gaku–zasshi, 99: 351–359.

[164] Sood S K. 1988. Development of gametophytes, embryogeny and pericarp in Goodyera repens (Orchidaceae, Neottieae)[J]. Proceedings: Plant Sciences, 98(2): 149–156.

[165] Sood S K. 1989. Embryology and systematic position of Liparis (Orchidaceae)[J]. Plant systematics and evolution, 166(1/2): 1–9.

[166] Stenzel H. 2000. Pollen morphology of the subtribe Pleurothallidinae Lindl.(Orchidaceae)[J]. Grana,

39(2–3): 108–125.

[167] Stpiczyńska M. 2003. Stigma receptivity during the life span of Platanthera chlorantha Custer (Rchb.) flowers[J]. Acta Biologica Cracoviensia Series Botanica, 45(1): 37–41.

[168] Szlachetko D L, Mytnik–Ejsmont J. 2009. Gynostemia Orchidalium IV[M]. Helsinki: Finnish Zoological and Botanical Publishing Board.

[169] Tremblay R L. 1992. Trends in the pollination ecology of the Orchidaceae: evolution and systematics[J]. Canadian Journal of Botany, 70(3): 642–650.

[170] Tremblay R L, Ackerman J D, Zimmerman J K, et al. 2005. Variation in sexual reproduction in orchids and its evolutionary consequences: a spasmodic journey to diversification[J]. Biological Journal of the Linnean Society, 84(1): 1–54.

[171] Tsai W C, Kuoh C S, Chuang M H, et al. 2004. Four DEF–like MADS box genes displayed distinct floral morphogenetic roles in Phalaenopsis orchid[J]. Plant and Cell Physiology, 45(7): 831–844.

[172] Tsai W C, Lee P F, Chen H I, et al. 2005. PeMADS6, a GLOBOSA/PISTILLATA–like gene in Phalaenopsis equestris involved in petaloid formation, and correlated with flower longevity and ovary development[J]. Plant and Cell Physiology, 46(7): 1125–1139.

[173] Tsai W C, Pan Z J, Hsiao Y Y, et al. 2008. Interactions of B–class complex proteins involved in tepal development in Phalaenopsis orchid[J]. Plant and Cell Physiology, 49(5): 814–824.

[174] van der Pijl L, Dodson C H. 1996. Orchid flowers: their pollination and evolution[M]. Coral Gables: The Fairchild Trop. Garden & Univ. Miami Press.

[175] Vermeulen P. 1955. The rostellum of the Ophrydeae[J]. American Orchid Society Bulletin, 24: 239–245.

[176] Vermeulen P. 1959. The different structure of the rostellum in Ophrydeae and Neottieae[J]. Acta Botanica Neerlandica, 8(3): 338–355.

[177] Wang L H, Tsay J S, Chi H S. 2016. Embryological studies on Spiranthes sinensis (Pers.) Ames[J]. Flora, 224: 191–202.

[178] Wolter M, Schill R. 1985. On acetolysis resistant structures in the Orchidaceae–why fossil record of orchid pollen is so rare[J]. Grana, 24(3): 139–143.

[179] Xiang X G, Li D Z, Jin W T, et al. 2012. Phylogenetic placement of the enigmatic orchid genera Thaia and Tangtsinia: evidence from molecular and morphological characters[J]. Taxon, 61(1): 45–54.

[180] Xu Y, Teo L L, Zhou J, et al. 2006. Floral organ identity genes in the orchid Dendrobium crumenatum[J]. The Plant Journal, 46(1): 54–68.

[181] Yam T W, Arditti J, Cameron K M. 2009. “The orchids have been a splendid sport” –an alternative look at Charles Darwin’s contribution to orchid biology[J]. American Journal of Botany, 96(12): 2128–2154.

[182] Yeung E C. 1987. The development and structure of the viscidium in Epidendrum ibaguense HBK (Orchidaceae)[J]. Botanical Gazette, 148(2): 149–155.

[183] Yeung E C, Law S K. 1989. Embryology of Epidendrum ibaguense. Ⅰ. Ovule development[J]. Canadian Journal of Botany, 67(8): 2219–2226.

[184] Yin Y Y, Zhong P S, Zhang G Q, et al. 2016. Morphological, genome - size and molecular analyses of Apostasia fogangica (Apostasioideae, Orchidaceae), a new species from China[J]. Phytotaxa, 277(1): 59–67.

[185] Yu H, Goh C J. 2000. Identification and characterization of three orchid MADS–box genes of the AP*1*/AGL9subfamily during floral transition[J]. Plant Physiology, 123(4): 1325–1336.

[186] Zavada M S. 1990. A contribution to the study of pollen wall ultrastructure of orchid pollinia[J]. Annals

of the Missouri Botanical Garden, 77(4): 785–801.

[187] Zhou Z. Shi R, Zhang Y, et al. 2021. Orchid conservation in China from 2000to 2020: Achievements and perspectives[J]. Plant Diversity, 43(5): 343–349..

后　记

《中国珍稀濒危野生兰科花形态图志》一书终于接近尾声，历经十多年的工作积累，在云南科技出版社的大力支持下，积极申报并获得国家出版基金资助。一年多来，几经易稿，补充完善，即将付梓之际，不由心生感激，更坚定了继续从事珍稀濒危植物保护的决心与信念。

回首过去，在某种程度上，本书的出版似乎带着少许的“只管耕耘，莫问收获”的意思。在过去的十余年里，我会根据兰花的花期，每年带着一批又一批的本科生和硕士生，一起收集材料、观察拍照、分析结果、分门别类，整理为一个又一个文件夹。时至今日，研究组收集的实验材料和数据已充满了数十个数据存储移动硬盘，为今后深入研究提供了坚实基础。仔细回想，本书收集兰花资料的过程，可分为三个阶段，每一阶段的工作都得到了相关部门领导、老师和学生，以及同行们的无私支持。第一阶段，2010—2012年，作者在中国科学院西双版纳热带植物园园林园艺部工作，负责兰科植物资源的收集和保育，整理了100多种热带兰的资料。第二阶段：2012—2016年，作者调入西南林业大学继续从事珍稀濒危植物多样性保护工作，期间与中国科学院西双版纳热带植物园的罗艳研究员长期合作，多次出差野外，在我国滇西北和川西地区系统收集了近100种温带地生兰资料。第三阶段：2017年至今，作者与云南丰春坊生物科技有限公司合作，依托于其长达20年的兰科植物种质资源保护中心，共建西南林业大学教学科研实践基地，获得大量珍贵而丰富的热带和亚热带附生兰资料。同时，作者还与中国医学科学院药用植物研究所云南分所的王云强高级工程师合作，补充收集了部分附生兰。总的说来，本书的材料收集是一个漫长的过程，不仅需要同行支持，还需要保持一颗平常心。这是因为野生兰花资源本就稀少，在野外翻山越岭、跋山涉水、风餐露宿后能找到是好事，碰到是幸运，但找不到也属正常。此外，哪怕找到、碰到了目标物种，也禁不住会仔细观察：是否正值花期？开花的数量多不多？可用来做花形态解剖实验吗？同时，心里还不免隐隐担忧：这么稀少的兰花，可千万别被牛羊吃了啊！

在材料收集过程中，最值得一提的是，这些集众人之力、千辛万苦从野外收集的兰花材料，还得趁新鲜解剖观察，及时拍照记录，查阅资料鉴定，规范制作图版，撰写文字，编撰成册。这就需要充足的经费和人力支持。值得庆幸的是，我于2012年调入西南林业大学工作，在领导和同事们的支持下，围绕着珍稀植物多样性保护，主持完成了10多个国家级和省部级项目，并有机会指导学生完成本科或硕士毕业论文。作者指导了近60名本科生和20多名硕士生的毕业论文，系统收集整理了我国5亚科100多个属近300种兰花的花形态解剖和花药发育的形态建成等研究资料。其中，部分研究结果得到同行专家的肯定和支持，已陆续在国内外主流学术期刊上发表，成为本书学术价值的重要支撑。当然，尤为关键的是，近年来生物多样性保护备受各级政府部门高度重视，这些沉睡多年的研究资料才得以系统整理为书稿，在云南科技出版社大力支持下，获得国家出版基金项目支持。

如今，尽管书稿已成，且心存感念，但从2010年起开始收集兰科花形态研究资料时，我并未想到将来可以把这些资料整理出版。当时的我，仅仅凭借研究生期间受老师们启蒙获得的植物形态解剖和植物分类学基础知识，对兰花精巧而特殊的花结构产生了浓厚的兴趣与好奇：为何花瓣会特化为唇瓣？雄蕊和雌蕊是如何愈合为合蕊柱的？资料里说的花粉团、花药帽和蕊喙是什么样的结构？兰科的花形态特征千变万化，为何它们既可作为物种鉴定依据，又与传粉机制的生态适应性息息相关？如今，这些谜团似乎随着研究资料的积累而逐渐明朗，让人知晓了兰科物种多样性产生的部分原因。因此，如果要认真梳理本书研究资料收集的缘由，不外乎有以下4点：第一，现有兰科分类系统用到的物种鉴别特征，包括唇瓣、合蕊柱、花药帽、花粉团、黏盘和黏盘柄等特征，大部分是基于标本馆的腊叶标本所保存的信息，但部分关键特征有所缺失，且相关资料较少，为野外兰科物种的调查和鉴定带来了困扰。第二，国内外大部分兰科专业书籍，尤其是图鉴或图谱，提供了大量的植株和花型特征，但用于物种鉴定的花结构特征的关键信息较为有限，为兰科野生资源调查和保护也带来不小的困惑。第三，在野外见多了滥杀无辜、鱼目混珠的兰科植物野生资源的不合理利用现象，作者深深地感到兰科植物多样性保护的迫切性，想利用专业所长，为兰科物种的鉴定提供一些基本资料。第四，俗话说，冰冻三尺非一日之寒。收集整理我国兰科植物花形态多样性的研究资料，不是短期就可以完成的，而是需要长期坚持、不断积累资料，并且希望能通过越来越多的科研项目的实施，培养年轻一代的植物学家。

话说回来，《中国珍稀濒危野生兰科花形态图志》收集的资料也只是物种庞大的兰花家族的“冰山一角”，只触及了极少的一部分。世界上的兰科植物多达26000种，分布广泛，要清楚地揭示每一种兰花的花朵里蕴藏着的秘密，需要更多人的参与和付出。“雄关漫道真如铁，而今迈步从头越”。作为一名高校植物学老师，我希望能一步一个脚印，力所能及地指导在校学生，清楚地揭示每种兰花的花结构，为学生夯实专业基础提供实践机会，也期待着更多的年轻人在生物多样性保护方面有所贡献。

因此，在本书付梓之际，借此薄地，我谨向曾经给予过指导和帮助的各部门的领导、老师、同行专家、学生，以及家人们表示衷心感谢和祝福！首先，本书的构思和撰写以及书中涉及的兰科花形态结构和物种分类学修订处理，得到了中国科学院昆明植物研究所梁汉兴、彭华、罗毅波和孔宏智研究员的指点与帮助。其次，本书用到的兰科花形态材料的收集，得到了国内同行慷慨馈赠：中国科学院昆明植物研究所胡虹研究员、张石宝研究员和龚洵研究员，中国科学院西双版纳热带植物园罗艳研究员、邵士成副研究员、吴福川高级实验师、闫丽春高级工程师、王晓静高级实验师，苏艳萍高级工程师，玉溪师范学院黄家林副教授，云南丰春坊生物科技有限公司徐志峰先生和王晓云女士，中国医学科学院药用植物研究所云南分所的王云强工程师和李海涛副研究员，贵州大学胡国雄教授，云南大学陈小兰教授和玉溪市林业和草原局吴建勇先生等。再次，本书涉及的兰科花形态解剖学实验在西南林业大学云南生物多样性科研平台完成，得到郭辉军教授、罗旭教授、杨松教授、向建英研究员、李青青教授、邓国宾高级实验师、张玉霄副研究员、张媛副研究员和古旭老师的支持与帮助。此外，本书的花粉扫描电镜观察得到了中国科学院西双版纳热带植物园公共技术服务中心的唐霆高级实验师和王力高级实验师以及中国科学院昆明植物所标本馆谷志佳老师的协助。最后，本书的重点内容，即花形态解剖实验和图版制作得到了我指导的已毕业或在读的研究生和本科生的支持，包括段涵宁、谢云茜、王乐骋、朱永、陶磊、陶凯锋、张颖铎、李楚然、田琴、邹乐、陈罡、刘文豪、马东、胡向科、杨晨璇、张锦、王艳萍、谭庆琴、段云芳、黄婉桐和耿远恒等。当然，本书的出版，离不开家人们几十年如一日的关心与鼓励！

谨以此，对所有提供过支持和帮助的人们表达谢意和敬意！

李璐

2024年11月6日